トランジスタ技術 SPECIAL

温度/位置/速度/力…外乱に強いフィードバック・システム作りと評価技術

高効率・高速応答！
サーボ&ベクトル制御 実用設計

LTspice対応

CQ出版社

まえがき

「機械は見えるが，電気は見えない」
　回路図は電子部品とそれら相互間の接続を描いた図であり，回路動作に関する情報を直接読み取ることはできません．また，動作中の電子機器を見ても回路動作そのものは見えません．
「サーボ・システムは直感的には，わかりにくい」
　機械系であれ電気系であれ（見えても見えなくても），いったん供給された出力が入力に戻り同じ経路をたどって再び出力される，言い換えれば同じループをぐるぐる回るというサーボ・システムの特長が，ほかの事象からの連想を許さず感覚的な理解を妨げます．
　サーボ・システムの起源とされる，ワットの蒸気機関の調速機は1700年台後半に出現しました．しかし当初からその制御メカニズムが十分に解明されていたわけではなく，制御理論（古典制御理論）として確立されたのは1900年代前半でした．出現から確立までに100年以上を要したことからも，解明が容易ではなかったことがうかがえます．
　現在では回路理論もサーボ理論も，研究・開発・設計のための解析ツールとして利用することができ，解説書も数多く出版されています．動作やメカニズムを数式を使って解説する手法も多く見られますが，数式の理解に苦労することもあります．さまざまな数式を日常的に扱うわけではない技術者にとっては，数式とは別に理解を深めるための手法も必要だと感じます．
　本書は，サーボ制御およびブラシレス・モータのサーボ制御をテーマとしています．サーボ・システムの基本動作からスタートし，ブラシレス・モータの周波数・時間応答特性や駆動方法などを経て，これらの関連技術からベクトル制御までを解説します．
　技術者は単に技術の理解だけではなく，扱うシステムにその技術を適用し，問題が発生すれば解決することも求められます．したがって，本書では理解とその後の設計を含めて考えます．
　回路もサーボも，そのメカニズムをできるかぎりブロック図，特性図，波形などで示し，改善方向も図形的に考えるようにしています．とはいえ数式を使わないわけではなく，他の方法より適当であれば数式も使っています．その場合もできる限り四則演算にとどめ，微分方程式やラプラス演算式を持ち出すとしても，基本的なメカニズムを求めた後は結果のみを利用することとし，設計段階ではできるかぎり図的解法を意図しています．
　本書では，CQ出版社から発売された「トラ技3相インバータ実験キット（INV-1TGKIT-A）」のブラシレス・モータを「基準モータ」としています．モータ駆動回路やモータ・サーボ・システムなどは，この基準モータの定数や動作条件をもとに設計しています．
　視覚的，直感的に理解を深めるために，設計の検証やさまざまな検討の多くは，リニアテクノロジー社が無償で提供する回路シミュレータ「LTspice」で行っています．LTspiceの回路図は，一部のシンプルなものを除き，対応するブロック図も記載し，理解しやすいようにしました．LTspiceの使い方に関する詳細な解説は行っていませんが，回路図作成ルール，解析結果の見方に関する概略情報を巻末のAppendixにまとめて記載しました．
　本書で解析したLTspiceの回路図ファイルは付録CD-ROMに収録しています．本書では上記のように「基準モータ」を対象に解析していますが，この回路図ファイルの定数を変更することによって，他の定数や動作条件における解析ができます．LTspiceの解析時間ができるだけ短時間となるように工夫もしています．
　本書では条件として明示したもの以外は省略したパラメータなどがあり，また特性の非線形性などを無視したものもあり，解析結果と実機動作は必ずしも一致しない場合があると思われますので，この点にご注意ください．

■ 読者ターゲット

　本書の読者ターゲットは，サーボ・システムの設計や調整を命じられた技術者です．職場の上司や先輩から，何をどうすれば振る舞いがどうなるかという最低限の知識は教えてもらいました．でも，サーボ技術に対して十分な知識がないため，なぜそういう振る舞いになるのかが分かりません．仕様を満たすサーボを設計するために，何をどう調べて何を目的に作業を進めればいいのかと途方に暮れているという人を想定しています．

　実はこのような状況は，サーボ・システムの設計に限らず新たな技術分野に挑む場合によくあることであり，筆者自身もそうでした．周りの人も忙しいので，自分で解決策を探さなくてはなりません．

　本書は，そのような人のためにサーボ制御の動作のしくみと設計・評価方法を解説します．

■ 本書の構成

第1部　サーボ・ループの設計と評価

【第1章】自動制御システムを実現する技術として「サーボ制御」があります．サーボ制御とは，出力をフィードバックして指令値に出力値を従わせる制御のことです．サーボ制御を組み込んだシステムが「サーボ・システム」です．第1章では，良好に制御するためのサーボ・システムの基本事項について述べます．

【第2章】サーボ・システムの応答特性は，サーボ・ループ一巡のゲイン（ループ・ゲイン）の周波数特性によって決まります．定常偏差もループ・ゲインによって決まり，本章ではその関係を定量的に計算で求めます．

【第3章】サーボにより得られる効果は，定常偏差以外にもひずみやノイズの低減，出力インピーダンスの増減，入力インピーダンスの増大があります．これらのサーボ効果とループ・ゲインとの関係を定量的に求めます．

【第4章】サーボ・システムの特性評価用ツールとして，「過渡応答波形」，「ボーデ線図」，「ナイキスト線図」，「ニコルス線図」などを紹介します．

【第5章】ループ・ゲインなどの周波数特性を検討するための便利なツールである「伝達要素」，「伝達関数」，「ラプラス変換」を説明します．

【第6章】サーボ・ループの設計は，モータなどのプラントの周波数特性を測定・推定し，プラントを含むループ一巡の特性が条件を満たすようなサーボ・コントローラの周波数特性を求めることです．本章では，サーボ・コントローラが必要条件を満たす周波数特性となるように設計します．

【第7章】実際によく使われるタイプのプラントを例として取り上げ，これを制御するサーボ・システムを具体的に設計します．サーボ・コントローラとしては，「PIコントローラ」，「PIDコントローラ」，より実用的な「実用微分型PIDコントローラ」を取り上げます．

第2部　ブラシレス・モータの最適制御条件

【第8章】ブラシレス・モータの基本的な構造や機能を調べます．回転により発生する誘起電圧，回転検出用のホールICの取り付け位置や出力電圧，さらにステータ・コイルに鎖交するマグネット磁束について，構造から得られる理論的な位相関係などを求めます．

【第9章】基準モータ2台のシャフトを連結した実験セットを製作し，一方のモータが他方を回します．発電機として発生する誘起電圧とホールIC出力電圧の各波形を実際に観測します．

【第10章】ブラシレス・モータの正弦波駆動の電気的モデルにおいて，各部電圧，電流，電力，トルクを求める計算式から，高い電力効率やトルク効率が得られるモータ制御の条件を求めます．

【第11章】基準モータのカタログ・スペックをもとに，定格運転時の制御条件を最高効率となるように設定した場合の各部電圧，電流の振幅，位相を計算により求めます．

【第12章】3相インバータによる正弦波駆動の動作波形を観測し，電力・トルク効率，回転品質などを求めます．使用機会の多い120°矩形波駆動についても動作波形を観測し，正弦波駆動と比較します．

第3部　ベクトル制御サーボ・システムの設計

【第13章】モータの等価モデルを作成して，モータ特性を求めます．モータをプラントとしてループ内に含むサーボ・システムを設計するためには，モータの周波数特性を知る必要があります．

【第14章】ブラシレス・モータを制御対象とするサーボ・システムを設計します．内側のループから順に電流，速度，位置を制御する多重ループのシステムです．

【第15章】前章のシステムにベクトル制御機能を加え，電圧，電流などの波形を観測します．ベクトル制御により最適制御状態に自動的に追従制御できることを確認します．

CONTENTS

まえがき ……………………………………………………………………………………… 3
読者ターゲット，本書の構成 ……………………………………………………………… 4
本書のキーワード解説 ……………………………………………………………………… 8

第1部　サーボ・ループの設計と評価

第1章　モータ/増幅器/ロボット…制御対象に関わらず理論は共通
サーボの基礎知識 …………………………………………………………………… 9
 1.1 出力を自動的に制御したい   9
 1.2 サーボ・システムの特徴   10
 1.3 ベクトル制御を加えた高効率駆動システム   14

第2章　ループ・ゲインを定量的に設計する
サーボ制御に必要なゲインと位相の条件 ……………………………………… 17
 2.1 理想的なサーボ・システムの要件   17
 2.2 サーボ効果を上げるには十分なループ・ゲインが必要   18
 2.3 ループ・ゲインの測定誤差   19
 2.4 ループ・ゲインの条件を定量的に求める   24

第3章　ノイズやひずみを低減したり，インピーダンスを調整したり
サーボにより得られる効果 ……………………………………………………… 27
 3.1 ひずみやノイズを減らす   27
 3.2 出力インピーダンスを小さくまたは大きくする   30
 3.3 入力インピーダンスを上げる   32

第4章　ステップ応答，ボーデ線図，ナイキスト線図，ニコルス線図の使い方
サーボの安定性は位相余裕で評価する ………………………………………… 35
 4.1 「サーボ効果」と「安定性」を両立させる   35
 4.2 サーボ・システムを評価する四つのツール   36
 4.3 安定性評価の指標は「位相余裕」   38
 4.4 位相余裕が異なる五つのサーボ・システムの安定性   42
 4.5 位相余裕はどうあるべきか   51

第5章　折れ線近似で合成！加減算でさまざまな特性の検討が容易に
周波数特性の検討に便利なツール…伝達関数 ………………………………… 53
 5.1 サーボ・コントローラでループ特性を最適化する   53
 5.2 設計ツール　8種類の基本伝達要素   54
 5.3 基本伝達要素の特性をシミュレーションで確認   61

第6章　直列や並列に接続したり，逆システムにしたり
複数の伝達要素の合成で新たな特性を作る …………………………………… 63
 6.1 三つの基本伝達要素で作る   63
 6.2 合成周波数特性は作図で求める   65
 6.3 合成時間応答が求められる例   73

第7章 実際にサーボ・ループを設計する
サーボ・コントローラの設計から過大振幅対策まで …………………………………… 75

- 7.1 設計するサーボ・システム　75
- 7.2 サーボ・コントローラの周波数特性を設計する　76
- 7.3 サーボ・コントローラの実用上の問題対策　84
- 7.4 ソフトウェアによるサーボ・コントローラの実現　88

第2部　ブラシレス・モータの最適制御条件

第8章 制御対象であるモータの振る舞いを調べる
波形から制御に必要なロータの回転角度を読み取る …………………………………… 93

- 8.1 2種類のDCモータ　93
- 8.2 内部構造　95
- 8.3 回転角度と誘起電圧位相　97
- 8.4 回転用電力の供給方法　103

第9章 駆動時に使うホールIC信号とロータ位置の関係
実際にモータを回転させて出力信号を測って調べる ………………………………… 105

- 9.1 実験セットで実測する　105

第10章 電力効率とトルク効率の最適制御条件
モータの誘起電圧とモータ・コイル電流の位相関係 …………………………………… 111

- 10.1 電力効率を上げる　111
- 10.2 トルク効率を上げる　116

第11章 高効率を実現するベクトル制御の導入効果
最適制御条件で回転させたときの効果を計算する ……………………………………… 119

- 11.1 モータ・パラメータを数式化　120
- 11.2 ベクトル制御の導入効果を計算　123

第12章 モータの駆動方法の検討
代表的な「120°矩形波駆動」と「正弦波駆動」を比較 ……………………………… 127

- 12.1 ベクトル制御には正弦波駆動が最適　127
- 12.2 正弦波駆動の電力効率とトルク効率　127
- 12.3 正弦波駆動における電圧利用率の改善　132
- 12.4 120°矩形波駆動の動作方式　138
- 12.5 120°矩形波駆動の電力効率とトルク効率　149
- 12.6 駆動波形による効率比較　150
- 12.7 モータ・コイル電流の検出　151

表紙／扉デザイン　ナカヤ デザインスタジオ（柴田 幸男）
表紙イラスト提供　ピクスタ
本文イラスト　神崎 真理子／米田 裕／由良 拓也

第3部　ベクトル制御サーボ・システムの設計

第13章　ブラシレス・モータの伝達特性を求める …… 165
機械部もまとめて等価回路に！ モータ負荷条件が変化したときも解析する

- 13.1　ブラシレス・モータの等価回路　165
- 13.2　特性解析に使うモータ・パラメータ　167
- 13.3　電圧駆動時の特性をシミュレーションする　170
- 13.4　周波数特性とモータ・パラメータとの関係　170
- 13.5　電圧駆動時の静特性を求める　173
- 13.6　負荷条件変化時のモータ特性　175
- 13.7　電流駆動時のモータ特性　181
- 13.8　まとめ　181

第14章　モータ・サーボ・システムを設計する …… 183
多重ループ・サーボでトルク／速度／位置を制御する

- 14.1　多重ループ・サーボ・システムの設計　183
- 14.2　電流制御サーボ・ループの設計　184
- 14.3　速度制御サーボ・ループの設計　186
- 14.4　位置制御サーボ・ループの設計　191
- 14.5　モータ負荷条件変化時のサーボ特性　195
- 14.6　単一ループの速度制御　204

第15章　サーボ・システムにベクトル制御を加える …… 211
高効率制御を電圧・電流波形で確認する

- 15.1　ベクトル制御サーボ・システムの構成　211
- 15.2　座標変換器の機能　212
- 15.3　ベクトル制御を適用した電流サーボ・システム　215
- 15.4　速度制御サーボを加える　219
- 15.5　位置制御サーボを加える　221
- 15.6　ベクトル制御システムの周波数特性　226
- 15.7　スイッチング回路の周波数特性を測定する　228

Appendix　LTspice 解析結果の見方 …… 233

- 索引 …… 237
- あとがき …… 239

【付属CD-ROMのLTspiceデータ】

　本書では，設計や検証，検討を，リニアテクノロジー社の回路シミュレータ「LTspice」で行っています．
　本文の図面のキャプションに表記されている【LTspice XXX】（XXXは数字）は，付属CD-ROMに収録されているLTspiceのファイル名です．数式から動作をイメージすることは難しいですが，シミュレーションを実施することにより，直感的に動作を理解することができます．

本書のキーワード解説

● **サーボ制御**

　対象となるモノを，指定した位置に指定した速度で自動的に移動させるための技術がサーボ制御です．身近なモノでは，エレベータがスッと動き出して目的階にピタッと止まるのが典型的なサーボ制御です．そのためには，モノの位置や速度をセンサで検出し，指定通りに動くようにモータに指令を出すコントローラが必要です．単にモータを回すのではなく，より正確に，より安定に回し，止める制御と言えるでしょう．

　サーボ制御は，産業用の工作機械やロボットでは位置決め制御にも使われます．また，電気自動車や家電機器では，モータをより滑らかに，静かに，効率良く動かせるように，日々進化を続けています．

　サーボ制御を知るためには，フィードバック制御やモータ，ドライバ回路，センサ，マイコンなどについて学ぶ必要があります．

● **自動制御システム**

　人手を介さずに，あらかじめ指示された通りに仕事を自動的にやってくれるシステムが自動制御システムです．仕事の手順だけなら簡単なマイコン・プログラミングで指示できますが，「何mm移動して」とか，「座標(x, y)に移動して」とか，「秒速何m/sで移動して」とか，量的な指示を高い精度で実現したければ，センサで量を測り，計算式にしたがって演算するフィードバック制御が必要になります．

● **ベクトル制御**

　交流電流はもともとベクトルで表せる2次元の量をもっています．モータ電流をロータ・マグネットに働くトルク成分とロータ鉄心に働くトルク成分の二つに分けて独立に制御する方式をベクトル制御と呼び，モータをより効率良く回すことができます．

● **ループ・ゲイン**

　フィードバック・ループをぐるっと一巡したゲインがループ・ゲインです．仕上がり特性のすべてを決定します．ループ・ゲインが大きいほど強力な制御が働きますが，制御に遅れがあると行き過ぎを生じるので注意が必要です．

● **誘起電圧**

　ロータを回転させると，コイルの鎖交磁束が変化します．変化を打ち消す方向に，コイルに誘起電圧が生じます．

● **位相余裕**

　フィードバック制御では，偏差に対して逆向きの制御を行いますが，制御の遅れが大きいと動作が不安定になります．ループ・ゲインが1倍で位相遅れ180°では発振してしまうため，180°遅れまでの余裕を位相余裕と呼び，制御の安定性の評価指標として用います．

● **伝達関数**

　フィードバック制御の演算では，個々の要素の入出力の関係を簡単な式で表現できるように，伝達関数という形に変換しています．伝達関数を用いると，微積分演算を四則演算で簡単に処理できるようになります．

● **サーボ・コントローラ**

　サーボ制御は，制御結果（偏差や安定性など）を検出し，それが設定値通りになるようにフィードバック制御の演算を行ってモータなどの制御対象に指示を出します．その演算を担当するのがサーボ・コントローラです．OPアンプなどのアナログ演算回路でもできますが，現在ではマイコン演算で実現するのが王道です．

● **正弦波駆動**

　ACモータは，もともとは正弦波交流の商用電源で直接駆動するのが普通でした．インバータ駆動が普及して電圧振幅や周波数を自由に変えられるようになりましたが，簡単なインバータ回路は矩形波出力で，商用電源の正弦波波形より振動などが大きくなります．そこで，PWM方式で矩形波を時間的に細分割し，モータ電流がほぼ正弦波状になるようにしたものを正弦波駆動と呼んでいます．

● **120°矩形波駆動**

　商用電源は，交流発電機で発生した正弦波交流を工場や家庭などに供給しています．それに対して，パワー・デバイスのON/OFF動作で交流電力を発生するのがインバータです．簡単なインバータ回路は，正負それぞれ120°ずつ通電する矩形波出力となります．モータ駆動では，1回転(360°)を3相に分割した120°矩形波駆動が多く用いられています．

〈編集部〉

第1部 サーボ・ループの設計と評価

第1章 モータ/増幅器/ロボット… 制御対象に関わらず理論は共通

サーボの基礎知識

図1 エアコンは室内の温度を一定に自動制御するサーボ・システムの一つ

● 常に自動的に最適状態を保持したい…サーボ技術の導入

例えば,ブラシレス・モータの制御では,回転速度や位置などを目標の値(指令値)に自動的に向かわせてくれる駆動回路(サーボ・システム)に,誘起電圧とモータ電流の位相を合わせる制御(ベクトル制御)を加えると,トルク効率と電力効率が常に高い状態に保持されるようになり,高性能なモータ制御が可能になります.

ベクトル制御は指令値とフィードバック信号を直流信号(回転座標信号)で比較して,制御対象(プラント,ここではモータ)が指令値に近づくように働きますが,モータに加える電流も誘起電圧も3相の交流信号なので,変換器(3相-2相変換器や2相-3相変換器)が必要です.

1.1 出力を自動的に制御したい

● 多くの制御システムが採用する自動制御技術「サーボ」

サーボ制御は,図2のような自動制御システムで実現します.

制御対象であるモータから目的に応じて電流や角周波数,位相の情報を検出し,フィードバックします.

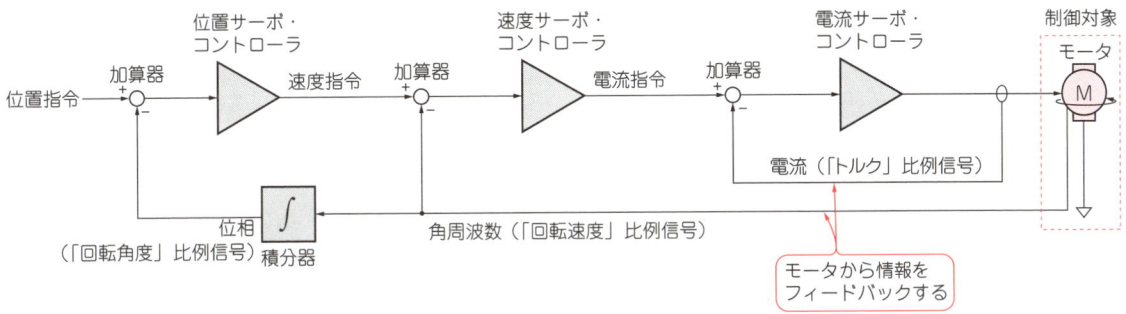

図2 サーボ制御…モータから情報をフィードバックしてトルクや回転速度,位置を制御する

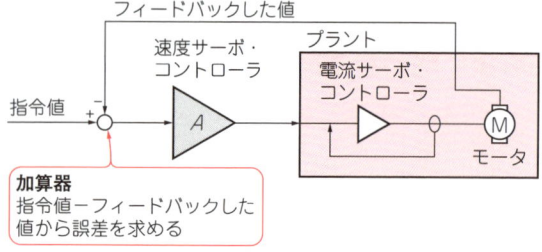

(a) モータの回転速度を指令値と一致させるために電流値が制御される

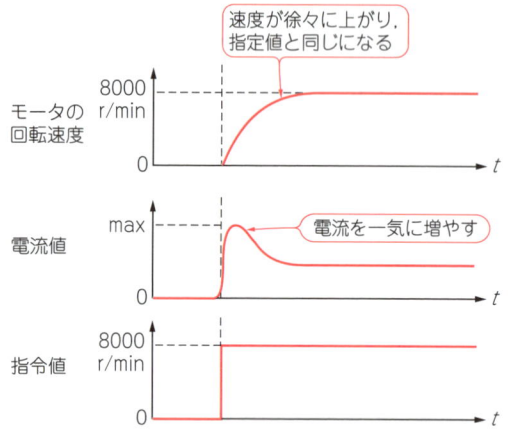

(b) 回転速度を指令に追従させるために必要な電流を流す

図3 指令値の急変や外乱で回転速度が乱れても，回転速度を目標値(指令値)に自動的に向かわせる「速度サーボ・システム」

サーボ・コントローラはフィードバックした値と指令値とを比較して誤差を検出し，指令値に追従させます．

図2は位置サーボ，速度サーボ，電流サーボの三つのループで構成された多重フィードバックのサーボ・システムです．必要に応じて，電流サーボだけや速度サーボのみのシステムも考えられます．

① 位置サーボ…位相を入力に戻して指令値との差分を検出・増幅して，常にロータの回転位置(回転角度)が自動的に指令値に向かうように速度サーボに指令を与える

位置サーボは，角周波数を積分すると得られる位相の情報を入力に戻して位置指令値と比較して，指令値に追従するように回転角度を制御します．

② 速度サーボ…角周波数を入力に戻して指令値との差分を検出・増幅して，常にロータの回転速度が自動的に指令値に向かうように電流サーボに指令を与える

速度サーボは，モータからの角周波数の情報をフィードバックします．速度指令値とフィードバックした値を比較して，指令値に追従するように回転速度を制御します．

図3(a)のような速度制御サーボの動作を考えてみます．指令値が8000 r/minで，モータが止まった状態(0 r/min)からスタートすると，図3(b)に示すように電流値は一時的に大きな値に制御されます．モータの回転速度をフィードバックして指令値との誤差を検知しながら，回転速度を上げていきます．そして，回転速度を8000 r/minに一致させます．

③ 電流サーボ…電流をフィードバックしてトルクを制御する

電流サーボは，モータへ出力する電流を入力に戻して電流指令値と比較して，指令値に追従するように電流(トルク)を制御します．

1.2　サーボ・システムの特徴

■ 理想とするサーボ・システム

① 定常状態で出力値が指令値と完全に一致する

サーボとは，指令値に対して追従する自動制御です．そして，サーボ効果とは，サーボのおかげで得られた結果を指します．

例えば，エアコンの動作におけるサーボ効果を考えてみます．エアコンは設定温度を25℃と設定したら室温を25℃にしなければなりません．しかし，室温が30℃から27℃まではすぐに下がったけれど，いつまでも27℃のままで25℃に近づかない場合はサーボ効果は得られていません．設定温度25℃に室温が達したときにサーボ効果が得られたと言えます．

十分なサーボ効果を得るには，誤差検出が正確で，ゲインが高いシステムである必要があります．

② 突然，出力値が指令値とずれても短時間で修正し指令値に戻して安定する

サーボ制御の安定性とは，指令値や動作条件の変化に安定に追従することです．行きすぎや戻りすぎ，振動などが最小限の動作で速やかに指令に追従することが安定であると言えます．

例えば，サーボ効果が得られて室温が25℃になったとしても，25℃の上下の温度の間を行ったり来たりを繰り返した後で25℃に達したのでは，指令値に対して安定に追従できているとは言えません．

■ サーボ・システムの特徴

● 特徴1…フィードバックして制御する一巡のループをもつ

図4は，最も簡単なサーボ・システムのブロック図

コラム1　二つの力で回るモータ…IPM

図A(a)に示すマグネット・トルクで回る「表面磁石型(SPM；Surface Permanent Magnet)」のモータは，業界にもよりますが，一般に広く使用されているモータです．本書で使用しているトラ技3相インバータ実験キット(INV-1TGKIT-A)のブラシレス・モータも表面磁石型です．モータの構造にはSPMだけではなく，図A(b)に示す「埋込磁石型(IPM；Interior Permanent Magnet)」もあります．これは，マグネット・トルクに加えてリラクタンス・トルクも利用してモータを回します．EV(電気自動車)などに使用されています．本書では，表面磁石型ロータでマグネット・トルクのみを使用するモータを扱います．

● マグネット・トルクで回るSPMモータ

SPMモータは，ロータ表面のマグネットの磁極とステータ・コイルの磁極の間に生じる吸引力と反発力により，モータを回転させるトルクが発生します．

図A(a)のロータ断面の場合は，ステータ磁界方向とロータの回転角度の相互関係が変化しても実効的な断面形状は変化しないので，リラクタンス・トルクは発生しません．表面磁石型であっても，ロータ・コアが回転角度に応じて磁気抵抗が変化するような断面形状の場合にはリラクタンス・トルクが発生する場合もあります．

● マグネット・トルクとリラクタンス・トルクで回るIPMモータ

IPMモータはマグネット・トルクとリラクタンス・トルクの両方の力で回転します．ロータ・コアは珪素鋼板などの磁性材で作られており，埋込磁石型ではロータ・コアにマグネットが埋め込まれています．

図Bのように，ロータのマグネットの磁極とステータ・コイルの磁極の間に吸引力・反発力が働き，ロータを回転させるマグネット・トルクが発生します．

珪素鋼板は磁束が通りやすく，マグネットは透磁率(磁束の通しやすさを表す定数)が真空とほぼ同じ値で磁束を通しにくい物質です．したがって図A(b)に示すマグネットを除いたロータ・コアの断面形状は，実効的にはマグネットの厚み相当分だけd軸方向に縮小した，図Cに示した楕円形状であると考えられます．図Cのように，ステータ・コイルの磁界の磁極とロータ・コアの実効的な長辺側であるq軸方向の間に吸引力が働きロータを回転させるトルクが発生します．このトルクを「**リラクタンス・トルク**」と呼びます．ステータ磁界とロータのd軸が平行となる位置関係にあるときはロータ・コアの磁気抵抗(リラクタンス)が大きく，ステータ磁界がq軸と平行となる位置関係にあるときは磁気抵抗が小さくなります．

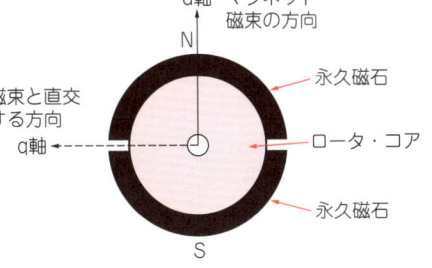

(a) 表面磁石型ロータ(SPM)…ロータの表面に磁石を張り付けている

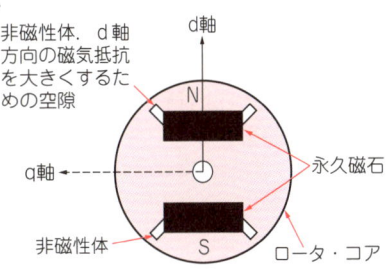

(b) 埋込磁石型ロータ(IPM)…ロータの中に磁石が埋め込まれている

図A　ブラシレス・モータは永久磁石の取り付け方法により発生するトルクが変わる
モータのマグネット数は，ともに2極．マグネット磁極が作る磁束の方向をd軸，これと直交する方向をq軸とする

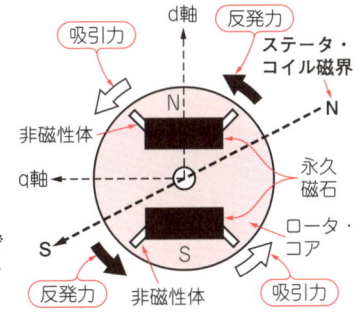

図B　IPMモータで発生するマグネット・トルク

図C　IPMモータで発生するリラクタンス・トルク

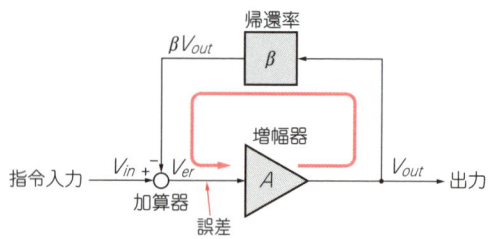

図4　最も簡単なサーボ・システムのブロック図
必ずフィードバックして一巡する

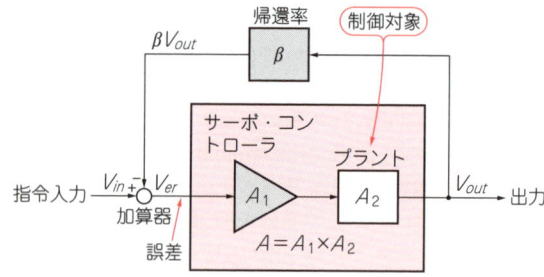

図5　増幅器Aはサーボ・コントローラA_1と制御対象A_2（プラント）に分けて考える

です．Aは増幅器のゲイン，$β$は帰還路の帰還率です．Aの出力がサーボ・システムの出力V_{out}ですが，Aの出力は帰還路の$β$の入力にも送られます．$β$を経てその出力$βV_{out}$はフィードバック信号として，加算器により外部から与えられる入力指令信号V_{in}と逆相加算されます．入力指令信号とフィードバック信号の差分として検出された信号V_{er}は誤差信号と呼ばれ，増幅器Aの入力に与えられます．

サーボ・システムはこのように，増幅器A→帰還率$β$→加算器→増幅器Aの一巡のループをもつことが大きな特徴です．

● 特徴2…制御対象のプラント（例えばモータ）は特性を変更できない

図5は図4の増幅器Aを，サーボ・コントローラA_1とプラントA_2に分けたものです．したがって，

$$A = A_1 \times A_2$$

となります．プラントは制御対象であり，一巡のループ内の1構成要素です．サーボ・システムの設計において，プラント以外の構成要素は自由にその特性を設定できますが，プラントの特性は原則として変更できません．

● 特徴3…ループ一巡の特性がサーボ特性を決める

図4の輪が「ループ」です．サーボ・ループやフィードバック・ループ，帰還ループなどさまざまな呼び方があります．このループを信号が巡ります．いったん出ていった信号がまた戻ってきて，ぐるぐると巡ります．

この一巡のループの中にあるものが「ループ内」の伝達要素（A_1，A_2，$β$，加算器など）です．複数の伝達要素はそれぞれ伝達特性（伝達関数）があり，ループ一巡の特性は，すべての伝達関数の積になります．

例えば伝達要素A_2が，入力電圧が出力電流に比例するという伝達特性がある場合は，「ループ内に（システムの）出力電流の比例信号（A_2の入力電圧）がある」と言えます．システムの出力電流を知りたい場合に直接出力電流を検出しなくてもA_2の入力電圧を見れば出力電流がわかります．もし，A_2の入力電圧が出力の先につながっているモータのトルクに比例している場合ならば，A_2の入力電圧を観測すればモータ・トルクを検出しなくてもトルクがわかることになります（誤差があるとしても）．

コラム2　サーボ制御は18世紀生まれ

サーボ制御の起源は，1700年台後半に出現したワット（James Watt，英国）による蒸気機関の調速機と言われています．以降，サーボ技術に関する研究が行われ，1870年～1940年頃までにラウス（Edward Routh，英国），フルビッツ（Adolf Hurwitz，ドイツ），ナイキスト（Harry Nyquist，米国），ボーデ（Hendrik Wade Bode，米国）らが安定判別などを理論的に解明しました．すなわち，サーボ・システムの出現からその理論の確立までに100年程を要したことになります．

1960年以降には「現代制御理論」が提唱され，上に述べたそれ以前の理論は「古典制御理論」と呼ばれます．古典制御理論は1入力，1出力の線形システムを対象とし，安定条件は周波数領域の特性として与えられます．現代制御理論は多入力，多出力の線形，非線形システムを扱うことが可能で，主に時間領域解析を行います．本書で扱うのは古典制御理論です．

■ サーボ・システムの動作

● 突然の変化に追従中の「過渡状態」と変化が収束した「定常状態」の2期間に分ける

サーボ・システムの入力指令信号が，ある値から別のある値にステップ状に変化したとします．サーボ・ループが安定であれば出力は入力に追従して変化し目標値に収束しますが，収束するまでを「過渡状態」，収束以降を「定常状態」といいます．過渡状態では安定度に応じてオーバシュート（行き過ぎ）やリンギング（振動）が発生することがあり，不安定であれば出力が発散することもあります．

サーボ・ループが「過渡状態」になるのは入力指令信号の急変だけではありません．指令が一定でも負荷が急変すれば，V_{out}が変化しそれがフィードバックされてV_{er}が変化し「過渡状態」になります．

ノイズが飛び込めばこれも急変のきっかけになります．電源電圧が急変してもそれによってV_{out}が変化すれば同様です．過渡状態になってもサーボ・ループがあればやがて収束し定常状態になります．過渡状態の過渡現象のようすと収束時間はサーボ特性に依存します．

過渡状態になる原因を外乱と言います．

コラム3　自動車もサーボ・システムの一つ

● 人というコントローラが車という対象の速度を自動的に制御している

自動車の定速走行は，図Dに示すように，車がプラントであり，車の速度計は帰還路のβに相当します．その他のすべての機能は人が担います．運転中に人が考えている目標速度60 km/hがシステムの入力である指令速度V_{in}で，車の速度がシステムの出力であるV_{out}［km/h］です．人が車の速度計を見て速度のフィードバック値βV_{out}［km/h］を知り，フィードバック値と目標速度との差を誤差V_{er} = 10 km/hとして認識します．誤差の極性と大きさに応じてアクセルとブレーキの操作量を加減し，さらに必要に応じてギア・チェンジを行う人間がサーボ・コントローラです．プラントである車は，運転に際してその特性の変更はできません．

● 達成すべきサーボの条件
▶条件①サーボ効果

例えば±5 %の誤差までを限度とする仕様の場合は，±3 km/hの誤差以内で自動車を走行できれば，サーボ効果が得られたことになります．目標速度に対するフィードバック速度の誤差V_{er}［km/h］を必要とする限度以内に抑えて走行することがサーボ効果です．

▶条件②十分な安定性

馬力のある車であれば60 km/hに速やかに追従できます．61 km/hや59 km/hになったらすぐにその誤差を検出して60 km/hに追従できれば十分な安定性があると言えます．

目標速度への速やかな追従や，短時間であっても行き過ぎや戻り過ぎなどの過不足が最小限に抑えられた安定な走行は「十分な安定性」に相当します．

定速走行と走行安定性は，サーボ・コントローラである人に依存します．

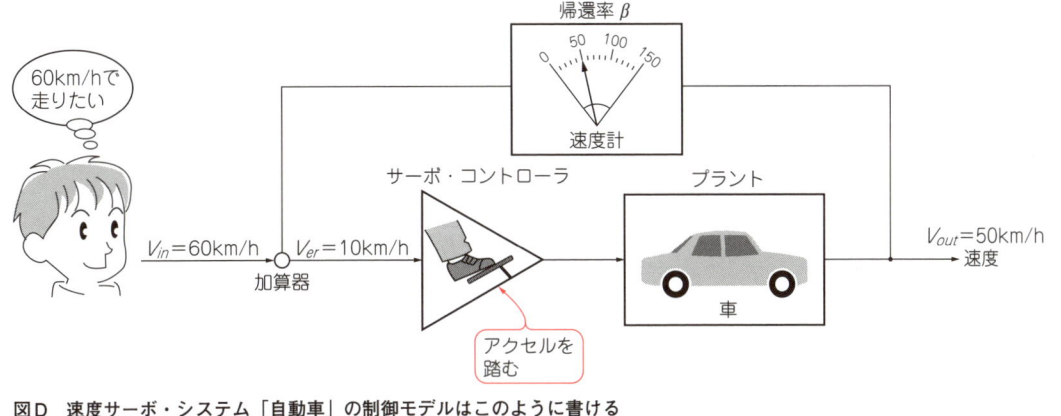

図D　速度サーボ・システム「自動車」の制御モデルはこのように書ける

● 過渡状態と定常状態の出力電流の変化

モータ・サーボを例にすれば，定常状態における電流(定常電流)は，モータをある負荷条件において一定速度で連続運転(回転)させるために必要な電流を連続で流します．回転速度を上げたり負荷トルクを上げたりすれば，それに応じて電流も上げる必要があります．もし定常電流を減らしたければ，運転条件などを変更する必要があります．

過渡状態の電流は指令値の急変や外乱に対して回転速度などが変化したときに，速やかに指令に追従させるために流す電流です．この電流値は定常電流より大きいですが，流すのは過渡状態の短い時間だけです．

定常電流は，定常運転で回転速度を上げたり，トルクを上げたりするために電流を連続的に大きくします．これに対し，過渡電流は運転条件の変化に対して高速に応答させるために一時的に流す大きな電流を指します．過渡状態において短時間大電流を流しても定常運転になれば，電流はその定常運転条件に必要な値まで低下します．もし応答時間が長くかかってもよければ，過渡的な電流を小さく制限することもできます．

車もスタート時は燃料をたくさん使いますが，定速走行時は燃費がよくなります．スタート時にスピードをゆっくり上げれば燃料を節約できます．また，車のスピードを上げると燃料をたくさん使いますが，スピードを上げなくても登り道でトルクを上げればやはり燃料をたくさん使います．

1.3 ベクトル制御を加えた高効率駆動システム

● $\theta_{VI}=0°$ベクトル制御を加えてトルクと電力の効率を上げる

サーボしつつ，電力効率やトルク効率を良くするのがベクトル制御の技術です．ベクトル制御は，電流サーボに組み込まれます．電流サーボにベクトル制御が加わったものを「ベクトル制御サーボ」と呼びます．

図6に示すように，モータへ出力する電流をフィードバックして，「3相-2相変換器」によって交流信号を直流信号に変換します．この値と指令値を比較して電流制御サーボを行い，「2相-3相変換器」によって直流信号から交流信号に変換し位相を制御します．

● ベクトル制御サーボ・システムの回路

図7にモータ制御サーボ・システムの一例をブロック図で示します．制御対象(プラント)はブラシレス・モータ(A12)です．

ベクトル制御サーボでは，ブラシレス・モータの3相コイル電流I_A, I_B, I_C [A]はフィードバック経路の3相→2相変換器(A3, A4)によって，回転座標のフィードバック信号I_{dF}, I_{qF} [A]に変換されます．

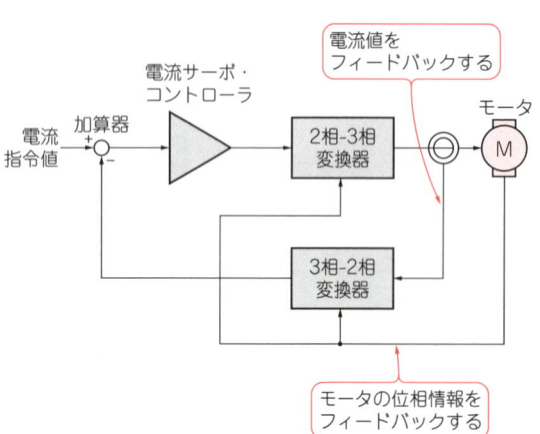

図6 ベクトル制御技術を導入することで，高トルク効率と高電力効率を実現した高効率モータ・サーボ・システム
電流位相を所定の値に自動的にコントロールするベクトル制御システム

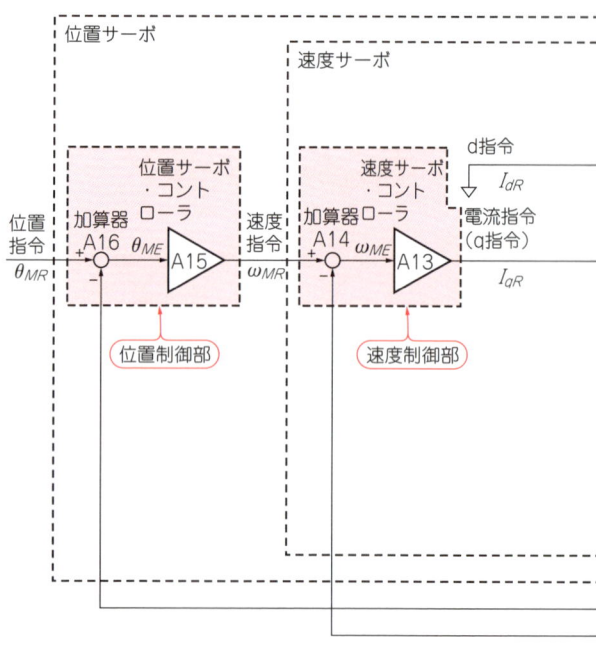

図7 ベクトル制御を加えた高効率サーボ・システム
多くのモータ制御システムが採用している基本サーボ・システム(トルク・サーボ・ループ＋速度サーボ・ループ＋位置サーボ・ループ)

誤差検出用の加算器(A5, A6)は指令信号I_{dR}, I_{qR}［A］とフィードバック信号I_{dF}, I_{qF}［A］の差分をそれぞれ検出し，誤差信号I_{dE}, I_{qE}［A］を出力します．

d, qサーボ・コントローラ(A7, A8)は誤差信号I_{dE}, I_{qE}［A］を誤差増幅し，V_{dC}, V_{qC}［V］信号を出力します．V_{dC}, V_{qC}信号は2相-3相変換器(A1, A2)により3相信号V_U, V_V, V_W［V］に変換されモータを駆動します．

位相信号θ_M［rad］は基準位相信号として座標変換部(A1, A3)に与えられます．位相信号θ_Mは角周波数信号ω_Mを積分することで得られます．

図7はマグネット・トルクのみを使用するブラシレス・モータを想定しており，リラクタンス・トルクに対応するd指令I_{dR}は0としています．

以上のうち，サーボ制御部はA5, A6, A7, A8であり，ベクトル制御の中核部分はA1, A2, A3, A4です．ベクトル制御は電流制御システムの一部でもあります．

ベクトル制御サーボの外側の速度制御サーボは角周波数ω_M［rad/s］を制御します．さらにその外側の位置(回転角度)制御サーボにより位相θ_M［rad］の制御も行えるシステム構成です．用途に応じて必要な制御部分を使います．

例えば位置制御サーボ・システムを使用する場合には，ループ内部に電流比例信号I_{qR}や速度比例信号ω_{MR}があるので，位置変化時などの過渡状態における最大電流や最大速度を許容値以下に制限するよう，設計に盛り込むことが可能です．

● コントローラ部と制御対象(プラント)に分けてシンプルにする

一見複雑に見えるサーボ・システムでも，図5のモデルで表せます．図7のベクトル制御サーボ部分は図8にモデル化できます．図7のブラシレス・モータA12はプラントです．電流センサA9～A11および3相→2相変換器A3, A4は帰還率βに相当します．また，コントローラA7, A8および2相→3相変換器A1, A2はサーボ・コントローラに対応します．

モータ・コイル電流信号が変換器A4にフィードバックされており，さらにモータの回転位相比例信号が変換器A1, A3にフィードバックされています．

● モータのサーボ・システムは幾重にもかかっている

図7の中の速度制御サーボは多重フィードバックになっています．一番内側に「ベクトル制御サーボ」のフィードバックがあり，そのベクトル制御サーボをプ

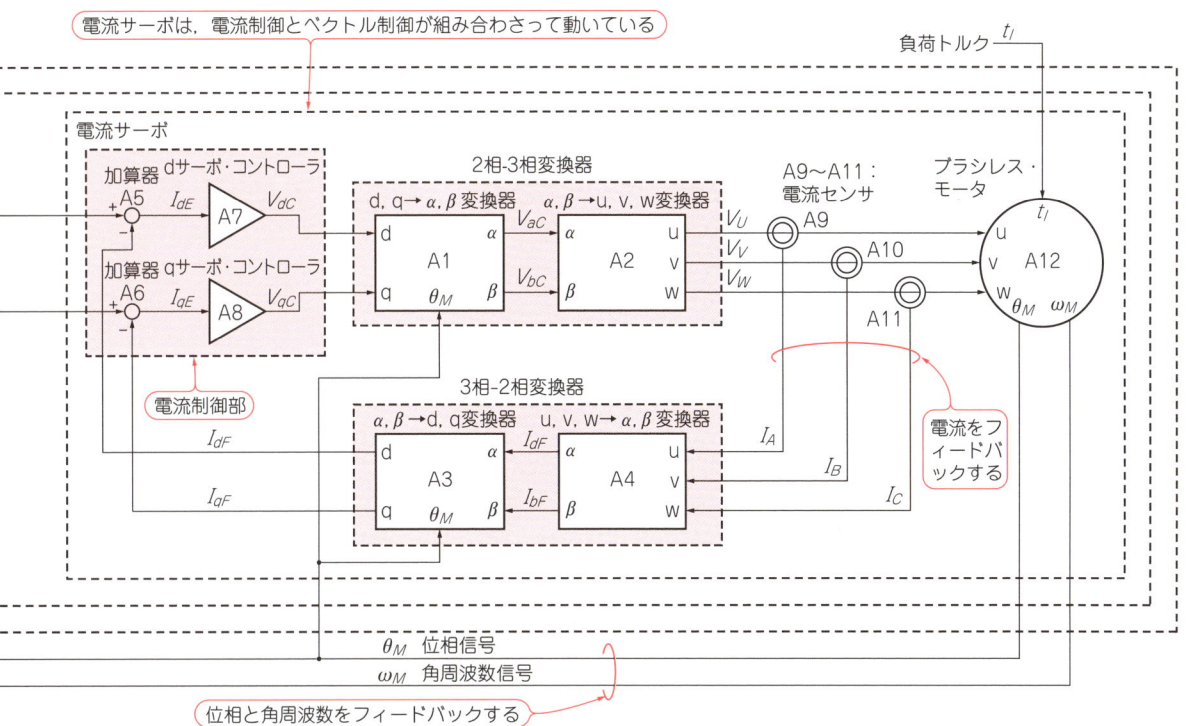

1.3 ベクトル制御を加えた高効率駆動システム

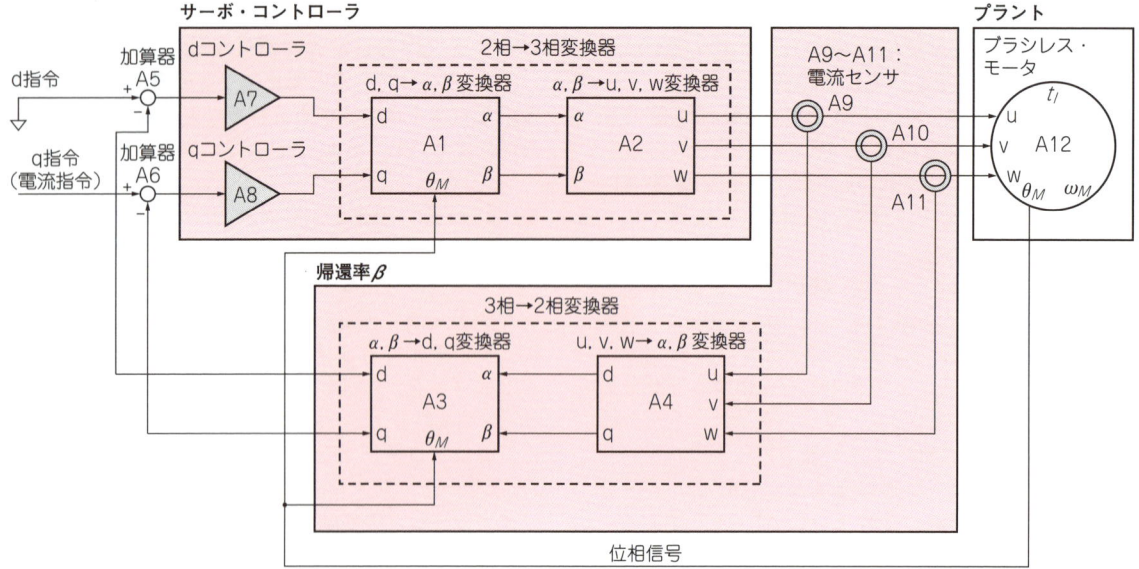

図8 複雑に見える電流サーボ部分もシンプルに表せる

ラントとして速度制御サーボのフィードバックがかけられています．つまり，「速度制御サーボ」のなかに二つのフィードバック・ループがあります．

位置制御サーボも多重フィードバックであり，速度制御サーボがプラントで，位相信号のフィードバックがかかっています．

速度制御サーボのサーボ・コントローラの設計をするときは，プラントであるベクトル制御サーボは完成していなければなりません．もちろん現実の作業は行ったり戻ったりしつつ設計します．

簡単にしたい場合は，速度制御サーボを単一フィードバックにすることもできます．モータを残してベクトル制御サーボ部分をそっくり削除すれば単一フィードバックになります．その場合は，ベクトル制御サーボによって得られる利点も捨てることになります．

◆参考文献◆
(1) 市川 邦彦；最新自動制御講義，p.7，㈱学献社，1983/9/1．
(2) 谷腰 欣司；ブラシレスモータの実用技術，㈱電波新聞社，2005/9/15．
(3) 武田 洋次，松井 信行，森本 茂雄，本田 幸夫；埋込磁石同期モータの設計と制御，㈱オーム社，2001/10/25．
(4) 天野 尚；PM同期モータについて，公益社団法人 日本技術者協会Webページ，http://www.jeea.or.jp/course/contents/07111/

第2章 ループ・ゲインを定量的に設計する

サーボ制御に必要なゲインと位相の条件

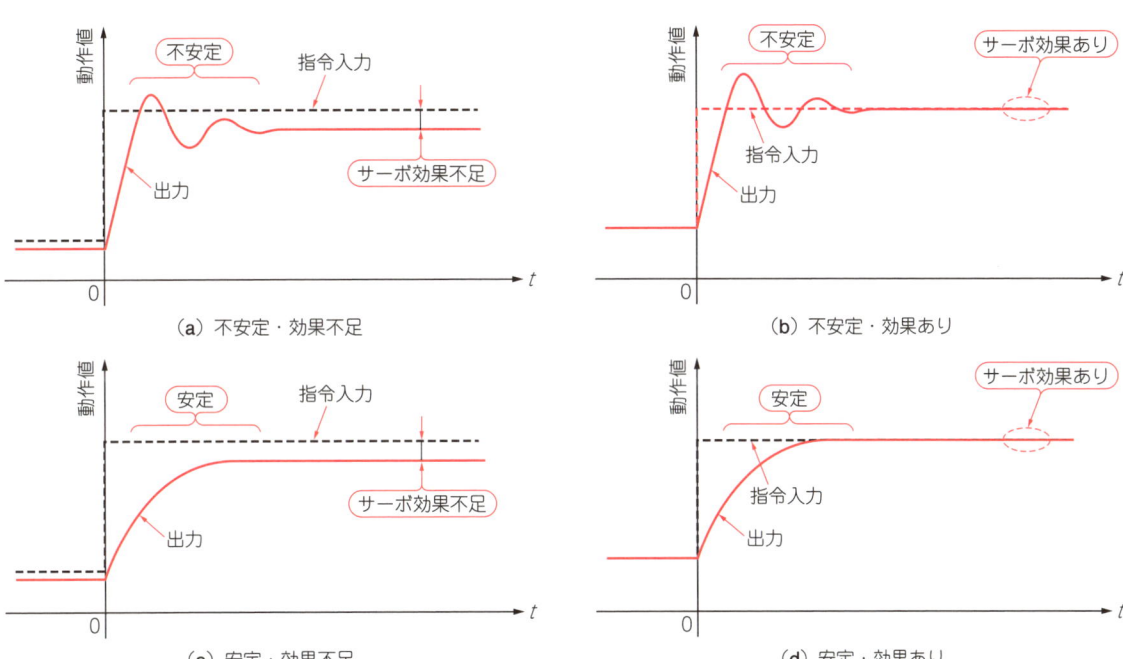

図1 理想的なサーボ・システムは，不安定な状態がなく，出力値が指令値と一致する
フィードバックされているゲインと位相が条件を満たすと，安定に期待通りの効果を得られる

● ベクトル制御はサーボ・システムの効率を上げるために欠かせない

　回転速度や位置などを目標の値(指令値)に自動的に向かわせる制御を行うのがサーボ・システムです．

　表面磁石型(SPM)ブラシレス・モータを駆動するとき，サーボ・システムに，誘起電圧とモータ電流の位相を合わせる制御(ベクトル制御)を加えると，トルク効率と電力効率が常に高い状態にキープされます．自動車やポンプのように，停止したり，アクセルの状態で速度がつねに変動するシステムにおいて，低速(停止)から高速まで，高い効率を自動的にキープすることができるようになります．EVは，ベクトル制御を導入しており，電費(燃費の電気版)改善に一役買っています．

　モータを期待通りに制御する(サーボが適切に働く)ためには，フィードバックされているゲインと位相に

条件が必要です．ゲインが足りないと，制御出力が目標値に到達しません．

　本章ではループ・ゲインを定量的に設計する方法を説明します．ループ・ゲインには大きさと位相の二つのパラメータがあります．

2.1 理想的なサーボ・システムの要件

● 定常時も過渡時も出力が指令値に追従し安定している

　理想的なサーボ・システムは，次の二つの条件を満たします．

条件① 制御出力が指令値に一致する．すなわち，適切な「サーボ効果」が得られる(定常状態)
条件② 安定である(過度状態)

サーボは温度，電圧，電流，回転速度などの制御出力を指令に従わせるシステムに利用されます．

条件①「サーボ効果」が得られている状態とは，周囲条件，負荷条件などが変動しても，出力が指令値と一致していることです．

条件②「安定」とはサーボ・システムに与えられる指令入力や使用条件が急変したときに，出力が振動したりせずに速やかに指令に追従することを言います．

制御出力が，指令値などの急変に対して追従変化する時間を「過渡状態」，変化が収束した後を「定常状態」と呼びます．条件①のサーボ効果は定常状態，条件②の安定は過渡状態におけるサーボ・システムの動作に対する要求です．

● サーボ・システムの四つの状態

図1に示すのは，サーボ・システムにありえる四つの状態を表した模式図です．(a)と(b)は指令に追従する際に出力が振動しており「不安定」です．(c)と(d)は行き過ぎ，戻り過ぎがなく「安定」に追従しています．一方(a)と(c)は出力の値が指令値と一致していないので「サーボ効果不足」です．(b)と(d)はこの両者が一致しているので「サーボ効果あり」の状態です．このなかでは，(d)だけが条件①と条件②を同時に満たしています．

一般にサーボ理論においては，制御出力が振動し発散してしまうのを「不安定」，振動しても収束するなら「安定」と呼ぶ場合がありますが，ここでは収束するとしても振動する場合は「不安定」としています．

● 良好な「サーボ効果」を得るためのゲインの条件

「サーボ効果」と「安定性」は，サーボ・システムのフィードバック・ループを一巡するゲイン（ループ・ゲインという）によって決まります．

仮に安定に動作させられたとしても，良好なサーボ効果を得るには，十分に大きなループ・ゲインを必要とします．

十分に大きなループ・ゲインとはどのくらいか，定量的に検討してみましょう．

2.2 サーボ効果を上げるには十分なループ・ゲインが必要

サーボ制御のメカニズムから，サーボ・システムの入出力ゲインを求めてみます．

● サーボ・システムの入出力ゲインとループ・ゲインには密接な関係がある

サーボ・システムの各信号名を図2のように定めると，式(1)と式(2)が成り立ちます．

$$V_{er} = V_{in} - \beta V_{out} \cdots (1)$$
$$V_{out} = A V_{er} \cdots (2)$$

式(1)と式(2)からV_{er}を消去すると，式(3)になります．

$$V_{out} = A(V_{in} - \beta V_{out}) \cdots (3)$$

よって，サーボ・システムの入出力ゲインG_Cは式(4)になります．

$$G_C = \frac{V_{out}}{V_{in}} = \frac{A}{1+A\beta} \cdots (4)$$

G_Cをサーボ・ループを閉じたとき（フィードバックをかけたとき）のゲインという意味で，「クローズド・ループ・ゲイン（閉ループ・ゲイン）」と呼びます．

ここで重要なのは，式(4)のG_C，V_{in}，V_{out}，A，βなどのパラメータはすべて，周波数に応じてその大きさと位相が変化する（周波数の関数である）ということです．各パラメータをベクトルととらえれば，周波数によって大きさと角度（位相）が変化します．

G_Cの大きさを$|G_C|$，位相をθ_Cとおけば，式(5)を得ます．

$$G_C = |G_C| \angle \theta_C \cdots (5)$$

● ループ・ゲイン$A\beta$が大きいほど入出力ゲインは$1/\beta$に近づく

式(4)の右辺の分子，分母を$A\beta$（後述するループ・ゲイン）で割ると，式(6)となります．

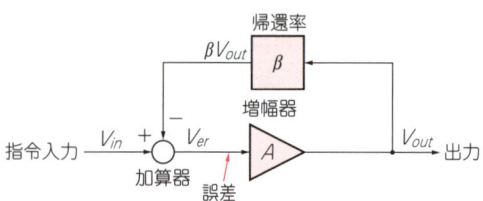

図2 原理的なサーボ・モデル
出力に係数をかけたものを入力にフィードバックし，安定性を保ちつつ出力を制御する

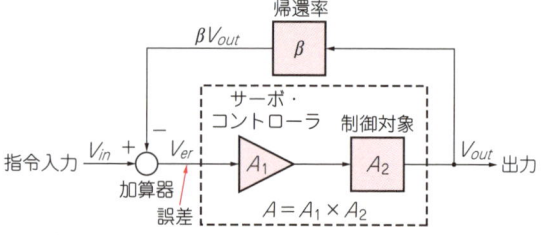

図3 制御対象の存在を明確にしたサーボ・モデル
サーボ・コントローラと制御対象の特性をかけ合わせたものが図2の増幅器になっている

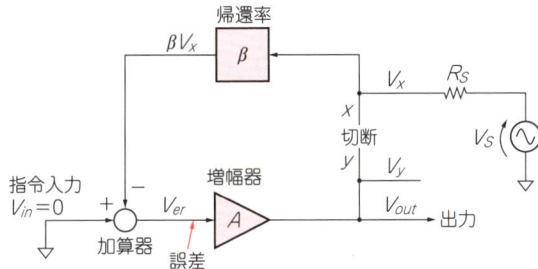

図4 ループ・ゲインG_Lの測定法(ループ開放)
原理的な考え方．実際にはうまくいかないことも多い

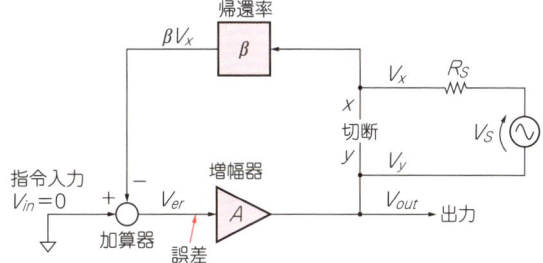

図5 ループ・ゲインG_Lの測定法(ループ非開放)
ループを切断せずに測るほうが現実的．専用計測器もある[1]

$$G_C = \frac{V_{out}}{V_{in}} = \frac{1}{\beta} \frac{1}{\frac{1}{A\beta}+1} \quad \cdots\cdots\cdots\cdots\cdots (6)$$

ここで，$1 \ll A\beta$の極限におけるクローズド・ループ・ゲインをG_{CI}とおけば，$1/(A\beta) \to 0$とみなせるので，式(7)が成り立ちます．

$$G_{CI} = \frac{V_{out}}{V_{in}} = \frac{1}{\beta} \quad \cdots\cdots\cdots\cdots\cdots (7)$$

なんと式(4)からAが消えてしまいます．$A\beta$が十分に大きければ，何らかの原因によってAが多少変化しても十分に大きい範囲内での変化であれば，Aによらず式(7)が成り立ちます．すなわち，クローズド・ループ・ゲインG_Cは，Aと無関係に帰還率の逆数$1/\beta$とみなすことができる，と言えます．$A\beta$が大きいほど，G_Cは式(7)のG_{CI}に近づきます．

● **実際の回路におけるループ・ゲインの求め方**

前項で十分に大きいと仮定した$A\beta$をループ・ゲインと呼び，その定義は次のとおりです．
図2と図3のサーボ・モデルで考えます．

(1) 指令入力信号V_{in}を0とし，サーボ・ループを任意の点で切断しループを開く
(2) 切断により生じた2端子のうち，信号の伝わる方向から見て信号を受ける側の端子をx，信号を送り出す側の端子をyとする
(3) 端子xに信号V_xを加え，その結果端子yに出力される信号をV_yとすると，V_y/V_xはループ一巡のゲインであり，これを「ループ・ゲインG_L」と呼ぶ．G_Lは大きさ$|G_L|$と位相θ_Lをもち，ともに周波数によって変化する
(4) 以上を図で示すと図4となり，式(8)が得られる(便宜上，$A\beta$の−符号は省略している)

$$G_L = \frac{V_y}{V_x} = A\beta = |G_L| \angle \theta_L \quad \cdots\cdots\cdots\cdots (8)$$

図4から，加算器に−が付いているので，Aとβの極性がともに+であれば$G_L = -A\beta$となりますが，負帰還を前提としているので−を省略し，$G_L = A\beta$と表記するのが一般的です．

ループ・ゲインG_Lはループ特性に関する重要なパラメータですが，必ずしも上記の方法で実測するわけではありません．一巡のDCゲインが大きなループであればループに存在するDCオフセットによって，ループを開いた途端にV_yがDC振幅の限界値に飽和してしまうこともあり得るからです．ループの構成要素それぞれの特性からループ全体のG_Lを予測し，ループ特性を検討することもあります．

図5は図4と異なりループを切らずにG_Lを実測する一つの方法です．ただし，条件によっては測定誤差を生じることがあります．この点については次節で述べます．

2.3 ループ・ゲインの測定誤差

前節では，ループを開かずにクローズド・ループ状態のままループ・ゲインを測定する実用的な方法を示しましたが，電圧源挿入点のループ内部インピーダンスによっては無視できない測定誤差が生じます．

本節では，発生する誤差を求め，さらに誤差を補正する方法(ミドルブルック法)や，小さい誤差で測定できる条件について検討します．

ループ・ゲインを測定する三つの方法を図6〜図8に示し，測定されるループ・ゲインを求めていきます．

● **ループを開いて測定する**

ループを開いて測定する場合の測定回路を図6に示します．

図6に示すサーボ・システムの点Pでサーボ・ループを開き，外部信号を加え，V_xに対するV_yのゲインG_Lを求めれば，これがループ・ゲインです．V_x，V_yはともにcom電位基準の信号です．

ループを開いた点Pに関して，βの出力抵抗を0Ω，

加算器の入力抵抗を∞Ωとすれば測定誤差は発生せず，上記G_Lがループ・ゲインの真の値となります．
　このサーボ・システムの増幅器Aの出力抵抗をR_{out}[Ω]，負荷抵抗をR_{load}[Ω]，帰還回路$β$の入力抵抗をR_{in}[Ω]，外部から加える信号Eの内部抵抗をR_S[Ω]とします．
　図6から次式を得ます．

$$\begin{aligned}G_L &= \frac{V_y}{V_x} \\ &= -\frac{R_{in}//R_{load}}{R_{out}+R_{in}//R_{load}}Aβ \\ &= -\frac{R_{out}\,R_{in}//R_{load}}{R_{out}+R_{in}//R_{load}}\cdot\frac{1}{R_{out}}Aβ \\ &= -\frac{R_a}{R_{out}}Aβ \quad\cdots\cdots(9)\end{aligned}$$

ただし，合成抵抗値R_a，R_bを次式とします．

$$\begin{aligned}R_a &= R_{in}//R_{load}//R_{out}, \\ R_b &= R_{load}//R_{out}\end{aligned} \quad\cdots\cdots(10)$$

　式(9)がループ・ゲインG_Lの真の値であり，R_Sとは無関係です（－符号は省略せず表記している）．

● 電圧源を挿入して測定
　図6のようにループを開くとフィードバックの効果は得られず，前述のように一般にループ内のDCオフセットやノイズなどによってループが飽和する恐れがあります．これを避けるために，図7のようにクローズド・ループのまま電圧源を挿入してループ・ゲインを測定する方法があります．
　各抵抗に流れる電流およびcom電位基準の信号V_{x1}，V_{y1}を図7のように定め，ループ・ゲインG_{LV}を次式のように定義します．

$$G_{LV} = \frac{V_{y1}}{V_{x1}} \quad\cdots\cdots(11)$$

各電流は，次のようになります．

$$I_{in} + I_{load} = I_{out} \quad\cdots\cdots(12)$$

$$I_{in} = \frac{V_{x1}}{R_{in}},\ I_{load} = \frac{V_{y1}}{R_{load}},$$
$$I_{out} = \frac{-AβV_{x1}-V_{y1}}{R_{out}} \quad\cdots\cdots(13)$$

式(12)，式(13)から，

$$\frac{V_{x1}}{R_{in}} + \frac{V_{y1}}{R_{load}} = \frac{-AβV_{x1}-V_{y1}}{R_{out}} \quad\cdots\cdots(14)$$

式(11)，式(14)からG_{LV}は次式のように求められます．

$$\begin{aligned}G_{LV} &= \frac{V_{y1}}{Vx_1} \\ &= -\frac{R_{load}\,R_{out}}{R_{load}+R_{out}}\cdot\frac{1}{R_{out}}\left(\frac{R_{out}}{R_{in}}+Aβ\right) \\ &= -\frac{R_b}{R_{in}} - \frac{R_b}{R_{out}}Aβ \quad\cdots\cdots(15)\end{aligned}$$

　式(15)から，G_{LV}はループ・ゲインの真値である式(9)のG_Lと一致せず，誤差を含むことがわかります．また，G_{LV}はR_Sには無関係です．

● 電流を注入して測定
　図8のように，図7で電圧源を挿入した点に電流源

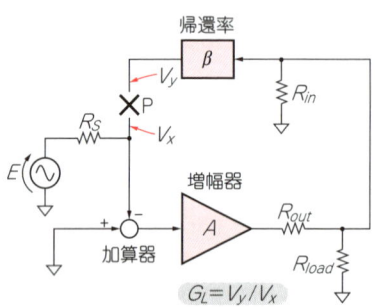

図6　ループを開いて測定

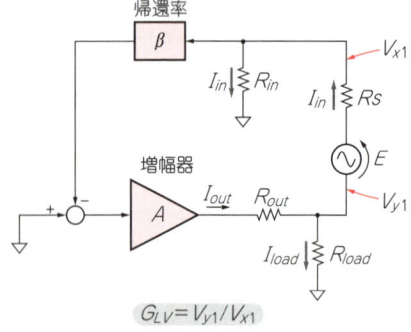

図7　電圧源を挿入して測定

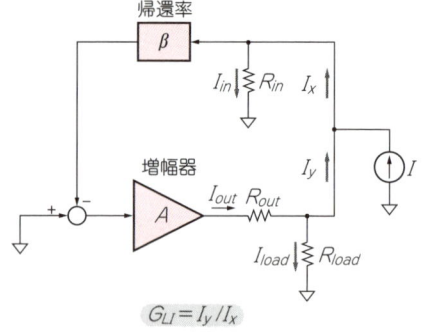

図8　電流を注入して測定

I から電流を注入し，注入電流および各抵抗に流れる電流を図のように定め，ループ・ゲイン G_{LI} を次式のように定義します．

$$G_{LI} = \frac{I_y}{I_x} \quad\cdots\cdots(16)$$

$$I_{in} = I_x, \quad R_{in}I_{in} = R_{load}I_{load} \quad\cdots\cdots(17)$$

$$\begin{aligned}I_{out} &= \frac{-R_{in}I_{in}A\beta - R_{load}I_{load}}{R_{out}} \\ &= \frac{-R_{in}I_x A\beta - R_{in}I_x}{R_{out}} \\ &= -\frac{R_{in}}{R_{out}}(1 + A\beta)I_x \quad\cdots\cdots(18)\end{aligned}$$

$$I_y = I_{out} - I_{load} = I_{out} - \frac{R_{in}}{R_{load}}I_x \quad\cdots\cdots(19)$$

式(18)，式(19)から I_{out} を消去して，式(16)について解くと，G_{LI} として次式を得ます．

$$\begin{aligned}G_{LI} &= \frac{I_y}{I_x} \\ &= -R_{in}\left(\frac{1}{R_{out}} + \frac{1}{R_{load}}\right) - \frac{R_{in}}{R_{out}}A\beta \\ &= -\frac{R_{in}}{R_b} - \frac{R_{in}}{R_{out}}A\beta \quad\cdots\cdots(20)\end{aligned}$$

● ループ・ゲインの測定誤差を補正する

式(15)の誤差を補正する方法を検討します．
式(9)より，

$$A\beta = -\frac{R_{out}}{R_a}G_L \quad\cdots\cdots(21)$$

式(15)に式(21)を代入します．

$$\begin{aligned}G_{LV} &= -\frac{R_b}{R_{in}} + \frac{R_b}{R_{out}}\frac{R_{out}}{R_a}G_L \\ &= -\frac{R_b}{R_{in}} + R_b \frac{R_b + R_{in}}{R_b R_{in}}G_L \\ &= -\frac{R_b}{R_{in}} + \left(1 + \frac{R_b}{R_{in}}\right)G_L \quad\cdots\cdots(22)\end{aligned}$$

式(20)に式(21)を代入します．

$$\begin{aligned}G_{LI} &= -\frac{R_{in}}{R_b} + \frac{R_{in}}{R_{out}}\frac{R_{out}}{R_a}G_L \\ &= -\frac{R_{in}}{R_b} + R_{in}\frac{R_b + R_{in}}{R_b R_{in}}G_L \\ &= -\frac{R_{in}}{R_b} + \left(1 + \frac{R_{in}}{R_b}\right)G_L \quad\cdots\cdots(23)\end{aligned}$$

式(22)，式(23)から，それぞれ次式を得ます．

$$\frac{R_b}{R_{in}} = \frac{G_{LV} - G_L}{G_L - 1} \quad\cdots\cdots(24)$$

$$\frac{R_{in}}{R_b} = \frac{G_{LI} - G_L}{G_L - 1} \quad\cdots\cdots(25)$$

式(24)，式(25)から，

$$\frac{G_{LV} - G_L}{G_L - 1} = \frac{G_L - 1}{G_{LI} - G_L} \quad\cdots\cdots(26)$$

式(26)を G_L について解き，解を式(9)と区別するために G_{LX} とすると，次式が得られます．

$$G_{LX} = -\frac{G_{LV}G_{LI} - 1}{G_{LV} + G_{LI} - 2} \quad\cdots\cdots(27)$$

式(27)が真のループ・ゲインです．

● ミドルブルック法

図7，図8において，それぞれ G_{LV}，G_{LI} を求め，これらの値を式(27)に代入して計算することにより，真のループ・ゲイン G_{LX} を得ることができます．式(27)は電圧挿入点の各抵抗値を求めることなく，G_{LV}，G_{LI} のみから G_{LX} を求めることができることを示しています．

このようにして，真のループ・ゲイン G_{LX} を求める方法を「ミドルブルック法」[2]と呼びます．

● シミュレーションで確認する

上記のミドルブルック法を用いてシミュレーションによりループ・ゲインを求め，それが真の値と一致するかを確かめてみます．シミュレーションによって求める場合は，図7および図8の回路を用意し，それぞれの電圧源，電流源の入力信号を共通とし，図7，図8が同一周波数において解析されるようにします．

シミュレーション回路図の図9(a)において，増幅器 A はDCゲインが1000倍で遮断周波数が10 Hzの1次遅れ特性，帰還回路 β のゲインは周波数によらず0.1倍とします．図9(a)に示す三つのシステムの A，β はすべて同じ値です．

▶ (1) $R_{out} = 100\,\Omega$，$R_{load} = 100\,\Omega$，$R_{in} = 100\,\Omega$ の場合

図9(a)にシミュレーション回路図を，図9(b)に結果を示します．G_{LV} と G_{LX} の測定結果に違いが出るように R_{out}，R_{load}，R_{in} をすべて100 Ωとしています．

図9(b)では，G_{LX} は真のループ・ゲイン G_L とゲイン，位相とも重なっており，G_{LX} が誤差を補正していることが確認できました．

このような挿入点抵抗値においては，電圧源挿入による G_{LV} は真値に対して大きな誤差があることがわかります．

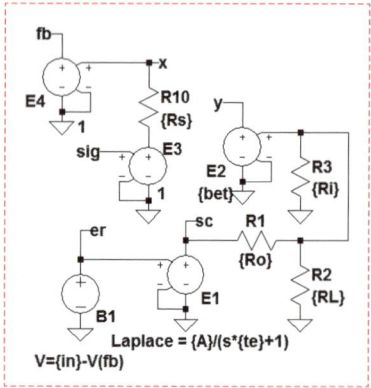
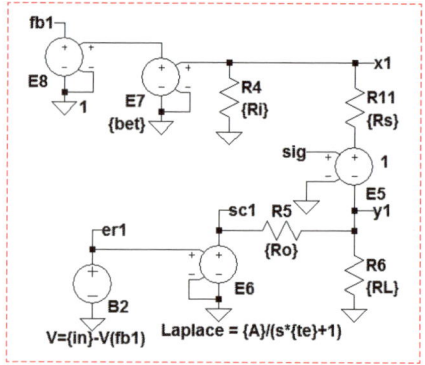
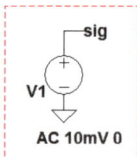
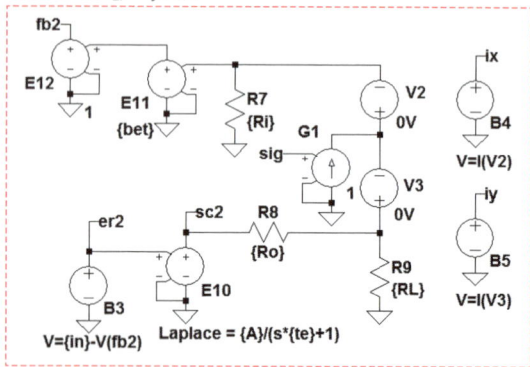

(a) シミュレーション回路【LTspice 110】

図9 ミドルブルック法を用いたシミュレーション
本文中のR_{in}, R_{out}, R_{load}はそれぞれRi, Ro, RLと表記している

▶(2) $R_{out} = 10\,\Omega$, $R_{load} = 100\,\Omega$, $R_{in} = 1\,\mathrm{k}\Omega$の場合

前項の条件に対し，抵抗値のみを変えた場合の結果を図9(c)に示します．この抵抗比においてはゲインが0 dB以上であれば，G_L, G_{LX}, G_{LV}の三つのゲイン，位相は重なっています．

ここでも周波数全域でG_{LX}がG_Lと重なり，誤差を補正していることが確認できました．

● 電圧挿入法による誤差

図7の電圧挿入法における発生誤差について考えます．$A\beta$は周波数の関数なので，$R_{out} = 100\,\Omega$，$R_{load} = 100\,\Omega$，$R_{in} = 100\,\Omega$において$A\beta$の値を変えて誤差を求めます．

式(15)から次式を得ます．

$$G_{LV} = -\frac{R_b}{R_{in}} - \frac{R_b}{R_{out}}A\beta = -\frac{50}{100} - \frac{50}{100}A\beta$$
$$= -\frac{1}{2}(1 + A\beta) \cdots\cdots\cdots\cdots\cdots (28)$$

▶$A\beta \gg 1$のとき

式(28)から，

$$G_{LV} \simeq -\frac{1}{2}A\beta \cdots\cdots\cdots\cdots\cdots (29)$$

であり，$|G_{LV}|$は$A\beta - 6\,\mathrm{dB}$となることがわかります（1/2 = -6 dB）．図9(b)の$f < 10\,\mathrm{Hz}$においては，$A\beta = 1000 \times 1/10 = 100$倍 = 40 dBに対して$|G_{LV}| = 40 - 6 = 34\,\mathrm{dB}$となっていることが確認できます．

▶$A\beta \ll 1$のとき

式(28)から，

$$G_{LV} \simeq -\frac{1}{2} \cdots\cdots\cdots\cdots\cdots (30)$$

であり，$|G_{LV}|$が-6 dBとなることがわかります．図9(b)の$f > 3\,\mathrm{kHz}$においては，$A\beta$によらず$|G_{LV}| = -6\,\mathrm{dB}$一定となっています．

次に，$R_{out} = 10\,\Omega$，$R_{load} = 100\,\Omega$，$R_{in} = 1\,\mathrm{k}\Omega$において，$A\beta$の値を変えて誤差を求めます．

式(15)から次式を得ます．

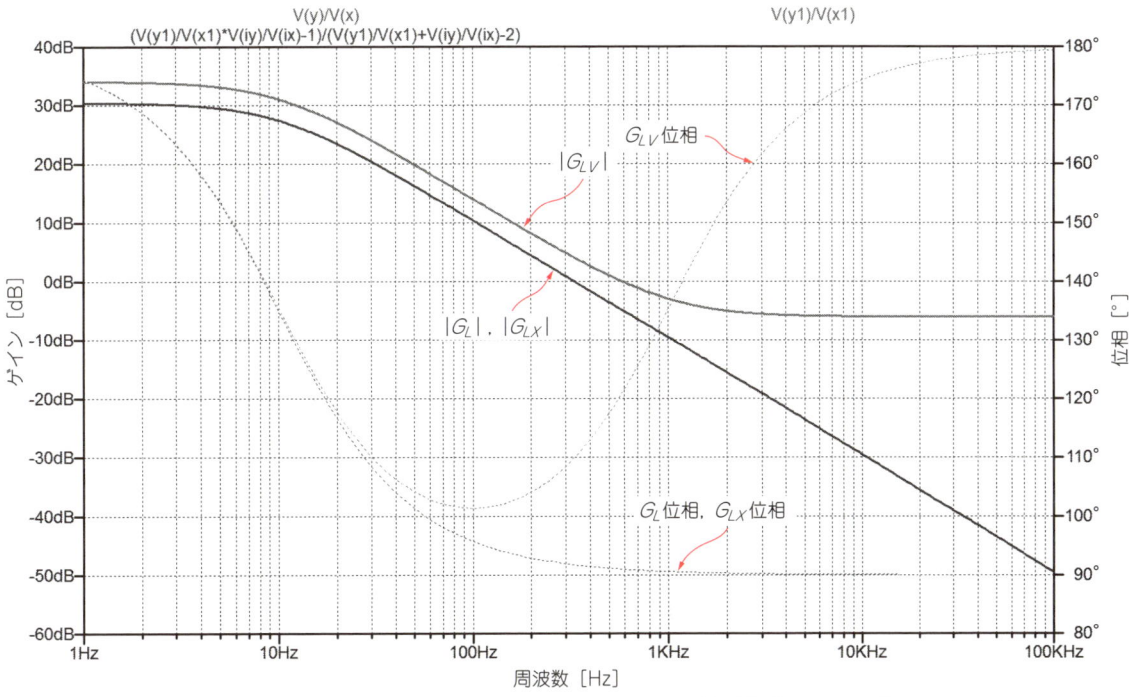

(b) $R_{out}=100\Omega$, $R_{load}=100\Omega$, $R_{in}=100\Omega$ での測定結果【LTspice 110】

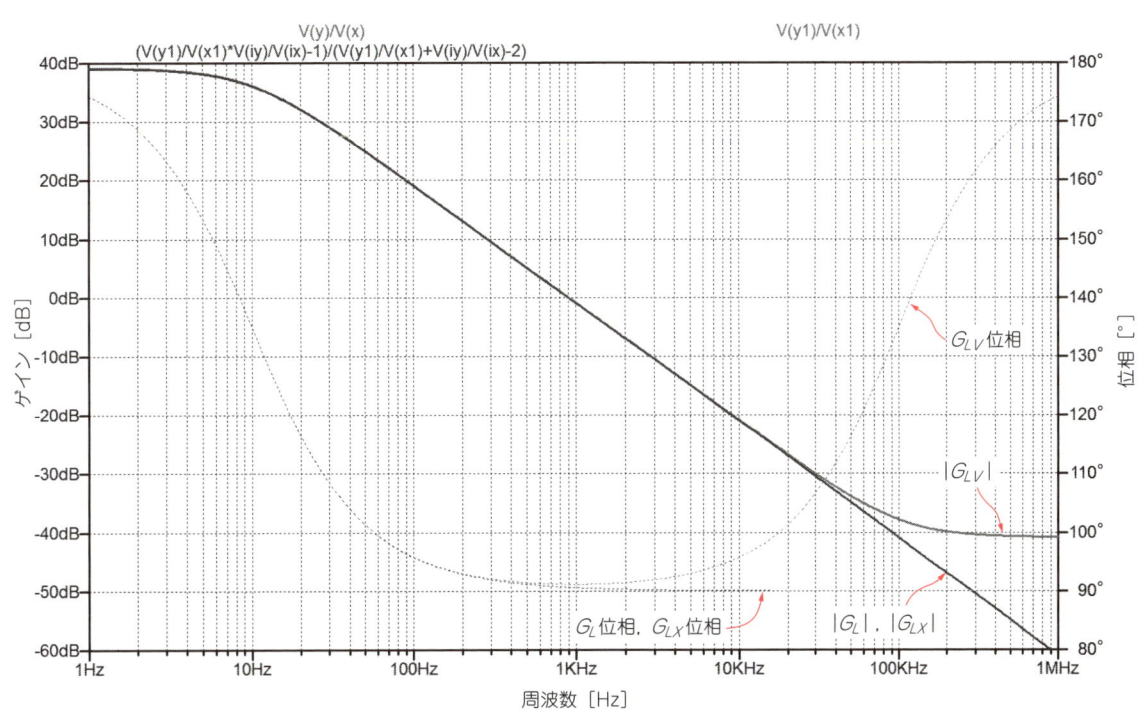

(c) $R_{out}=10\Omega$, $R_{load}=100\Omega$, $R_{in}=1\mathrm{k}\Omega$ での測定結果【LTspice 111】

図9 ミドルブルック法を用いたシミュレーション(つづき)

$$G_{LV} = -\frac{R_b}{R_{in}}-\frac{R_b}{R_{out}}A\beta = -\frac{9.1}{1\text{k}}-\frac{9.1}{10}A\beta$$
$$= -0.91(0.01 + A\beta) \cdots\cdots\cdots\cdots\cdots (31)$$

▶ $A\beta \gg 0.01$ のとき

式(31)から次式を得ます．

$$G_{LV} \fallingdotseq -0.91 A\beta \cdots\cdots\cdots\cdots\cdots\cdots (32)$$

このときの真値は，式(9)から，

$$G_L = -\frac{R_a}{R_{out}}A\beta = -\frac{9}{10}A\beta$$
$$= -0.9 A\beta \cdots\cdots\cdots\cdots\cdots\cdots (33)$$

であり，式(32)が真値とほぼ一致することがわかります．図9(c)の $f = 100$ kHz において $A\beta = -40$ dB(0.01倍)となるので，$f < 10$ kHz においては $|G_{LV}|$ が $|G_L|$，$|G_{LX}|$ とほぼ一致しています．

▶ $A\beta \ll 0.01$ のとき

式(31)から，

$$G_{LV} \fallingdotseq -0.91 \times 0.01 = -0.0091 \cdots\cdots\cdots (34)$$

であり，$A\beta$ によらず $|G_{LV}|$ は -40.8 dB(0.0091倍)となります．図9(c)においても，$f > 100$ kHz において $|G_{LV}|$ が -40.8 dB に漸近しています．

これに対して，G_{LV} 位相は図9(c)から $f = 1$ kHz($|G_L| = 0$ dB)以上で真値に対する誤差が生じていることがわかります．しかし，ループが切れる($|G_L| = 0$ dB)周波数における位相から位相余裕(第4章参照)を求め，サーボ・ループの安定性を評価することはできます．

以上から実用上は，測定誤差が問題とならない上記のような抵抗比($R_{out} = 10$ Ω，$R_{load} = 100$ Ω，$R_{in} = 1$ kΩ程度の)を満たす電圧源挿入点を選ぶことができれば，図7の電圧挿入法のみによって補正なしでループの安定性評価ができると考えられます．

なお，ループ・ゲインの測定などに適した計測器が市販されています[(1)]．

2.4 ループ・ゲインの条件を定量的に求める

● 指令入力に対するサーボ出力の誤差を計算

ループ・ゲインの解説のところで「$A\beta$ が十分に大きければ」と述べましたが，「十分に大きい」とはいくらを指すのか，また「$1/\beta$ とみなせる」としても誤差はどのくらいか，などが不明確です．

そこで，ループ・ゲイン G_L とクローズド・ループ・ゲイン G_C の関係を定量的に表す式を求めてみましょう．もちろんこの検討においては，サーボが安定にかけられていることを前提とします．

● $\beta = 1$ を例にして

図2，図3において $\beta = 1$ とおくと，それぞれ図10，図11となります．この場合のクローズド・ループ・ゲイン G_C は，

$$G_C = \frac{V_{out}}{V_{in}} = \frac{A}{1+A} = |G_C| \angle \theta_C \cdots\cdots\cdots (35)$$

であり，またループ・ゲイン G_L は，

$$G_L = \frac{V_{out}}{V_{er}} = A = |G_L| \angle \theta_L \cdots\cdots\cdots\cdots (36)$$

となります．また，$1 \ll A$ の極限における G_C の極限値 G_{CI} は式(37)で表されます．

$$G_{CI} = \frac{V_{out}}{V_{in}} = 1 = |G_{CI}| \angle \theta_{CI} \cdots\cdots\cdots (37)$$

● ループ・ゲインとクローズド・ループ・ゲインの関係式を求める

クローズド・ループ・ゲイン G_C は式(35)で表されます．図10の増幅器ゲイン A を式(38)のようにおきます．

$$A = |G_L| \angle \theta_L = |G_L|\cos\theta_L + j|G_L|\sin\theta_L \cdots (38)$$
ただし，j は虚数単位

この式(38)を式(35)に代入すると式(39)を得ます．

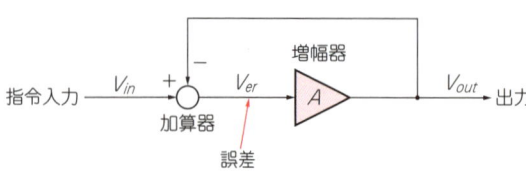

図10 原理的なサーボ・モデル($\beta = 1$ のとき)

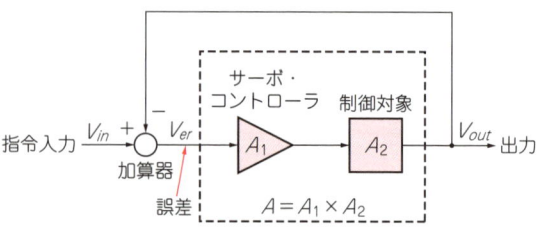

図11 制御対象の存在を明確にしたサーボ・モデル($\beta = 1$ のとき)

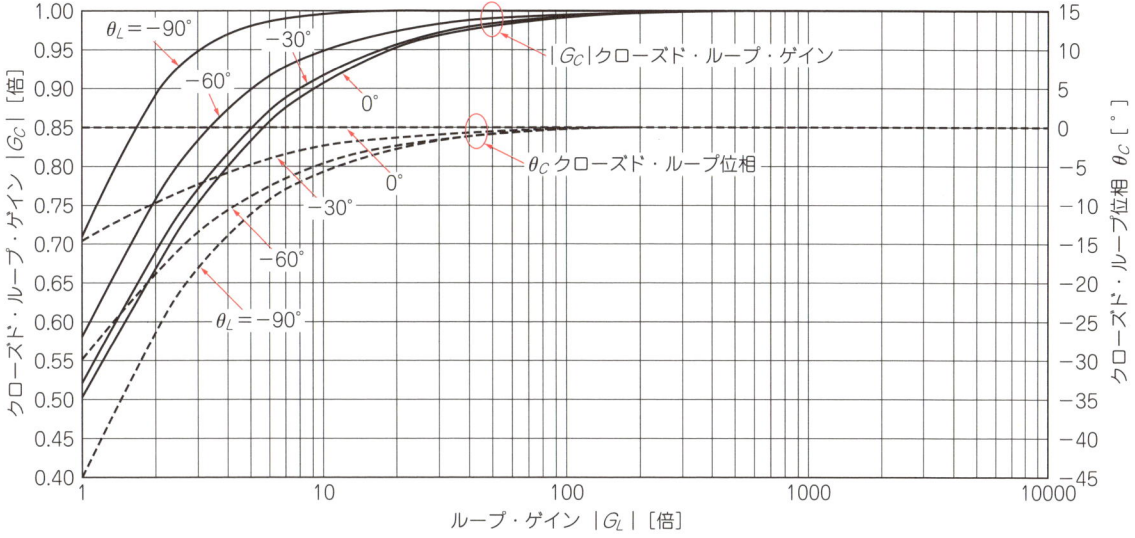

図12 現実的なサーボ・システムを作るために…ループ・ゲインが大きいほどサーボ効果が得られる(クローズド・ループ・ゲインが1.00倍に，位相が0°に近づく)
ループ・ゲインは，サーボのために使われてしまい，表向き見えないゲイン．このゲインが大きければ十分なサーボ効果が得られる

$$G_C = \frac{|G_L|(\cos\theta_L + j\sin\theta_L)}{(1+|G_L|\cos\theta_L) + j|G_L|\sin\theta_L}$$

$$= \frac{|G_L|(|G_L| + \cos\theta_L + j\sin\theta_L)}{(1+|G_L|\cos\theta_L)^2 + (|G_L|\sin\theta_L)^2}$$

$$= \frac{|G_L|}{\sqrt{1+2|G_L|\cos\theta_L + |G_L|^2}}$$

$$\angle \tan^{-1}\frac{\sin\theta_L}{|G_L|+\cos\theta_L} \quad \cdots\cdots (39)$$

したがって，クローズド・ループ・ゲインの大きさ $|G_C|$ と位相 θ_C は次の式(40)，(41)により求められます．

$$|G_C| = \frac{|G_L|}{\sqrt{1+2|G_L|\cos\theta_L+|G_L|^2}} \quad \cdots (40)$$

$$\theta_C = \tan^{-1}\frac{\sin\theta_L}{|G_L|+\cos\theta_L} \quad \cdots\cdots (41)$$

式(38)〜式(41)においては，$|G_L|$，$|G_C|$ の単位は[倍]，θ_L，θ_C の単位は[rad]です．

表1 ループ・ゲインに対するクローズド・ループ・ゲイン偏差とクローズド・ループ位相の値

$|G_L|$ [倍]	クローズド・ループ・ゲイン偏差($|G_C|-1$) [%]			
	$\theta_L = 0°$	$\theta_L = -30°$	$\theta_L = -60°$	$\theta_L = -90°$
10000	-0.01%	-0.01%	-0.01%	0.00%
1000	-0.10%	-0.09%	-0.05%	0.00%
100	-0.99%	-0.86%	-0.50%	0.00%
10	-9.09%	-8.07%	-5.08%	-0.50%
1	-50.00%	-48.24%	-42.26%	-29.29%

$|G_L|$ [倍]	クローズド・ループ位相 θ_C [°]			
	$\theta_L = 0°$	$\theta_L = -30°$	$\theta_L = -60°$	$\theta_L = -90°$
10000	0.0	0.0	0.0	0.0
1000	0.0	0.0	0.0	-0.1
100	0.0	-0.3	-0.5	-0.6
10	0.0	-2.6	-4.7	-5.7
1	0.0	-15.0	-30.0	-45.0

● 「サーボ効果」はループ・ゲインが大きいほど得られる

先ほど $\beta=1$ としました．これはクローズド・ループ・ゲインの大きさ $|G_C|=1$ 倍，位相 $\theta_C=0°$ が目標となるようなサーボ・システムです．入出力がともに正弦波電圧で，使用周波数範囲において入力が1Vのとき，理想的には出力も1V，位相差0°となるような場合です．

θ_L と θ_C の単位を[°]に変換し，$|G_L|$ と θ_L のいくつかの値に対する $|G_C|$ と θ_C の値を計算したのが図12と表1です．

図12では，ループ位相 θ_L を0°，-30°，-60°，-90°に設定し，それぞれにおいてループ・ゲイン $|G_L|$ を1〜10000倍まで変化させています．図12の横軸に $|G_L|$ をとり，クローズド・ループ・ゲイン $|G_C|$ を実線で(目盛は左縦軸)，クローズド・ループ位相 θ_C を点線で(目盛は右縦軸)それぞれ示しています．

このとき，適切なサーボ効果を得られる G_L の条件を図12のグラフから求めてみましょう．

▶ゲイン偏差±5％，位相偏差±5°の効果が得られるループ・ゲイン

指令値と制御出力がどのくらい差があっても許されるのかは，システムの使用目的によって異なりますが，ここでは出力電圧の偏差を±5％，位相差を±5°許容できる場合を考えます．

図12にはθ_Lの値によって曲線がいくつか用意されています．$\theta_L = -60°$としてみると，$\theta_L = -60°$の実線が$|G_C| = 0.95$（偏差$-5％$）のときは$|G_L| = 10$倍と読み取れます．また，$\theta_L = -60°$の点線が$\theta_C = -5°$のときは$|G_L| = 9$倍と読み取れます．

必要な値は，読み取った二つの値のより大きいほうです．すなわち，$\theta_L = -60°$であれば，$|G_L|$は10倍以上必要であることがわかりました．

▶ループ位相が90°と大きくずれているときにゲイン偏差±1％，位相偏差±2°の効果が得られるループ・ゲイン

次に$\theta_L = -90°$で許容偏差が±1％，位相差が±2°と，より厳しい場合を考えてみます．

図12の$\theta_L = -90°$の実線から$|G_C| = 0.99$（偏差$-1％$）のときは$|G_L| = 7$倍，$\theta_L = -90°$の点線から$\theta_C = -2°$のときは$|G_L| = 30$倍と読めます．すなわち，$\theta_L = -90°$のときは$|G_L|$は30倍以上必要です．

● ループ・ゲインは1000倍以上欲しい

図12によれば，$|G_L|$が1000倍程度以上であればθ_Lによらず$|G_C|$は1倍に，θ_Cは0°になっています．$|G_C| = 1$倍，$\theta_C = 0°$は式(37)の極限値$|G_{CI}|(=1)$，$\theta_{CI}(=0°)$に一致する値です．

$|G_L|$が100倍以下になると，$|G_C|$は1倍より低下しますがその程度はループ位相θ_Lによって異なります．$|G_L| = 10$倍においては，$\theta_L = -90°$では偏差（$|G_C|-1$）は約$-1％$ですが，$\theta_L = 0°$では約$-9％$となっています．

θ_Cも$|G_L|$が100倍以下になると，0°からのずれが大きくなりますが，その程度はループ位相θ_Lによって異なります．$|G_L| = 10$倍においては，$\theta_L = 0°$では$\theta_C = 0°$ですが，$\theta_L = -90°$では約$-6°$となります．

これらの数値を示したのが表1です．$\theta_L = -90°$では$|G_L|$が100倍以上であれば$|G_C|$の$|G_{CI}|(=1)$からの偏差はほぼ0％に，θ_Cは$-0.6°$以内となります．$\theta_L = 0°$では$|G_L| = 100$倍のときのゲイン$|G_C|$偏差は約$-1％$，$|G_L| = 1000$倍のときには約$-0.1％$となります．

以上から，クローズド・ループ・ゲイン$|G_C|$誤差は，ループ位相θ_Lが$-90°$のときが最も小さく，またθ_Lが0°のときに最も大きくなることがわかります．

▶ゲインに必要な条件が読み取れた

G_Lは周囲温度などの変化に対して変動する場合がありますが，変動範囲全域で上記条件を満たさなければなりません．

以上から「サーボ効果」を得るための条件がわかりました．これを満たすと同時に，第4章以降で求める「安定」である条件も満足することが必要です．

◆参考文献◆
(1) エヌエフ回路設計ブロック，周波数特性分析器FR5087/FR5097 Webページ．
http://www.nfcorp.co.jp/pro/mi/fra/fra5087_97/index.html
(2) R. David Middlebrook ; "Measurement of Loop Gain in Feedback Systems", International Journal of Electronics (vol.38, no.4, pages485 – 512, April 1975).

第3章 ノイズやひずみを低減したり，インピーダンスを調整したり

サーボにより得られる効果

● サーボをかけることで得られる効果はほかにも

第1章の図7に示したのは，ベクトル制御を加えた高効率モータ制御サーボ・システムの一例です．

ベクトル制御とは，電力効率やトルク効率を上げるサーボ技術です．つまり，ベクトル制御を実現するには，必要かつ十分なサーボ・システムが設計されていることが前提です．

サーボ・システムには次の二つの性能が求められます．

- 出力値が指令値に一致してサーボ効果が得られること
- 指令値の変化に安定して追従すること

第2章では，サーボをかけることにより得られるサーボ効果として，指令値（期待値）と出力値の差（誤差）を小さくするための定量的な設計方法を解説しました．本章では，そのほかのサーボ効果を紹介します．

(1) ひずみやノイズを減らせる
(2) 出力インピーダンスを増減する
(3) 入力インピーダンスを上げる

サーボにより得られる効果は，ほかにもたくさんありますが，ここでは性能に影響を与える代表的なものを採り上げます．

3.1 ひずみやノイズを減らす

● 自身のノイズだけでなく侵入してくるノイズも減る

サーボ・システムは，周辺回路が発生するスイッチング・ノイズや外部電波などのさまざまな外乱にさらされる可能性があります．また，サーボ・ループ内の配線の引き回しによって生じる共通インピーダンスの電圧降下や配線のインダクタンスなどにより，ひずみやノイズが生じることもあります．

サーボ・システムでは，フィードバックにより入出力を比較し，入力信号には存在しない信号成分を出力から除去しようとします．

指令入力信号には含まれない信号成分（以下，ノイズ）が混入する場所により，出力に与える影響が異なります．ノイズが発生したり混入したりする可能性のあるのは次の4個所です．サーボ効果によりどれくらい出力のノイズが低減するかを計算してみます．

(1) 増幅器の出力に発生するノイズ
(2) 増幅器の入力に発生するノイズ
(3) 帰還路の出力側に発生するノイズ
(4) 帰還路の入力側に発生するノイズ

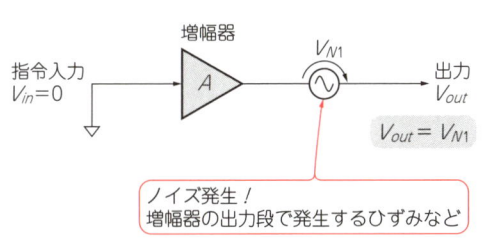

(a) フィードバックがない場合

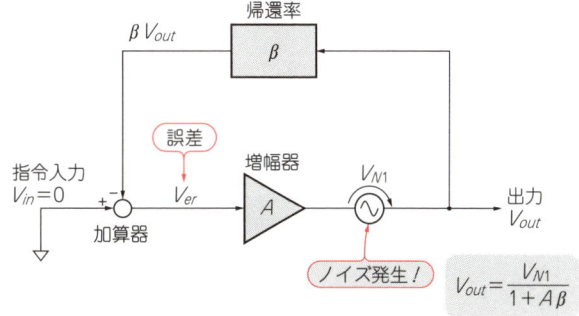

(b) フィードバックをかけた場合

図1 フィードバックをかけると増幅器の出力に発生するノイズV_{N1}が$1/(1+A\beta)$倍に減少する
$A\beta$を大きくするほどノイズが小さくなる

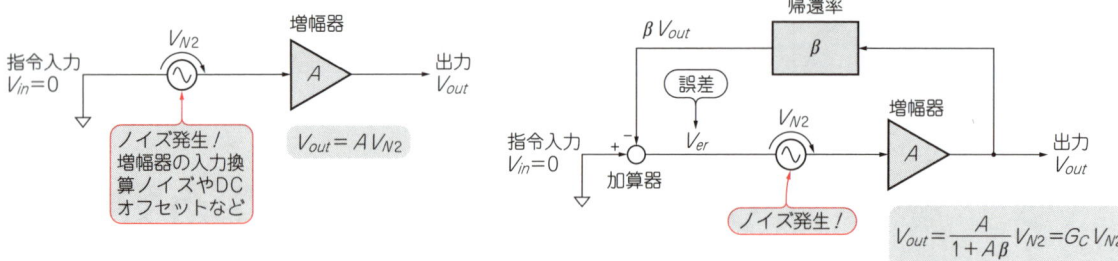

(a) フィードバックがない場合　　　**(b) フィードバックをかけた場合**

図2 フィードバックのノイズ低減効果…増幅器の入力に発生するノイズV_{N2}が無帰還時に比べて$1/(1+A\beta)$に小さくなって出力される
ノイズ電圧V_{N2}は$A\beta$を大きくしても，入力信号V_{in}と同じゲインで増幅されて出力されてしまう

① 出力部で発生するノイズの低減

▶ノイズの発生場所は出力段など

図1は，増幅器の出力にノイズV_{N1}[V]が発生する場合を示しています．

例えば，増幅器の出力段で発生するひずみなどがこれに相当します．出力段のひずみとはいえ，DC電源電圧に飽和して出力電圧振幅が制限されて発生するひずみや，出力電流が電流リミッタ機能により制限されることによるひずみなどの非線形動作によるひずみは，サーボにより改善することはできません．

▶出力されるノイズの大きさ

図1(a)のようにループを開きフィードバックをかけなければ，出力V_{out}に現れるノイズはV_{N1}そのものになります．

$$V_{out} = V_{N1} \cdots\cdots\cdots\cdots\cdots\cdots\cdots (1)$$

次に，図1(b)のようにフィードバックをかけた場合を考えると，次式が得られます．

$$V_{out} = AV_{er} + V_{N1} \cdots\cdots\cdots\cdots\cdots (2)$$
$$V_{er} = -\beta V_{out} \cdots\cdots\cdots\cdots\cdots\cdots (3)$$

ただし，V_{out}：出力電圧[V]，A：増幅器ゲイン[倍]，V_{er}：誤差電圧[V]，V_{N1}：ノイズ電圧[V]（サーボ・システムが扱う信号の種類は電流，電圧などさまざまだが，ここでは電圧とする）

式(2)と式(3)から，式(4)が得られます．

$$V_{out} = \frac{V_{N1}}{1+A\beta} \cdots\cdots\cdots\cdots\cdots (4)$$

▶$1/(1+A\beta)$に減る

式(4)からわかるように，フィードバックによるサーボ効果で，オープン・ループ時のノイズ電圧V_{N1}が$1/(1+A\beta)$倍に減少します．この$1+A\beta$を「帰還量」と呼びます．

図1(b)では，サーボ効果によりノイズが$1/$（帰還量）になります．ただし，ループ・ゲイン$A\beta$は周波数によって大きさと位相が変化するので，ノイズを低下さ

せたい周波数領域で，帰還量$(1+A\beta)$が十分に大きいことが必要です．

② 入力部で生じるノイズや混入するノイズの低減力

▶ノイズの発生場所

図2に，増幅器の入力にノイズV_{N2}が発生する場合を示します．

例えば，増幅器の入力換算ノイズや入力換算DCオフセットなどがこれに相当します．OPアンプのデータシートにはこれらの入力換算値が規定されています．また，外部ノイズが加算器やサーボ・コントローラの入力に混入すれば，入力ノイズV_{N2}になります．

▶出力されるノイズの大きさ

図2(a)のようにループを開きフィードバックがなければ，混入したノイズV_{N2}はA倍されて，AV_{N2}が出力されます．

$$V_{out} = AV_{N2} \cdots\cdots\cdots\cdots\cdots\cdots (5)$$

次に，図2(b)のようにフィードバックをかけた場合を考えると，次式が得られます．

$$V_{out} = A(V_{er} + V_{N2}) \cdots\cdots\cdots\cdots (6)$$
$$V_{er} = -\beta V_{out} \cdots\cdots\cdots\cdots\cdots\cdots (7)$$

式(6)と式(7)から，式(8)が得られます．

$$V_{out} = \frac{A}{1+A\beta}V_{N2} = G_C V_{N2} \cdots\cdots (8)$$

ここでG_Cは，第2章の式(4)で求めた「クローズド・ループ・ゲイン(V_{out}/V_{in})」です．

$$G_C = \frac{V_{out}}{V_{in}} = \frac{A}{1+A\beta} \cdots\cdots\cdots 第2章の式(4)$$

$1 \ll A\beta$とすると，次式のようになります．

$$V_{out} = \frac{1}{\beta}\frac{1}{\frac{1}{A\beta}+1}V_{N2} = \frac{V_{N2}}{\beta} \cdots\cdots (9)$$

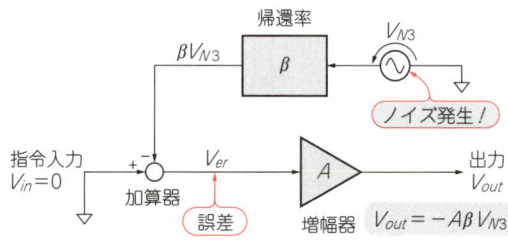
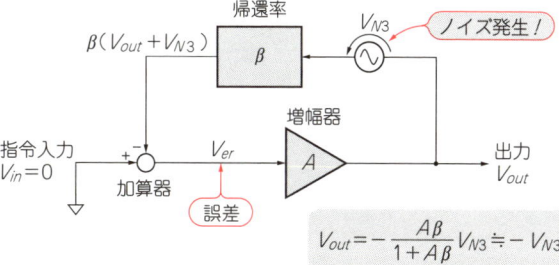

(a) フィードバックがない場合　　　　(b) フィードバックをかけた場合

図3 フィードバックのノイズ低減効果…帰還路の出力側に発生するノイズV_{N3}は大きさが変わらないままで出力される

▶ $1/(1+A\beta)$ に抑圧される

式(8)より，出力されるノイズは$1/(1+A\beta)$倍に小さくなります．この場合のサーボ効果も$1/$(帰還量)です．また，$1 \ll A\beta$とみなせれば，V_{N2}が$1/\beta$倍されて出力に現れることが，式(9)からわかります．

第2章で求めたように，$1 \ll A\beta$とみなせれば，$G_C = 1/\beta$［倍］であり，ノイズV_{N2}は$A\beta$をどんなに大きくしても，入力信号V_{in}と同じゲインで増幅されて出力に現れます．

③ 帰還路出力側で生じるノイズや混入するノイズの低減

▶ ノイズの発生場所

図3は，帰還路の出力側にノイズV_{N3}が発生する場合です．例えば，βの入力換算ノイズなどがこれに相当します．帰還部自体が発生するノイズだけでなく，配線を含むβ入力に混入する外部ノイズなども，出力ノイズ(V_{N3})になります．

▶ 出力されるノイズの大きさ

図3(a)において，ループを開きフィードバックをかけなければ（出力V_{out}とノイズV_{N3}の間でループを切断すると），混入したノイズV_{N3}は$-A\beta$倍されて，出力ノイズが$-A\beta V_{N3}$になります．

$$V_{out} = -A\beta V_{N3} \cdots\cdots\cdots\cdots\cdots\cdots\cdots (10)$$

図3(b)のようにフィードバックをかけた場合を考えると，次式が得られます．

$$V_{out} = AV_{er} \cdots\cdots\cdots\cdots\cdots\cdots\cdots\cdots (11)$$
$$V_{er} = -\beta(V_{out} + V_{N3}) \cdots\cdots\cdots\cdots\cdots (12)$$

式(11)と式(12)から，式(13)が得られます．

$$V_{out} = -\frac{A\beta}{1+A\beta}V_{N3} = -\beta G_C V_{N3} \cdots\cdots (13)$$

ここで，$1 \ll A\beta$であるとすると，第2章の式(7)で求めたように，クローズド・ループ・ゲイン$G_C = 1/\beta$なので，次のようになります．

$$V_{out} = -\beta\frac{1}{\beta}V_{N3} = -V_{N3} \cdots\cdots\cdots\cdots (14)$$

式(14)からは$1 \ll A\beta$とみなせる周波数領域では，V_{N3}が同一振幅，反転極性で出力に現れます．

▶ $1/(1+A\beta)$ に抑圧される

この場合も，式(13)が示すようにサーボ効果で，式(10)の出力ノイズが$1/(1+A\beta)$倍に小さくなったと考えることができます．小さくなったとはいえ，β回路の入力に混入したノイズV_{N3}はそのまま出力に現れるので，サーボ効果を期待する以前に，混入そのものを低減すべきです．

④ 帰還路入力側に混入するノイズの低減

▶ ノイズの発生場所

図4は帰還路の入力側にノイズV_{N4}が発生する場合です．例えば，帰還路と加算器の間のフィードバック信号線に重畳するノイズなどがこれに相当します．特に帰還部が加算器やサーボ・コントローラの入力から物理的に離れている場合は，両者間の信号接続線に，例えばスイッチング回路が発生するパルス・ノイズが重畳する恐れがあります．

▶ 出力されるノイズの大きさ

図4(a)のようにループを開きフィードバックをかけなければ，混入したノイズV_{N4}は$-A$倍されて，$-AV_{N4}$のノイズが出力されます．

$$V_{out} = -AV_{N4} \cdots\cdots\cdots\cdots\cdots\cdots\cdots (15)$$

次に，図4(b)のようにフィードバックをかけた場合を考えると，次式が得られます．

$$V_{er} = -(\beta V_{out} + V_{N4}) \cdots\cdots\cdots\cdots\cdots (16)$$
$$V_{out} = AV_{er} \cdots\cdots\cdots\cdots\cdots\cdots\cdots\cdots (17)$$

式(16)と式(17)から，式(18)が得られます．

$$V_{out} = -\frac{A}{1+A\beta}V_{N4} = -G_C V_{N4} \cdots\cdots (18)$$

3.1 ひずみやノイズを減らす

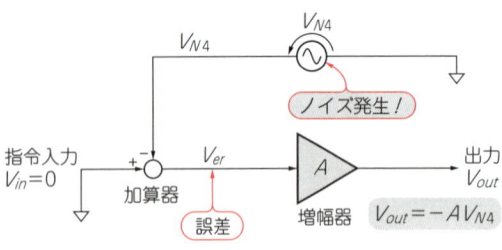
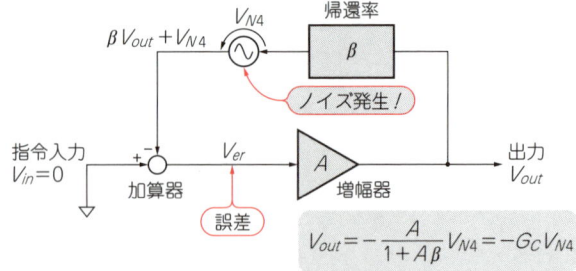

（a）フィードバックがない場合　　　　　　　　　　　　　（b）フィードバックをかけた場合

図4　フィードバックのノイズ低減効果…帰還路の入力側に発生するノイズV_{N4}は，入力信号V_{in}と同じゲインで増幅されて出力される

ここで，$1 \ll A\beta$とすると，次式のようになります．

$$V_{out} = -\frac{V_{N4}}{\beta} \quad \cdots\cdots\cdots\cdots\cdots\cdots (19)$$

式(18)は，極性以外は式(8)と同じで，ノイズはG_C倍されて出力されます．

▶ $1/(1+A\beta)$に抑圧される

　式(18)は，オープン・ループ時の出力ノイズ$-AV_{N4}$がサーボ効果により，その$1/(1+A\beta)$倍に小さくなったと見ることができます．

　この場合も，小さくなるとはいえ，どんなに$A\beta$を大きくしてもノイズV_{N4}は入力信号V_{in}と逆極性同一ゲインで増幅されて出力に現れます．

＊

● フィードバックだけではノイズはゼロにならない

　上記のように，フィードバックをかけてもノイズを完全にゼロにすることはできません．

　前述の四つの例では，フィードバックをかける前と比較すればノイズは小さくなっていますが，ノイズは必ず出力に現れます．

　増幅器入力，フィードバック信号と加算器接続部などに外部ノイズ源から重畳加算するノイズを最小限にするには，部品配置や接続経路の引き回しを最適化する必要があります．

　図4において，帰還部と加算器間の接続線に外部ノイズが混入して問題になる場合は，COM線と合わせて2本ペアであればこの2本の接続線が作るループの面積が最小になるようするとノイズが減ることがあります．このループは電波受信用の「ループ・アンテナ」として作用し，ノイズ源が発生する磁力線がループに鎖交すると，ノイズ電圧が信号に重畳します．また，2線をより合わせることもノイズ低減に効果があります．静電結合によりノイズが混入する場合は，シールド線を使用することも有効です．

　プリント基板上で，サーボ・コントローラ入力部のパターンにスイッチング回路のパルス電流が流れると，入力ノイズとして信号に加算されることがあります．信号が流れるラインと，電力回路のパルス電流が流れるラインが，「共通インピーダンス」とならないように部品を配置しパターンを引き回してください．

3.2　出力インピーダンスを小さくまたは大きくする

● 出力電流や出力電圧の変動を小さくできる

　サーボ・システムはフィードバックする対象パラメータ（電流や位相信号，角周波数信号など）に応じて，位置サーボや速度サーボ，ベクトル・サーボなどのさまざまな制御システムを構成できます．そのなかから，出力電圧をフィードバックする「定電圧サーボ」と，出力電流をフィードバックする「定電流サーボ」の出力インピーダンスに対する効果を解説します．

● 定電圧サーボと定電流サーボの働き

　定電圧サーボと定電流サーボは，それぞれ出力電圧と出力電流を指令に従わせるように制御します．そして，フィードバックにより，出力インピーダンスをそれぞれ減少および増大させることができます．

　定電圧出力の出力インピーダンスが小さければ，負荷抵抗値の変化に対する出力電圧の変動を小さくできます．逆に定電流出力の出力インピーダンスが大きければ，負荷抵抗値の変化に対する出力電流の変動を小さくできます．

　この場合の電圧変動と電流変動を「ロード・レギュレーション」と呼びます．定電圧サーボも定電流サーボもサーボ・システム出力のロード・レギュレーションを改善する効果があります．

　ベクトル制御はドライバの出力電流（モータ・コイル電流）に対する定電流サーボであり，コイル電流（出力トルク）のロード・レギュレーションを改善します．

■ 出力インピーダンスを下げたいときは「定電圧サーボ」

● 回路例…無帰還時の出力インピーダンスがZ_Oの場合

　図5は，出力端子から定電圧フィードバックがかけ

てあるサーボ・システムです．出力インピーダンスが$0\,\Omega$の増幅器Aの出力側にインピーダンスZ_Oを挿入しています．

外部の定電流源から出力端子に定電流I_Oを流し込むと，クローズド・ループ時の出力インピーダンスが求まります．

ここで，βの入力インピーダンスを$\infty\,\Omega$とすると，次式が得られます．

$$V_{out} = AV_{er} + Z_O I_O \cdots\cdots\cdots\cdots\cdots\cdots (20)$$
$$V_{er} = -\beta V_{out} \cdots\cdots\cdots\cdots\cdots\cdots\cdots (21)$$

出力端子から見たサーボ・システムの出力インピーダンスをZ_{OC}とおけば，式(20)と式(21)から式(22)が得られます．

$$Z_{OC} = \frac{V_{out}}{I_O} = \frac{Z_O}{1+A\beta} \cdots\cdots\cdots\cdots\cdots (22)$$

式(22)はオープン・ループ時の出力インピーダンスZ_Oが，定電圧サーボ効果によって$1/(1+A\beta)$倍に減少することを示しています．

■ 出力インピーダンスを上げたいときは「定電流サーボ」

● 回路例1…無帰還時の出力インピーダンスがR_Sの場合

図6は，出力インピーダンスが$0\,\Omega$の定電圧増幅器Aの出力電流をシャント抵抗R_Sで検出して，定電流フィードバックをかけています．

R_Sの端子電圧をβを経て定電流フィードバックをかけます．βの入力インピーダンスは$\infty\,\Omega$とします．また，このサーボ・システムの出力インピーダンスを測定するために，外部の定電流源から出力端子に定電流I_Oを流し込んでいます．

図6から次式が得られます．

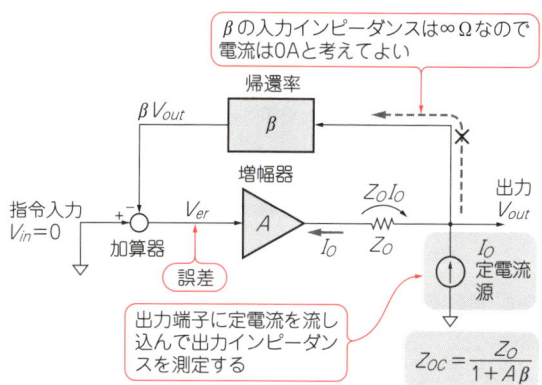

図5 無帰還時の出力インピーダンスがZ_Oのアンプに定電圧サーボをかける
定電圧サーボ効果により，出力インピーダンスZ_Oは$1/(1+A\beta)$倍に減る

$$V_{er} = \beta R_S I_O \cdots\cdots\cdots\cdots\cdots\cdots\cdots (23)$$
$$V_{out} = AV_{er} + R_S I_O \cdots\cdots\cdots\cdots\cdots (24)$$

図6のβ出力信号に負号が付いているのは，I_Oの極性（矢印の方向）が増幅器出力から負荷に向かう方向とは逆極性だからです．

サーボ・システムの出力インピーダンスZ_{OC}は，式(23)と式(24)から，式(25)のように求められます．

$$Z_{OC} = \frac{V_{out}}{I_O} = (1+A\beta)R_S \cdots\cdots\cdots (25)$$

式(25)は，定電流フィードバックをかけると，出力インピーダンスがシャント抵抗R_Sの$(1+A\beta)$倍に増大することを示しています．

● 回路例2…無帰還時の出力インピーダンスがZ_Oの場合

図7は，出力インピーダンスが$\infty\,\Omega$の定電流増幅器Aに定電流フィードバックをかけています．

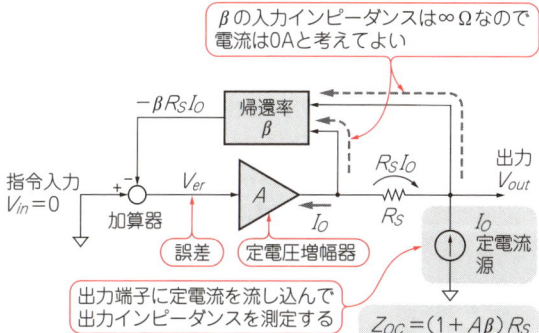

図6 無帰還時の出力インピーダンスがR_Sのアンプに定電流サーボをかける
定電流サーボ効果により，出力インピーダンスはシャント抵抗R_Sの$(1+A\beta)$倍に増える

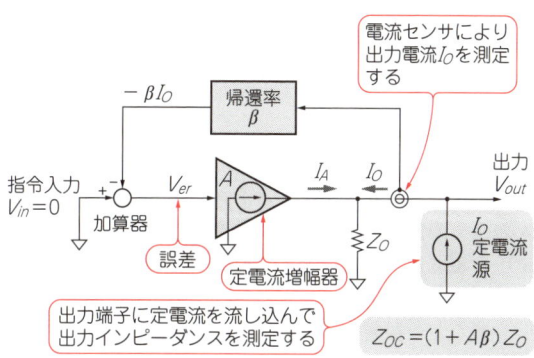

図7 無帰還時の出力インピーダンスがZ_Oのアンプに定電流サーボをかける
定電流サーボ効果により，出力インピーダンスは$(1+A\beta)$倍に増える

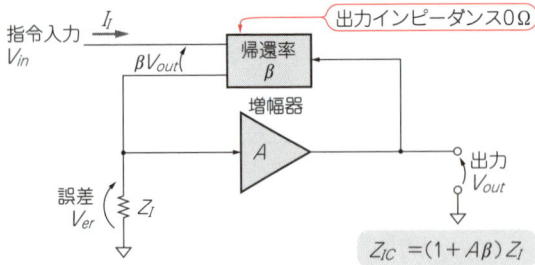

図8 直列加算サーボの入力インピーダンスは？
サーボ効果により，入力インピーダンスは$(1+A\beta)$倍に増える

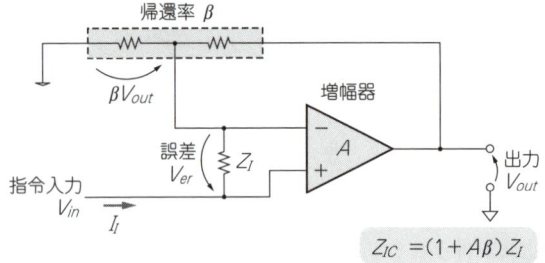

図9 図8の具体例

定電流増幅器Aの出力と並列に無帰還時の出力インピーダンスに相当するZ_Oを接続し，出力電流I_Oを電流センサにより検出しています．電流センサの挿入インピーダンスは0Ωとします．また，外部の定電流源から出力端子に定電流I_Oを流し込んでいます．

図7から次式が得られます．

$$I_A + I_O = \frac{V_{out}}{Z_O} \cdots\cdots\cdots\cdots\cdots\cdots\cdots\cdots (26)$$
$$I_A = AV_{er} \cdots\cdots\cdots\cdots\cdots\cdots\cdots\cdots\cdots\cdots (27)$$
$$V_{er} = \beta I_O \cdots\cdots\cdots\cdots\cdots\cdots\cdots\cdots\cdots\cdots (28)$$

図7のβ回路の出力信号に負号が付いている理由は，I_O極性(矢印の方向)が増幅器出力から負荷に向かう方向とは逆極性だからです．式(26)～式(28)からI_Aを消去して整理すると，サーボ・システムの出力インピーダンスZ_{OC}として次式を得ます．

$$Z_{OC} = \frac{V_{out}}{I_O} = (1+A\beta)Z_O \cdots\cdots\cdots\cdots (29)$$

式(29)はオープン・ループ時の出力インピーダンスZ_Oが定電流サーボ効果によって$(1+A\beta)$倍に増大することを意味しています．

3.3　入力インピーダンスを上げる

● 信号源の負担が軽くなる

サーボ効果により，誤差入力端子間の入力インピーダンスを増大させたり，入力素子の値に一致させたりできます．

入力インピーダンスが大きくなれば，信号の供給源の負担が軽くなります．また，入力インピーダンスを入力抵抗の値に一致させることができれば，入力信号電圧を電流に変換できます．帰還インピーダンスをR，C，Lなどに置き替えることにより，増幅器や積分器，微分器などの機能が得られます．

応用例としてOPアンプ積分器があります．これは入力電圧比例の電流を帰還路のコンデンサに流し，コンデンサ端子電圧を入力電圧の積分演算出力として得ています．

● 回路例…直列加算サーボの場合

実際のモータ制御では，多くの直列加算サーボ(非反転増幅器)が利用されています．

図8は，入力インピーダンスが∞Ωの増幅器Aの入力に，無帰還時の入力インピーダンスとしてZ_Iを接続した直列加算定電圧サーボです．β回路の出力インピーダンスは0Ωとします．図8から次式が得られます．

$$V_{er} = V_{in} - \beta V_{out} \cdots\cdots\cdots\cdots\cdots\cdots (30)$$
$$V_{out} = AV_{er} \cdots\cdots\cdots\cdots\cdots\cdots\cdots\cdots (31)$$
$$I_I = \frac{V_{er}}{Z_I} \cdots\cdots\cdots\cdots\cdots\cdots\cdots\cdots\cdots (32)$$

式(30)～式(32)からV_{er}[V]とV_{out}[V]を消去して整理すると，クローズド・ループ時の入力インピーダンスZ_{IC}[Ω]として式(33)が得られます．

$$Z_{IC} = \frac{V_{in}}{I_I} = (1+A\beta)Z_I \cdots\cdots\cdots\cdots (33)$$

式(33)から，オープン・ループ時の入力インピーダンスZ_I[Ω]を，直列加算サーボにより$(1+A\beta)$倍に増大できることがわかります．

● 具体例…OPアンプの同相増幅器

直列加算サーボの具体例として，図9にOPアンプの同相増幅器を示します．Z_I[Ω]が帰還回路の出力インピーダンスより十分に大きいとすれば，図9においても式(30)～式(32)が成り立ちます．

◆参考文献◆
(1) 金井 元；トランジスタ回路設計，1974/3/31，日刊工業新聞社．

コラム1　並列加算サーボの入力インピーダンスの求め方

実際のモータ制御では，加算はソフトウェアで処理され，回路で組まれることは少なくなりました．しかし，並列加算器はOPアンプの回路ではよく使われる回路です．ここでは，並列加算サーボの入力インピーダンスの求め方を示します．

● 並列加算サーボの入力インピーダンス

図AはOPアンプを使用した反転増幅器と呼ばれる回路です．この回路は並列加算サーボの一例です．

図Aにおいて，

$$\alpha = \frac{R_2}{R_1+R_2}, \quad \beta = \frac{R_1}{R_1+R_2} \quad \cdots\cdots (A)$$

とおくと，「重ねの理」から次式が成り立ちます．

$$V_{er} = \alpha V_{in} + \beta V_{out} \quad \cdots\cdots (B)$$
$$V_{out} = -A V_{er} \quad \cdots\cdots (C)$$

式(B)と式(C)からV_{out} [V]を消去して整理します．

$$V_{er} = \frac{\alpha}{1+A\beta} V_{in} \quad \cdots\cdots (D)$$

入力電流I_{in} [A]は，次のようになります．

$$I_{in} = \frac{V_{in}-V_{er}}{R_1} = \frac{V_{in}}{R_1}\left(1 - \frac{\alpha}{1+A\beta}\right) \cdots (E)$$

よって，並列加算サーボの入力インピーダンスZ_{IC} [Ω]は，次のようになります．

$$Z_{IC} = \frac{V_{in}}{I_{in}} = \frac{1+A\beta}{1+A\beta-\alpha} R_1 \quad \cdots\cdots (F)$$

ここで，$1 \ll A\beta$かつ$\alpha/\beta = R_2/R_1 \ll A$であるとすれば式(G)となり，入力インピーダンス$Z_{IC}$ [Ω]はR_1 [Ω]に等しくなります．

$$Z_{IC} = \frac{\frac{1}{A\beta}+1}{\frac{1}{A\beta}+1-\frac{R_2/R_1}{A}} R_1 = R_1 \quad \cdots\cdots (G)$$

図Aのブロック図として図Bが得られます．図Bにおいても，式(A)～式(C)が成り立ちます．

● 並列加算サーボのクローズド・ループ・ゲインを求める

ここで図Aのクローズド・ループ・ゲインG_Cを求めます．式(B)と式(C)から次式が得られます．

$$G_C = \frac{V_{out}}{V_{in}} = -\frac{A\alpha}{1+A\beta} \text{[倍]} \cdots\cdots (H)$$

式(H)右辺の分子，分母を$A\beta$で割ると，

$$G_C = -\frac{\alpha}{\beta}\frac{1}{\frac{1}{A\beta}+1} \quad \cdots\cdots (I)$$

が得られます．ここで$1 \ll A\beta$とみなせるときは，G_Cは次式で与えられます．

$$G_C = -\frac{\alpha}{\beta} = -\frac{R_2}{R_1} \quad \cdots\cdots (J)$$

並列加算定電圧サーボのクローズド・ループ・ゲインG_Cは，第2章の式(6)の直列加算時のゲインで求めた$1/\beta$ではなく，式(J)となります．

OPアンプ回路のゲインを求めると「非反転増幅器」は$1/\beta$ですが，「反転増幅器」では$1/\beta$とはならず戸惑った記憶があります．上記がその理由でした．

図A　並列加算サーボの入力インピーダンスを求める回路
入力インピーダンスはR_1に等しくなる

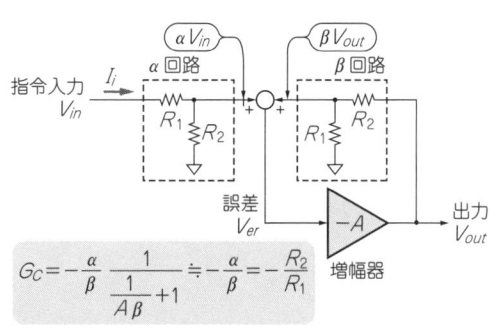

図B　図Aのブロック図

第4章 ステップ応答, ボーデ線図, ナイキスト線図, ニコルス線図の使い方

サーボの安定性は位相余裕で評価する

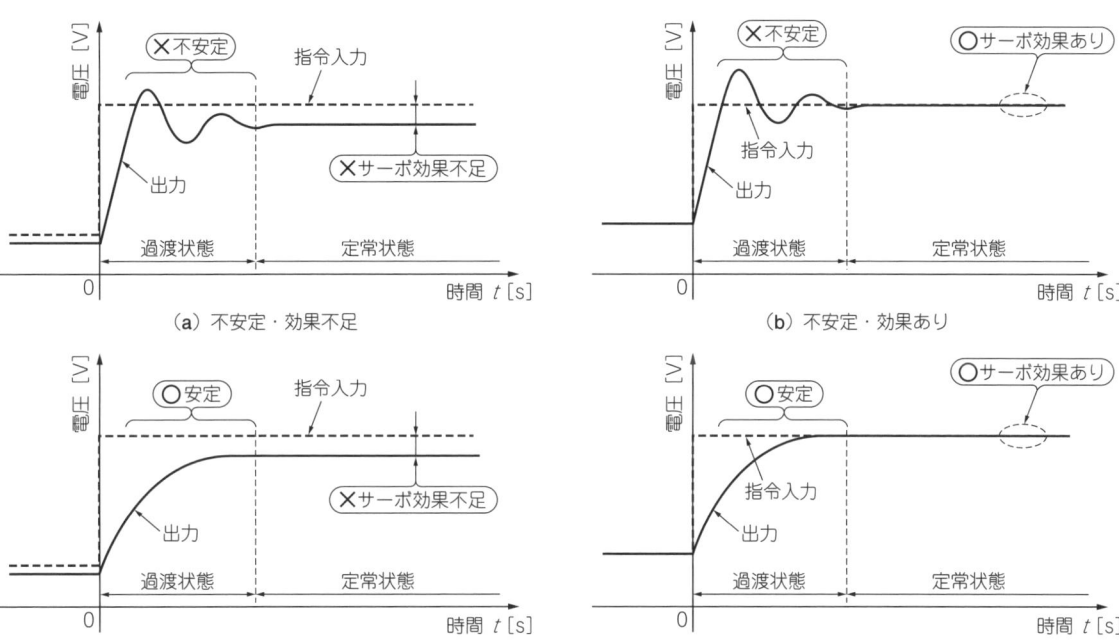

図1 サーボ・システムの基本性能「サーボ効果と安定性」は四つの状態に分けて評価する
理想的なサーボ・システムは, 過渡状態で不安定な動作がなく, 定常状態で指令値と出力値が一致する

ベクトル制御とは, 電力効率やトルク効率を上げるサーボ制御技術です. ベクトル制御の実現には, 負荷変動に強く出力値が期待の制御値と一致し, かつ安定なサーボ・システムが設計されていることが前提です.

サーボ・システムには, 次の二つの条件が求められます.

- 出力値が指令値と一致してサーボ効果が得られること
- 指令値や動作条件の変化に安定して追従すること

本章では, ステップ応答, ボーデ線図, ナイキスト線図, ニコルス線図の四つのツールから得られる情報から, 安定性を評価する方法を説明します.

4.1 「サーボ効果」と「安定性」を両立させる

● 安定性は過渡状態に, サーボ効果は定常状態に現れる

図1(再掲)に示すように, サーボの状態は安定性とサーボ効果の組み合わせにより, 四つに分けられます.

サーボ・システムは, 指令入力が変化すると追従します. これを「過渡応答」と言います. 過渡状態の出力信号の波形を調べると, サーボの安定性がわかります. 出力の変動が収まった後を「定常状態」といい, 収束した値と目標値との差分がサーボ効果を示します.

● サーボ効果と安定性を両立させたい

DCにおけるループ・ゲインが大きいほど, 定常状態での指令値と出力値の差分(定常偏差)が小さくなり,

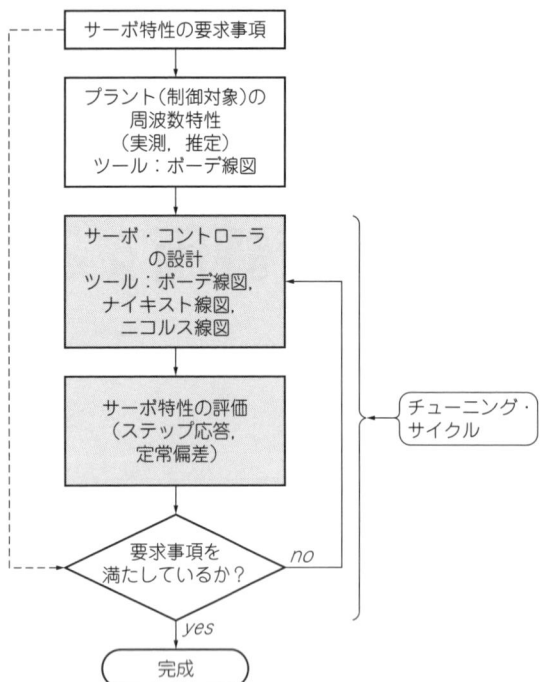

図2 設計と評価を繰り返すサーボ性能のチューニング・サイクル
実用上の問題の評価は時間軸上の応答を調べ，制御特性の改善はサーボ・ループの周波数軸上の応答から検討するのが一般的

確実にサーボ効果が得られます．それに対して，サーボの安定性は，ループ・ゲインの周波数特性（位相余裕やゲイン余裕）により決まります．

サーボの高速応答のためには，ループの周波数帯域を広くすることが必要ですが，それまで考慮せずにすんだ要素の特性が現れることにより，安定化が難しくなることがあります．逆に，より安定を目指してループ・ゲインを減少させ帯域を狭めれば応答は遅くなり，定常偏差も大きくなります．

あちらを立てればこちらが立たずの状況のなかで，最適条件を見つけることがサーボ設計と言えるかもしれません．

● **安定と不安定の定義**
サーボの安定性は，制御理論上は次のように定義されます．

- 安定：過渡現象が収束して定常状態になること
- 不安定：過渡現象が収束せずに発散すること

その振動が限りなく持続するか，または振動が次第に増大して発散する場合は不安定で，振動があっても次第に収束すれば安定であると言えます．

安定とは，指令値が変化したり動作条件が変化したりなどの要因により，サーボに過渡的な振動が発生したとしても，時間とともに減衰しやがて消滅するとい

う意味です．過渡振動がまったく発生しないという意味ではありません．

過渡状態が収束して安定になっても，実用上は不安定とみなされることがあります．それは振動のオーバーシュート（行き過ぎ量）やアンダーシュート（戻り過ぎ量），振動そのものが，サーボ・システムが適用される最終システムの障害となる場合です．例えば，わずかなオーバーシュートでも機械的な衝突などが発生するシステムの場合は，少しのオーバーシュートも許されません．

4.2 サーボ・システムを評価する四つのツール

● **設計と評価を繰り返しながら作り上げる**

サーボ・システムに求められる要求事項からサーボ・ループを設計し，実機評価を経て完成に至るまでのチューニング・サイクルを図2に示します．

サーボ特性の要求事項をもとに，プラント（モータなどの制御対象）の周波数特性を実測または推定して，サーボ・コントローラを設計します．設計した結果は，シミュレーションや実機動作で確認します．設計指標は周波数特性ですが，多くの場合，評価は時間応答や定常偏差を測定します．測定した結果からサーボ特性の要求事項を満たしているかを評価・判定し，NGの場合は，サーボ・コントローラの設計をやり直します．設計と評価を繰り返す試行錯誤を経て完成させます．

実用上の問題の評価はサーボ・システムの時間軸上の応答を調べることで行い，制御特性の改善はサーボ・ループの周波数軸上の応答から検討するのが一般的です．

■ 四つの評価ツール

● **ツール①ステップ応答…波形から安定性がわかる**

サーボの安定性が直感的にわかるのは，時間軸上で描画されるステップ応答です．オーバーシュートの大きさや収束時間から，ざっくりとサーボの安定度の具合がわかります．

設計指標は周波数特性（位相余裕とゲイン余裕）ですが，サーボの安定度の評価では，まず時間軸上で出力応答を確認するのが一般的です．

● **ツール②ボーデ線図…周波数特性を見る**

ステップ応答波形は，サーボ・システムが安定しているかどうかをおおざっぱに判断できますが，定量的な評価は十分にはできません．そこで，横軸に周波数軸をもつボーデ線図を使用します．

各周波数におけるループ・ゲインの大きさ $|G_L|$ とその位相 θ_L をプロットした図から，位相余裕とゲイン余裕を求めて，サーボの安定性を定量的に評価します．

ボード線図の縦軸は$|G_L|$[dB]とθ_L[°]で,横軸は周波数[Hz](対数目盛り)です.

● **ツール③ナイキスト線図…問題となる正帰還を見つける**

ナイキスト線図は,ボード線図と同様にループ・ゲインの大きさ$|G_L|$とその位相θ_L情報をもつベクトルの軌跡をプロットした図です.ボード線図と異なり,軌跡上に周波数の情報がありませんが,ループが切れる($|G_L|=0$ dBとなる)個所と正帰還になる範囲が視覚的に読み取れます.ナイキスト線図の実軸,虚軸はともにリニア目盛りです.

図3のように,極座標平面上の原点を支点にループ・ゲインG_Lのベクトルの矢を置き,周波数の変化に伴って動く矢の先端の軌跡(G_L軌跡)を描きます.

矢の長さがループ・ゲインの大きさ$|G_L|$[倍]で,実軸の正方向と矢のなす角度がループ位相θ_L[°]です.θ_Lが0°のときのベクトルは実軸の正方向と一致し,$\theta_L=-180°$のときは実軸の負方向と一致します.ループ位相θ_Lの進み方向を反時計方向,遅れ方向を時計方向とします.周波数が高くなるにつれて位相θ_Lが遅れる場合は,周波数の高低変化によって矢の先端は,図3のように動きます.

ループが切れる個所が一目でわかる円Ⅰと,正帰還となる領域がわかる円Ⅱを追加しています(コラム1,2参照).ナイキスト線図は周波数情報を除けばボード線図と同様の情報を表していますが,円Ⅰと円ⅡとともにG_L軌跡を見ることで,安定性などの判別を直観的に行える特徴をもっています.

● **ツール④ニコルス線図…クローズド・ループ・ゲインの等高線**

ループ・ゲイン特性からクローズド・ループ特性がわかるグラフとして,図11(a)に示すニコルス線図があります.縦軸はループ・ゲイン$|G_L|$[dB],横軸はループ位相θ_L[°]で,ともにリニア目盛りです.これらの両軸の値に対応するクローズド・ループ・ゲイン$|G_C|$[dB]と位相θ_C[°]がプロットされています.

サーボ・ループの設計においてニコルス線図を見ることによって,ループ・ゲインG_L特性をどのようにすればクローズド・ループ・ゲインG_Cのピーク値をどの程度に抑えられるかなどの検討ができます.

横軸θ_Lの右端は0°ですが,負帰還なので一巡の位相としては$-180°$,また$-180°$は一巡の位相としては$-360°(0°)$を意味します.$|G_C|$は帰還率$\beta=1$[倍]のときの値なので,理想値は0 dBになります.

$|G_C|$およびθ_Cの同じ値の点どうしはそれぞれ曲線で結ばれており,地形図でいえば等高線に相当します.

クローズド・ループ・ゲイン$|G_C|$と位相θ_Cは,それぞれ$|G_L|$,θ_Lの組み合わせで決まります.ループ・ゲインやループ位相のどちらかのみで,サーボの安定性を判断できないことがニコルス線図からわかります.

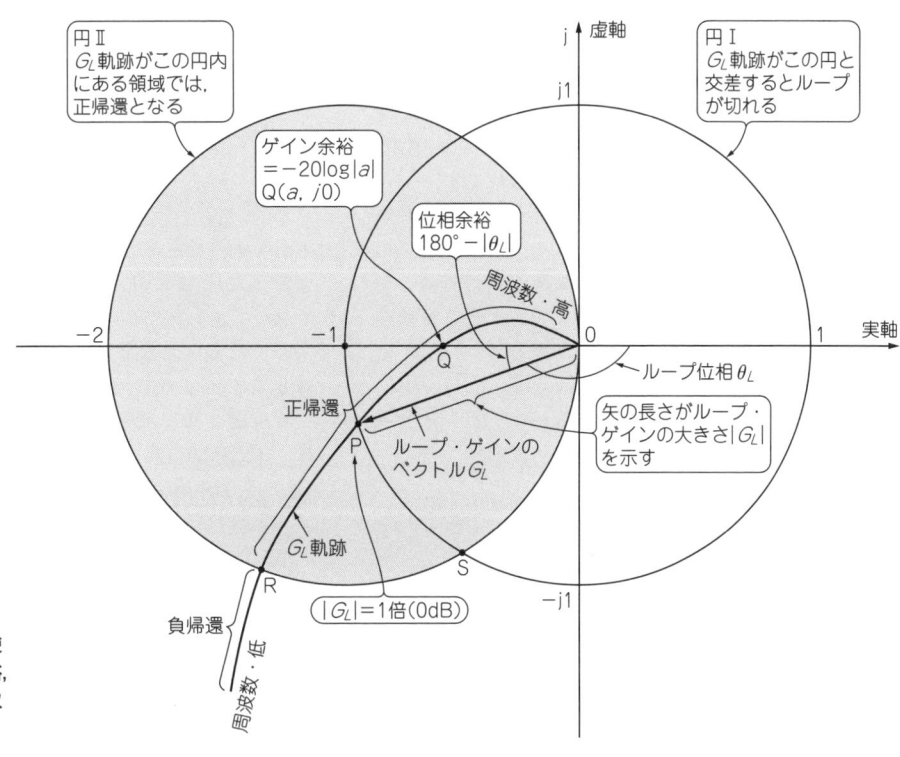

図3 ナイキスト線図を使うと位相余裕,ゲイン余裕,正帰還となる領域を読み取ることができる

ナイキスト線図の円IIはG_L軌跡がこの円内に侵入すると正帰還になることを示しています．この円II上の$|G_L|$［dB］とθ_L［°］の値をニコルス線図上にプロットしたのが図11(b)に示すPFB Limitの線です．このPFB Limit線上のいくつかの点を見ると，すべて$|G_C|=|G_L|$であることがわかります．この線の上側(低周波領域)は$|G_C|<|G_L|$，下側(高周波領域)は$|G_C|>|G_L|$となっています．

ニコルス線図は帰還率$\beta=1$として描いてあるので，下側では無帰還時ゲイン$A(=|G_L|)$よりも閉ループ・ゲイン$|G_C|$のほうが大きく正帰還となります．

PFB Limit線を追加することにより，$|G_C|$やθ_Cの値だけでなく，正帰還や負帰還も知ることができます．もし，周波数全域で正帰還になることを避けようとすれば，$|G_L|$が十分に低下する高周波域まで$\theta_L>-90°$とする必要があることがわかります．

4.3　安定性評価の指標は「位相余裕」

● 位相余裕とは

サーボ・システムの安定性を設計，評価するガイドライン(指標)は，サーボ・ループの一巡のゲインであるループ・ゲインG_Lの周波数特性の位相余裕です．

ループ・ゲイン$|G_L|$が0 dBとなる周波数f_{cut}におけるループ位相θ_Lと，$-180°$の間の位相差が「位相余裕，PM(phase margin)」です．設計するサーボ・システムにより異なりますが，安定したサーボ効果を得るための位相余裕のガイドラインは，次のようになります．

【位相余裕のガイドライン】
ループが切れる前に正帰還とならないためには
位相余裕$\geq 60°$

● ナイキスト線図を使うとループ・ゲインと位相余裕の関係が一目瞭然

ナイキスト線図に設計のガイドラインとなる位相余裕が60°となる点を目指して設計します．ベクトルG_Lの矢の先端が図3の点Sのときは$\theta_L=-120°$で，位相余裕は60°です．

図3のように，G_L軌跡が周波数が高くなるにしたがって，円Iと円IIの交点である点Sを通過する場合は，この点でループが切れると同時に正帰還領域に入

コラム1　ナイキスト線図上に円を描くと安定性が一目でわかる

図3のように，ナイキスト線図上に次の二つの円を描いておくと，安定性を検討するのに便利です．

● ループ・ゲイン$|G_L|$が1倍となる円I：原点(0, j0)中心，半径1の円($|G_L|=1$)

ループ・ゲインのベクトルG_Lの軌跡が円Iと交差する点Pは，ループ・ゲイン$|G_L|$が1(=0 dB)となる点です．点Pにおいてループが切れます．

点Pと原点を結ぶ直線と負の実軸とのなす角が位相余裕($=180-|\theta_L|$)です．

周波数の増大にともなって，軌跡が負の実軸と交差する点Qの座標を(a, j0)とすると，その実軸座標aの絶対値のdB値と0 dBの差がゲイン余裕($=-20\log|a|$)になります．例えば，点Qの座標が(-0.1, j0)であれば，$a=-0.1$からゲイン余裕は20 dB($=-20\log|-0.1|$)となります．

● 正帰還の範囲を表す円II：点(-1, j0)中心，半径1の円($|1+G_L|=1$)

サーボ・システムにおいて，フィードバックをかけない(帰還路を切断した)ときの入出力ゲインG_Nは式(A)で表されます．

$$G_N = \frac{V_{out}}{V_{in}} = A \cdots\cdots(A)$$

式(A)と第2章の式(4)から式(B)が得られます．

$$G_C = \frac{V_{out}}{V_{in}} = \frac{A}{1+A\beta} \cdots\cdots 第2章の式(4)$$

$$\frac{G_C}{G_N} = \frac{1}{1+A\beta} = \frac{1}{1+G_L} \cdots\cdots(B)$$

$|G_N|<|G_C|$であるということは，フィードバックをかけることにより，クローズド・ループ・ゲイン$|G_C|$がフィードバックをかける前のゲイン$|G_N|$より大きくなる，すなわち正帰還となっていることを意味します．

正帰還とならないための条件$|G_N|>|G_C|$となるには，式(B)から式(C)であることがわかります．

$$1 < |1+G_L| \cdots\cdots(C)$$

式(C)の条件は，G_L軌跡が円II($|1+G_L|=1$)の内部に入らないことなので，G_L軌跡が円IIの内部に入る領域で正帰還となることが判別できます．また，$1+A\beta=1+G_L$を「負帰還量」，あるいは単に「帰還量」と呼びます．

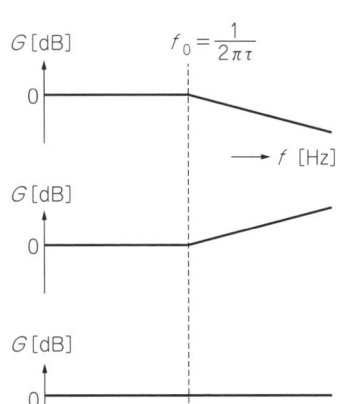

コラム2　ナイキスト線図上の円の描き方

　ナイキスト線図にループ・ゲイン軌跡をプロットし，さらに**図3**に示す円Ⅰ，円Ⅱを描くと，軌跡と円の相互関係からサーボ安定性に関するさまざまな情報が得られることを**コラム1**に述べました．以下に，LTspiceのグラフ上にこれらの円を描く方法を示します．以下に述べる「伝達要素」や「伝達関数」については第5章を参照してください．

● 円Ⅰの伝達関数を求める

　円Ⅰは，複素平面上の原点を中心とする半径1の円です．円の半径は周波数の変化にかかわらず常に1であり，位相のみが周波数変化に応じて0°～360°の範囲で変化します．このようなゲイン／位相の周波数特性をもつ伝達要素が得られれば，そのベクトル軌跡として円Ⅰを描くことができます．

　後述する第5章の表1に示す8種類の伝達要素のなかから，「1次遅れ」と「変形1次進み」の折れ線近似特性を**図A**(a)，(b)に示します．伝達関数は，それぞれ式(D)，式(E)で表されます．

$$F_1(s) = \frac{1}{s\tau + 1} \cdots\cdots (D)$$

$$F_2(s) = s\tau - 1 \cdots\cdots (E)$$

ただし，τ：時定数［s］

　図の$F_1(s)$，$F_2(s)$の特性を比較すると，両者のゲイン［dB］および位相［°］をそれぞれ加算した特性は，ゲインが0 dBで一定，位相が0～180°の範囲内を変化することがわかります．この加算特性は両者の伝達要素の直列結合により得られます．直列結合した伝達関数$F_3(s)$は式(F)で表され，特性は**図A**(c)のようになります．

$$F_3(s) = F_1(s) \cdot F_2(s) = \frac{s\tau - 1}{s\tau + 1} \cdots\cdots (F)$$

　さらに，位相範囲を2倍の0～360°とするためには，伝達要素$F_3(s)$を2段直列結合すればよいことがわかります．その伝達関数$G_1(s)$は次式で表されます．

$$G_1(s) = F_3(s) \cdot F_3(s) = \left(\frac{s\tau - 1}{s\tau + 1}\right)^2 \cdots\cdots (G)$$

　式(G)の$G_1(s)$が求める円Ⅰの伝達関数です．

● 円Ⅱの伝達関数を求める

　円Ⅱは，前項で求めた円Ⅰを実軸の負方向に1だけ平行移動したものです．
　一般に，複素平面上の点$(a + jb)$を実軸の負方向に1だけ平行移動した点は$(a-1) + jb$となります．したがって，円Ⅱの伝達関数を$G_2(s)$とすれば

(a) 1次遅れ：$F_1(s)$
$F_1(s) = \frac{1}{s\tau + 1}$

(b) 変形1次進み：$F_2(s)$
$F_2(s) = s\tau - 1$

(c) $F_3(s) = F_1(s) \cdot F_2(s)$
$F_3(s) = \frac{s\tau - 1}{s\tau + 1}$

(d) 円Ⅰ：$G_1(s)$
$= F_3(s) \cdot F_3(s)$
$G_1(s) = \left(\frac{s\tau - 1}{s\tau + 1}\right)^2$

図A　伝達関数のゲイン，位相特性

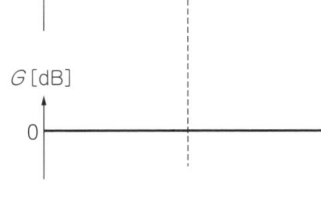

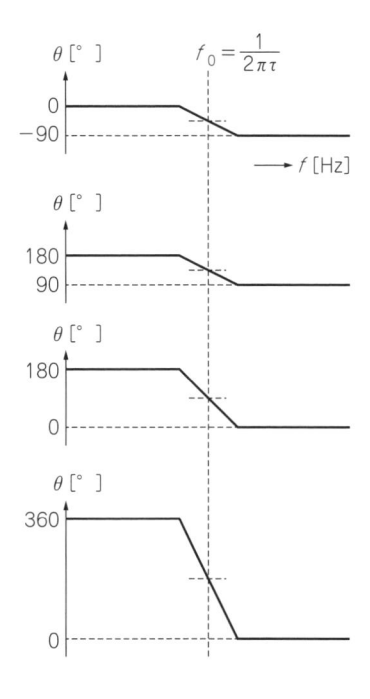

コラム2　ナイキスト線図上の円の描き方(つづき)

$$G_2(s) = G_1(s) - 1 = \left(\frac{s\tau - 1}{s\tau + 1}\right)^2 - 1 \quad \cdots\cdots (H)$$

が得られます．

● シミュレーションで円を描く

上記の式(G)，式(H)の伝達関数 $G_1(s)$，$G_2(s)$ を LTspice の伝達要素に設定してシミュレーションします．シミュレーション回路図を図Bに示します．

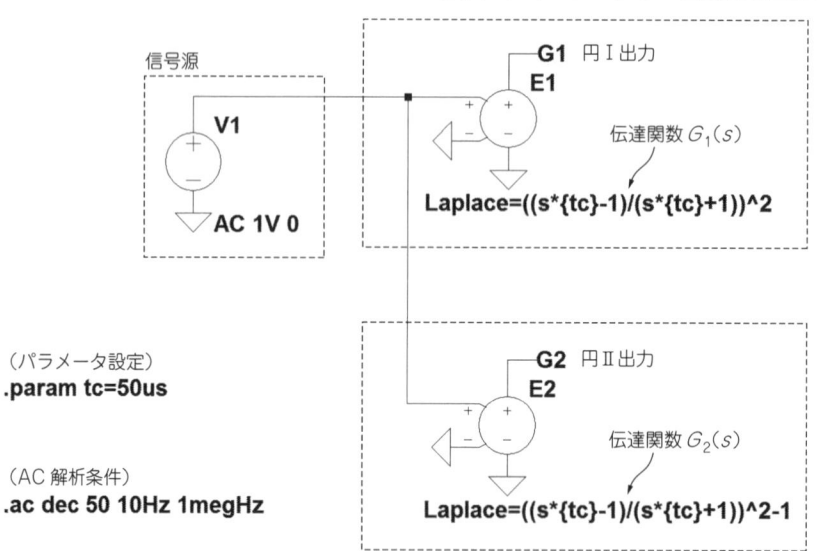

図B　シミュレーション回路【LTspice 017】

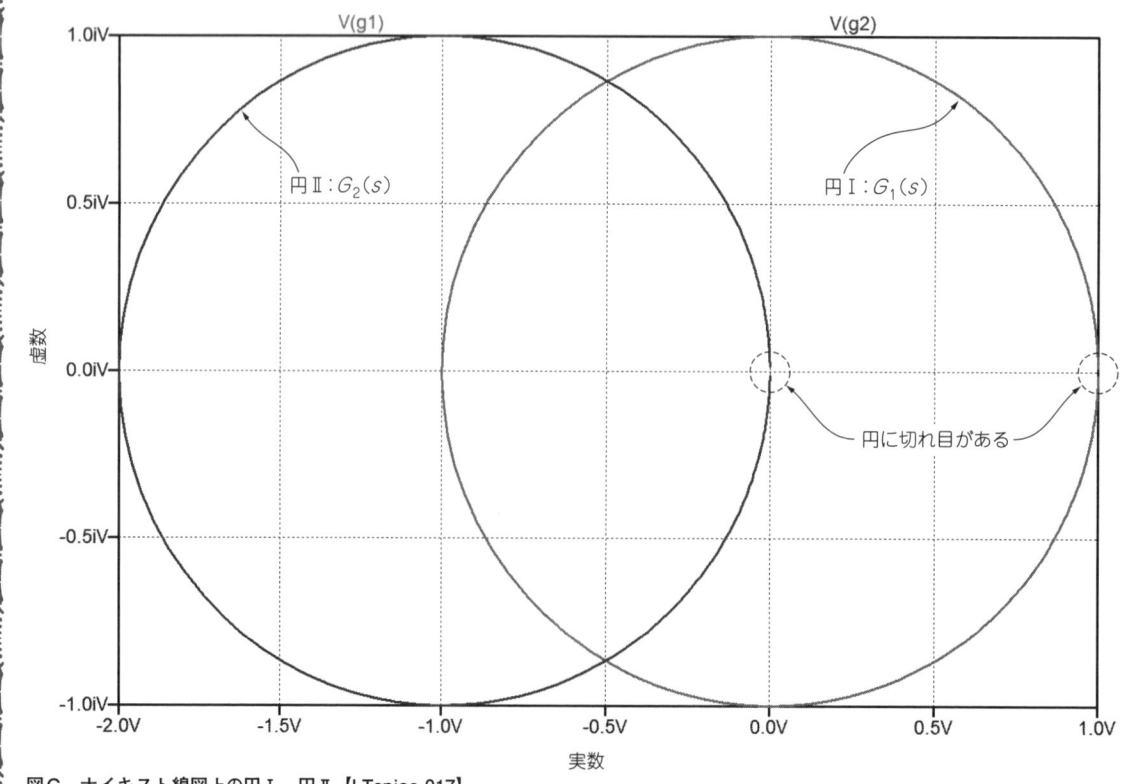

（パラメータ設定）
.param tc=50us

（AC解析条件）
.ac dec 50 10Hz 1megHz

Laplace=((s*{tc}-1)/(s*{tc}+1))^2

Laplace=((s*{tc}-1)/(s*{tc}+1))^2-1

図C　ナイキスト線図上の円Ⅰ，円Ⅱ【LTspice 017】

シミュレーションでは時定数t_cを50 μsとします．したがって，対応する周波数f_0は次式となります．

$$f_0 = \frac{1}{2\pi t_c} = \frac{1}{2\pi \times 50\mu} = 3183 \text{ Hz}$$

AC解析周波数範囲は10 Hz～1 MHzです．f_0は，この周波数範囲のほぼ中心周波数です（$\sqrt{10 \times 1\text{M}} = 3162$ Hz）．

AC解析結果をナイキスト線図で表して**図C**に示します．伝達関数$G_1(s)$, $G_2(s)$の軌跡はそれぞれ円Ⅰ，円Ⅱとなっています．

図Cに点線で示すように各円に切れ目があります．これは，位相の上下限値はDCおよび無限大周波数で得られるところ，上記の有限の値になっているためです．しかし，これらの切れ目の周辺は安定性検討対象から外れることの多い領域であり，実用上の弊害はほとんどありません．ともにプロットするループ・ゲイン軌跡の周波数範囲よりAC解析周波数範囲を広く設定することにより，切れ目を小さく目立たなくすることができます．

図Dは上記のAC解析結果をボーデ線図で表したものです．

円Ⅰのゲインは全域で0 dB（1倍）であり，位相は0～-360°の範囲で変化しており，位相の符号の正負反転を除けば，**図A(d)** と一致しています．

円Ⅱのゲインはバンド・パス・フィルタ特性を示し，位相変化範囲は-90°～-270°です．**図D**に点($-2, j0$)として示した点は，円Ⅱ上の原点から最も離れた点です．原点を基準とするベクトルの長さが2で位相が-180°の点であり，**図D**の読み値であるゲイン6 dB（2倍），位相-180°と一致します．

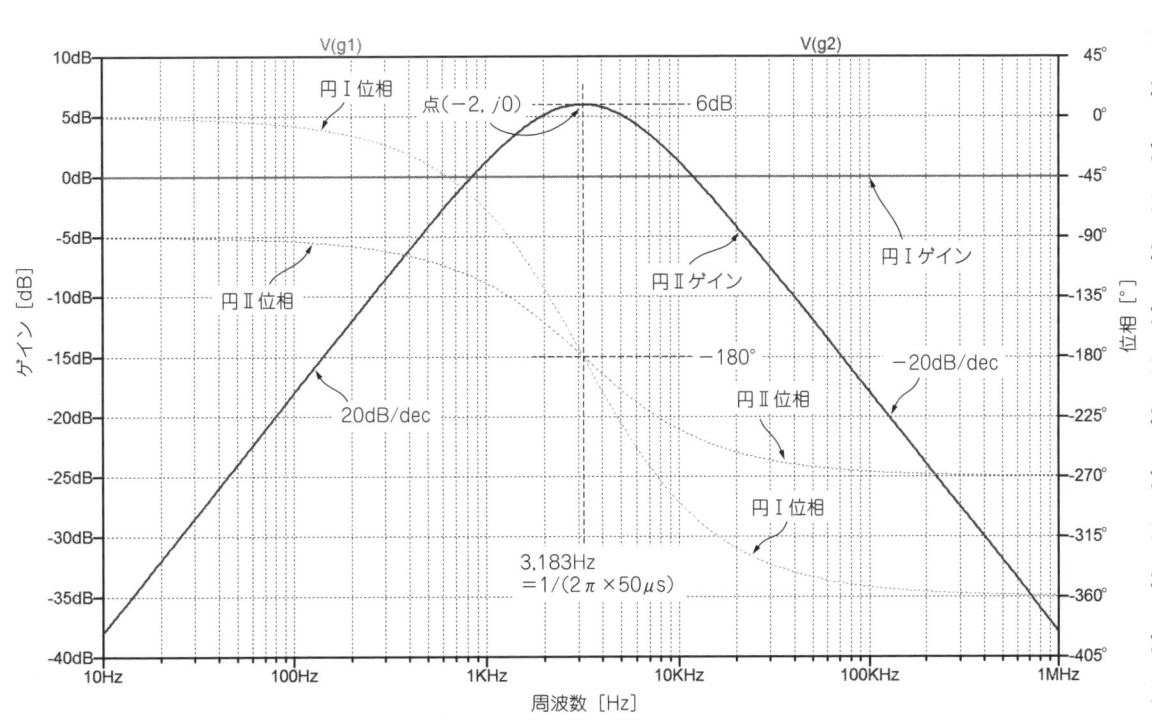

図D 円Ⅰ，円Ⅱのボーデ線図【LTspice 018】

ります．点Sの右側で円Ⅰを通過すれば正帰還になったとしても$|G_L|<1$になってからなので，大きな問題になりません．逆に点Sの左側で円Ⅰを通過した場合は$|G_L|>1$なのでループが切れる前から正帰還が発生します．

ナイキスト線図で安定性を判定する基準は，次のようになります．

- 点Sの右側を通過する場合：位相余裕$\geq 60°$
 （ループが切れてから正帰還）
- 点Sの左側を通過する場合：位相余裕$< 60°$
 （ループが切れる以前から正帰還）

● ニコルス線図で考察

図11(b)から，位相余裕60°に対応するのは縦軸が0dB，横軸が−120°の点であり，この点の$|G_C|$は0dB，θ_Cは−60°と読み取れます．さらに，縦軸が0dBでθ_Lが−120°より大きければ$|G_C|<0$dBとなり，θ_Lが−120°より小さければ0dB$<|G_C|$となります．

ニコルス線図で帰還極性を判定する基準は，次のようになります．

- PFB Limitより上側の範囲は負帰還
- PFB Limitより下側の範囲は正帰還

4.4 位相余裕が異なる五つのサーボ・システムの安定性

● 五つのサーボ・システムの等価回路

安定性の異なる5種類のサーボ・システムA〜Eについて，ステップ応答，ボーデ線図，ナイキスト線図，ニコルス線図の四つのツールで評価した結果を示します．サーボ・システムA〜Eは，図4に示す帰還率$\beta=1$のサーボ・モデルで表されます．安定度の違いをわかりやすく示すために，すべてループの切れる周波数f_{cut}を1kHzで設計しています．

解析を行ったシミュレーション回路を図5に示します．サーボ・システムA〜Eは同じ回路を使用し，回路パラメータを変えています．.paramコマンドで末尾に1〜5が付加されているものはそれぞれシステムA〜Eに対応します．ただし，ステップ応答は解析上の理由から，ラプラス演算部をRやCなどを使用した通常の回路に変えています．

■ 評価法①ステップ応答

サーボ・システムA〜Eの入出力波形を図6(a)〜図10(a)に示します．矩形波状の入力指令信号V_{in}と，これに追従する出力波形V_{out}を表示しています．

● サーボ・システムA［位相余裕89°，図6(a)］

オーバーシュートやリンギングがなく追従制御していることが読み取れます．出力波形の定常値は入力波形の値と一致しており，サーボ効果も得られています．

V_{out}の立ち上がり時間t_r［s］を，定常状態の値の10％〜90％変化に要する時間と定義すれば，t_rは0.35msになります．この立ち上がり時間は，遮断周波数1kHzの1次系ローパス・フィルタ(1次遅れ要素)の応答に相当します．

● サーボ・システムB［位相余裕60°，図7(a)］

オーバーシュートはありますが，指令値に追従していることが読み取れます．出力波形の定常値は入力波形の値と一致しており，サーボ効果は得られています．

V_{out}は7.9％のオーバーシュートと，直後に1％未満のアンダーシュートがありますが，約1ms後には収束(セトリング)しています．適用する最終システムにおいて問題とならなければ，安定だと言えます．

● サーボ・システムC［位相余裕30°，図8(a)］

オーバーシュートが大きく，その収束時間も3msと長く，実用上も問題となるケースが多くなります．V_{out}のオーバーシュートは42％に達し，20％のアンダーシュートもあり，これを繰り返します．この振動をリンギングといいます．リンギングのエンベロープ(包絡線)は時間とともに減衰し3〜4周期で0になります．セトリング(収束)時間は約3msです．リンギングの周期は0.9msなのでリンギング周波数は1.1kHzです．

● サーボ・システムD［位相余裕0.8°，図9(a)］

オーバーシュートが非常に大きく，リンギングが収束に向かっているとはいえ，ほとんどの場合で実用上の問題になります．リンギング周期は1msなので，リンギング周波数は1kHzです．

● サーボ・システムE［位相余裕−0.7°，図10(a)］

リンギング振幅が発散することから，実用上はもちろんサーボ・システムとして明らかに不安定です．現実のシステムでは出力振幅が限界値に達し飽和します．リンギング周期は1msなのでリンギング周波数は1kHzです．

＊

図8(a)や図9(a)のような大きなオーバーシュートやリンギングを伴う応答でも，時間の経過とともに収束することから，制御理論上は安定とされます．しかし，適用システムの使用条件からこの応答が問題であれば，不安定となり改善が必要です．

周囲温度変動や経年変化により，ループ特性が不安定方向に変化する可能性もあります．それを避けるた

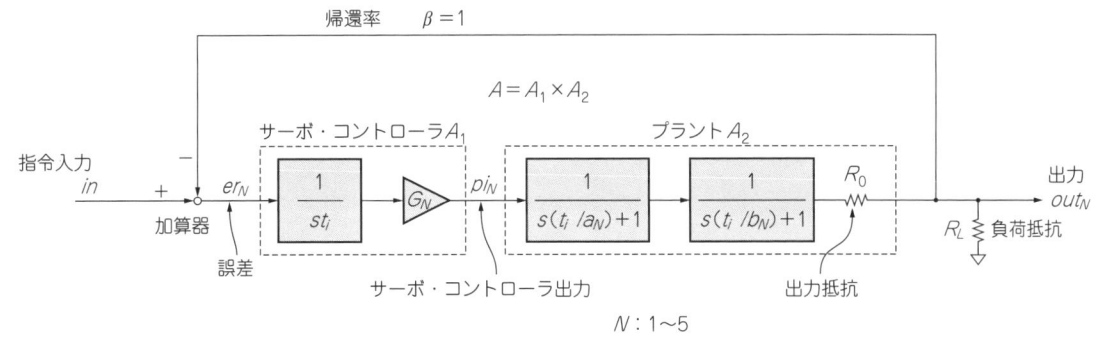

図4 サーボ・システムA〜Eのブロック図

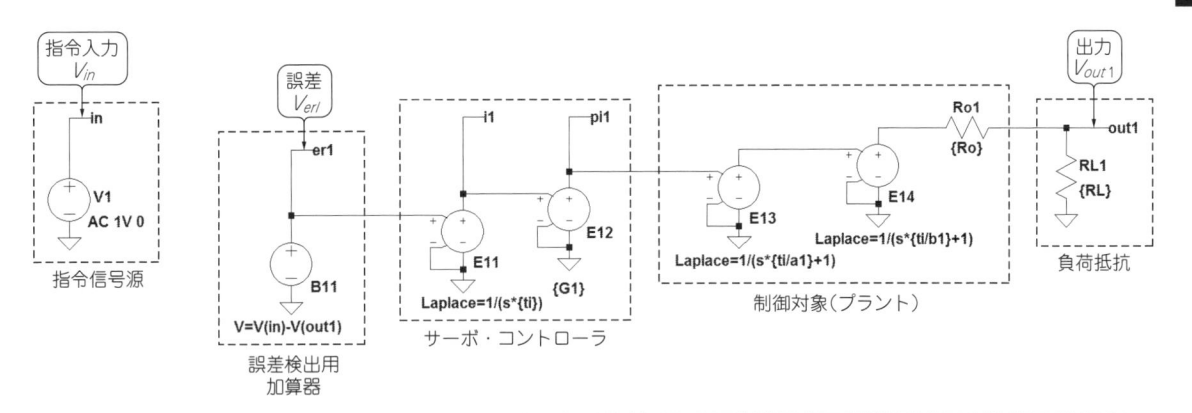

図5 パラメータの変更により特性を変えてサーボ・システムA〜Eの周波数特性を解析した回路【LTspice 016】

```
.param f=1kHz ti=1/(2*pi*f) G1=1.1 G2=1.21 G3=1.47 G4=2.1682 G5=2.25（サーボ・コントローラ用パラメータ）
.param a1=100 b1=100 a2=2.22 b2=10 a3=1.732 a4=1 b4=1.03 a5=1 b5=1（プラント用パラメータ）
.param Ro=1 RL=10（出力抵抗，負荷抵抗用パラメータ）
.ac dec 400 10Hz 1MegHz（AC解析条件）
```

めの位相余裕にマージンを確保しなければなりません．安定性を求めると同時に，応答時間も要求条件を満たす必要があります．

■ 評価法②ボーデ線図

ここではシミュレーションによりループ・ゲインG_Lの周波数特性を求めています．横軸（対数目盛り）を周波数f［Hz］，左縦軸をゲイン［dB］，右縦軸を位相［°］としてプロットしています．ループ・ゲイン$|G_L|$と位相θ_L，クローズド・ループ・ゲイン$|G_C|$と位相θ_Cの4本のグラフを描いています．

図6(b)〜図10(b)に示すボーデ線図から，位相余裕とゲイン余裕を読み取ってみます．

● サーボ・システムA［位相余裕89°，図6(b)］

クローズド・ループ・ゲイン$|G_C|$の周波数特性は，遮断周波数1 kHzの1次系ローパス・フィルタ（1 kHzにて-3 dB，-45°，通過域ゲイン0 dB，減衰域のゲイン傾斜-20 dB/dec，最大位相遅れ-90°）とほぼ一致します．図6(a)の立ち上がり時間も上記ロー

パス・フィルタと一致しています．$|G_C|$が$|G_L|$より大きくなることが明らかにわかる周波数領域はありません．

ループ・ゲインの周波数特性は，$f_{cut}=1$ kHz，位相余裕$=89°$，ゲイン余裕$=46$ dBです．

$|G_L|$は1 kHzで0 dBと交差し，1 kHz以下では$|G_L|$は周波数fに反比例します．$|G_L|$の傾斜は-20 dB/dec（fの10倍変化に対してゲインが1/10倍変化），または-6 dB/oct（fの2倍変化に対してゲインが1/2倍変化）と表現します．

$|G_L|$が0 dB（1倍）となる（ループの切れる）周波数f_{cut}［Hz］は，サーボ効果が期待できる上限周波数です．周波数が高くなると$|G_L|$の傾斜は-20 dB/decよりも大きくなり，1 kHz以下の周波数ではθ_Lはほぼ-90°ですが，周波数が高くなると位相遅れが大きくなり，100 kHzにおいては-180°となります．

● サーボ・システムB［位相余裕60°，図7(b)］

ループ・ゲインの周波数特性は，$f_{cut}=1$ kHz，位相余裕$=60°$，ゲイン余裕$=21$ dBです．$|G_L|$の傾斜は

4.4 位相余裕が異なる五つのサーボ・システムの安定性

f_{cut} よりも低い周波数帯域では -20 dB/dec ですが, f_{cut} より高くなると位相変化が急激に増大して, 100 kHz では $\theta_L = -263°$ となります.

f_{cut} より低い周波数領域においては $|G_C|$ より $|G_L|$ が大きくなるのに対し, f_{cut} より高い周波数領域では $|G_L|$ より $|G_C|$ が大きくなる領域が生じます. $|G_L|$ より $|G_C|$ が大きいということは, フィードバックをかけることによりゲインが大きくなる正帰還であることを意味しており, 不安定な兆候と考えられます.

● サーボ・システムC［位相余裕30°, 図8(b)］

ループ・ゲインの周波数特性 $|G_L|$ は, $f_{cut} = 1$ kHz, 位相余裕 $= 30°$, ゲイン余裕 $= 8.2$ dB です. $|G_L|$ の傾斜は f_{cut} より高い周波数領域ではより急峻になり, 10 kHz 以上では約 -60 dB/dec $(-18$ dB/oct) になります. ループ位相は100 kHz では $\theta_L = -268°$ となります. 約 750 Hz 以上の周波数領域では, $|G_L|$ より $|G_C|$ が大きくなります.

$|G_C|$ は約 200 Hz 以上で 0 dB より大きくなりはじめ, 1.1 kHz において 6.1 dB のピークをもちます. 図8(a) の過渡応答で見られるリンギングの周波数は, ピーク点周波数と一致します.

● サーボ・システムD［位相余裕0.8°, 図9(b)］

ループ・ゲインの周波数特性 $|G_L|$ は, $f_{cut} = 1$ kHz, 位相余裕 $= 0.8°$, ゲイン余裕 $= 0.3$ dB です. 位相余裕とゲイン余裕はプラスではあるものの, ともに 0 に近く余裕がほとんどないといえます.

$|G_L|$ の傾斜は, f_{cut} よりも低い周波数領域から -60 dB/dec $(-18$ dB/oct) へ急激に大きくなっており, その結果 1 kHz においてほぼ $\theta_L = -180°$, 100 kHz において $\theta_L = -269°$ になります.

約 700 Hz 以上の周波数では, $|G_L|$ より $|G_C|$ が大きくなっています. $|G_C|$ は約 200 Hz 以上で 0 dB より大きくなり始め, 1 kHz におけるピーク点ゲインは 36.6 dB (68倍) と極めて大きい値になります.

図9(a) の過渡応答で 1 kHz のリンギングが見られますが, リンギング周波数は上記のピーク周波数と一致します. このリンギングは, 入力波形の立ち上がり部分に含まれる広い範囲の周波数スペクトルの中からピーク周波数成分が増幅されて, 出力に現れたとみられます.

● サーボ・システムE［位相余裕-0.7°, 図10(b)］

ループ・ゲインの周波数特性 $|G_L|$ は, $f_{cut} = 1$ kHz, 位相余裕 $= -0.7°$, ゲイン余裕 $= -0.2$ dB です. 位相余裕, ゲイン余裕がともにマイナスであり, 余裕が不足しています.

図10(b)を図9(b)と比較すると, 両者はほぼ同じ

(a) ステップ応答 【LTspice 001】

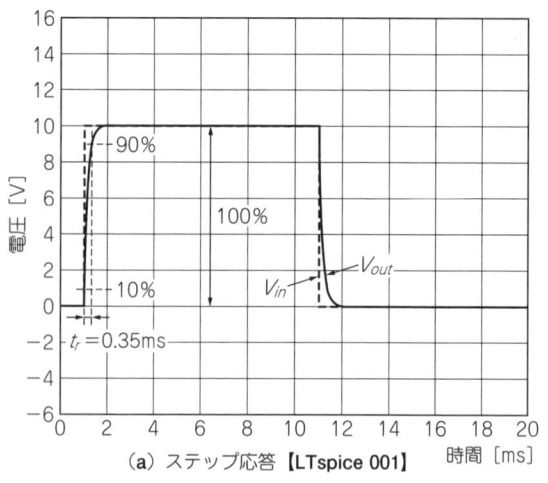

図6　サーボ・システムA(位相余裕89°, ゲイン余裕46 dB)
オーバーシュートやリンギングがない安定したシステム

(a) ステップ応答 【LTspice 004】

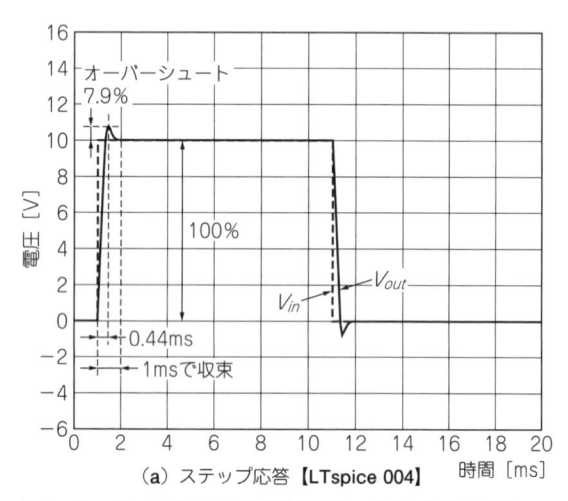

図7　サーボ・システムB(位相余裕60°, ゲイン余裕21 dB)
オーバーシュートは約1 msで収束. まず位相余裕60°を目指す

(a) ステップ応答 【LTspice 007】

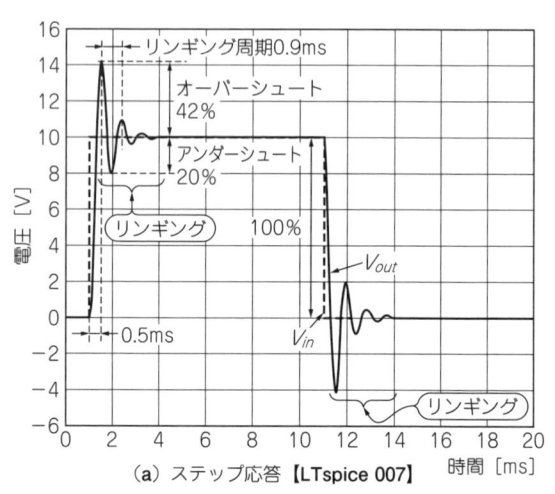

図8　サーボ・システムC(位相余裕30°, ゲイン余裕8.2 dB)
オーバーシュートが大きく, 実用上も問題になるレベル

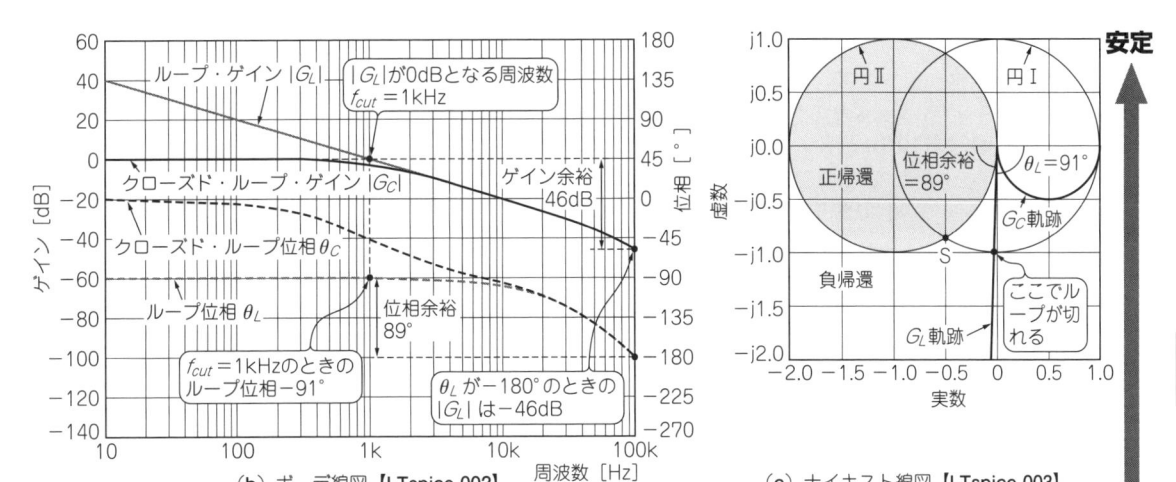

（b）ボーデ線図【LTspice 002】　　　　　（c）ナイキスト線図【LTspice 003】

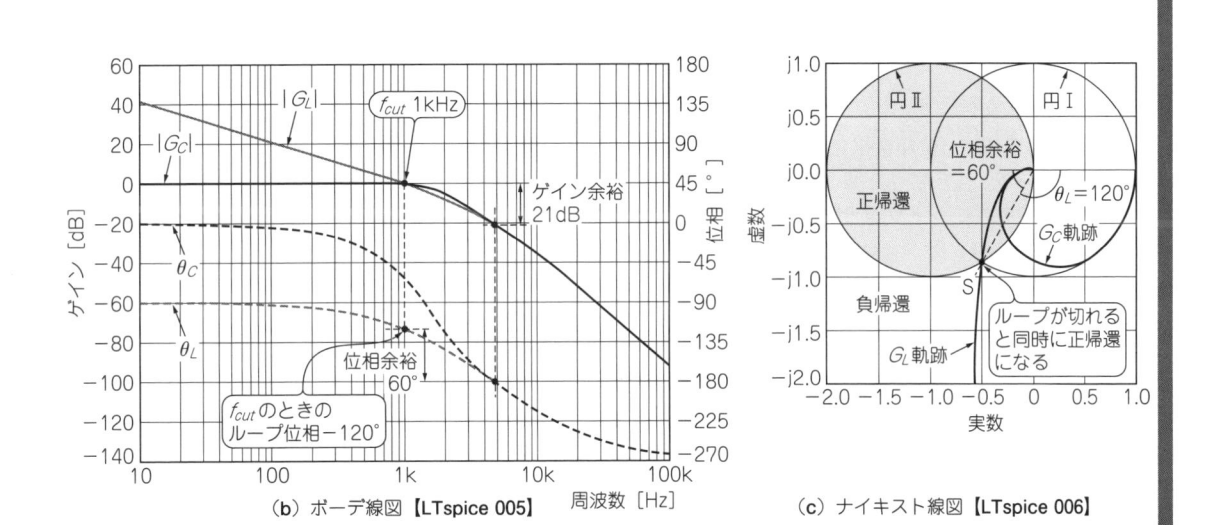

（b）ボーデ線図【LTspice 005】　　　　　（c）ナイキスト線図【LTspice 006】

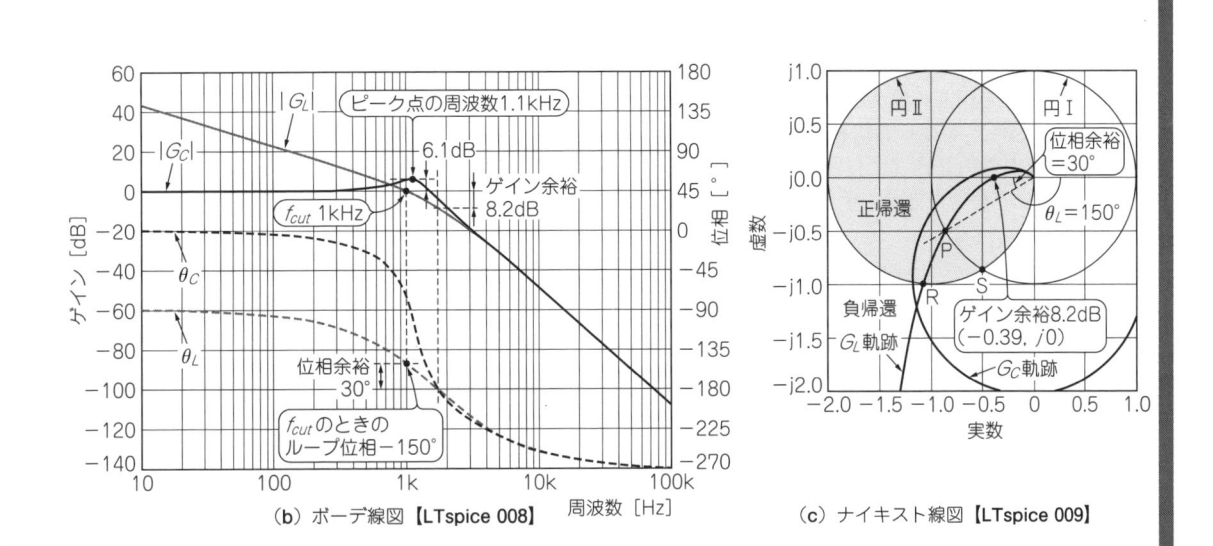

（b）ボーデ線図【LTspice 008】　　　　　（c）ナイキスト線図【LTspice 009】

安定 ↑

サーボの安定性は位相余裕で評価する

4.4　位相余裕が異なる五つのサーボ・システムの安定性　45

特性を示していますが，ピーク点ゲインは38.8 dB(87倍)とさらに大きくなっています．θ_Cの値が両図で異なるように見えますが，f_{cut}よりも低い周波数領域においては，図9(b)，図10(b)ともに0°，f_{cut}において急激に変化して，f_{cut}よりも高い周波数領域では図9(b)が－270°，図10(b)が＋90°であり同じ位相です．

図9(b)と図10(b)はほとんど同じ特性であるにもかかわらず，図9(a)と図10(a)のようにリンギングは収束と発散という決定的な差があります．

＊

各システムのボーデ線図を比較してみると，位相余裕およびゲイン余裕の値が大きいほど安定である傾向があることがわかります．

■ 評価法③ナイキスト線図

シミュレーションで求めたループ・ゲインとクローズド・ループ・ゲインの周波数特性の値をナイキスト線図にプロットします．

● サーボ・システムA［位相余裕89°，図6(c)］

G_L軌跡と円Ⅰの交点と原点を結ぶ直線と実軸の正方向とのなす角であるループ位相θ_Lが91°なので，位相余裕は89°（＝180－91）と求められます．

ゲイン余裕は，実軸の負部分とG_L軌跡の交点の座標から求めますが，図から読み取れません．これはゲイン余裕が十分に大きいことを意味します．

G_L軌跡がわずかに円Ⅱの内部に侵入して正帰還となっていますが，$|G_L|$が十分に小さい領域なので影響はありません．G_C軌跡は常に円Ⅰの内部にあり，1＜$|G_C|$となる領域はありません．G_L軌跡が円Ⅱの内部にわずかでも侵入しないためには，位相余裕が90°以上必要であることがわかります．

● サーボ・システムB［位相余裕60°，図7(c)］

G_L軌跡は，円Ⅰと円Ⅱの交点Sで交差します．この点はθ_L＝－120°，すなわち位相余裕は60°です．G_L軌跡はこの点から円Ⅱ内部に侵入するので，ループが切れる以前は正帰還はかからず，ループが切れた以降は正帰還となります．

G_C軌跡は一部の領域で円Ⅰの外部にわずかに出ています．この領域では1＜$|G_C|$であることを意味します．ボーデ線図では0 dB＜$|G_C|$であることが明確ではありませんが，ループが切れた後では$|G_L|$＜$|G_C|$の領域が明確に認められ正帰還になっています．

本特性の位相余裕は，ガイドラインの限界値にあり，ゲイン余裕はガイドラインに対して余裕があります．

● サーボ・システムC［位相余裕30°，図8(c)］

G_L軌跡は，周波数の上昇に伴って円Ⅱと点Rで交

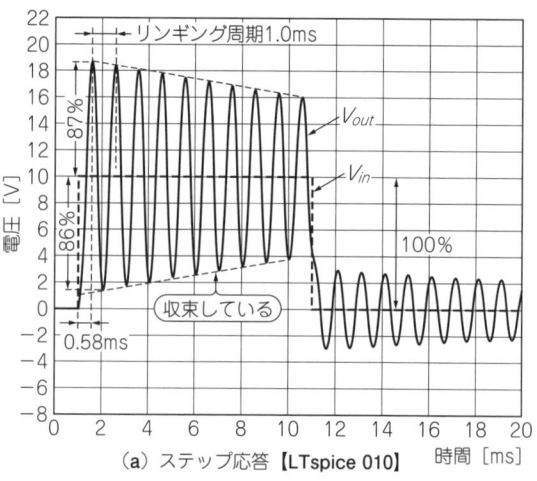

図9　サーボ・システムD（位相余裕0.8°，ゲイン余裕0.3 dB）
オーバーシュートは非常に大きいがリンギングは収束に向かっている．実用上問題になるレベル

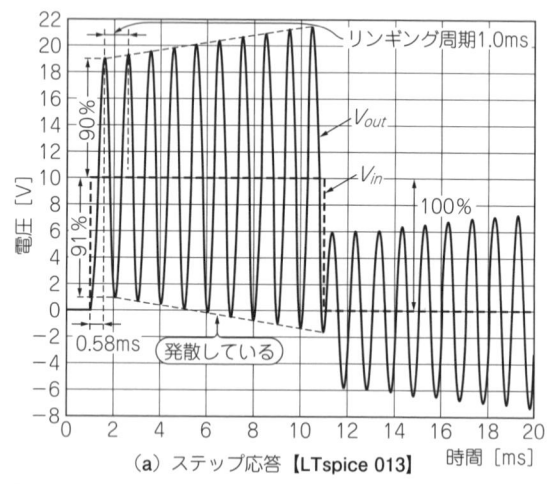

図10　サーボ・システムE（位相余裕－0.7°，ゲイン余裕－0.2 dB）
リンギングの振幅が大きくなり続ける．A〜Dのなかで最も不安定なシステム

差し，次に円Ⅰと点Pで交差します．ループが切れる前に正帰還となります．G_C軌跡は円Ⅰを大きく超えており，ボーデ線図においてもf_{cut}以下の周波数で$|G_C|$が0 dBより大きくなっています．ボーデ線図からはピーク点ゲイン$|G_C|$が6.1 dB，ピーク点位相θ_Cが約－90°と読み取れますが，ナイキスト線図からもθ_Cが－90°前後において，$|G_C|$が2倍(6 dB)を超えていることがわかります．

G_L軌跡と負の実軸との交点は明らかに$|G_L|$＜0.5であるので，ゲイン余裕は6 db以上を満たしますが，位相余裕は30°なので60°以上を満たしません．

● サーボ・システムD［位相余裕0.8°，図9(c)］

G_L軌跡は周波数の上昇に伴って点(－1, j0)を左に

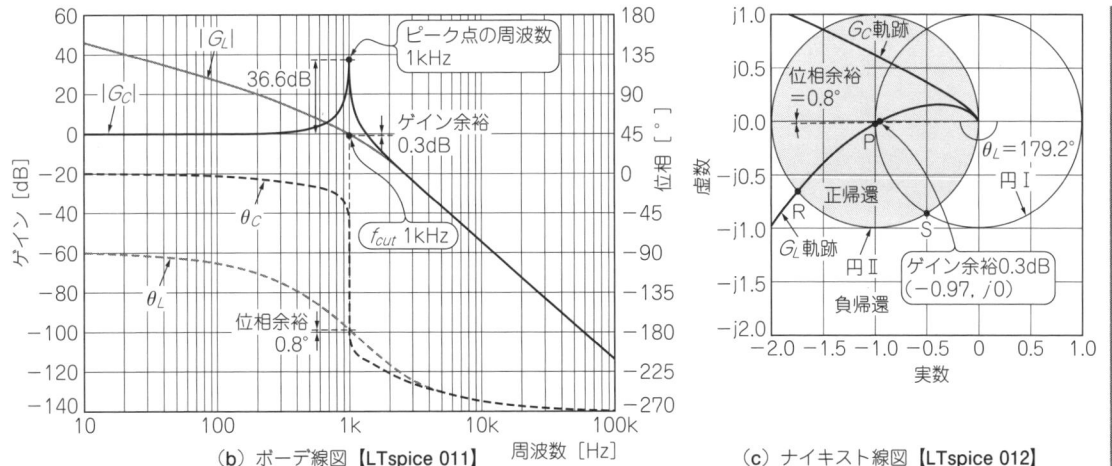

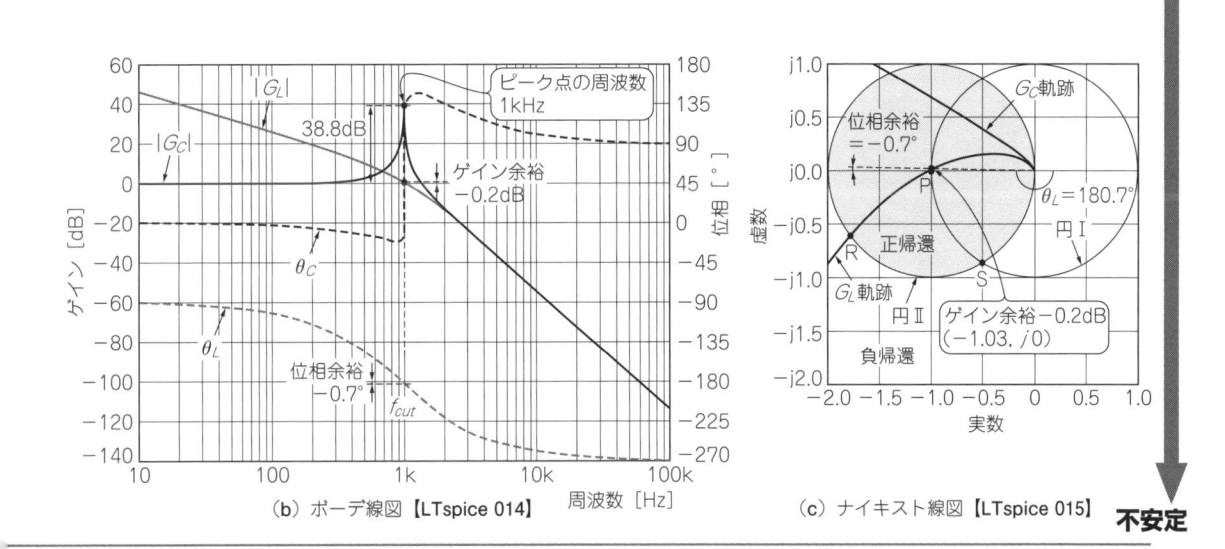

(b) ボーデ線図【LTspice 011】　　　(c) ナイキスト線図【LTspice 012】

(b) ボーデ線図【LTspice 014】　　　(c) ナイキスト線図【LTspice 015】　**不安定**

サーボの安定性は位相余裕で評価する

みて通過します．これは，**コラム3**で述べたとおり，理論上は安定という判定になります．それは**図9(a)**の矩形波応答波形のリンギング振幅が収束していることからもわかります．

G_L軌跡が円Ⅰと交差するのは負の実軸の下側であり，θ_Lは$-180°$を超えていません．これを読み取ると位相余裕は$0.8°$とかろうじて正の値となります．$\theta_L = -180°$のときの$|G_L|$は1を若干下回っており，ゲイン余裕はプラスです．

● サーボ・システムE ［位相余裕$-0.7°$，図10(c)］

G_L軌跡は周波数の上昇に伴って点$(-1, j0)$を右にみて通過するため，理論上も不安定の判定となります．**図10(a)**の矩形波応答波形のリンギング振幅は発散しています．

G_L軌跡が円Ⅰと交差するのは負の実軸の上側であり，θ_Lは$-180°$を若干超えています．これを読み取ると位相余裕は$-0.7°$と負の値となります．$\theta_L = -180°$のときの$|G_L|$は1を若干上回っており，ゲイン余裕もマイナスです．

● 安定と不安定の境目は…

図9(c)と**図10(c)**はほとんど同じように見えますが，安定性や応答波形に大きな違いがあります．ナイキスト線図の点$(-1, j0)$を左にみて通過すれば安定で，右にみて通過すれば不安定になります．点$(-1, j0)$からの距離は同程度の近さですが，通過の左右によって安定性に大きな差が生じます．

4.4　位相余裕が異なる五つのサーボ・システムの安定性　　47

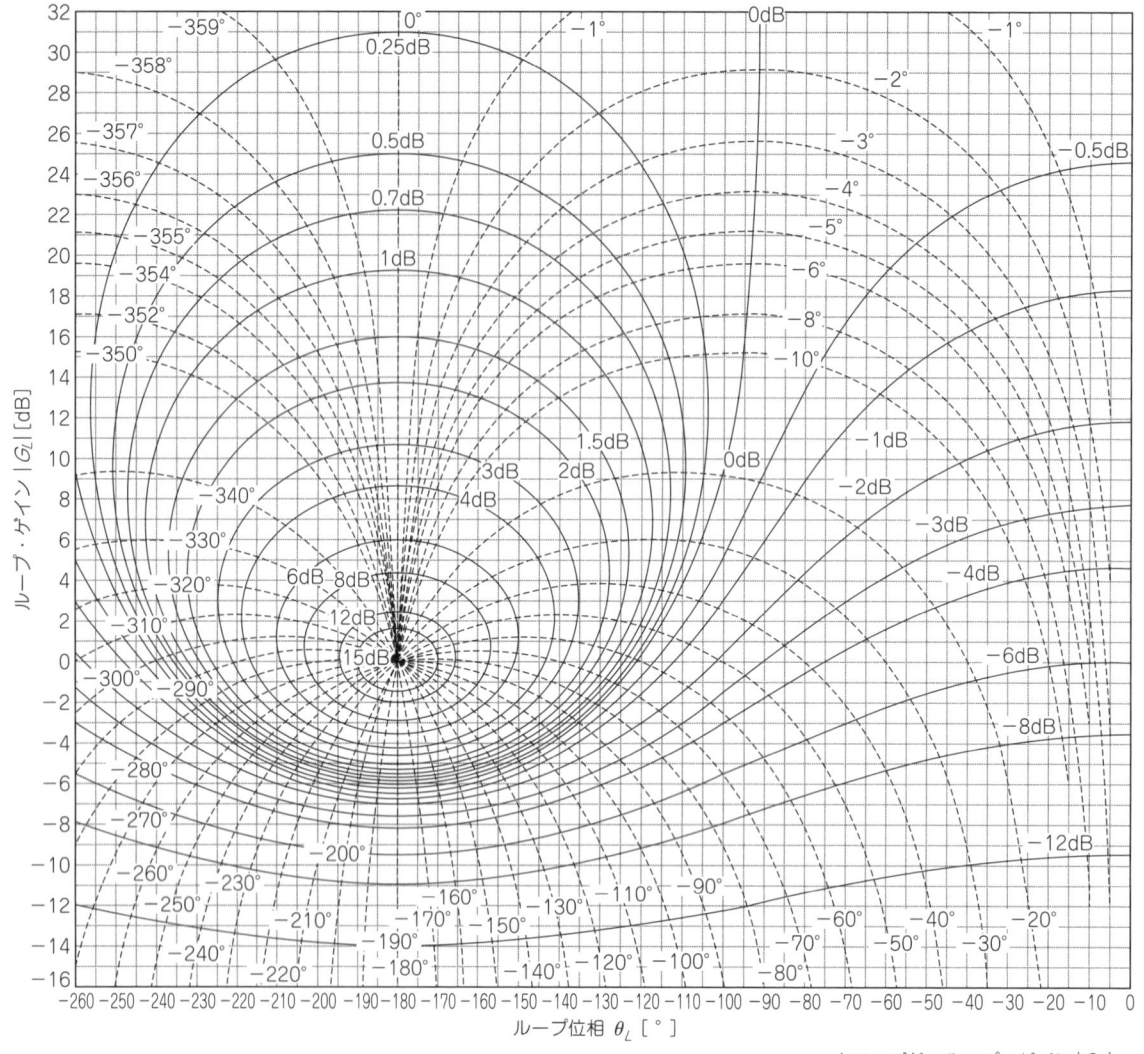

(a) ニコルス線図

図11 ニコルス線図を使う【Excel 201】

図9(c)は「点$(-1, j0)$を左に見て通過」した場合のナイキスト線図です．図からこのサーボ・システムDは位相余裕0.8°，ゲイン余裕0.3 dBです．サーボ・システムEと比べると極性は正負異なりますが，絶対値はほぼ同じです．

システムD，Eの矩形波応答波形を比較すると，1回目のオーバーシュートは同程度ですが，リンギングが時間とともに発散するか，減衰するかの違いがあります．システムDのリンギングも極めて大きいので実用上は問題になる場合が多いですが，時間とともに収束すれば一応安定と判別されます．この点$(-1, j0)$を決して近づいてはならないという意味で筆者は「ブラックホール」と呼んでいます(**コラム4**)．

■ 評価法④ニコルス線図

システムA～Eの応答特性を，ニコルス線図にプロットしました［**図11(b)**］．

各G_L軌跡の上方が低周波数方向，下方が高周波数方向です．各軌跡が縦軸$|G_L|$の0 dB目盛り線と交差する点でループが切れます．交差する点の横軸θ_Lの値がループ位相で，$-180°$との差が位相余裕です．

● サーボ・システムA（位相余裕89°）

システムAは$\theta_L = -91°$と読み取れるので，位相余裕は89°（$= 180° - |-91°|$）です．

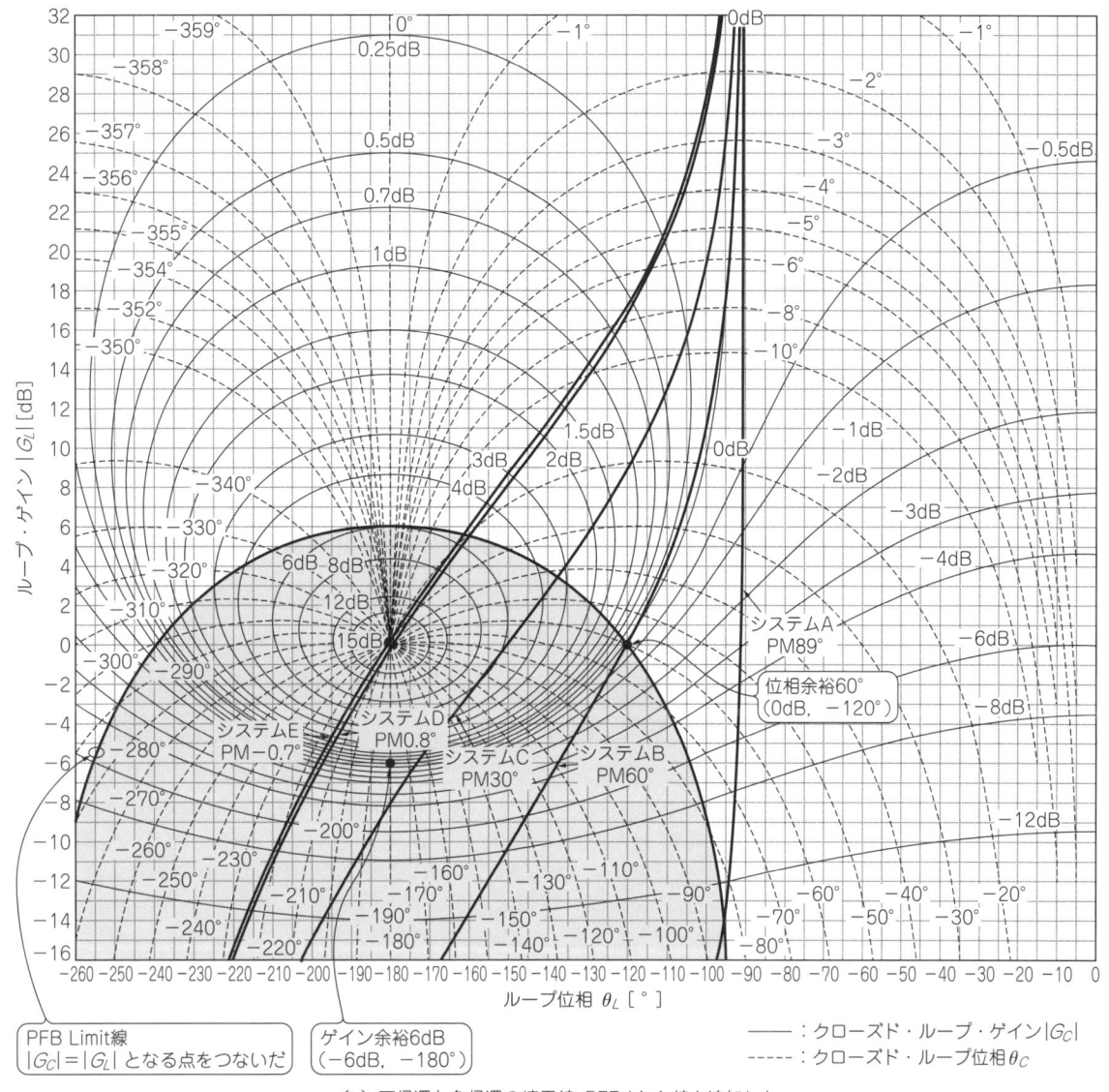

(b) 正帰還と負帰還の境界線 PFB Limit線を追加した

● サーボ・システムB（位相余裕60°）

システムBは$|G_L| = 0$ dBにおいて$\theta_L = -120°$であり，位相余裕は60°です．この曲線は$|G_L| = $約3 dB，$\theta_L = $約$-113°$の近傍で$|G_C| = 0.25$ dB一定曲線に最も近づくので，この付近でクローズド・ループ・ゲイン$|G_C|$に0.25 dB弱のピークが生じます．これは$1/\beta$（0 dB）よりは大ですが$|G_C| < |G_L|$であり，正帰還が生じているわけではありません［前述のPFB Limitより上側（負帰還側）］．

この点付近で$\theta_C = -40°$一定曲線と交差するので，クローズド・ループ位相θ_Cが約$-40°$であることもわかります．この結果は，ボーデ線図の**図7(b)**とも一致しています．

● サーボ・システムC（位相余裕30°）

システムCは$|G_L| = 0$ dBにおいて$\theta_L = -150°$であり，位相余裕は30°です．この曲線は$|G_L| = $約$-1$ dB，$\theta_L = $約$-155°$の近傍で$|G_C| = 6$ dB一定曲線と交差しているので，この付近で$|G_C|$に約6 dBのピークが生じます．このときは$|G_C| > |G_L|$であり，PFB Limit線より下側でもあり正帰還が生じていることがわかります．この結果も，**図8(b)**と一致します．

● サーボ・システムDとE（位相余裕0.8°と-0.7°）

システムD，Eの軌跡は$|G_L| = 0$ dB，$\theta_L = -180°$の点に接近しており，位相余裕はほぼ0°です．軌跡は$|G_C| = 15$ dB一定曲線の内部に侵入し，$|G_C|$のピー

4.4 位相余裕が異なる五つのサーボ・システムの安定性　49

ク値も極めて大きいと推定されます．ニコルス線図上からは両者の違いはわかりませんが，ナイキストの安定判別からシステムDのステップ応答は収束し，システムEは発散することがわかります．この結果も，**図9(b)**，**図10(b)** と一致します．

※

ニコルス線図は，そのグラフ上にループ・ゲイン G_L 軌跡を追記することにより，クローズド・ループ・ゲイン $|G_C|$ および位相 θ_C を読み取ることができます．この点が前述のボーデ線図，ナイキスト線図にはない利点です．ボーデ線図とナイキスト線図の両図には $|G_C|$ および θ_C 曲線が描かれていますが，これはシミュレーション結果です．

図11(a)，**(b)** のニコルス線図は，第2章の式(40)，式(41)を $|G_L|$，θ_L について解いた式をExcelでグラフ化し作成しました．

コラム3　安定性を示せるもう一つの指標「ゲイン余裕」

ループ位相 θ_L が $-180°$（ループ一巡位相が $0°$）となる周波数におけるループ・ゲイン $|G_L|$ が，0 dBよりどれだけ小さいかが「ゲイン余裕 G_M（Gain Margin）」になります．ただし，ループ一巡の位相 θ_L が周波数全域で $\theta_L > -180°$ であるようなサーボ・ループには，ゲイン余裕は定義できません．

設計するサーボ・システムにより異なりますが，ゲイン余裕のガイドラインは，次のようになります．

【ゲイン余裕のガイドライン】
$\theta_L = -180°$ において $|G_C| \leq 1/\beta$ であるためにはゲイン余裕 ≥ 6 dB

「ゲイン余裕6 dB」の指標は，$|G_C|$ が $1/\beta$ を上回らないことを意味しています．これは，G_L 軌跡上の1点のみを規定するもので，この指標のみで安定は保証できません．位相余裕60°の指標が加わることにより，多くの場合に安定性が得られると言えます．

● ナイキスト線図で思考

ナイキスト線図に示したループ・ゲインのベクトル G_L の矢の先端が点 $(-0.5, j0)$ にあるときは，次式のように表せます．

$$G_L = A\beta = 0.5 \angle -180° = -0.5 \cdots\cdots (\text{I})$$

このときのゲイン余裕は $-20 \log|-0.5| = 6$ dBです．

式(I)を第2章の式(6)に代入すると，クローズド・ループ・ゲイン G_C は，次式になります．

$$G_C = \frac{V_{out}}{V_{in}} = \frac{1}{\beta} \frac{1}{\frac{1}{A\beta}+1} \cdots\cdots 第2章の式(6)$$

$$G_C = \frac{V_{out}}{V_{in}} = \frac{1}{\beta} \frac{1}{\frac{1}{A\beta}+1} = \frac{1}{\beta} \frac{1}{\frac{1}{-0.5}+1}$$

$$= -\frac{1}{\beta} = \frac{1}{\beta} \angle -180° \cdots\cdots (\text{J})$$

ゲイン余裕が6 dB以上であれば，$|G_C|$ は式(J)の値 $(1/\beta)$ を超えないことがわかります．

● ニコルス線図で思考

ゲイン余裕が6 dB以上であれば安定であることを図形的に理解するには，ニコルス線図が最も適しています．ゲイン余裕6 dBに対応するのは，横軸が $-180°$ で縦軸が -6 dBの点であり，この点の $|G_C|$ は0 dB，θ_C は $-180°$ と読み取れます．

$\theta_L = -180°$ というのは一巡の位相が $360°$，すなわち同相でフィードバックされることを意味するので正帰還になり，必ず発振すると思いがちです．しかし，$|G_L| < -6$ dBであれば $|G_C| < 0$ dBであり不安定ではありません．さらに，$\theta_L = -180°$ で 25 dB $< |G_L|$ であれば $|G_C| < 0.5$ dBでありこれも安定です．ただし，$\theta_L = -180°$ かつ $|G_L| = 0$ dBの点は前述のナイキスト線図の円IIの中心，点 $(-1, j0)$ であり，$|G_C| = \infty$ となり，サーボ・ループは破綻します．この点に一致しなくても近づけば近づくほど $|G_C|$ に大きなピークが生じることがわかります．

ループ・ゲイン $|G_L| = -6$ dB（ゲイン余裕6 dB），$\theta_L = -180°$ の点を見てみると，ちょうど $|G_C| = 0$ dB一定曲線上にあります．この点はPFB Limit線の下側にあり，正帰還の領域にあります．

帰還率 $\beta = 1$ の条件で描かれているので，無帰還時ゲインは $A(=|G_L|)$ であり，判別ポイントにおいては $|G_L| = -6$ dBに対して $|G_C| = 0$ dBなので，帰還をかけることによりゲインが6 dBも大きくなってしまう正帰還であることがわかります．

ゲイン余裕のガイドラインが示すのは，「正帰還ではあるもののクローズド・ループ・ゲイン $|G_C|$ が，ループ・ゲイン $|G_L|$ が大きいときの理論値 $1/\beta = 0$ dBを超えないギリギリの限界」だということがわかります．

パソコンも関数電卓もあまり普及していない時代に，このグラフを書いたニコルス氏（米国，Nathaniel B. Nichols，1914-1997）の苦労がしのばれます．

● 安定度を比較してみて…

位相余裕が同じでも同じ応答になるとは限りません．位相余裕はある1点のみを規定しているにすぎません．その点以外の特性はさまざまです．厳密にはそれぞれ個別に特性を検討しなければなりませんが，高度な数学的知識や時間が必要です．そこで図6〜図10の各特性を一つの目安としてとらえ，効率よく検討-設計-評価を行う方法も有効です．

4.5 位相余裕はどうあるべきか

■ まず位相余裕60°を目指す

図2で示した「サーボ特性の要求事項」に特に厳しい要求がなければ，まず「位相余裕60°」を目指します．

位相余裕30°でも一応安定ですが，図8(a)に見られるように40%を超えるオーバーシュートが発生し，数周期にわたるリンギングを伴います．リンギング周波数が1kHz前後なので，指令入力をLPF（ローパス・フィルタ）で受け，リンギング周波数成分を減衰させれば出力のオーバーシュートも低減できそうです．

しかし，このオーバーシュートはサーボ・システムとしての応答なので，他の動作環境の急変，例えば供給電源や負荷条件などの急変に対しても同様の過渡現象が発生する恐れがあります．したがって，最終適用システムが上記過渡現象を許容できないのであれば，基本的には安定度を改善する方向で考えるべきです．

● 評価法①ステップ応答

位相余裕60°のときのステップ応答は，図7(a)のように7〜8%のオーバーシュートがあり，過渡現象はすぐに収まり，約1msで定常値に収束しています．

● 評価法②ボーデ線図

図7(b)のボーデ線図は，ループが切れる周波数f_{cut}は1kHzでゲイン・ピークはほとんど見られません．すなわち位相余裕60°であれば，クローズド・ループの帯域1kHzの逆数1ms程度で収束するとみてよいでしょう．f_{cut}が別の周波数でもその周期程度で収束するとみられます．

図7(b)からは，$f<f_{cut}$においてループ・ゲイン$|G_L|$は周波数に反比例して増加しています（傾斜は-20dB/dec）．この特性を「積分特性」と呼び，位相$\theta_L = -90°$となりますが，低周波域もしくはDC域における$|G_L|$が極めて大きいので，定常偏差が十分に小さくなることが期待できます．多くの場合$f<f_{cut}$におけるG_L特性は，積分特性が採用されます．

● 評価法③ナイキスト線図

位相余裕60°のときのナイキスト線図［図7(c)］を見ると，円Ⅰと円Ⅱの交点でループが切れ，その点から周波数の上昇とともに正帰還領域に侵入しています．図7(b)のボーデ線図を見ると，f_{cut}より高い周波数（$f>f_{cut}$）において$|G_C|>|G_L|$である領域があり，正帰還になっています．どちらの図もループが切れ，周波数が上昇するとともに正帰還になることを示しています．

位相余裕60°は，位相余裕のガイドラインの限界値です．位相余裕60°を満たせば，ループが切れる以前（$f<f_{cut}$）に正帰還になることはないと言えます．位相余裕60°であればボーデ線図上に$|G_C|$ゲインの大きなピ

コラム4　近づくと危険！発振ブラックホール

ナイキスト線図の円Ⅱの中心の点$(-1, j0)$は，近づいてはいけない危険な点です．

ベクトルG_Lの矢の先端が円Ⅱの中心，点$(-1, j0)$にあるときは，次の式のようになります．

$$G_L = A\beta = 1\angle -180° = -1 \quad \cdots\cdots\cdots (K)$$

第2章の式(4)に式(K)を代入すると，

$$G_C = \frac{V_{out}}{V_{in}} = \frac{A}{1+A\beta} \quad \cdots\cdots 第2章の式(4)$$

$$G_C = \frac{A}{1+A\beta} = \frac{-1/\beta}{1-1} = -\infty \quad \cdots\cdots (L)$$

となり，クローズド・ループ・ゲイン$|G_C|$は$-\infty$となりサーボ・ループは破綻します．したがって，G_L軌跡が点$(-1, j0)$と交差することはもちろん，その近傍を通過することも危険です．

この点$(-1, j0)$については，下記により安定判別ができるとされています．

【ナイキストの安定判別】
G_L軌跡が，ナイキスト線図上を周波数が高くなる方向に進み最後に負の実軸と交差するとき，点$(-1, j0)$を右に見て通過する場合は不安定であり，左に見て通過する場合は安定である

ークは現れません（0.25 dB程度のピークはある）が，ステップ応答にはオーバーシュートが発生します．

● 評価法④ニコルス線図

図11(b)のニコルス線図のシステムB・PM60°曲線が，位相余裕60°の特性です．曲線上方が低周波域でループ・ゲイン$|G_L|$の増加とともに位相θ_Lが－90°に漸近しています．これは積分特性であることによります．周波数の上昇とともに$|G_L|$は低下し，θ_Lの位相遅れが大きくなります．$|G_L|=0$ dBにおいてPFB Limit線と交差し，PM60°曲線上のこの点の下方では正帰還になります．

ニコルス線図では$|G_L|=0$ dB，$\theta_L=-180°$の点がナイキスト線図の項で述べた「ブラックホール」に対応します．ブラックホールを中心とする$|G_C|$一定の「等ゲイン線」が多数描かれていますが，PM60°曲線はそのうちの$|G_C|=0.25$ dB線に右側から最も接近しています．最接近点はPFB Limit線の上側すなわち負帰還領域です．これは$f<f_{cut}$領域において0.2～0.25 dB程度のゲイン・ピークをもつことを意味しています．最接近点のループ・ゲイン$|G_L|$は約3 dBなので$|G_C|<|G_L|$であり負帰還ですが，負帰還領域であってもゲイン・ピークが発生することがわかります．

■ オーバーシュートなしを目指すなら位相余裕90°

サーボ・システムを適用する最終システムがオーバーシュートを許さなければ，位相余裕90°を目指す必要があります．

● 評価法①ステップ応答

図6(a)は「位相余裕89°」のときのステップ応答波形です．オーバーシュートがなく素直な応答で，約1msで最終値に達しています．

● 評価法②ボーデ線図

図6(b)のボーデ線図では$|G_C|>|G_L|$の領域は見られません．ループの切れる周波数f_{cut}の10倍，10 kHz以下ではゲイン傾斜は－20 dB/decで，30 kHz以上で徐々に傾斜が大きくなっていき，100 kHzではθ_Lが－180°になります．

● 評価法③ナイキスト線図

図6(c)のナイキスト線図のG_L軌跡は，虚軸にほぼ沿って原点に向かっています．$|G_L|$が0.2倍程度以下になると円Ⅱの内部に侵入し，正帰還になりますが，ボーデ線図からは正帰還の兆候はわかりません．$|G_L|$が十分に小さい領域での正帰還だからだと思われます．

● 評価法④ニコルス線図

図11(b)のニコルス線図のPM89°曲線は，$|G_L|=-14$ dB（0.2倍）で，PFB Limit曲線と交差しておりナイキスト線図と同じ結果になります．

◆参考文献◆

(1) 金井 元；トランジスタ回路設計，日刊工業新聞社，1974/3/31．
(2) 吉川 恒夫；古典制御論，㈱昭晃堂，2008/3/20．

コラム5　LTspiceの解析データをExcelに取り込んでグラフを描く

図11(b)のニコルス線図にG_L軌跡やPFB Limit線を描きましたが，これはLTspiceの解析結果データをプロットしたものです．以下の操作によりLTspiceからエクスポートし，Excelのニコルス線図に追加できます．

(1) LTspiceのシミュレーション結果の表示ウインドウを選択し，[File]タブ-[Export]-[Select Trace to Export]ダイアログにて，エクスポートする信号名を選択する
(2) [Browse]-保存フォルダを指定して[OK]をクリックする．「信号名.txt」ファイルが得られる．これをExcelで開く
(3) Excelでニコルス線図をクリックし選択する
(4) [グラフツール]-[デザイン]-[データの選択]-[データソースの選択]ダイアログにて，[凡例項目]-[追加]-[系列の編集]ダイアログから(2)の数表を指定して[OK]をクリックする
(5) (2)のエクスポート・データに数値以外の記号や単位などが付加されている場合は削除する．削除するには[関数の挿入]-[文字列操作]から「MID」，「LEN」などの関数を使う
(以上はExcel2010の場合)

第5章 折れ線近似で合成！加減算でさまざまな特性の検討が容易に

周波数特性の検討に便利なツール…伝達関数

サーボ・システムが良好な応答特性を示すためには，ループ一巡のループ・ゲインの周波数特性が必要条件を満たす必要があります．周波数特性を検討するためには便利なツールがあり，本章，次章ではこれらの使い方について述べます．

本章では，「伝達要素」，「伝達関数」，「ラプラス変換」などの聞きなれない用語が使われますが，これらを「便利なツール」として利用します．

サーボ・ループを構成するサーボ・コントローラやプラント（モータなどの制御対象），帰還率などを「伝達要素」と呼びます．「伝達要素」はさらに複数の「基本伝達要素」に分解できます．

「伝達要素」の入出力の関係を表すためには「伝達関数」を用いますが，上記「基本伝達要素」の「伝達関数」はシンプルな1次式で周波数特性も単純な特性です．実用上は，周波数特性を「直線近似」することができ，これも検討を容易にします．

ループを構成する「伝達要素」は「基本伝達要素」を直列または並列に組み合わせて表すことができるので，結局ループ全体を「基本伝達要素」の組み合わせで表せます．このとき単位として［dB］を使用することにより，位相だけでなくゲインも合成値を加減算のみで計算できます．

プラント特性を求めたり，必要条件を満たすためにサーボ・コントローラの特性を設計することになりますが，作業をわかりやすく効率的に進めるために上記の「ツール」を使います．「ラプラス変換」によって得られる「伝達関数」は作業に必要なもののみを表に示します．

5.1 サーボ・コントローラでループ特性を最適化する

● ①サーボ・コントローラ，②プラント，③帰還率

設計対象となる一般的なサーボ・システムのモデルを図1に示します．次の三つから構成されます．

① サーボ・コントローラ（以下，コントローラ）A_1
② プラント A_2

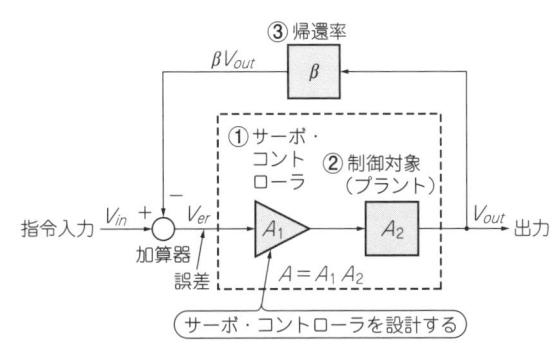

図1 サーボ・システムの安定性は①サーボ・コントローラと②プラントと③帰還率の周波数特性で決まる
変更できるのはサーボ・コントローラの周波数特性だけ

③ 帰還率 β

この三つの伝達要素は直列に結合されています．つまり，図2に示すように，①と②と③のゲインと位相を足し合わせたものが，サーボ・システムのループ・ゲイン G_L の周波数特性になります．サーボ・システムが十分なサーボ効果と安定性を得られる条件を満たすように，ループ・ゲイン G_L の大きさ（ゲイン）と位相の周波数特性を設計します．

● 調節できるのはコントローラだけ

図1に示す一般的なサーボ・モデルにおいて，ループ・ゲイン G_L は次式で表されます．

$$G_L = A\beta = A_1 A_2 \beta \cdots\cdots(1)$$

式(1)の A_2 は制御対象であるプラントのゲインです．モータ制御であればモータがプラントです．原則として A_2 は変更できません．また，帰還率 β は要求条件に合わせて決まるもので，通常は変更できません．したがって，G_L の周波数特性を最適化するには，コントローラのゲイン A_1 の周波数特性を設計します．

①コントローラ A_1 のゲインと位相特性を適切に設定することにより，② A_2，③ β を含めた3者の直列結合であるループ・ゲイン G_L を最適化します．

② プラントの
ゲイン特性

＋

③ 帰還率βの
ゲイン特性
（β＝1の場合）

＋

① コントローラの
ゲイン特性

⬇

ループ・ゲインG_L
のゲイン特性
①＋②＋③

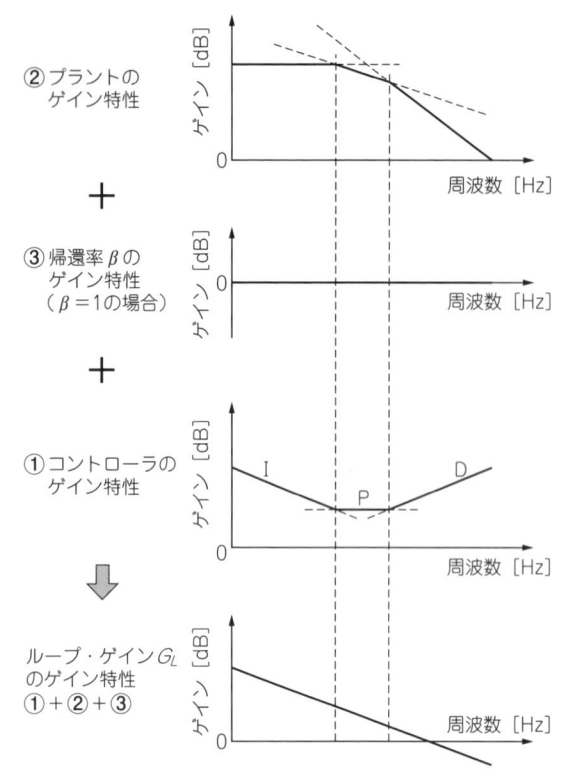

図2 コントローラとプラントと帰還率の各ゲインを足し合わせたものが，ループ・ゲインG_Lの周波数特性になる

図3 図2のコントローラ(PIDタイプ)のゲインの周波数特性は三つの伝達要素の中の最大値をとったもの

(a) 総合特性

(b) I(積分要素)

(c) P(比例要素)

(d) D(微分要素)

図4 図3のコントローラは三つの伝達要素が並列結合されている(PIDコントローラと呼ぶ)
並列結合した場合は，図3のようにゲインが一番大きいものが合成ゲインとなる

● ループ・ゲインの周波数特性を最適化する

検討対象のサーボ・システムについて，求められるサーボ効果を満足するためには，使用する周波数帯域において，最低限のループ・ゲインが必要です．さらに，これを安定に動作させるためには，ループ・ゲイン特性に最低限の位相余裕やゲイン余裕を確保しなければなりません．

つまり，ループ一巡のゲインであるループ・ゲインG_Lの周波数特性がサーボ・システムの仕様を満たすように，サーボ・コントローラのゲインと位相の周波数特性を作り込むわけです．

● PIDコントローラは周波数特性を自在に変更できる

以下に例として示すコントローラは「PIDコントローラ」です．PIDコントローラの周波数特性は**図3**(a)のようになります．これは，**図3**(b)のI(積分)と，**図3**(c)のP(比例)と，**図3**(d)のD(微分)の三つを組み合わせたものです(詳しくは後述)．

図4のように，この三つを並列結合した場合は，ゲインが一番大きいものが合成ゲインと合成位相となります．PIDコントローラは，各要素を独立に調整し，所定の特性を得られるように構成します．

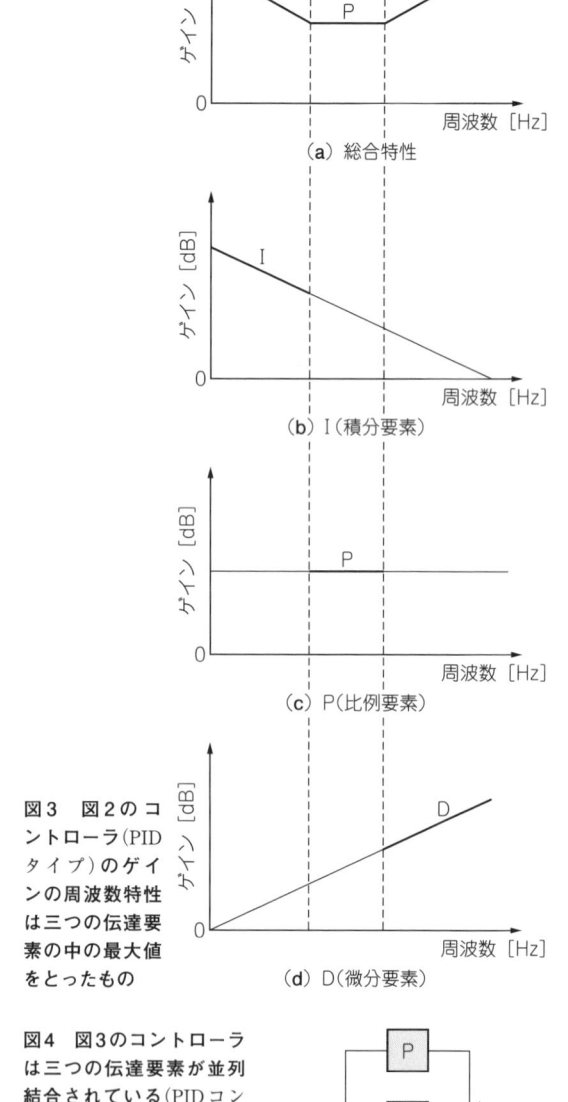

5.2 設計ツール 8種類の基本伝達要素

8種類の伝達関数とボーデ線図を**表1**に示します．これらを組み合わせて，サーボ・ループの周波数特性を検討します．

ある周波数特性を示す要素を，サーボ制御では「伝達要素」と呼びます．これは，入力信号に対して，ある定められた機能(積分や微分など)の処理をして出力

表1 ループ・ゲインの周波数特性を検討するために利用できる8個の基本伝達要素

No	要素	伝達関数 $G(s)$	ゲイン特性	位相特性	
1	比例	K	$20\log|K|$	0	
2	積分	$\dfrac{1}{s\tau}$	傾斜 $-m$、f_0 で 0 交差	-90	逆システム
3	微分	$s\tau$	傾斜 m、f_0 で 0 交差	90	
4	1次遅れ	$\dfrac{1}{s\tau+1}$	f_0 以降 $-m$	$0 \to -45(f_0) \to -90$、$0.2f_0$, $5f_0$	逆システム
5	1次進み	$s\tau+1$	f_0 以降 m	$0 \to 45(f_0) \to 90$、$0.2f_0$, $5f_0$	
6	1次系HPF	$\dfrac{s\tau}{s\tau+1}$	f_0 まで傾斜 m、以降 0	$90 \to 45(f_0) \to 0$、$0.2f_0$, $5f_0$	逆システム
7	逆1次系HPF	$\dfrac{s\tau+1}{s\tau}$	f_0 まで傾斜 $-m$、以降 0	$-90 \to -45(f_0) \to 0$、$0.2f_0$, $5f_0$	
8	変形1次進み	$s\tau-1$	f_0 以降傾斜 m	$180 \to 135(f_0) \to 90$、$0.2f_0$, $5f_0$	

注1. ゲイン特性，位相特性はともに折れ線近似の概略特性．注2. K：定数，τ [s]：時定数，f [Hz]：周波数，G [dB]：ゲイン，θ [°]：位相，f_0 [Hz] $= 1/(2\pi\tau)$，$\pm m$：ゲイン傾斜 ±20 dB/dec．注3. No.7 と No.8 は仮の名称

する信号伝達部分という意味です．この伝達要素が扱う信号の種類としては，電気系，機械系，熱系などさまざまな場合があり，最終的に，回路やプログラム，機械系などで実現します．**表1**の基本的な要素を「基本伝達要素」と呼ぶことにします．

伝達要素の伝達特性は，「ラプラス変換」や「伝達関数」によって数式で表します（**コラム1**）．伝達関数で表すことができれば，シミュレータLTspiceを使っ

5.2 設計ツール 8種類の基本伝達要素

て周波数特性が得られます．

① 比例要素 K

入力 $x(t)$ と出力 $y(t)$ の関係は，式(2)で表せます．

$$y(t) = Kx(t) \cdots\cdots\cdots\cdots\cdots\cdots (2)$$
ただし，K は定数

式(2)の両辺を，コラム1の**表A**よりラプラス変換して，伝達関数として式(3)を得ます．

【比例の伝達関数】
$$Y(s) = KX(s)$$
$$\therefore G(s) = \frac{Y(s)}{X(s)} = K \cdots\cdots\cdots\cdots\cdots (3)$$

表1のNo.1のように周波数特性は，周波数全域でゲイン G が K 倍（$20\log|K|$ [dB]）で，位相 θ は $0°$ です．

また，出力の時間応答は，応答時間0sで入力の K 倍の振幅となります．

② 積分要素 $1/(s\tau)$

表1のNo.2の伝達関数は，No.3の伝達関数 $s\tau$ の分子と分母を入れ替えた形です．これを逆システムの関係にあると言います．No.2の特性は，No.3の特性を上下対称に反転すれば得られます．

▶伝達関数

入力 $x(t)$ と出力 $y(t)$ の関係は，式(4)で表されます．

$$\frac{d}{dt}y(t) = \frac{1}{\tau}x(t) \cdots\cdots\cdots\cdots\cdots\cdots (4)$$
ただし，τ [s] は定数（時定数）

式(4)の初期値を0として，両辺をラプラス変換すると，式(5)になります．

コラム1　時間の関数を周波数関数に変換できる「ラプラス変換」

一般的には，対象サーボ・システムの周波数特性と時間特性を交互に評価，検討することになります．これらの作業を効率よく行うためのツールとして，「ラプラス変換」と「伝達関数」が使われます．

● ツール① 扱いやすい形に数式を変換する…ラプラス変換

サーボ・システム各部のパラメータ（変数）を数式で表すと微分方程式が得られます．変数は時間 t の関数です．この微分方程式をある変数について解くと，その変数の時間応答特性がわかります．しかし，微分方程式を解くことが容易でない場合もあります．そこで次の解法が考えられました．

時間 t の関数である微分方程式を「ラプラス変換」すると「ラプラス演算子 s」の関数の方程式が得られます．得られた方程式は代数計算により解くことができ，この結果を「逆ラプラス変換」すれば元の微分方程式を解いた結果が得られます．

ラプラス変換も逆ラプラス変換も変換公式にしたがって計算できます．実際には**表A**に示す「ラプラス変換表」を使います．

表AのNo.4は，関数の和や関数と係数の積に関する取り扱いについて示しています．時間関数 $f(t)$ と $g(t)$ の和は，それぞれのラプラス変換後の関数 $F(s)$ と $G(s)$ の和に対応し，時間関数の係数はそのままラプラス変換関数の係数となります．

例えば，$b=0$ とおけば，$af(t)$ のラプラス変換は $aF(s)$ となるので，No.1から $f(t)=1$ のとき $Kf(t) = K$（定数）であり，ラプラス変換が $KF(s) = K/s$ となることがわかります．

● ツール② 入力と出力の関係を表す…伝達関数

対象システムの入力を $x(t)$，出力を $y(t)$ として，すべての初期条件が0であるとき，入力のラプラス変換を $X(s)$，出力のラプラス変換を $Y(s)$ とすれば，入出力の関係を次に示す式で表せます．

$$G(s) = \frac{Y(s)}{X(s)} \cdots\cdots\cdots\cdots\cdots\cdots (A)$$

この式を「伝達関数」と呼びます．すべての初期条件が0というのは，対象伝達要素各部の変数が $t=0$ において，すべて0だということを意味しています．伝達関数によって，その伝達要素の周波数応答特性がわかります．

表A 時間 t の関数である微分方程式を計算しやすい形に変換する「ラプラス変換表」

No	$f(t), (t \geq 0)$	$F(s)$	備考
1	1	$\dfrac{1}{s}$	−
2	t	$\dfrac{1}{s^2}$	−
3	e^{-at}	$\dfrac{1}{s+a}$	a：複素数
4	$af(t) + bg(t)$	$aF(s) + bG(s)$	a, b：複素数
5	$\dfrac{d}{dt}f(t)$	$sF(s)$	$t=0$ における初期値は0とする
6	$\int f(t)dt$	$\dfrac{F(s)}{s}$	$t=0$ における初期値は0とする

【積分の伝達関数】

$$sY(s) = \frac{1}{\tau}X(s)$$

$$\therefore G(s) = \frac{Y(s)}{X(s)} = \frac{1}{s\tau} \quad \cdots\cdots\cdots\cdots (5)$$

時定数 τ のみによって特性が決定されます．

▶周波数特性

伝達関数の式(5)の s を $j\omega$ で置き換え，さらに $\omega = 2\pi f$ を代入すると，式(6)になります．

【積分の周波数伝達関数】

$$G(j\omega) = \frac{1}{j\omega\tau} = \frac{1}{\omega\tau}\angle -90° = \frac{1}{2\pi f\tau}\angle -90°$$
$$\cdots\cdots\cdots\cdots (6)$$

ただし，ω：角周波数 [rad/s]，f：周波数 [Hz]

伝達関数 $G(s)$ の演算子 s を $j\omega$ で置き換えた $G(j\omega)$ を「周波数伝達関数」と呼び，この式から周波数特性が求められます．

式(6)から周波数特性は，ゲインは周波数 f に反比例し，位相は周波数全域で $-90°$ となります．また，ゲインが1倍(0 dB)となる周波数を f_0 とすると，式(6)から式(7)が得られます．

$$f_0 = \frac{1}{2\pi\tau} \text{ [Hz]} \quad \cdots\cdots\cdots\cdots (7)$$

ゲインが周波数に反比例するということは，周波数の10倍(decade)変化に対してゲインが1/10倍(-20 dB)になります．このゲイン傾斜を「-20 dB/dec」と表します．周波数の2倍(octave)変化に対してゲインが1/2倍(-6 dB)になるので「-6 dB/oct」ともいいます．

伝達関数の式(5)の右辺の分母の演算子 s の次数は1です．これを1次系と呼び，1次系伝達要素のゲイン傾斜は 20 dB/dec(ゲイン増大域) または -20 dB/dec(ゲイン減衰域)，位相は $-90°$ ～ $90°$ の範囲内になります．

▶時間応答

初期値をすべて0とし，式(4)を $y(t)$ について解くと，式(8)が得られます．

$$y(t) = \frac{1}{\tau}\int x(t)\,dt \quad \cdots\cdots\cdots\cdots (8)$$

式(8)に，次に示す入力 $x(t)$ を与えます．

$$x(t) = \begin{bmatrix} 1, & t \geq 0 \\ 0, & t < 0 \end{bmatrix} \quad \cdots\cdots\cdots\cdots (9)$$

式(9)の入力 $x(t)$ をステップ波，これに対する出力 $y(t)$ の時間応答をステップ応答と呼びます．式(8)に式(9)を代入して，初期値を0とすると，式(10)になります．

【積分のステップ応答】

$$y(t) = \frac{1}{\tau}\int dt = \frac{1}{\tau}t \quad \cdots\cdots\cdots\cdots (10)$$

式(10)がステップ応答を表す式です．出力 $y(t)$ が時間 t に対して直線的に変化します．また，$t = \tau$ において $y(\tau) = 1$ となるので，ステップ入力に対して出力が入力に一致するまでの時間が時定数 τ [s] となります．

上記の例では式(4)を $y(t)$ について解くことが容易なので，式(8)と式(10)が得られました．容易でなければ後述の「1次遅れ」などの求め方のように，逆ラプラス変換を利用して解くこともできます．

③ 微分要素 $s\tau$

ゲイン特性は右肩上がりの直線(傾斜は 20 dB/dec)で，位相特性は 90° 一定です．**表1**のほかの要素は，微分要素から求めることができます．

▶伝達関数

入力 $x(t)$ と出力 $y(t)$ は，式(11)で表せます．

$$y(t) = \tau\frac{d}{dt}x(t) \quad \cdots\cdots\cdots\cdots (11)$$

前項同様に式(11)の初期値を0として，両辺をラプラス変換すると，式(12)になります．

【微分の伝達関数】

$$Y(s) = s\tau X(s)$$

$$\therefore G(s) = \frac{Y(s)}{X(s)} = s\tau \quad \cdots\cdots\cdots\cdots (12)$$

▶周波数特性

式(12)から周波数伝達関数を求めると，式(13)になります．

【微分の周波数伝達関数】

$$G(j\omega) = j\omega\tau = \omega\tau\angle 90° = 2\pi f\tau\angle 90°$$
$$\cdots\cdots\cdots\cdots (13)$$

ゲインは周波数に比例し(20 dB/dec)，位相は周波数全域で 90° となります．また，ゲインが1倍(0 dB)となる周波数 f_0 は式(7)から得られます．

▶時間応答

微分回路に，式(14)の入力 $x(t)$ を与えます．この直線波を「ランプ関数」と呼びます．

$$x(t) = \begin{bmatrix} \dfrac{t}{\tau}, & t \geq 0 \\ 0, & t < 0 \end{bmatrix} \quad \cdots\cdots (14, \text{ランプ関数})$$

式(11)に式(14)を代入し，初期値を0とすると，式(15)が得られます．

【微分のランプ応答】
$$y(t) = 1 \quad \cdots\cdots\cdots\cdots\cdots\cdots\cdots\cdots\cdots (15)$$

式(14)と式(15)から，$t = \tau$ において $x(\tau) = 1$，$y(\tau) = 1$ となるので，ランプ関数入力に対して入力と出力が一致するまでの時間が時定数 τ [s] になります．

微分要素は，$t = 0$ の瞬間に入力信号 $x(t)$ の傾斜を出力する要素であると定義されます．厳密には $x(t)$ の傾斜を知るためには最小限の時間が必要なので，$t = 0$ に傾斜を出力するのは不可能です．そこで式(12)の微分要素に時定数の小さい1次遅れを直列結合して，近似微分要素として用いることがあります．

④ 1次遅れ要素 $1/(s\tau + 1)$

No.5の1次進み $s\tau + 1$ の逆システムです．**表1**のNo.4，No.5のゲインと位相特性はそれぞれ互いに上下対象になっています．

▶伝達関数

図5に，抵抗 R [Ω]，コンデンサ C [F] からなる代表的な1次遅れの回路例を示します．**図5**から式(16)が得られます．

$$x(t) = Ri(t) + y(t), \quad i(t) = C\frac{d}{dt}y(t) \cdots (16)$$

式(16)の2式の両辺の初期値をすべて0として，それぞれラプラス変換すると，式(17)になります．

$$X(s) = RI(s) + Y(s), \quad I(s) = sCY(s) \cdots (17)$$

式(17)から $I(s)$ を消去し，$CR = \tau$ [s] とおくと次式を得ます．

【1次遅れの伝達関数】
$$G(s) = \frac{Y(s)}{X(s)} = \frac{1}{sCR + 1} = \frac{1}{s\tau + 1} \cdots (18)$$

▶周波数特性

式(18)から周波数伝達関数を求めると，式(19)になります．

【1次遅れの周波数伝達関数】
$$G(j\omega) = \frac{1}{j\omega\tau + 1} = \frac{1}{\sqrt{(\omega\tau)^2 + 1}} \angle -\tan^{-1}(\omega\tau)$$
$$= \frac{1}{\sqrt{(2\pi f\tau)^2 + 1}} \angle -\tan^{-1}(2\pi f\tau) \cdots (19)$$

図5 抵抗 R [Ω]，コンデンサ C [F] からなる代表的な1次遅れ要素の回路例

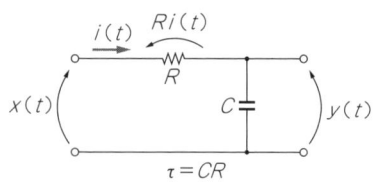

式(19)から周波数特性は，次のようになります．

- 遮断周波数 $f_0 = 1/(2\pi\tau)$ [Hz] において，ゲインは $1/\sqrt{2}$ 倍 (-3 dB)，位相は $-45°$
- $f \to 0$ において，ゲインは1倍 (0 dB)，位相は $0°$
- $f \to \infty$ において，ゲインは $-\infty$ 倍，位相は $-90°$，減衰域のゲイン傾斜は -20 dB/dec

▶時間応答

式(9)のステップ入力 $x(t)$ を与えたときの出力 $y(t)$ を求めます．初期値を0として式(9)をラプラス変換すると，式(20)になります．

$$X(s) = \frac{1}{s} \quad \cdots\cdots\cdots\cdots\cdots\cdots\cdots\cdots\cdots (20)$$

式(18)に式(20)を代入します．

$$Y(s) = \frac{1}{s(s\tau + 1)} = \frac{1}{s} - \frac{1}{s + 1/\tau} \cdots (21)$$

表Aを参照して式(21)を逆ラプラス変換すると，式(22)になります．

【1次遅れのステップ応答】
$$y(t) = 1 - e^{-\frac{t}{\tau}} \cdots\cdots\cdots\cdots\cdots\cdots (22)$$

式(22)が求める出力 $y(t)$ であり，ステップ応答は指数関数波形です．初期値は0で1に向かって増大します．$y(\tau) = 0.632$ なので，最終値の63.2%に達する時間が時定数 τ [s] です．また，$t = 0$ における接線の傾きを p とおけば接線 $l(t)$ は，式(23)になります．

$$l(t) = pt = y'(0)t = \frac{t}{\tau} \cdots\cdots\cdots\cdots\cdots (23)$$

$l(\tau) = 1$ なので $t = \tau$ [s] において，接線 $l(t)$ は最終値 $x(t) = 1$ と交差します．

⑤ 1次進み要素 $s\tau + 1$

微分 $s\tau$ と比例 $K [= 1 (0\text{ dB})]$ の並列結合であり，両者の伝達関数の和から伝達関数が得られます．並列結合の合成特性はゲインが大きいほうの特性となります．**表1**のNo.5のゲイン・位相特性を見ると，$f < f_0$ ではゲインの大きいNo.1の特性となり，$f_0 < f$ ではゲインの大きいほうのNo.3の特性となります．

▶伝達関数

図6に，抵抗 R [Ω]，インダクタ L [H] および電流源（ゲイン G_m）からなる1次進みの回路例を示します．電流源は下記の出力電流 $i(t)$ を供給します．**図6**から次式が得られます．

$$i(t) = G_m x(t), \quad y(t) = Ri(t) + L\frac{d}{dt}i(t) \cdots (24)$$

式(24)の2式の両辺を，初期値をすべて0として，それぞれラプラス変換すると，式(25)になります．

$$I(s) = G_m X(s)$$
$$Y(s) = RI(s) + sLI(s) \quad \cdots\cdots (25)$$

式(25)から$I(s)$を消去し，$G_m = 1/R$ [A/V]および$L/R = \tau$ [s]とおいて式(26)を得ます．

【1次進みの伝達関数】

$$G(s) = \frac{Y(s)}{X(s)} = G_m(sL + R) = s\frac{L}{R} + 1 = s\tau + 1 \quad \cdots\cdots (26)$$

式(26)は，微分と比例$K = 1$の並列結合と等価です．

▶周波数特性

式(26)から周波数伝達関数を求めると，式(27)になります．

【1次進みの周波数伝達関数】

$$G(j\omega) = j\omega\tau + 1 = \sqrt{(\omega\tau)^2 + 1} \angle \tan^{-1}(\omega\tau)$$
$$= \sqrt{(2\pi f\tau)^2 + 1} \angle \tan^{-1}(2\pi f\tau) \cdots (27)$$

式(27)から1次進みの周波数特性は次のようになり

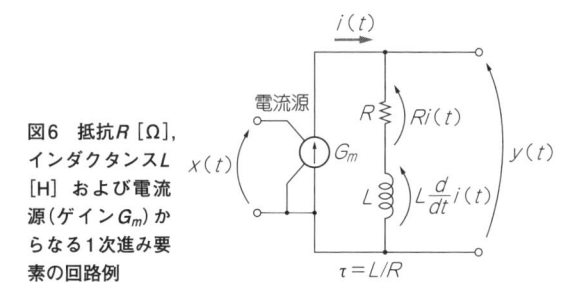

図6 抵抗R[Ω]，インダクタンスL[H]および電流源（ゲインG_m）からなる1次進み要素の回路例

$\tau = L/R$

ます．

- 遮断周波数$f_0 = 1/(2\pi\tau)$ [Hz]において，ゲインは$\sqrt{2}$倍（3 dB），位相は45°
- $f \to 0$において，ゲインは1倍（0 dB），位相は0°
- $f \to \infty$において，ゲインは∞倍，位相は90°，増大域のゲイン傾斜は20 dB/dec

▶時間応答

1次進み要素に式(14)のランプ関数入力$x(t)$を与えたときの出力$y(t)$を求めます．初期値を0として式(14)を，表1を参照してラプラス変換すると，式(28)になります．

コラム2　ゲインや位相の周波数特性は「折れ線」で描く

各伝達関数のボーデ線図は図7(b)，(c)に示すように曲線ですが，ループ特性の検討を簡便に行うために特性曲線を「折れ線近似」します．折れ線近似により誤差は生じますが，検討作業を効率よく行えます．

例として1次遅れ要素の折れ線近似を図Aに示します．

ゲイン近似直線は平坦部と減衰部の2本の直線からなり，f_0 [Hz]で交差します．折れ線の真値からの最大誤差はf_0において3 dBです．

位相近似直線は，収束値0°，$-90°$の横軸と平行の2本と$0.2f_0$および$5f_0$でこれらと交差する1本の計3本からなります．最大誤差は$0.2f_0$および$5f_0$において11.3°です．

複数の伝達要素の近似直線は，加減算などにより簡単に合成できます．

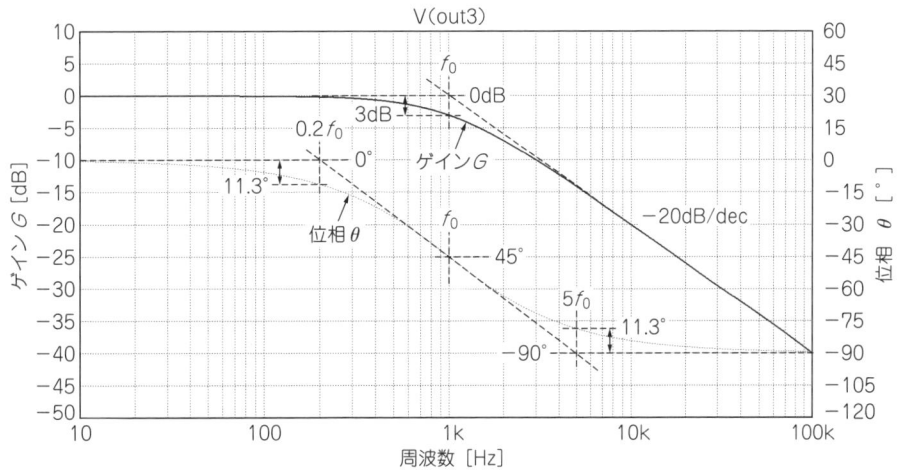

図A　1次遅れ要素のボーデ線図を折れ線近似で描いた例【LTspice 023】

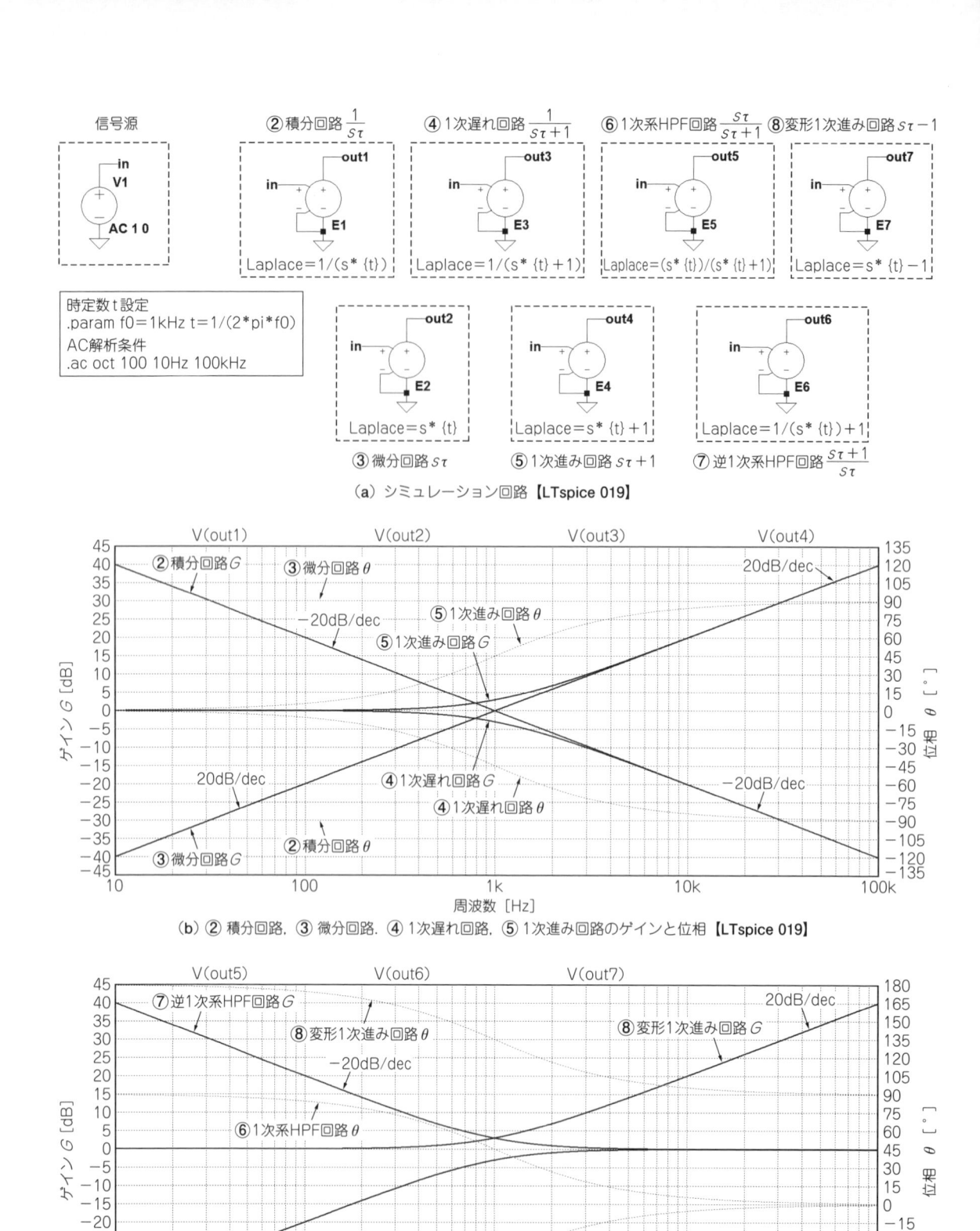

(a) シミュレーション回路【LTspice 019】

(b) ② 積分回路, ③ 微分回路, ④ 1次遅れ回路, ⑤ 1次進み回路のゲインと位相【LTspice 019】

(c) ⑥ 1次系HPF回路, ⑦ 逆1次系HPF回路, ⑧ 変形1次進み回路のゲインと位相【LTspice 020】

図7 基本伝達要素の周波数特性

$$X(s) = \frac{1}{s^2\tau} \quad \cdots\cdots\cdots\cdots\cdots\cdots (28)$$

式(26)に式(28)を代入すると,式(29)になります.

$$Y(s) = \frac{s\tau+1}{s^2\tau} = \frac{1}{s} + \frac{1}{\tau}\frac{1}{s^2} \quad \cdots\cdots (29)$$

式(29)を逆ラプラス変換すると,式(30)になります.

【1次進みのステップ応答】

$$y(t) = 1 + \frac{t}{\tau} = 1 + x(t) \quad \cdots\cdots\cdots\cdots (30)$$

式(30)が求める出力$y(t)$であり,1次進み回路のランプ関数応答は入力$x(t)$に1を加えたものです.$t=0$において$x(t)=0$, $y(t)$は0→1に急変し,$t=\tau$において$x(\tau)=1$, $y(\tau)=2$となるので,出力が2[$=1+x(\tau)$]に達するまでの時間が時定数τ[s]です.

⑥ 1次系HPF要素$(s\tau)/(s\tau+1)$

微分回路$s\tau$と1次遅れ回路$1/(s\tau+1)$の直列結合であり,両者の伝達関数の積から伝達関数が得られます.直列結合された合成特性は,ゲイン・位相ともに微分回路$s\tau$と1次遅れ回路$1/(s\tau+1)$を加算して得られます.伝達関数の積であるのにゲインが和になる理由は,ボーデ線図のゲイン軸単位が[dB]だからです.

⑦ 逆1次系HPF要素$(s\tau+1)/(s\tau)$

No.6の1次系HPF回路$(s\tau)/(s\tau+1)$の逆システムです.両者の特性は互いに上下対称になっています.

⑧ 変形1次進み要素$s\tau-1$

これは,⑤1次進み要素$s\tau+1$とは「比例要素1」の極性が異なるだけです.

比例要素が1であるということは入力がそのまま出力として現れることであり,-1の場合はゲインは1倍(0 dB)ですが位相が反転することを意味するので,**表1**に示すように⑤と⑧のゲインG特性はまったく同じです.しかし位相θ特性は,伝達関数1が全域で0°であるのに対し,-1は全域で180°となります.したがって,これらに$s\tau$を加算したボーデ線図は,$f<f_0$においては伝達関数1または-1の特性となり,$f>f_0$においては$s\tau$の特性となるので,位相特性のみが異なります.

このように,二つの伝達要素のゲイン特性が同じでも,同じ位相特性をもつとは限らないことがわかります.

第4章の「コラム2 ナイキスト線図上の円の描き方」では,この位相特性が異なることを利用して円を描いています.本章の**表1**の④と⑧を直列結合して,ゲインが1倍で位相のみが変化する特性を得ています.④と⑤の組み合わせでは伝達関数が1になってしまいます.

5.3 基本伝達要素の特性をシミュレーションで確認

基本的な伝達要素のうち比例を除く伝達要素の周波数特性と時間応答特性をシミュレーションで確認します.

● 周波数特性

図7(a)は周波数特性解析用の回路です.LTspiceでは図のように伝達関数を設定すると「AC解析」によってそのボーデ線図を結果として出力します.

図7(b),(c)にボーデ線図を示します.前項の各特性はすべてシミュレーション結果と一致しています.時定数τ(LTspice上ではtに置き換えている)を,すべて$t=0.159$ ms[$=1/(2\pi\times 1\mathrm{k})$]としているので,$f_0$はすべて1 kHzとなります.

● 時間応答

図8(a)に時間応答の解析用回路を示します.

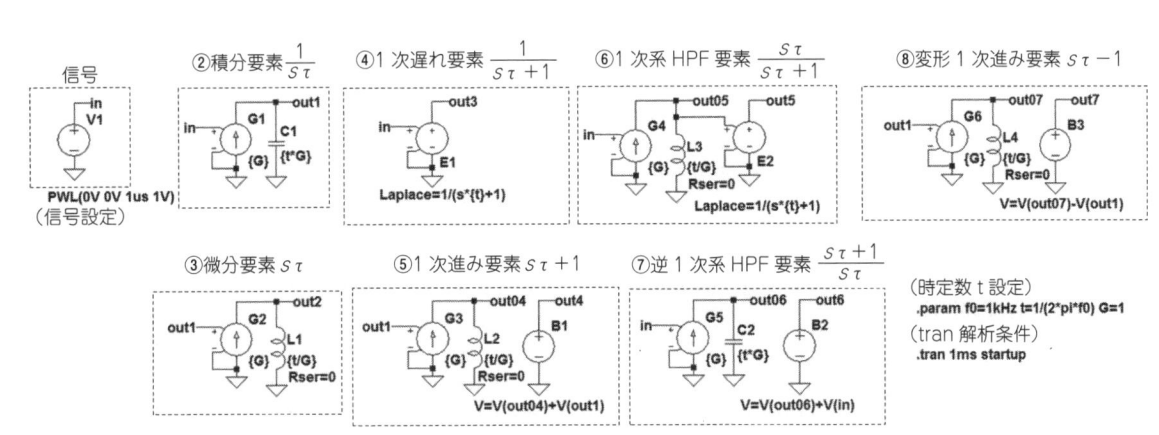

(a) 時間応答解析用回路【LTspice 021】

図8 基本伝達要素の時間応答

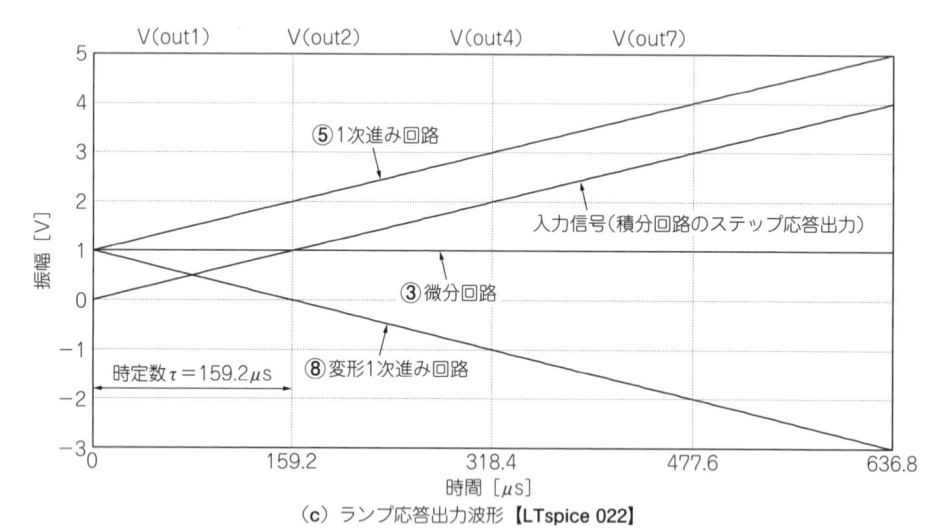

図8 周波数特性の素の時間応答(つづき)

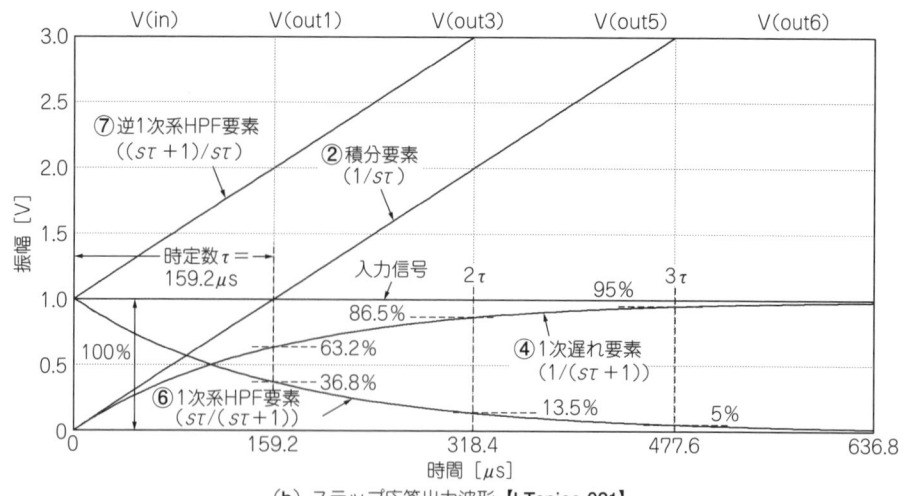

(b) ステップ応答出力波形 【LTspice 021】

(c) ランプ応答出力波形 【LTspice 022】

LTspiceのtran(過渡)解析では一部のシミュレーション結果が得られないものがあったため，図8(a)のような回路で行っています．回路は違いますが，すべての特性は時定数を含めAC解析用の図7(a)と同一です．

図8(a)の一部ではブロック線図の「直列結合」や「並列結合」を利用しています．たとえば，1次進み回路$s\tau+1$は前述のように，微分回路$s\tau$と比例回路1の並列結合から得ています．

図8(b)，(c)に応答波形を示します．時間t軸の1目盛は時定数$\tau (=159.2\mu s)$としています．図8(b)に示す入力波形は信号源の供給するステップ波形，図8(c)に示す入力波形はランプ関数波形であり，図8(b)の積分回路の出力波形を図8(c)の入力波形として使用しています．1次遅れ回路と1次系HPF回路の出力波形は指数関数波形ですが，そのほかの出力波形は直線波となっています．

1次遅れのステップ応答波形は$t=\tau$ [s] において，図示のように最終値の63.2%に達し，95%になるのは$t=3\tau$であることがわかります．また，$t=0$における接線の方程式を式(23)($y=t/\tau$)に示しましたが，図8(b)の積分回路の出力波形がその接線に相当します．接線は$t=\tau$において最終値(100%)になります．

前項で求めた(2)〜(5)の各時間応答特性はすべてシミュレーション結果と一致しています．

* * *

次章では，ボーデ線図を使って周波数特性の足し引きをして，目的とする周波数を実際に作り込みます．

◆参考文献◆
(1) 吉川 恒夫；古典制御論，2008/3/20，㈱昭晃堂．
(2) 杉江 俊治，藤田 政之；フィードバック制御入門，1999/2/25，㈱コロナ社．

第6章 直列や並列に接続したり，逆システムにしたり

複数の伝達要素の合成で新たな特性を作る

第5章では，ループ・ゲインを検討するための基となるツールとして，伝達要素について解説しました．第5章の表1には基本伝達要素8種類を示し，それぞれの伝達関数を求め，ボーデ線図を示しました．

本章では，複数の伝達要素を直/並列に組み合わせる「直列結合」や「並列結合」，また「逆システム」などを利用して，新たに，より複雑な特性をもつ伝達要素を合成する方法を解説します．

実は，第5章の表1の比例要素K，微分要素$s\tau$の2種類から，残り6種類すべての伝達要素を合成することができます．

一見複雑に見える一巡のループを構成する各伝達要素もシンプルな要素に分解して周波数特性を求め，さらに条件を満たすループ特性となるようにサーボ・コントローラ特性を合成することができます．このような手法により，直感的でグラフィカルなループ設計を行うことができます．

6.1 三つの基本伝達要素で作る

高安定で，定常偏差が小さいサーボ・システムを確実に作るためには，

- サーボ・コントローラ
- 帰還回路
- プラント

で構成されるループ・ゲインと位相の周波数特性を必要条件を満たすように設計する必要があります．まず第5章の表1で紹介した8種類の伝達要素を利用して，ループを構成する制御対象（プラント）と帰還回路の周波数特性をプロファイルします．同様に8種類の伝達要素を利用して，サーボ・コントローラの周波数特性を調整してループ全体の周波数特性を仕上げます．

プラントや帰還回路が比較的シンプルな伝達特性の場合は，

- 比例要素（P：Proportional）
- 積分要素（I：Integral）

- 微分要素（D：Differential）

の三つの伝達要素でサーボ・コントローラを構成することができます．上記の8種類の伝達要素は，これら三つの伝達要素を並列結合したり，直列結合したり，逆数をとったりして組み合わせたものです．

● P, I, Dの組み合わせでサーボ・システムをコントロールする

サーボ・システムのコントローラの周波数特性を作るときに使用する伝達要素は，一般に図1に示すように，P（比例要素）とI（積分要素），D（微分要素）の三つです．この三つの組み合わせによりコントローラを作ります．

図2に，コントローラが応答特性にどう影響するのかの例を示します．指令値にピッタリ合う（定常偏差なし）ようにしたり，指令値が変化したときにスムーズに追従する（高安定性）ように調整します．

● Pコントローラ…単独で使われることは少ない

P要素は，図1(a)に示すように周波数全域において，ゲインが平坦で位相変化は0°です．ゲインだけを変化させることができます．ループ全体のゲイン特性のみを，位相特性を固定したまま上下に平行移動します．一部の周波数領域だけの特性を調整することはできません．

モータの速度制御において負荷トルク変化に対する回転速度の定常偏差を小さくするために，ゲイン特性を上方へ平行移動すると，安定性が損なわれて過渡的な回転速度のふらつきなどが起こる場合があります．逆に，より安定にするために下方へ平行移動すると速度偏差が大きくなります．元のループ・ゲイン特性が偏差と安定性の両面ではぼ要求条件を満たしているときには，P要素のみのコントローラを使う場合があります．しかし，平行移動だけで十分なゲインと安定性を同時に得ることは困難です．

(a) P（比例要素）の周波数特性
ゲイン特性が平坦で位相変化は0°

(b) I（積分要素）の周波数特性
ゲイン特性は−20dB/dec，位相は周波数全域で−90°

(c) D（微分要素）の周波数特性
ゲイン特性は20dB/dec，位相は周波数全域で90°

図1 サーボ・システムのコントローラはP，I，Dの3要素の組み合わせで作られる

(a) Pコントローラで制御した場合を初期状態とする
リンギングや定常偏差が残っている

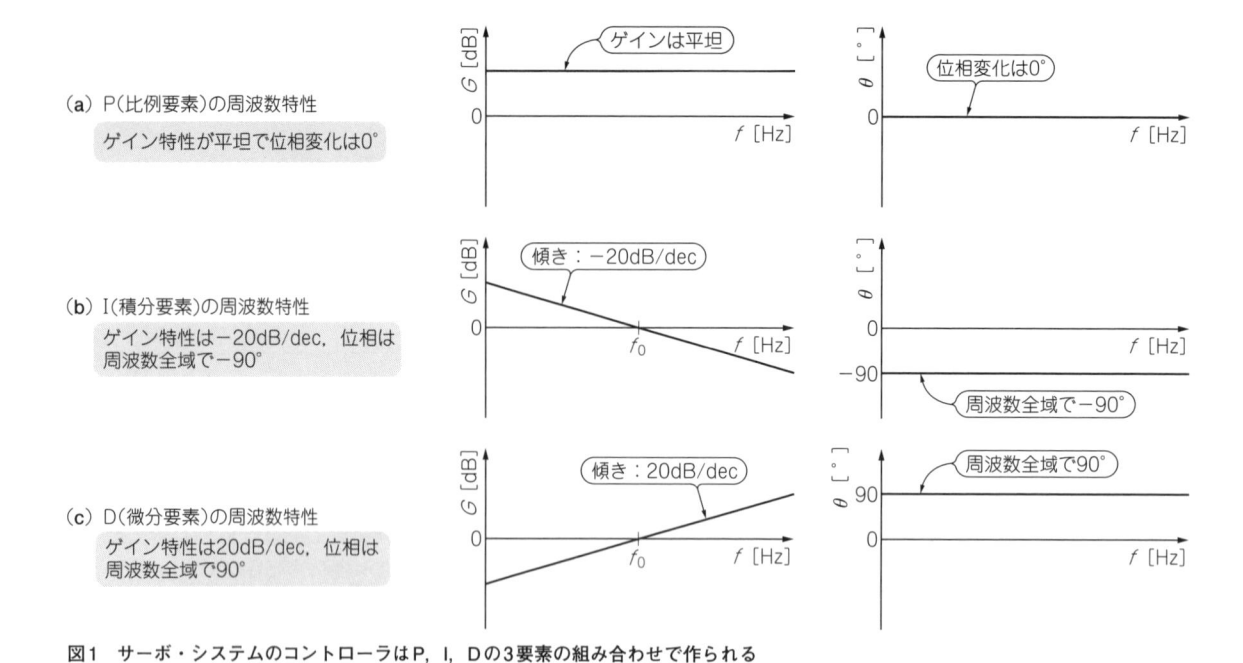

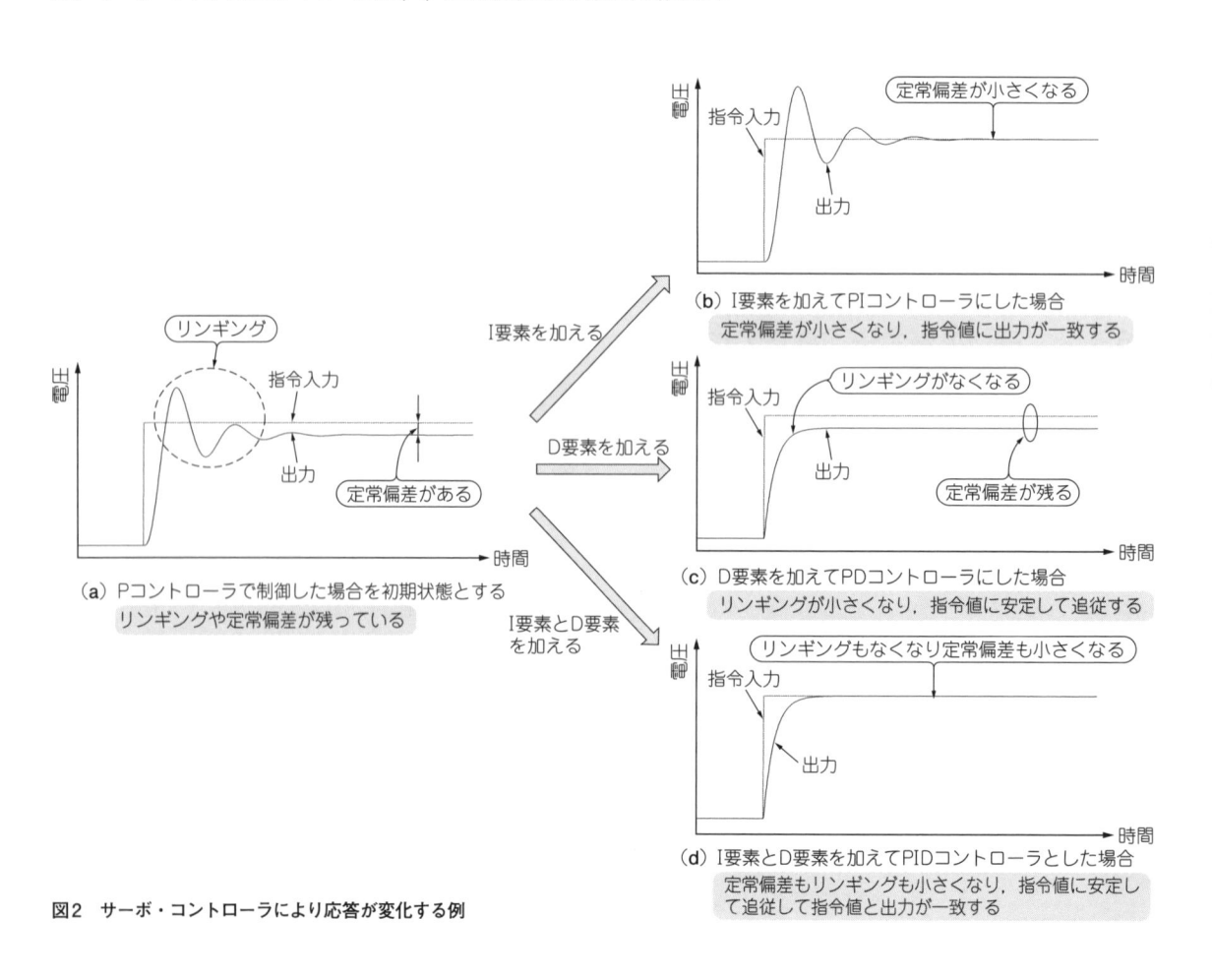

(b) I要素を加えてPIコントローラにした場合
定常偏差が小さくなり，指令値に出力が一致する

(c) D要素を加えてPDコントローラにした場合
リンギングが小さくなり，指令値に安定して追従する

(d) I要素とD要素を加えてPIDコントローラとした場合
定常偏差もリンギングも小さくなり，指令値に安定して追従して指令値と出力が一致する

図2 サーボ・コントローラにより応答が変化する例

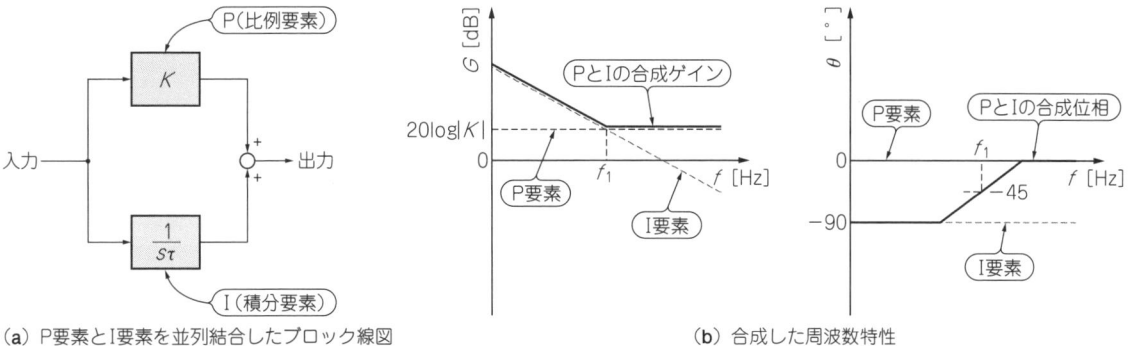

(a) P要素とI要素を並列結合したブロック線図
(b) 合成した周波数特性

図3 PIコントローラの周波数特性
低域ゲインを大きく保ったままPI交差周波以上における位相を0°に漸近させ，位相余裕に与える影響を小さくできる

● PIコントローラ…定常偏差を改善する．扱いやすくよく使われる

低周波域のゲイン特性を改善すると，定常偏差を小さくすることができます．I要素はこの目的にぴったりの特性をもっています．

図1(b)に示すように，I要素のゲイン特性は−20 dB/decの傾斜をもち，位相は周波数全域で−90°です．そのためI要素単独では，低域ゲインが大きく（原理的にはDCゲインは無限大）定常偏差を小さくできます．しかし，位相余裕を90°減少させるため，高周波域では安定性に不利な特性といえます．

図2(b)のように，I要素をP要素に加えると安定性に対する副作用を低減させつつ定常偏差を改善できます．**図3**のようにP要素と組み合わせてPIコントローラとすることにより，低域ゲインを大きく保ったままPI交差周波以上における位相を0°に漸近させ，位相余裕に与える影響を低減できます．

● PDコントローラ…安定性を改善できる．あまり使われない

P要素もI要素も安定性を直接改善する効果はありませんが，D要素は高周波域特性により積極的に安定性を高めることができます．**図1(c)**に示すように，D要素のゲイン特性は20 dB/decの傾斜をもち，位相は周波数全域で90°です．そのため高域ゲインが増大しますが，位相余裕を増加させます．しかし，不必要に高域ゲインを増大させることによる副作用もあり，対策が必要になることがあります．

PDコントローラは，**図2(c)**のようにオーバーシュートやふらつきの少ない速やかな追従が期待できます．しかし低周波域では定常偏差を小さくできる特性ではありません．

● PIDコントローラ…定常偏差と安定性を改善できる

PIコントローラは定常偏差を低下させる効果はありますが，安定性を積極的に改善することはできません．また，PDコントローラは位相を進めることにより安定性を改善できますが，定常偏差を低下させることはできません．

そこで，これらの短所を補い改善効果を最大限発揮させるために，**図4**に示すようにP，I．Dの3要素からなるPIDコントローラを使用します．**図2(d)**のように偏差の少ないかつ安定な制御が可能になります．

6.2 合成周波数特性は作図で求める

伝達要素は，次の三つの方法により合成・変換することができます．

① 直列結合（直列接続）
② 並列結合（出力どうしの加算）
③ 伝達関数の逆システム（分子，分母の入れ替え）

1 直列結合

● 合成後の伝達関数は積で求まる

伝達要素を直列に接続して周波数特性を合成することを，直列結合と言います．ブロック線図では，**図5**に示すように表します．

二つの伝達要素を直列結合した合成ブロック線図の伝達関数は，式(2)に示すように個々の伝達関数の積になります．

$$G(s) = G_1(s)G_2(s) \cdots \cdots (2)$$

これらの周波数伝達関数を極形式で表すと，次式のようになります．

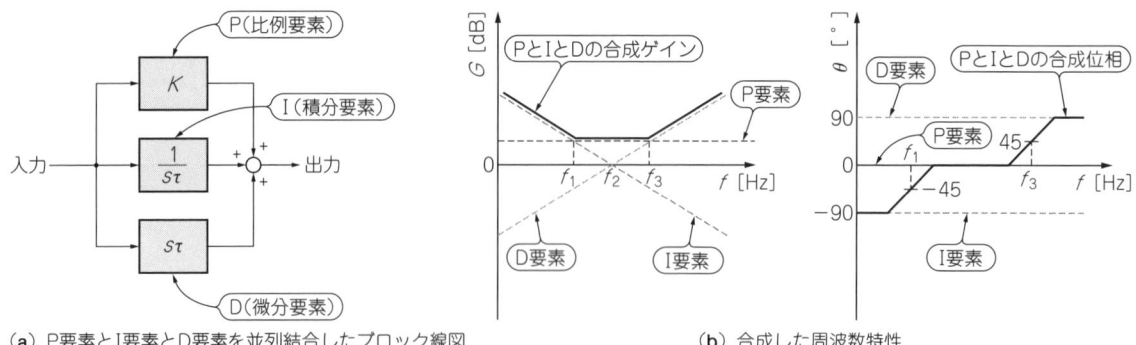

(a) P要素とI要素とD要素を並列結合したブロック線図　　　　　　　　　　(b) 合成した周波数特性

図4　PIDコントローラの周波数特性
位相を進めることにより安定性を改善できるが，不必要に高域ゲインを増大させることによる副作用もある

【伝達関数】
$G(s) = Y(s)/X(s) = G_1(s)G_2(s)$

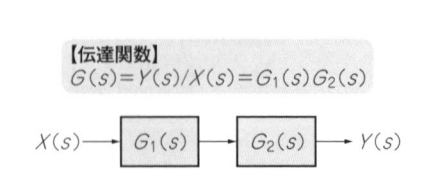

図5　二つの伝達要素を直列結合したブロック線図
合成ブロック線図の伝達関数は，二つの伝達関数の積になる

$$G(j\omega) = Ge^{j\theta},\ G_1(j\omega) = G_1 e^{j\theta_1},\ G_2(j\omega) = G_2 e^{j\theta_2}$$
$$\therefore Ge^{j\theta} = G_1 G_2 e^{j(\theta_1 + \theta_2)} \quad \cdots\cdots (3)$$
$$20\log|G(j\omega)| = 20\log G$$
$$= 20\log G_1 + 20\log G_2$$
$$= 20\log G_1 G_2$$
$$= 20\log G_1 + 20\log G_2$$
$$= 20\log|G_1(j\omega)| + 20\log|G_2(j\omega)|$$
$$\angle G(j\omega) = \theta = \theta_1 + \theta_2$$
$$= \angle G_1(j\omega) + \angle G_2(j\omega)$$
$$\cdots\cdots (4)$$

(a) 二つの伝達要素を直列結合すると…

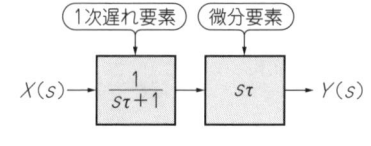

【伝達関数】
$G(s) = Y(s)/X(s) = \dfrac{s\tau}{s\tau + 1}$

(b) 各要素の周波数特性

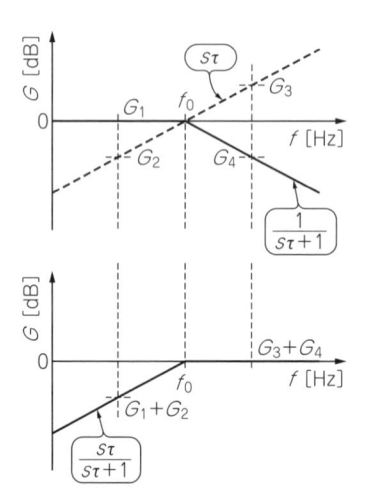

(c) 周波数特性の合成結果（1次系HPF要素）

図6　直列結合の合成例…1次遅れ要素と微分要素を直列接続すると1次系HPF要素になる

● 合成後のボーデ線図は和で求まる

式(4)より，合成ブロック線図の周波数特性は，ボーデ線図上では$G_1(s)$と$G_2(s)$のゲイン[dB]と位相[°]をそれぞれ単純に加算すればよいことがわかります．この性質を利用すれば，複雑な要素でも，基本的な伝達要素のボーデ線図の合成で求めることができます．

● 「1次遅れ要素」と「微分要素」を直列結合したときの周波数特性を求めてみる

図6(a)のように，1次遅れ要素$1/(s\tau+1)$と微分要素$s\tau$を直列結合したときの周波数特性をボーデ線図で求めます．図6(b)のボーデ線図の実線は1次遅れ要素$1/(s\tau+1)$を，破線は微分要素$s\tau$を表します．図6(c)の合成ボーデ線図は，1次遅れ要素$1/(s\tau+1)$と微分要素$s\tau$のゲイン，位相がそれぞれ足し合わされたものです．

1次遅れ要素と微分要素のボーデ線図がわかっていれば，1次系HPF要素のボーデ線図は作図から求められます．

＊

サーボ・システムのループ特性を検討するためにループ1巡のループ・ゲインのボーデ線図を描きますが，ループを構成する複数の伝達要素の直列結合がループ・ゲインとなるので，上記の作図法が利用できます．

2 並列結合

● 合成後の伝達関数は和で求まる

伝達要素を並列に接続して周波数特性を合成することを，並列結合と言います．ブロック線図を，図7(a)に示します．

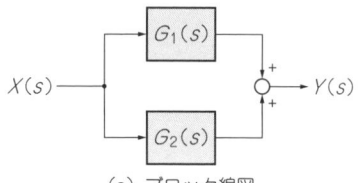

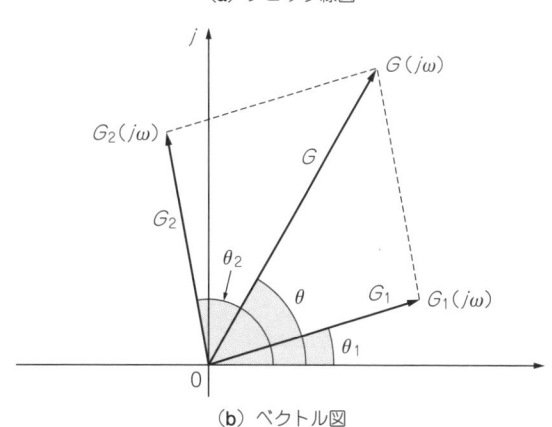

この合成ブロック線図の伝達関数は，式(5)に示すように個々の伝達関数の和になります．

$$G(s) = \frac{Y(s)}{X(s)} = G_1(s) + G_2(s) \quad \cdots\cdots (5)$$

図7 伝達要素を並列結合したときの伝達関数は和で求まる

【伝達関数】
$G(s) = Y(s)/X(s) = G_1(s) + G_2(s)$

(a) ブロック線図

(b) ベクトル図

コラム1　周波数特性の作り込みに利用する二つのツール…ブロック線図とボーデ線図

● ツール①ブロック線図

入出力の関係を示した図を「ブロック線図」といいます．P(比例要素)やI(積分要素)などの伝達関数を，四角いブロック内に書きます．その伝達要素の入力，出力をそれぞれ矢印で示します．

式(A)をブロック線図で表すと，図Aになります．

$$G(s) = \frac{Y(s)}{X(s)} \quad \cdots\cdots (A)$$

図Aのようなブロックから構成されるシステムにおいて，加算や分岐を示す記号とともにブロック間を直列もしくは並列に結合することにより，情報の流れを明確に，直感的に表すことができます．また，複数のブロックからなるシステムの伝達関数を求めたり，別の等価なシステムへ変換したりできます．

● ツール②ボーデ線図

ブロック線図の基本ブロックの周波数特性を，ボーデ線図で描きます．

周波数特性をボーデ線図に描く際は，ゲインGを[dB]（線形目盛り），位相θを[°]（線形目盛り），横軸の対数目盛りを周波数f[Hz]でプロットします．

ボーデ線図を使えば，各伝達特性の合成や変換後の周波数特性を計算することなく，ボーデ線図上の作図で求めることができます．

【伝達関数】
$G(s) = Y(s)/X(s)$

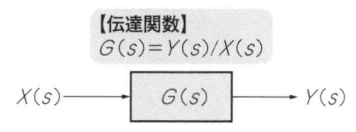

図A　情報の流れを示すブロック線図
四角いブロック内に伝達関数を書き，入力，出力をそれぞれ矢印で示す

周波数伝達関数を式(6)のようにおくと,図7(b)のベクトル図が得られます.

$$G(j\omega) = G \angle \theta$$
$$G_1(j\omega) = G_1 \angle \theta_1 \cdots\cdots\cdots\cdots\cdots (6)$$
$$G_2(j\omega) = G_2 \angle \theta_2$$

ゲインG_1とゲインG_2の大きさの関係により,合成結果は次の三つに分けられます.

▶ゲインG_1とゲインG_2が同じとき

図7(b)のG, G_1からなる三角形に余弦定理を適用すると,次式になります.

$$G_2^2 = G^2 + G_1^2 - 2GG_1\cos(\theta - \theta_1) \cdots\cdots (7)$$

式(7)に$G_1 = G_2$を代入すると,次式になります.

$$G_1^2 = G^2 + G_1^2 - 2GG_1\cos(\theta - \theta_1)$$
$$\therefore G = 2G_1\cos(\theta - \theta_1) \cdots\cdots\cdots\cdots (8)$$

$\cos(\theta - \theta_1) = 0$のときは$G = 0$となりますが,これは$\theta - \theta_1 = \pm 90°$すなわち$\theta_1 = \theta_2 \pm 180°$のときです.$G_1 = G_2$で位相が逆相であれば打ち消しあって0となります.

また,$G_1 = G_2$であれば図7(b)の四角形の4辺がすべて等しいので,合成位相θは次式になります.

$$\theta - \theta_1 = \theta_2 - \theta$$
$$\therefore \theta = \frac{\theta_1 + \theta_2}{2} \cdots\cdots\cdots\cdots\cdots\cdots (9)$$

▶ゲインG_1よりゲインG_2が十分に大きいとき

ゲインG_1よりゲインG_2が十分に大きいときの周波数領域では,式(7)の両辺をG_2^2で割って,$G_1/G_2 = 0$を適用すると,次式になります.

$$1 = \frac{G^2}{G_2^2} + \frac{G_1^2}{G_2^2} - \frac{2GG_1\cos(\theta - \theta_1)}{G_2^2} = \frac{G^2}{G_2^2}$$
$$\therefore G = G_2 \cdots\cdots\cdots\cdots\cdots\cdots\cdots\cdots (10)$$

図7(b)のG, G_2からなる三角形に余弦定理を適用すると,次式になります.

$$G_1^2 = G^2 + G_2^2 - 2GG_2\cos(\theta_2 - \theta)$$
$$\therefore \cos(\theta_2 - \theta) = \frac{G^2 + G_2^2 - G_1^2}{2GG_2} \cdots\cdots (11)$$

式(11)に式(10)を代入して,右辺の分子と分母をG_2^2で割り,$G_1/G_2 = 0$を適用すると,次式になります.

$$\cos(\theta_2 - \theta) = \frac{G_2^2 + G_2^2 - G_1^2}{2G_2^2}$$
$$= \frac{1 + 1 - G_1^2/G_2^2}{2} = 1$$
$$\therefore \theta = \theta_2 \cdots\cdots\cdots\cdots\cdots\cdots\cdots\cdots (12)$$

▶ゲインG_1よりゲインG_2が十分に小さいとき

ゲインG_1よりゲインG_2が十分に小さいときの周波数領域では,式(11)の最初の式の両辺をG_1^2で割って,$G_2/G_1 = 0$を適用すると次式になります.

コラム2 ゲインの周波数特性はまったく同じなのに,位相の周波数特性がまったく違う二つの伝達要素

変形1次進み要素$s\tau - 1$は,1次進み要素$s\tau + 1$と比例要素1の極性が異なるだけです.$s\tau - 1$と$s\tau + 1$のボーデ線図を図Bに示します.

比例要素が1であるということは入力がそのまま出力として現れることであり,−1の場合はゲインは1倍(0 dB)ですが位相が反転することを意味します.加算後のゲインG特性は1と−1はまったく同じです.しかし,位相θ特性は伝達関数1が全域で0°であるのに対し,−1は全域で180°となります.したがって,これらに$s\tau$を加算したボーデ線図は,$f < f_0$においては伝達関数1または−1の特性となり,$f > f_0$においては$s\tau$の特性となるので位相特性のみが異なります.

このように,二つの伝達要素のゲイン特性が同じでも,同じ位相特性をもつとは限りません.

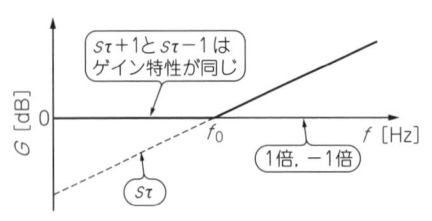

図B ゲイン特性が同じで位相特性が違う$s\tau - 1$と$s\tau + 1$のボーデ線

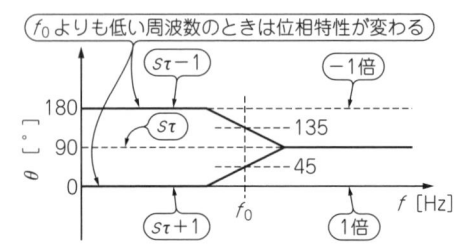

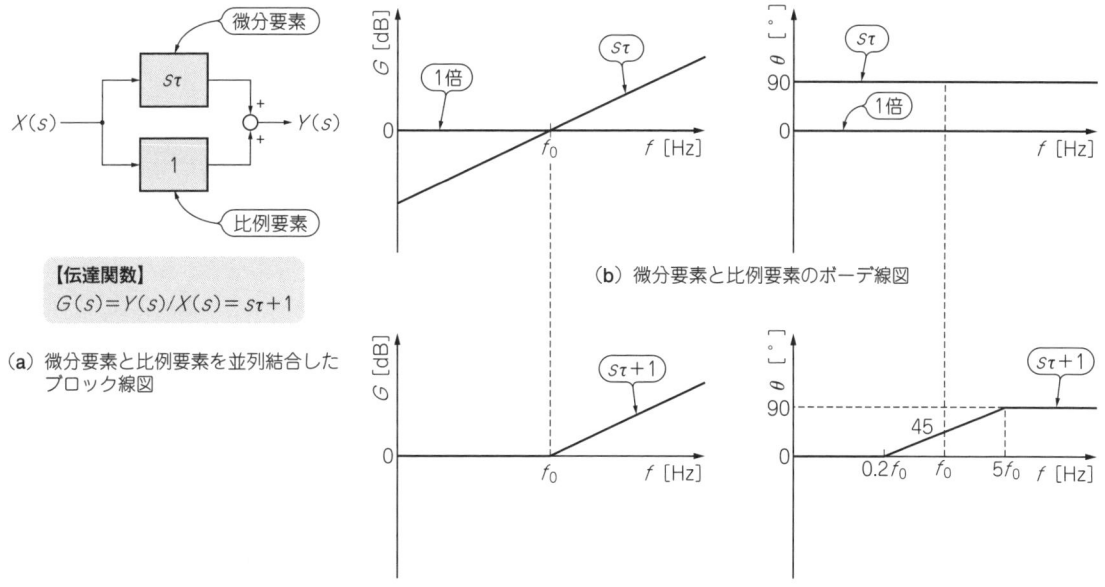

図8 並列結合の合成例…微分要素と比例要素を並列結合すると1次進み要素となる

(a) 微分要素と比例要素を並列結合したブロック線図

【伝達関数】
$G(s) = Y(s)/X(s) = s\tau + 1$

(b) 微分要素と比例要素のボーデ線図

(c) 微分要素と比例要素が合成されて1次進み要素となる

$$1 = \frac{G^2}{G_1^2} + \frac{G_2^2}{G_1^2} - \frac{2GG_2\cos(\theta_2 - \theta)}{G_1^2} = \frac{G^2}{G_1^2}$$
$$\therefore G = G_1 \quad \cdots \cdots (13)$$

式(7)から，式(14)になります．

$$\cos(\theta - \theta_1) = \frac{G^2 + G_1^2 - G_2^2}{2GG_1} \quad \cdots \cdots (14)$$

式(14)に式(13)を代入して，右辺の分子と分母をG_1^2で割り，$G_2/G_1 = 0$を適用すると，次式になります．

$$\cos(\theta - \theta_1) = \frac{G_1^2/G_1^2 + 1 - G_2^2/G_1^2}{2G_1^2/G_1^2}$$
$$= \frac{1+1}{2} = 1$$
$$\therefore \theta = \theta_1 \quad \cdots \cdots (15)$$

● ボーデ線図の合成…最大ゲインを合成ゲインとし，そのときの位相を合成位相とする

並列結合の合成ボーデ線図は，伝達関数の極性がすべて+の場合は，ゲインは個々のゲインの最大の値と一致し，合成位相は最大ゲインの要素の位相と一致します．

● 「微分要素」と「比例要素」を並列結合したときの周波数特性を求めてみる

図8(a)のように，微分要素$s\tau$と比例要素1を並列結合したときの周波数特性をボーデ線図で求めます．

微分要素$s\tau$と比例要素1のボーデ線図を図8(b)に示します．

図8(c)の合成ボーデ線図は，微分要素$s\tau$と比例要素1を並列結合した結果です．伝達関数「$s\tau$」と「1」のゲイン特性がf_0で交差します．したがって，「1次進み要素」のゲイン特性が$f < f_0$では「比例要素1」に，また$f > f_0$では「微分要素$s\tau$」にそれぞれ漸近します．位相特性も同様にそれぞれに漸近します．

3 逆システム

● 伝達関数は逆数をとると求まる

伝達関数$G_1(s)$の分子と分母を入れ替えて逆数をとった伝達関数$1/G_1(s)$を，$G_1(s)$の「逆システム」といいます．逆システムのブロック線図を図9に示します．$G_1(s)$のボーデ線図がわかっていれば，逆システム$1/G_1(s)$のボーデ線図を簡単に求めることができます．

$$G(s) = \frac{Y(s)}{X(s)} = \frac{1}{G_1(s)} \quad \cdots \cdots (16)$$

周波数伝達関数からゲインは次式となります．

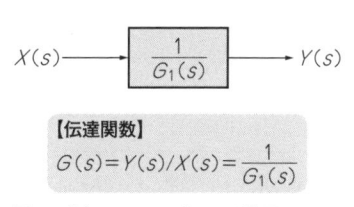

【伝達関数】
$G(s) = Y(s)/X(s) = \dfrac{1}{G_1(s)}$

図9 逆システムのブロック線図

6.2 合成周波数特性は作図で求める

コラム3　2次系伝達要素の応答特性も知っておく

本書で設計するサーボ・システムのコントローラは，1次系要素の並列結合です．プラントは1次遅れ要素2～3段の直列結合です．

各部の特性の検討は1次系要素のみの理解で済むように見えますが，その結果から得られるサーボ・システムも1次系の応答であるとは限りません．

サーボ・ループの位相余裕によっては，1次遅れ系のおだやかな応答だけでなく，大きなオーバーシュートやリンギングをともなう不安定な応答があります．

ベクトル制御のサーボ・システムでは，電流制御ループがあり，その外側に速度制御ループがあり，さらにその外側に位置制御ループがある多重フィードバック・システムです．マイナ・ループがその外側のループのプラント（制御対象）となり，プラントが2次系応答である可能性があります．

ここでは，2次遅れ要素の特性を求めて，1次系と比較します．1次系要素は時定数τのみによってその特性が決まりますが，2次遅れ要素は減衰係数ζ（ジータ）により，周波数特性やステップ応答波形に大きな違いのある複数のパターンが生じます．

● 2次遅れ要素の伝達関数

2次遅れ要素［2次系LPF（ローパス・フィルタ）］の回路例を図Cに，伝達関数を式(A)に示します．

$$G(s) = \frac{Y(s)}{X(s)} = \frac{R_2}{R_1+R_2} \cdot \frac{1}{s^2\frac{LCR_2}{R_1+R_2} + s\left(\frac{R_1}{L}+\frac{1}{CR_2}\right)\frac{LCR_2}{R_1+R_2} + 1} \quad \cdots (A)$$

2次遅れ要素の伝達関数の標準形は，式(B)です．

$$G(s) = G\frac{1}{s^2\tau^2 + s \cdot 2\zeta\tau + 1} \quad \cdots (B)$$

式(A)と式(B)の右辺を比較して，次の式(C)が得られます．

$$G = \frac{R_2}{R_1+R_2}, \quad \tau = \sqrt{\frac{LCR_2}{R_1+R_2}},$$
$$\zeta = \frac{1}{2}\left(\frac{R_1}{L} + \frac{1}{CR_2}\right)\sqrt{\frac{LCR_2}{R_1+R_2}} \quad \cdots (C)$$

一般に，R_1はインダクタLの直列抵抗，R_2はコンデンサCの並列絶縁抵抗もしくは負荷抵抗なので，$R_1 \ll R_2$と見なすことができます．

つまり，式(C)は式(D)のように近似できます．

$$G \simeq \frac{1}{R_1/R_2 + 1} = 1, \quad \tau \simeq \sqrt{LC},$$
$$\zeta \simeq \frac{1}{2}\left(R_1\sqrt{\frac{C}{L}} + \frac{1}{R_2}\sqrt{\frac{L}{C}}\right) \quad \cdots (D)$$

このように$R_1 \ll R_2$と近似することでG，τはR_1，R_2と無関係な値になります．GはDCゲイン［倍］であり，τは時定数［s］です．

2次遅れ要素の遮断周波数f_0［Hz］は次式で表されます．

$$f_0 = \frac{1}{2\pi\tau} = \frac{1}{2\pi\sqrt{LC}} \quad \cdots (E)$$

式(D)のζ（ジータ）は「減衰係数」と呼ばれ，遮断周波数f_0近傍のゲインと位相の周波数特性に大きな影響を与えます．1次系要素は時定数τのみによってその特性が決まりますが，2次遅れ要素はζが応答特性の重要なパラメータです．

次に，2次遅れ要素のボーデ線図とステップ応答をシミュレーションにより求めます．

● 1次遅れと2次遅れを周波数特性で比較する

図D(a)はAC解析用回路図です．比較のために1次遅れ要素も解析します．図D(b)は解析した結果です．ζによりゲイン・位相特性が変化するのがわかります．$\zeta \geq 0.707$であればゲイン・ピークは発生しませんが，$\zeta < 0.707$ではピークが発生します．1次遅れ要素も含めてすべてのf_0を1 kHzに設定してありますが，1次遅れと$\zeta = 0.707$の2次遅れが，ともにf_0において-3 dBとなっています．

減衰域のゲイン傾斜は1次遅れが-20 dB/dec，2次遅れが-40 dB/decです．また最大位相θは1次遅れが$-90°$，2次遅れが$-180°$，f_0において1次遅れが$-45°$，2次遅れが$-90°$です．2次遅れの位相はζが小さいほどf_0近傍で急激に変化します．

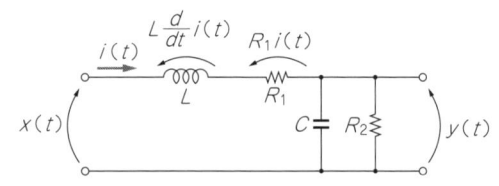

図C　2次遅れ要素の回路例

(a) シミュレーション用の回路【LTspice 024】

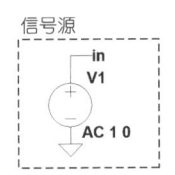

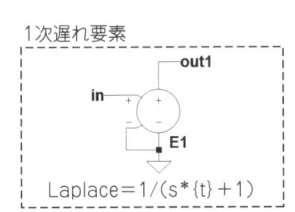

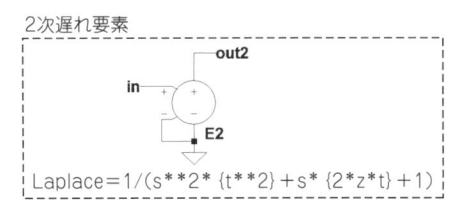

- 時定数 t 設定
  .param f0=1kHz t=1/(2*pi*f0)
- 減衰係数 z 設定
  .step param z list 0.1 0.3 0.5 0.707 1 2
- AC解析条件
  .ac oct 100 10Hz 100kHz

信号源 V1 AC 1 0
1次遅れ要素 E1 Laplace=1/(s*{t}+1)
2次遅れ要素 E2 Laplace=1/(s**2*{t**2}+s*{2*z*t}+1)

● 1次遅れと2次遅れをステップ応答で比較する

図D(c)はステップ応答波形です．解析に使った回路は，図D(a)の信号源をステップ波形に変更して解析条件をtran解析とした点以外は同じです．

ステップ応答でも1次遅れ要素と2次遅れ要素を重ねて描いてあります．2次遅れ要素はζによりオーバーシュートやリンギングが大幅に変化しています．ζ＝0.1では1波目に約73％のオーバーシュートが発生し，1ms周期のリンギングも発生しています．これは図D(b)のζ＝0.1におけるゲイン・ピーク周波数が1kHzであることに対応します．図D(c)ではζが0.3，0.5と増大するにつれてリンギング周期が長くなりますが，図D(b)のゲイン・ピーク周波数も低下していることがわかります．ζ＝0.707ではボーデ線図にゲイン・ピークはありませんでしたが，ステップ応答では約5％のオーバーシュートが発生しています．

図D(c)の1次遅れ要素と2次遅れ要素のt＝0直後の立ち上がり波形を比較すると，次のような特徴があり両者を見分けることができます．

t＝0における接線の傾斜は1次遅れ要素のほうが大きいものの，その後2次遅れ要素はζが小さいほど傾斜が速く増大し，$\zeta \leq 0.707$ではt＝3τ（477μs）程度以内には1次遅れ要素波形より振幅が大となります．ζ＝1，2では1次遅れ要素を上回ることはありません．

(b) 周波数特性【LTspice 024】

(c) ステップ応答【LTspice 025】

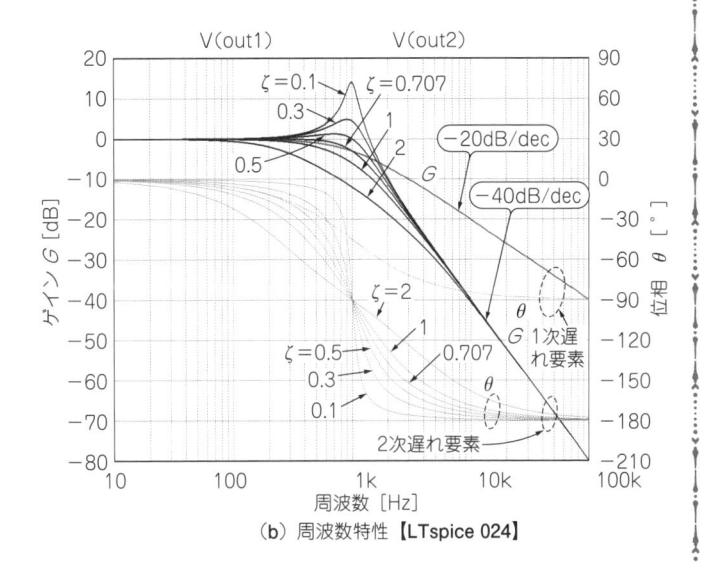

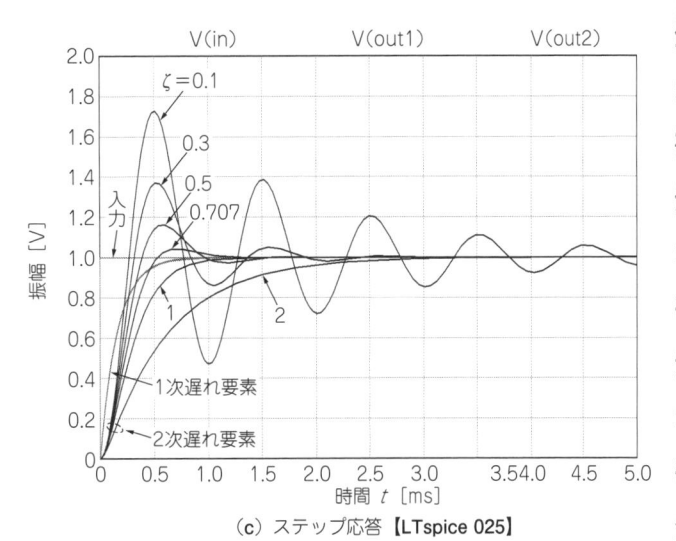

図D　1次遅れ要素と2次遅れ要素の周波数特性とステップ応答
1次遅れ要素はτのみで特性が決まるが，2次遅れ要素はζが大きく影響する

6.2　合成周波数特性は作図で求める

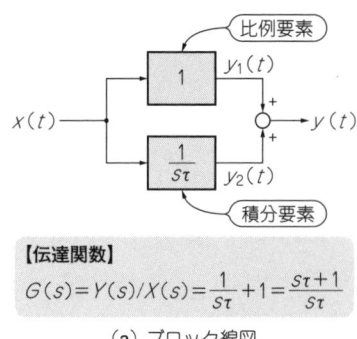

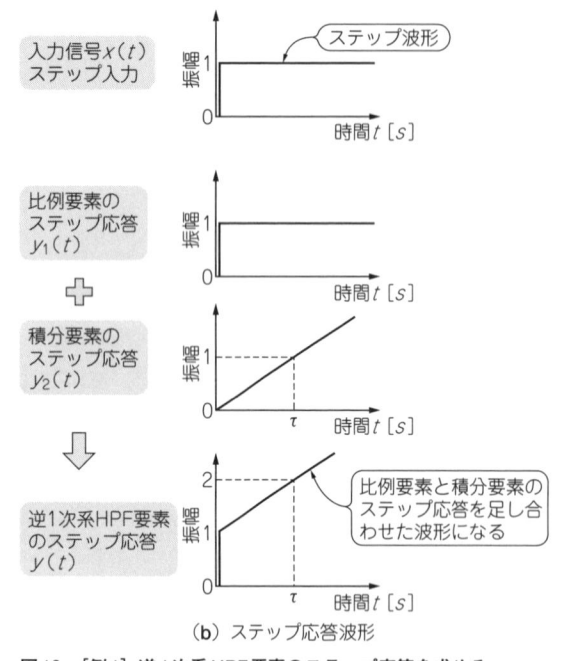

図10 [例1] 逆1次系HPF要素のステップ応答を求める

$$20 \log |G(j\omega)| = 20 \log \left| \frac{1}{G_1(j\omega)} \right|$$
$$= -20 \log |G_1(j\omega)| \cdots\cdots (17)$$

変換後の位相は次式となります．

$$\angle G(j\omega) = \angle \frac{1}{G_1(j\omega)} = \angle -G_1(j\omega) \cdots (18)$$

● ボーデ線図はゲインと位相の符号をそれぞれ反転させると求まる

伝達関数 $G(s) = Y(s)/X(s)$ の逆システムは $1/G(s) = X(s)/Y(s)$ の関係にあります．逆システム $1/G_1(s)$ のボーデ線図は $G_1(s)$ のゲイン，位相の符号をそれぞれ反転させてプロットすればよいことがわかります．

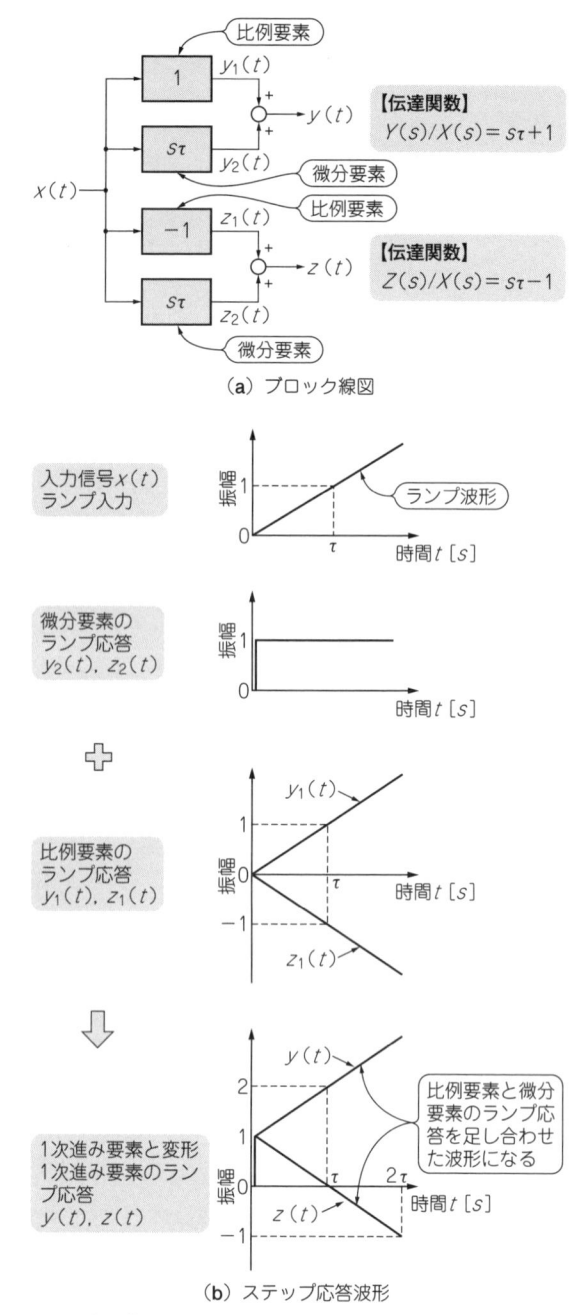

図11 [例2] 1次進み要素と変形1次進み要素のランプ応答を求める

$G(s)$ の入力波形 = $1/G(s)$ の出力波形
$G(s)$ の出力波形 = $1/G(s)$ の入力波形

また，積分要素 $1/(s\tau)$ のステップ応答波形を逆システムである微分要素 $s\tau$ の入力に加えると，出力波形は積分要素の入力に加えたステップ波形と同じになります．

● 逆システムを求めてみる

「積分要素」と「微分要素」，「1次遅れ要素」と「1次進み要素」，「1次系HPF」と「逆1次系HPF」はそれぞれ互いに逆システムです．伝達関数が分子，分母を入れ替えた形になっています．ボーデ線図はゲイン，位相とも互いに単に極性を反転することによって得ることができます．

第2章の式(7)に示したように，サーボ・システムの閉ループ・ゲインは$1/\beta$で与えられますが，これはループ・ゲインが十分に大きければ閉ループの伝達関数が帰還回路の伝達関数βの「逆システム」になることを意味します．帰還回路の伝達関数として平坦でない周波数特性をもたせれば，閉ループ特性をその逆特性とすることができます．

6.3 合成時間応答が求められる例

元となる伝達関数のステップ応答やランプ関数応答などの時間応答がわかっていれば，ブロック線図の並列結合後の伝達関数の時間応答を知ることができます（条件によっては求められない場合もある）．

実際に求めた例を次に示します．

① 逆1次系HPF要素のステップ応答を求める

図10は，積分要素$1/s\tau$のステップ応答から逆1次系HPF要素$(s\tau+1)/(s\tau)$のステップ応答を求めた例です．

伝達関数は，次式のように変形できます．

$$G(s) = \frac{s\tau+1}{s\tau} = \frac{1}{s\tau} + 1$$

上記の式は，積分要素$1/(s\tau)$と比例要素1の並列結合と見ることができます．

出力$y_1(t)$波形は「比例要素1」の出力なので，入力$x(t)$と同波形です．

積分要素出力$y_2(t)$のステップ応答波形がわかっていれば，合成出力$y(t)$の波形は$y_1(t)+y_2(t)$で求められます．

② 微分要素から1次進み要素および変形1次進み要素$s\tau-1$のランプ関数応答を求める

図11は，微分要素$s\tau$のランプ関数応答から，1次進み要素$s\tau+1$および変形1次進み要素$s\tau-1$のランプ関数応答を求めた例です．

「比例要素1」と「比例要素-1」の出力波形$y_1(t)$，$z_1(t)$はそれぞれ入力$x(t)$と同一および逆極性となるので，「微分要素$s\tau$」のランプ関数応答$y_2(t)$，$z_2(t)$が既知であれば，それぞれの加算波形として出力$y(t)$，$z(t)$を求めることができます．

コラム4　シミュレーションの流儀

　LTspiceに限らず回路シミュレータを使う人には，次の二つの流儀があるような気がします．

> (1) 実機動作と同等のシミュレーション結果を得ることを目的とする
> (2) 理想部品を使い，理想状態での動作を確認することを目的とする

　ここでは，回路を設計して，配線やプリント基板化などで実回路を組み立てて，動作検証を経て回路（製品）を完成させる場合について考えてみます．

　(1)を実現するには，現実の部品と同等の特性をもつシミュレーション部品を用意する必要があります．さらに，ストレ・キャパシタ，線路抵抗／インダクタンス，磁気的な結合／誘導，素子の非直線性，発熱による特性変化なども現実と同等にしなければなりません．しかし，これらの作業は容易ではなく，シミュレーション実行までに多大な時間とエネルギを要します．そして結果が実機動作と同等になるとは限りません．

　それに対し(2)の場合は，理想部品であれば用意することは比較的容易で，すぐにシミュレーションに取りかかれます．回路設計が正しければもくろみどおり動き，間違っていれば動きません．理想部品であるがゆえにうまく動かないこともあるので，適度な実回路条件を加えるさじ加減は必要です．例えば，理想コンデンサや理想インダクタンスを使用すると発生電圧・電流が無限大となることがあり，シミュレーションに不都合が生じる恐れがあるからです．

　シミュレーションの結果，回路が動いたとしてもほぼ理想状態における動作なので，現実には存在しない回路です．だからといって(2)のシミュレーションが無意味だというわけではありません．なぜなら，理想状態で原理的に動かない回路は，現実においても決して動かないからです．

　原理的に正しく動作することを確認した後，次のステップで実際にも実機上で，目標にできるだけ近い状態で動作させることが開発だともいえます．原理的に動く回路が，現実の条件を加えることにより動かなくなったとしたら，動作の障害になる条件を探す手掛かりになります．

　シミュレーション上の理想に近い条件で設計の修正を繰り返し，もくろみ通りに動かすことも時間がかかるかもしれませんが，それが本来の開発作業であり，結果を効率よく確認するためのツールがシミュレータだともいえます．

　シミュレータは動作改善のためのアドバイスはしてくれません．したがって，設計の修正は人間がやるしかありませんが，そのためには知識と経験が必要です．シミュレータの使用の有無に関わらず，回路開発には知識と経験が必要なのは言うまでもありません．

　シミュレーション上でもくろみどおり動いたら，現実の回路には存在する線路インダクタンスや直列抵抗，ストレ容量などを意図的に付加します．ここで問題が出たらそれらの値から，現実の部品選定および実回路を設計する際の部品配置や共通インピーダンスを避けるための配線（パターン）の引き回し，理想状態では結果に影響しないデカップリング・コンデンサなどの必要条件を求めておくことができます．

　一部の例外的な開発を除き，回路開発者はシミュレーションとは別に，はんだごてを持つこと（実回路動作検証）は省略できません．ひたすらパソコンの前に座り，いたずらに(1)を目的に，実機と同じ結果を求めるのは，効率のよい作業とならない恐れがあります．トータル時間（コスト）を，より短縮するための選択が求められます．

第7章 サーボ・コントローラの設計から過大振幅対策まで

実際にサーボ・ループを設計する

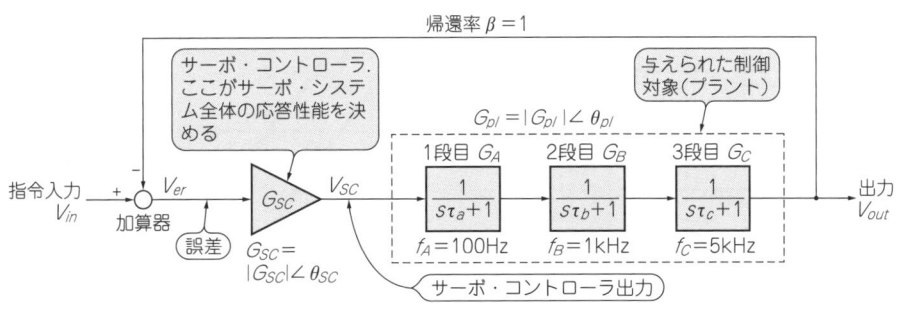

図1 設計するサーボ・システムの具体例

前章までに，ループ・ゲインを検討するためのツールとその使い方について述べ，複数の伝達要素を組み合わせることによって必要とする新たな特性をもつ伝達要素を得る方法を解説しました．

本章では，実際によく目にし使われるタイプのプラントを例題として取り上げ，これを制御するサーボ・システムを具体的に設計します．プラントの周波数特性を調べ，サーボ・コントローラの設計においては位相余裕として定量的な目標を設定します．

サーボ・コントローラとしてはPIコントローラ，PIDコントローラを使用します．PIDコントローラについては実用上の問題を指摘されることもありますが，ここではより実際的な「実用微分型PIDコントローラ」を採用し，それらの問題も検討します．設計とシミュレーションによる確認を行い最適化します．

近年，サーボ・コントローラをソフトウェアで構成することが多く行われており，その際に必要になる時間的に不連続な演算を行える差分式について，実用微分型PIDコントローラを例に求めています．

*

サーボ設計とは，一言でいえば「最適なサーボ・コントローラの周波数特性を求める」ことです．設計段階では特性が既定となるプラント・ゲインG_{pl}と帰還率βに合わせてサーボ・コントローラ・ゲインG_{SC}を決めます．そして，これら3者の直列結合であるループ・ゲイン$G_L(=G_{SC}G_{pl}\beta)$特性が必要条件を満たすことが，サーボ設計の最終目標になります．

7.1 設計するサーボ・システム

● サーボ・システムのプラント特性を求める

図1に示すのは，本章で設計するサーボ・システムです．

サーボ・システムの定格出力振幅は±1V_Pで，帰還率βは1倍です．プラント・ゲイン$|G_{pl}|$は，100 Hz以下の平坦部（通過帯域）で0 dB（1倍）です．

1段目の遮断周波数f_Aは，100 Hz［$\tau_A=1/(2\pi f_A)=1.59$ ms］です．f_A（100 Hz）以上では-20 dB/decの傾斜で減衰します．

2段目の遮断周波数f_Bは，1 kHz［$\tau_B=1/(2\pi f_B)=159$ μs］です．f_B（1 kHz）以上では1次遅れ要素が2段重なるので-40 dB/decの傾斜で減衰します．

3段目の遮断周波数f_Cは，5 kHz［$\tau_C=1/(2\pi f_C)=31.8$ μs］です．f_C（5 kHz）以上では，1次遅れ要素が3段分で傾斜は-60 dB/decです．

● プラントの周波数特性

前項で求めたようにプラントは，1次遅れ要素が3段の直列結合で，ゲインと位相を折れ線近似で表せば図2に示すような周波数特性をもっています．

位相θ_{pl}は，0.2f_A（20 Hz）以下では0°一定です．
f_A（100 Hz）においては-45°です．
f_B（1 kHz）では1段目の位相が-90°，3段目が0°なので，これに2段目の-45°を加えて-135°です．

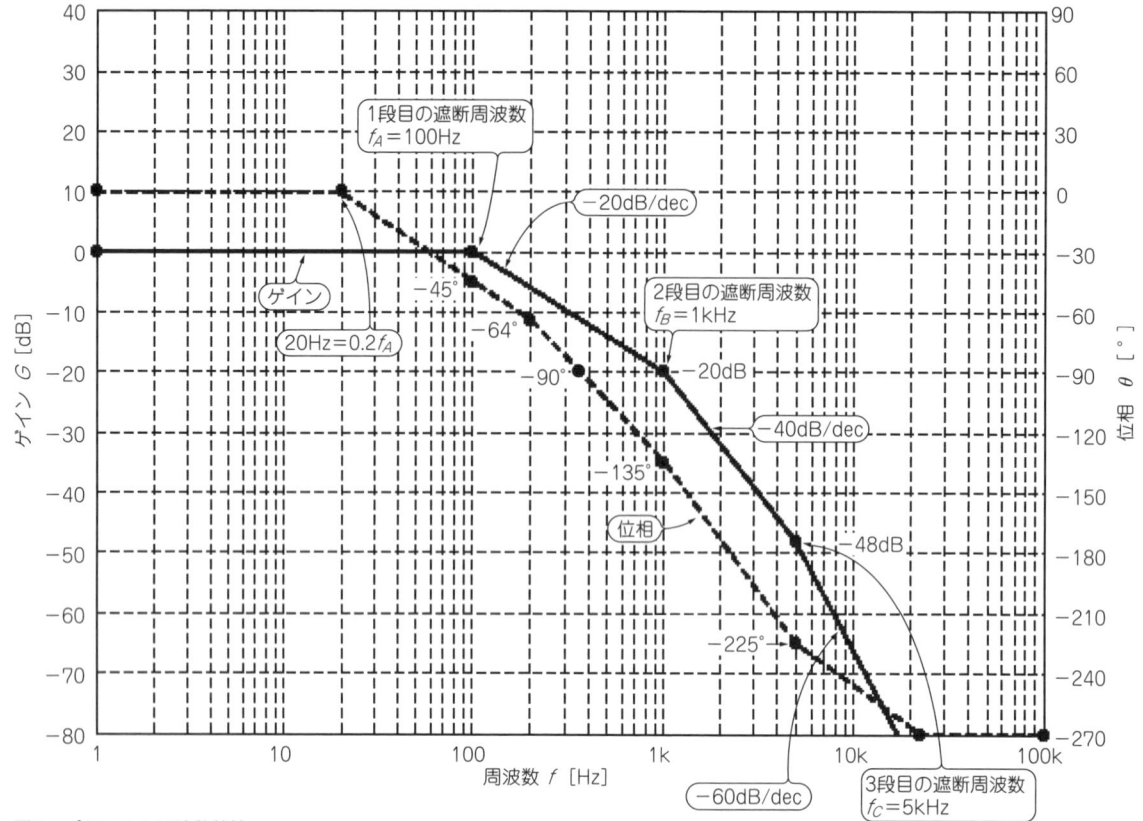

図2 プラントの周波数特性
1次遅れ要素が3段の構成(折れ線近似特性)

$0.2f_B$(200 Hz)では2段目, 3段目がともに0°であり, 1段目の位相は$-64°$($=-90×\log10/\log25$)です.

f_C(5 kHz)では, 1段目も2段目も$-90°$なので, これに3段目の$-45°$を加えて$-225°$になります. $5f_C$(25 kHz)以上では3段とも$-90°$なので, 合計で$-270°$です.

7.2 サーボ・コントローラの周波数特性を設計する

■ 設計の手順

折れ線近似を使ったボーデ線図を描きながら, トライ&エラーの繰り返しで設計していきます.

シミュレーションも利用します. サーボ・コントローラを組み込んだサーボ・システムのループ・ゲインの周波数特性とステップ応答を解析しながら, 設計要件を満たしているかどうかを確認します. 必要であれば, サーボ・コントローラのパラメータを調整します. 調整したら再度, 周波数特性とステップ応答を確認します.

次の二つの回路方式で検討します.

- PIコントローラ
- 実用微分型PIDコントローラ

■ PIコントローラで設計する

● PとIで周波数特性をどのように調節できるか

PIコントローラのブロック線図を図3(a)に示します. ゲイン1倍のP要素と時定数τ_IのI要素の並列結合とゲインK_P倍のP要素を直列結合したものです. 図3(b)にボーデ線図を示します.

PIコントローラは, 定常偏差を小さく保ったまま, PI交差周波数f_1以上での位相を0°に近づけ, 位相余裕に与える影響を減らすことができます.

P要素, つまりK_Pを変えると, 位相特性を固定したまま, ゲインだけを上下に平行移動させることができます.

I要素は-20 dB/decの傾きをゲイン特性にもち, 位相は$-90°$遅れます. I要素のτ_Iを変化させると, $f_1 = 1/(2\pi\tau_I)$を変化させることができます. これでゲインGと位相θの周波数特性を左右に平行移動させます.

● PとIを調節する

P要素とI要素のゲイン交差周波数f_1とゲインK_Pの最適値を求めます.

図3のPIコントローラの伝達関数を式(1)に示します.

$$G(s)=\left(1+\frac{1}{s\tau_I}\right)K_P$$

$f_1=1/(2\pi\tau_I)$
$G_D=20\log|K_P|$
$m=20\text{dB/dec}$

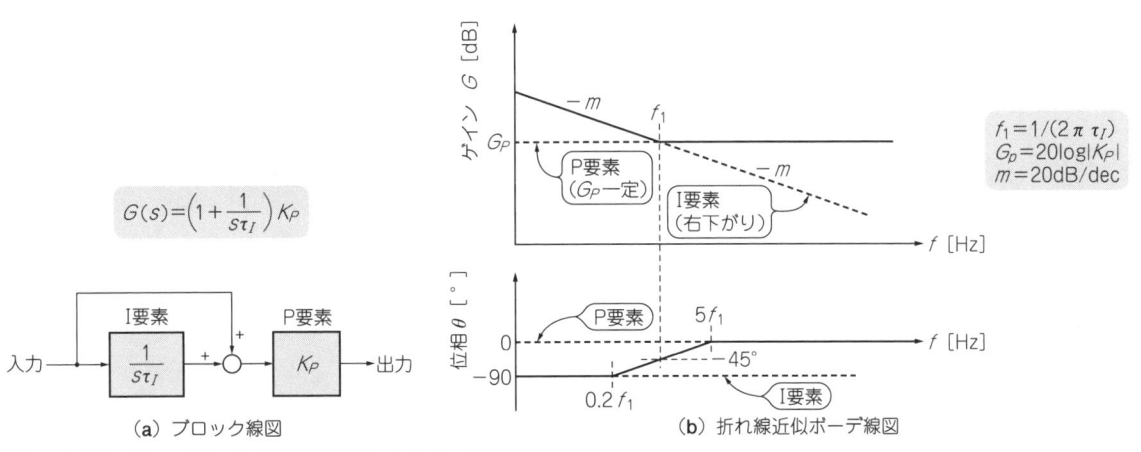

(a) ブロック線図 　　　　　　　　　　(b) 折れ線近似ボーデ線図

図3 まずサーボ・コントローラの設計をPIコントローラでトライする

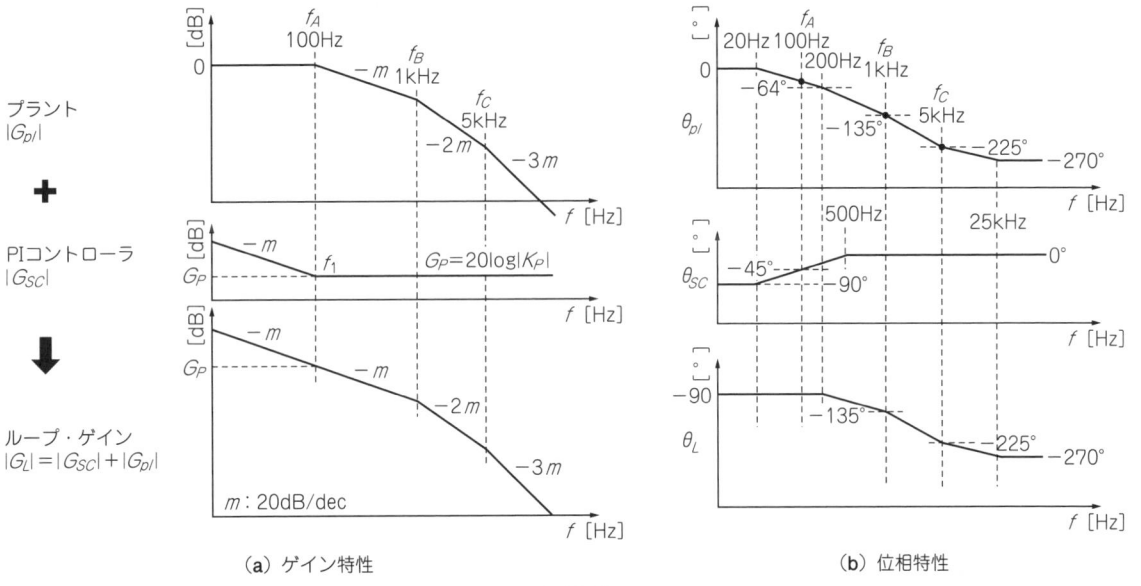

(a) ゲイン特性 　　　　　　　　　　(b) 位相特性

図4 PIコントローラを使用して設計したサーボ・システムの周波数特性
プラントとPIコントローラのゲインを加算する

$$G(s)=\left(1+\frac{1}{s\tau_I}\right)K_P,\ f_1=\frac{1}{2\pi\tau_I} \cdots\cdots\cdots (1)$$

ただし，K_P：ゲイン[倍]（$20\log K_P = G_P$ [dB]），τ_I：時定数[s]，f_1：P要素とI要素のゲイン交差周波数[Hz]

図4(a)に示すように，ループ・ゲイン$|G_L|$は，プラント・ゲイン$|G_{pl}|$とPIコントローラ・ゲイン$|G_{SC}|$を加えた値になります．

P要素とI要素のゲイン交差周波数f_1と1段目の遮断周波数f_A（100 Hz）を一致させると，$|G_L|$特性の傾斜が周波数f_B（1 kHz）以下の全域で−20 dB/decになります．$f_1 = 100$ Hz以上における$|G_L|$の傾斜は$|G_{pl}|$の傾斜と同じになります．したがって，P要素とI要素のゲイン交差周波数f_1は100 Hzとします．

次に，f_1を100 Hzとして，位相余裕が90°と60°の二つの条件で，ゲインK_P[倍]の値を求めます．

▶目標値：位相余裕90°の場合

図4(b)からループ位相θ_Lは，2段目の遮断周波数f_Bが1 kHzなので，$0.2 f_B = 200$ Hz以下で−90°になります．直線近似誤差を考慮して，100 Hzでループを切る（ゲイン1倍になる）ことにして，P要素のゲインK_Pを1倍（0 dB）とします．

▶目標値：位相余裕60°の場合

図2のプラントのゲイン特性からプラント位相θ_{pl}が−120°となるのは700 Hzと読み取れます．このときのプラント・ゲイン$|G_{pl}|$は−17 dBです．**図4(a)**から$K_P = 7.1$倍（$G_P = 17$ dB）とすれば700 Hzでループ・ゲインが0 dBになり，位相余裕が60°となると考えられます．

7.2 サーボ・コントローラの周波数特性を設計する　77

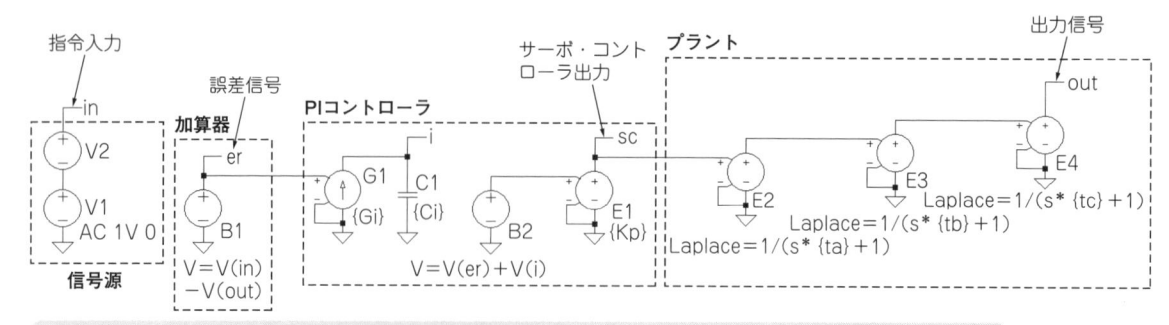

```
PULSE(0V 1V 5ms 1μs 1μs 30ms 80ms)（信号設定）
.param fa=100Hz fb=1kHz fc=5kHz ta=1/(2*pi*fa) tb=1/(2*pi*fb) tc=1/(2*pi*fc)（プラント時定数）
.param f1=100Hz ti=1/(2*pi*f1) Gi=1m Ci=ti*Gi(PIコントローラ時定数)
.step param Kp List 0.3 5.0（PIコントローラ・ゲイン）
.ac dec 400 1Hz 100kHz  ;tran 60ms startup（解析条件）
```

図5 計算値を修正したPIコントローラを図1に組み入れた回路【LTspice 026】

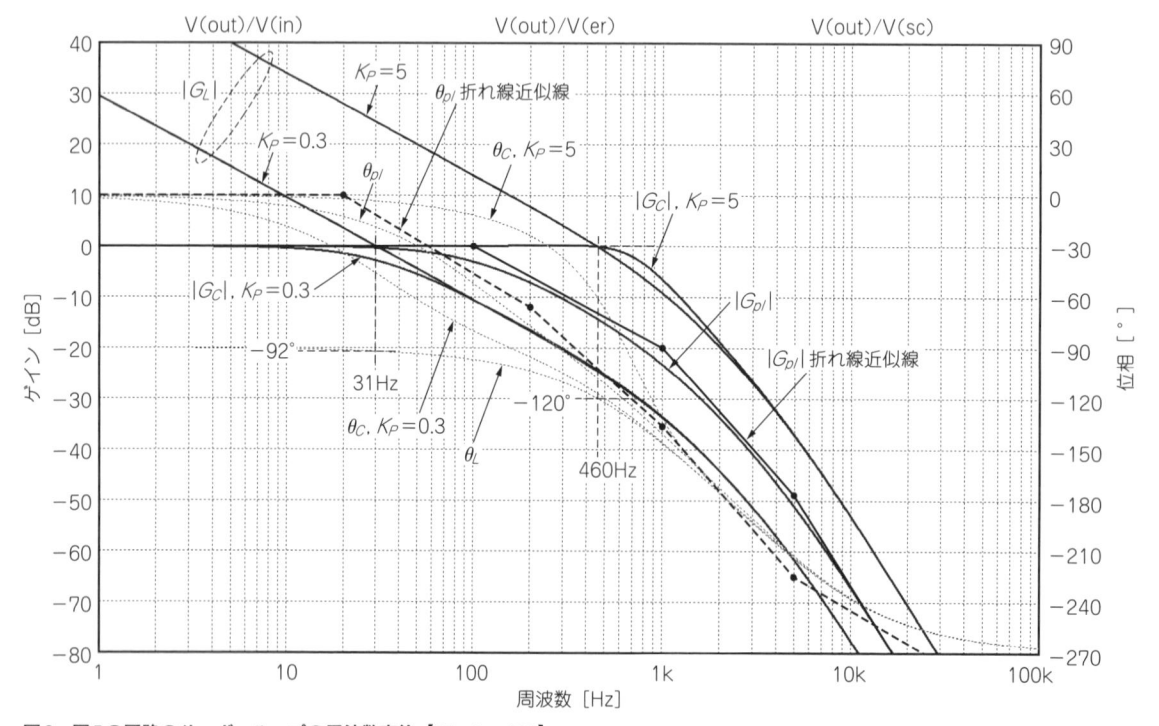

図6 図5の回路のサーボ・ループの周波数応答【LTspice 026】
図2のプラント・ゲイン$|G_{pl}|$と位相θ_{pl}の周波数特性も示してある．実特性に対して良好な近似となっている

● 計算結果を適用したPIコントローラを図1に組み入れて周波数特性とステップ応答を確認する（シミュレーション）

周波数応答とステップ応答を，図5に示すシミュレーション回路を使用して求めました．
▶周波数特性
PIコントローラのゲインK_Pはシミュレーションした結果からフィードバックして，前項の計算値を次の値に修正しました．周波数特性を図6に示します．
● 目標値：位相余裕90°の場合，P要素のゲイン$K_P=$ 0.3倍（$G_P=-10$ dB）

周波数31 Hzにてループ・ゲイン$|G_L|=0$ dB，ループ位相$\theta_L=-92°$となり，位相余裕は88°になります．
● 目標値：位相余裕60°の場合，P要素のゲイン$K_P=5.0$倍（$G_P=14$ dB）

周波数460 Hzにてループ・ゲイン$|G_L|=0$ dB，ループ位相$\theta_L=-120°$となり，位相余裕は60°になります．
1 Hzにおけるクローズド・ループ・ゲイン$|G_C|$と，理論値$1/\beta=1$倍に対する定常偏差は，P要素のゲインK_Pが0.3倍，5.0倍のいずれにおいても0.05%以内と

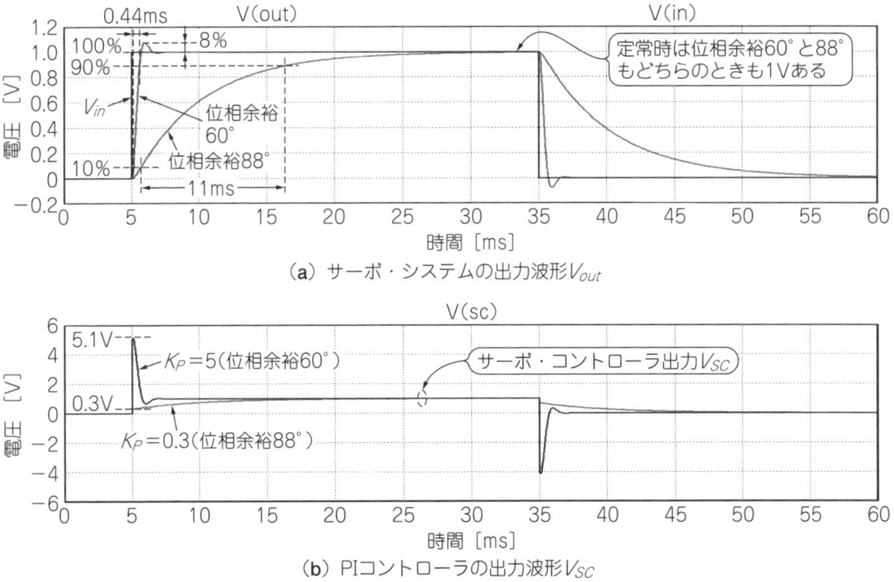

(a) サーボ・システムの出力波形 V_{out}

(b) PIコントローラの出力波形 V_{SC}

図7 図5の回路のサーボ・ループのステップ応答【LTspice 027】

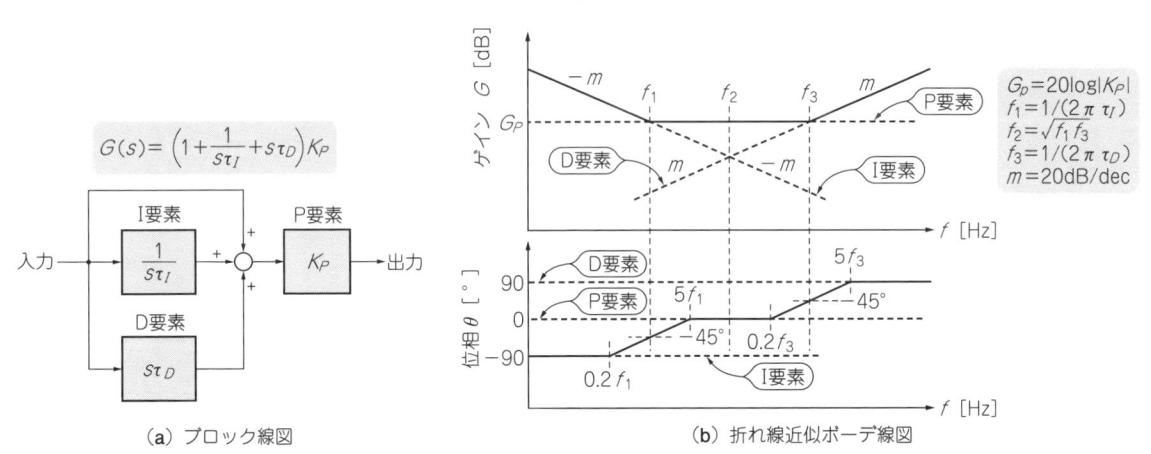

$$G(s) = \left(1 + \frac{1}{s\tau_I} + s\tau_D\right)K_P$$

(a) ブロック線図

(b) 折れ線近似ボーデ線図

$G_p = 20\log|K_P|$
$f_1 = 1/(2\pi\tau_I)$
$f_2 = \sqrt{f_1 f_3}$
$f_3 = 1/(2\pi\tau_D)$
$m = 20\mathrm{dB/dec}$

図8 今度はPIDコントローラでサーボ・コントローラの設計を試みる

小さくなり，I要素を使用した効果がわかります．

クローズド・ループ・ゲイン $|G_C|$ 特性は，$K_P = 0.3$ 倍（位相余裕 = 88°）にはゲイン・ピークは見られませんが，$K_P = 5.0$ 倍（位相余裕 = 60°）には320 Hz近傍において約0.2 dBのピークがあります．

図6からは，$K_P = 5.0$ 倍においてループが切れた後（$|G_L| < 0$ dBの領域）で明らかに $|G_C| > |G_L|$ となる領域があり，正帰還が生じています．$K_P = 0.3$ 倍では，100 Hzから3 kHzにかけてわずかに $|G_C| > |G_L|$ となる領域があります．

▶ステップ応答

上記で求めた位相余裕が60°と88°のときのステップ応答を図7(a)に示します．入力波形振幅1 Vに対する出力振幅の定常値は位相余裕 = 60°，88° いずれの場合も1.0 Vであり，低周波域ゲイン偏差が極めて小さいことと整合します．

位相余裕が60°のときの出力波形には8%のオーバーシュートがあります．位相余裕 = 88°ではオーバーシュートはありませんが，立ち上がり時間が11 msかかっています．

図7(b)はサーボ・コントローラ出力 V_{SC} 波形を示します．入力急変の瞬間の V_{SC} の急変幅は，位相余裕 = 60°，88° それぞれにおいて5.1 V，0.3 Vです．これらの値は V_{in} のステップ入力1 VのほぼK_P倍になっています．フィードバックにより速い立ち上がりを得ようとすれば，プラント入力に大きな振幅が発生することを示しています．

* * *

以上の結果より，PIコントローラで十分な位相余裕を確保すれば，サーボ・システムの安定性とサーボ効果が同時に得られることがわかります．

(a) シミュレーション回路図

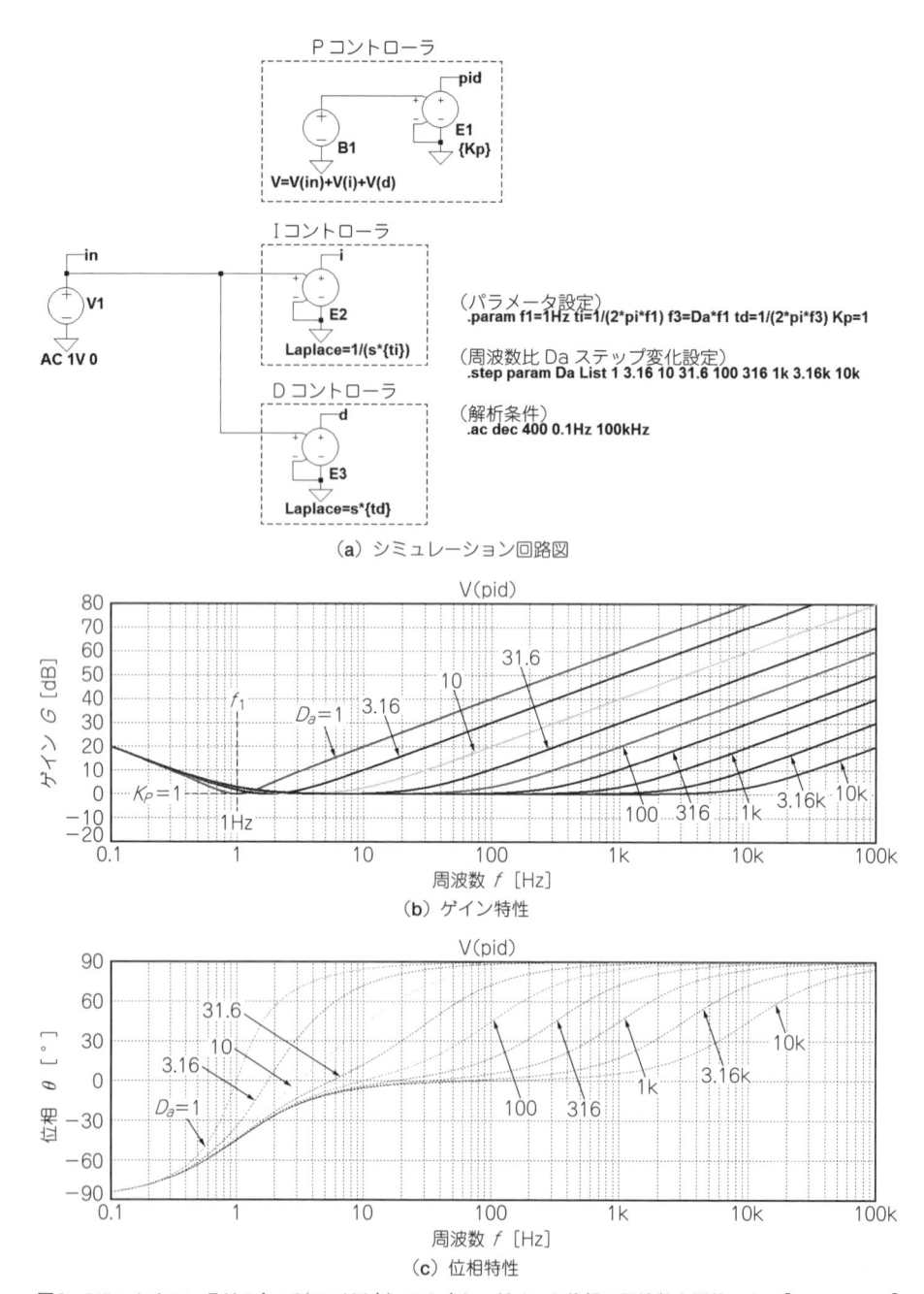

(b) ゲイン特性

(c) 位相特性

図9 PIDコントローラはPとIで(K_Pは固定)，このぐらいゲインや位相の周波数を調節できる【LTspice 028】

■ PIDコントローラでも設計してみる

● PとIとDで周波数特性をどのように変えられるか

PIDコントローラのブロック線図を図8(a)に，ボーデ線図を図8(b)に示します．

追加されたD要素のゲイン特性は20 dB/decの傾斜をもち，位相は周波数全域で90°です．高域でゲインが増大しますが，位相余裕は増します．

P要素のゲインK_Pと，I要素の時定数τ_I，D要素の時定数τ_Dを独立して調整できます．

P要素のゲインK_Pを変化させると位相特性は変化せず，ゲイン特性だけが上下に平行移動します．

ゲインK_Pを固定して，P要素とI要素のゲインが交差する周波数f_1と，P要素とD要素のゲインが交差する周波数f_3を変化させると，両者の比$D_a(=f_3/f_1)$に応じて，ゲインと位相の周波数特性が変化します．

$$G(s)=\left(1+\frac{1}{s\tau_I}+\frac{s\tau_D}{s\tau_D/k+1}\right)K_P$$

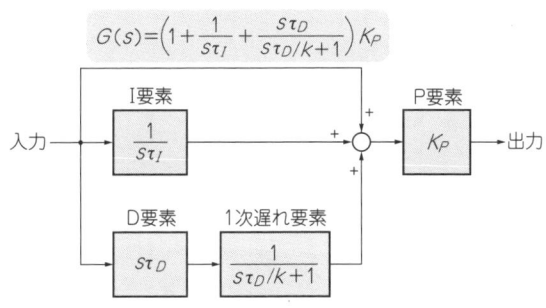

図10 D要素に1次遅れ要素を加えた実用的なPIDコントローラ(実用微分型)で設計する

表1 PIDコントローラのD要素に追加する1次遅れ要素の位相の周波数特性
直線近似値と真値の誤差は最大で11.3°

周波数f [Hz]	位相 [°] (直線近似値)	位相 [°] (真値)	位相誤差 [°]
$0.2f_0$	0	−11.3	11.3
$0.3f_0$	−11.3	−16.7	5.4
$0.5f_0$	−25.6	−26.6	0.9
$0.7f_0$	−35.0	−35.0	0
f_0	−45.0	−45.0	0
$1.4f_0$	−54.4	−54.5	0.1
$2f_0$	−64.4	−63.4	−0.9
$3f_0$	−75.7	−71.6	−4.2
$4f_0$	−83.8	−76.0	−7.8
$5f_0$	−90.0	−78.7	−11.3

第5章の図Aの値を読み取ったもの

D_aを1〜10000の間で$\sqrt{10}$倍(10 dB)ステップで変化させた結果を図9に示します.

PIDコントローラの特性は,P要素のゲインK_P,I要素の時定数τ_I,D要素の時定数τ_Dの三つによって決まり,組み合わせは無数です.どのような場合でもD_aの値を求めれば,図9から周波数特性がわかります.

● PとIとDでコントローラの周波数特性を調節する
▶D要素に1次遅れ要素を加える

D要素は高速で大振幅のパルスを発生するため,これが問題となる場合は1次遅れ要素と直列結合し,「実用微分型PIDコントローラ」として使われます(コラム1参照).図10に示すのは,実用微分型PIDコントローラです.伝達関数を式(2)に示します.実用微分型PIDコントローラは,D要素に1次遅れ要素をプラスしたものです.

PI交差周波数f_1,PD交差周波数f_3,D要素の時定数τ_Dと1次遅れ要素の時定数τ_D/kの比k,P要素のゲインK_Pを決めていきます.

$$G(s)=\left(1+\frac{1}{s\tau_I}+\frac{s\tau_D}{s\tau_D/k+1}\right)K_P$$
$$f_1=\frac{1}{2\pi\tau_I},\ f_3=\frac{1}{2\pi\tau_D},\ f_4=kf_3 \cdots\cdots(2)$$

ただし,K_P:ゲイン[倍]($20\log|K_P|=G_P$ [dB]),τ_I:積分時定数[s],τ_D:微分時定数[s],f_1:P要素とI要素のゲイン交点周波数[Hz],f_3:P要素とD要素のゲイン交点周波数[Hz],k:D要素の時定数τ_Dと1次遅れ要素の時定数τ_D/kの比

▶直線近似の誤差を補正する

実用微分型PIDコントローラの位相特性は,図9の位相特性から折れ線近似により補正することができます.例えば$k=8$とすると,周波数$\sqrt{f_3 f_4}=\sqrt{8}f_3=2.8f_3$において位相が最も進み,その値は周波数$0.2f_4(=8/5f_3)$において1次遅れ要素の位相が0°,D要素が58°($=90\times\log 8/\log 25$)から,位相は58°($=0°+58°$)です.周波数$2.8f_3$において最大位相が58°です.

周波数$5f_3(=5/8f_4)$の位相は,D要素の位相が90°と1次遅れ要素の位相が−32°[$=-90\times\log(25/8)/\log 25$]から,58°($=90°-32°$)です.1次遅れ要素の位相を表1に示します.この58°は折れ線近似誤差を含んでおり,真値は53°です.折れ線近似は誤差を含みますが,問題になるような大きさではありません.

● P,I,Dを調節する

設計の最終目標であるループ・ゲイン$|G_L|$は,図11に示すように,プラント・ゲイン$|G_{pl}|$とPIDコントローラ・ゲイン$|G_{SC}|$の加算になります.

ループ・ゲイン$|G_L|$は,P要素とI要素のゲイン交点周波数f_1とプラントの1段目の遮断周波数f_A(100 Hz),P要素とD要素のゲイン交点周波数f_3とプラントの2段目の遮断周波数f_B(1 kHz)をそれぞれ一致させることにより,プラントの3段目の遮断周波数f_C(5 kHz)以下において−20 dB/decの傾斜になります.

以上の条件から,クローズド・ループ・ゲイン帯域を次の二つ(aとb)に設定しました.D要素の時定数と1次遅れ要素の時定数の比kは,暫定値として8にします.

▶設定値a:クローズド・ループ・ゲイン帯域を100 Hzにする

ループ位相θ_Lは$0.2f_C=1$ kHz以下において−90°となります.$G_P=0$ dB($K_P=1$倍)とすると,ループの切れる周波数は$f_A=100$ Hz,位相余裕は90°となると考えられます.

▶設定値b:クローズド・ループ・ゲイン帯域を500 Hzにする

$G_P=14$ dB($K_P=5$倍)とすると,ループの切れる周波数は500 Hzになり,位相余裕は90°になると考えられます.

7.2 サーボ・コントローラの周波数特性を設計する

プラント
$|G_{pl}|$

＋

PIDコントローラ
$|G_{SC}|$

↓

ループ・ゲイン
$|G_L|$

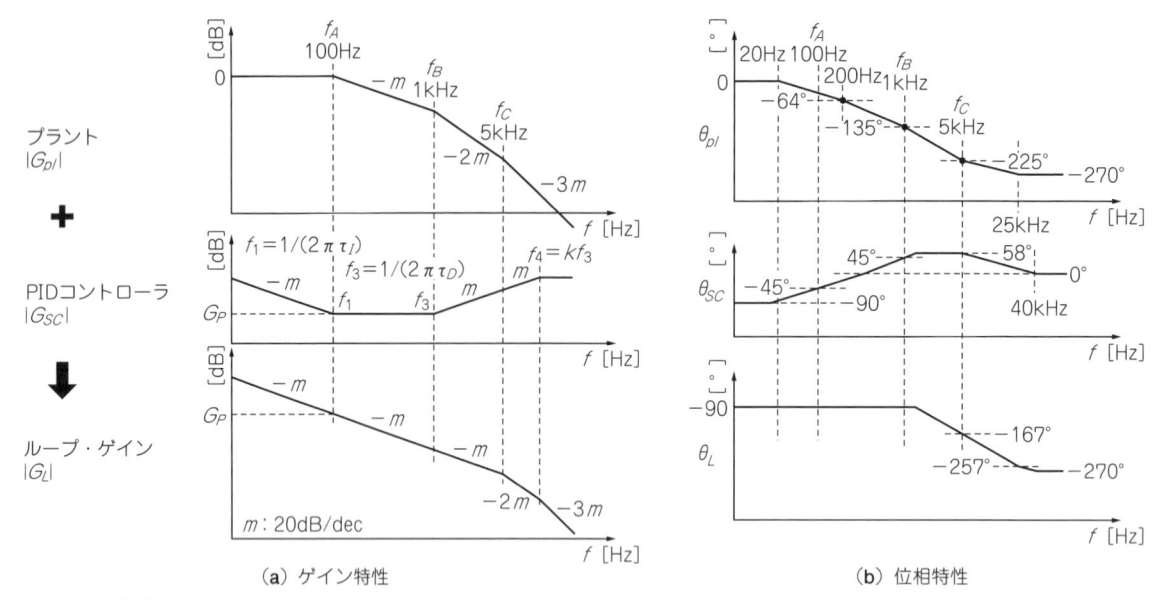

(a) ゲイン特性

(b) 位相特性

図11 実用微分型PIDコントローラを使用して設計したサーボ・システムの周波数特性
プラントとPIDコントローラのゲインを加算する

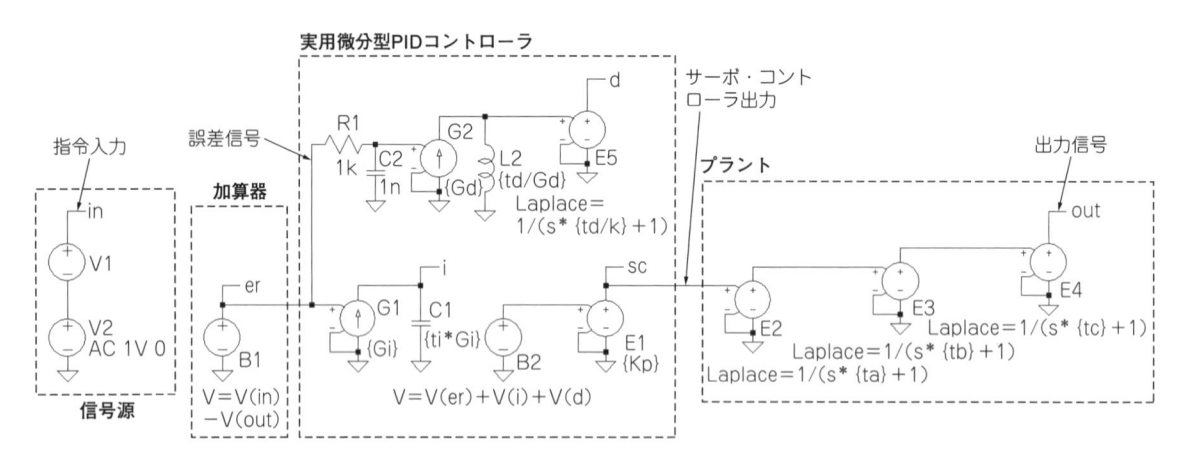

```
PULSE(0V 1V 5ms 1μs 1μs 15ms 50ms)(信号源設定)
.param fa=100Hz fb=1kHz fc=5kHz ta=1/(2*pi*fa) tb=1/(2*pi*fb) tc=1/(2*pi*fc)(プラント時定数)
.param f1=90Hz f3=900Hz k=8 ti=1/(2*pi*f1) td=1/(2*pi*f3) Gi=1m Gd=1(PIDコントローラ時定数)
.step param Kp List 1.0 5.0(PIDコントローラ・ゲイン)
.ac dec 400 1Hz 100kHz ; tran 30ms startup(解析条件)
```

図12 P, I, Dを調整し終えた実用微分型PIDコントローラを図1に組み入れた回路【LTspice 029】
D要素前段のCRフィルタ(1次遅れ要素)は,シミュレーション時間が増大する対策.CRフィルタの時定数は1μsだが,D要素後段の1次遅れ要素の時定数$\tau_D/k=177\mu s/8=22\mu s$に対して十分小さいので,結果に対する影響はない.D要素とその後段の1次遅れ要素との前後を入れ替えても,シミュレーション時間に大きな変化はない

● P, I, Dを調整し終えた実用微分型PIDコントローラを図1に組み入れて周波数特性とステップ応答を調べる(シミュレーション)

　周波数応答とステップ応答をシミュレーションで確認します.検証用回路を図12に示します.
▶周波数特性
　周波数特性を図13に示します.シミュレーションした結果から,$k=8$において,$\theta_L=-90°$に近い値となるよう微調整し,$f_1=90$ Hz,$f_3=900$ Hzとしました.この値に対して$K_P=1$倍(0 dB),$K_P=5$倍(14 dB)に設定しています.

(a) $K_P=1$のとき,90 Hzにて$|G_L|=0$ dB, $\theta_L=-90°$, クローズド・ループ帯域90 Hz, 位相余裕90°

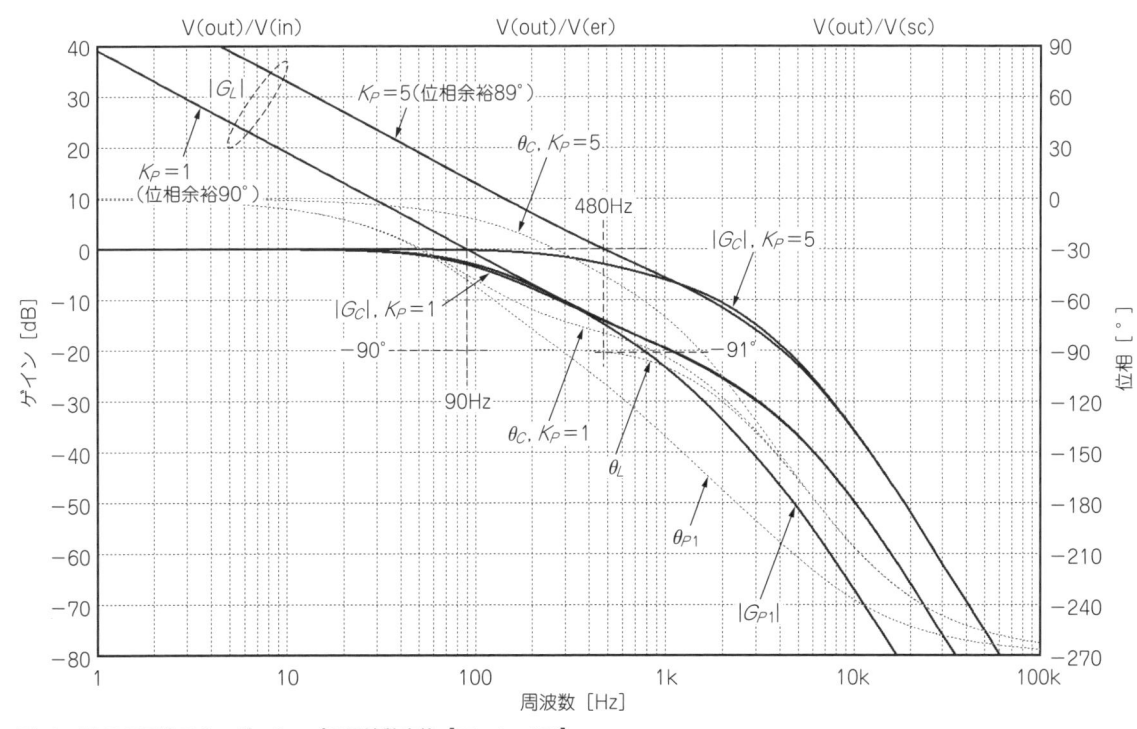

図13 図12の回路のサーボ・ループの周波数応答【LTspice 029】

(a) サーボ・システムの出力波形 V_{out}

(b) PIコントローラの出力波形 V_{SC}

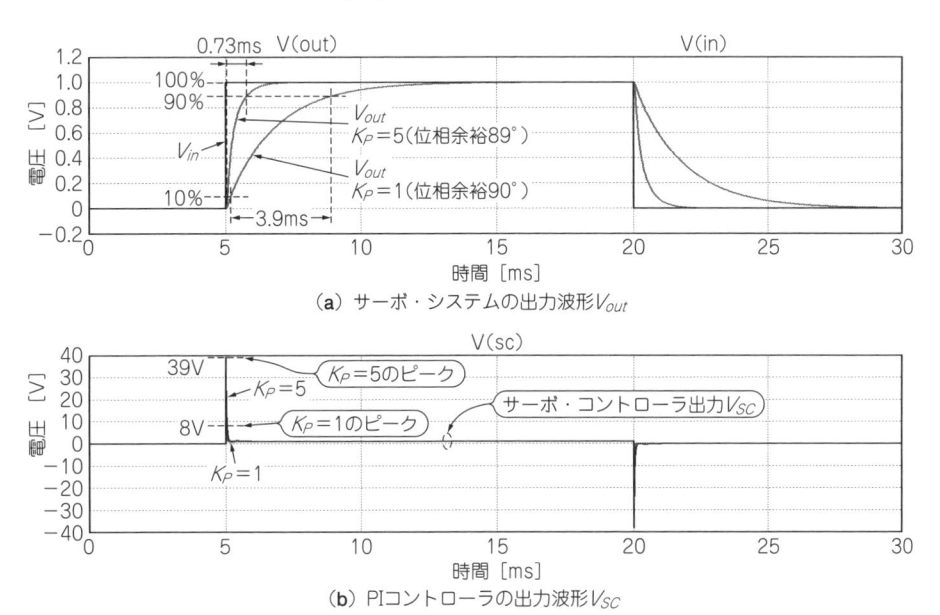

図14 図12の回路のサーボ・ループのステップ応答【LTspice 030】

(b) $K_P = 5$のとき，480 Hzにて$|G_L| = 0$ dB，$\theta_L = -91°$，クローズド・ループ帯域480 Hz，位相余裕89°

1 Hzにおけるクローズド・ループ・ゲイン$|G_C|$は(a)，(b)ともに1.0倍であり，理論値$1/\beta = 1$倍に対するゲイン偏差は計測できずほぼ0です．

クローズド・ループ・ゲイン$|G_C|$特性は，$K_P = 1$倍，5倍いずれにおいても，ゲイン・ピークは見られませんが，$K_P = 5$倍のときに，$|G_L| < 0$ dBの領域で$|G_C| > |G_L|$となり正帰還が生じています．$|G_C| - |G_L|$は最大1.1 dB程度です．

▶ステップ応答

ステップ応答を**図14**に示します．

7.2 サーボ・コントローラの周波数特性を設計する

入力V_{in}波形振幅1Vに対する出力V_{out}振幅の定常値は$K_P=1$（位相余裕90°）, $K_P=5$（位相余裕89°）いずれの場合も1.0Vであり，**図13**の周波数応答の低周波域ゲイン偏差が極めて小さいことと整合します．

出力波形は$K_P=1$, $K_P=5$いずれにおいてもオーバーシュートがなく十分に安定です．立ち上がり時間は$K_P=1$, $K_P=5$それぞれに対して3.9 ms, 0.73 msです．

* * *

PIDコントローラを使用すれば，プラントの最低遮断周波数f_A(100 Hz)よりも広いクローズド・ループ帯域が得られます．立ち上がり時間も短縮して，オーバーシュートもなくなります．位相余裕90°と十分な安定性があり，定常偏差もなくサーボ効果が得られています．

7.3 サーボ・コントローラの実用上の問題対策

■ 発生する過大振幅

● どのコントローラを使っても過大振幅は発生する

サーボ制御により，過渡的にあるいは連続的にプラント入力に過大振幅が加えられる可能性があります．P要素も入力ステップ波のゲイン倍の振幅を出力するので，PIDコントローラだけでなく，PやPIコントローラでも過大振幅となる可能性はあります．

● 過大振幅となる例① 入力波形がステップ応答のとき

図14(b)のサーボ・コントローラ出力V_{SC}波形を見てください．出力波形V_{out}の振幅を定格値1Vとした場合は，V_{in}急変時のV_{SC}波形はパルス状で，その振幅は$K_P=1$のときは8V，$K_P=5$のときは39Vと非常に大きな値です．

この大振幅の値は，PIDコントローラの周波数$f_1\sim f_3$の平坦部ゲインがK_P倍，さらに，周波数kf_3以上の平坦部ゲインが$f_1\sim f_3$平坦部のk倍となるので，入力V_{in}振幅を$V_{in(peak)}$とすれば，V_{SC}波形のピーク値$V_{SC(peak)}$は式(3)により計算できます．

$$V_{SC(peak)} = V_{in(peak)} K_P k \cdots\cdots\cdots\cdots\cdots (3)$$

例えば，**図14(b)**の$K_P=5$の場合は次のようになり，シミュレーション結果(39V)とほぼ一致します．

$$V_{SC(peak)} = 1 \times 5 \times 8 = 40 \text{ V}$$

プラント・ゲインが1倍でその出力振幅の定格値が1Vなので，V_{SC}出力のパルス波形がプラント入力の線形動作限界を超えてしまう恐れがあります．

ステップ応答の出力として定格振幅1Vを必要とするのであれば，V_{SC}の振幅は上記の値となり，これに対して実機においてプラント入力が線形に動作できなければ，良好な特性は得られません．

出力振幅がより小さい場合で，V_{SC}の出力パルスがプラント入力の線形動作範囲に収まる程度の振幅である場合には線形動作が可能で，良好な特性が得られます．

● 過大振幅となる例② 入力波形が正弦波のとき

$K_P=5$の場合，プラントの帯域は$f_A=100$ Hzですが，クローズド・ループ帯域は480 Hzに広がっています．この周波数480 Hzではプラント・ゲインは1/4.8倍なので，定格出力振幅1Vを得るためにはプラント入力V_{SC}振幅として4.8 Vが必要です．クローズド・ループ帯域が広くなっても，その帯域上限で定格振幅動作を行わせるためには，プラント入力の線形動作限界がそれに見合った値でなくてはなりません．

プラント入力が電流の場合は，定格値を大幅に超える電流に耐えられなくてはなりません．また，プラントがモータの場合にはマグネットなどの磁気的損失や軸受けなどの機械損がサーボ制御により広くなった帯域上限周波数において動作可能でなければなりません．

● サーボの周波数特性だけでは改善できないこともある

プラント入力が過大振幅に対して線形動作限界を超えたり，いったん飽和動作状態になると正常動作への復帰に時間がかかる場合もあり，破損の危険もあります．いたずらにサーボ制御による周波数特性の改善を図っても，実効が得られないこともあります．各部の振幅が線形動作範囲内にあるかを調べておきます．

サーボ・コントローラ出力V_{SC}に過大振幅が現れる場合の対策を検討します．もちろん対策によりサーボ制御による特性改善効果が損なわれるので，その程度も確認します．

■ 二つの対策

● 対策1：振幅リミッタを付ける

図15は，サーボ・コントローラ出力V_{SC}信号を検出し，プラント入力の許容振幅限界値$+lim$および$-lim$と比較し，限界値を超えないようにサーボ・コントローラ入力V_{er}の振幅を制限する振幅リミッタを付加しています．

ステップ応答を解析した回路に振幅リミッタを追加した回路を**図16**に示します．ゲインK_Pは5倍とし，リミット値V_{lim}を1, 1.2, 1.4, 1.6, 2, 3, 5, 10 Vの各値として，V_{SC}および出力V_{out}波形を求めます．その結果を**図17**に示します．

図17によれば，V_{SC}波形は各リミット値にクリップされ，V_{out}波形の立ち上がり時間がリミット値に応じて変化しています．

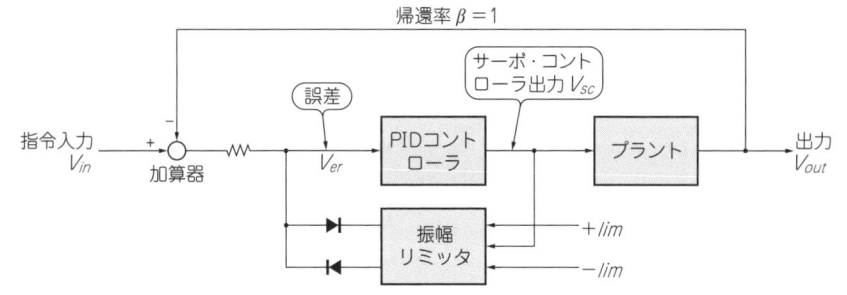

図15 プラントへの過大入力対策その①…振幅リミッタを追加したサーボ・システム

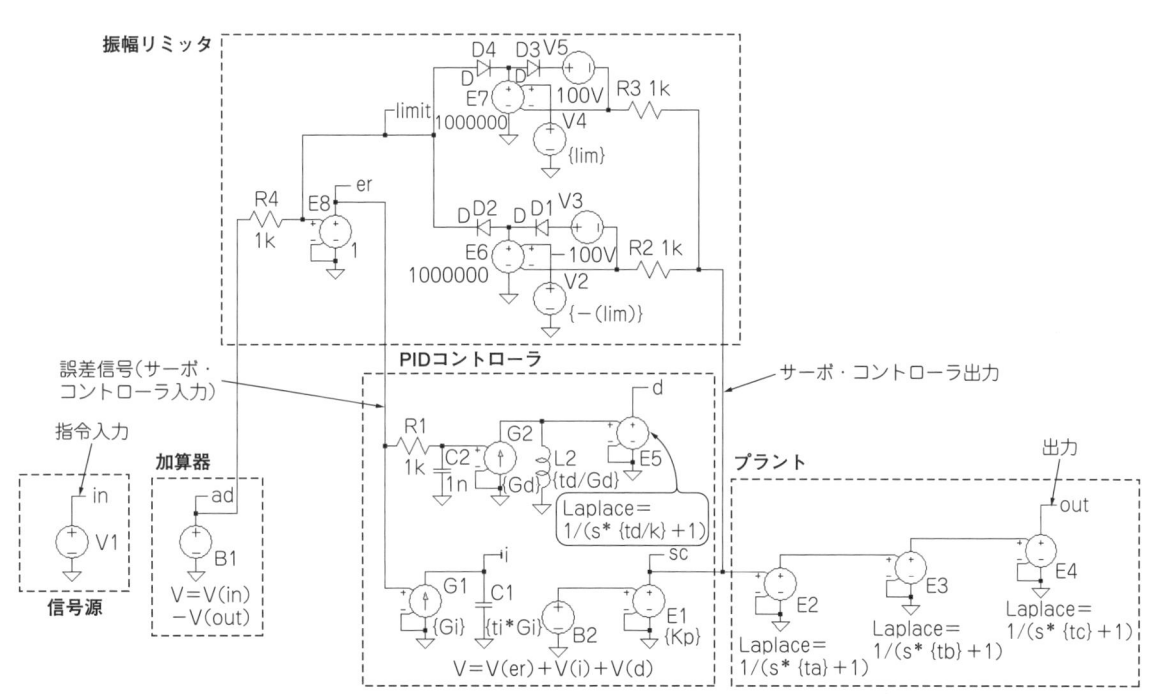

```
PULSE(0V 1V 5ms 1μs 1μs 15ms 50ms)(信号源設定)
.param fa=100Hz fb=1kHz fc=5kHz ta=1/(2*pi*fa) tb=1/(2*pi*fb) tc=1/(2*pi*fc)(プラント時定数)
.param f1=90Hz f3=900Hz k=8 ti=1/(2*pi*f1) td=1/(2*pi*f3) Gi=1m Gd=1 Kp=5 (PIDコントローラ時定数)
.step param lim List 1 1.2 1.4 1.6 2 3 5 10(振幅リミット値)
.tran 10ms startup(過渡解析条件)
```

図16 サーボ・コントローラの入力の振幅を制限する振幅リミッタをもつサーボ・システムの応答を調べるシミュレーション回路【LTspice 031】

リミット値と立ち上がり時間の関係を表2に示します．limが39Vのとき，V_{out}の立ち上がり時間t_rは0.73msで，リミットなしの図14の$K_P=5$のときの値と同じです．limが5Vのときのt_rは0.78msに，limが3Vのときのt_rは0.87msになります．これらのリミット値であれば大幅な立ち上がり時間の低下はありません．

＊

図17のサーボ・コントローラ出力振幅をクリップさせた区間では，出力波形は直線的に上昇していますが，制限解除による反動は見られずオーバーシュートも現れていません．振幅リミッタによる立ち上がり時間の低下というマイナス面はありますが，両者を勘案して設定条件が選べる場合には有効な方法です．

● 対策2：微分先行型PIDコントローラを採用する

図18は，D要素の入力をフィードバック信号V_{out}に接続したPIDコントローラです．P要素とI要素の入力は誤差信号V_{er}に接続し，D要素は加算器による極性反転がないので，他の2要素との加算極性を負にする必要があります．この方式を「微分先行型PIDコントローラ」と呼びます．

7.3 サーボ・コントローラの実用上の問題対策

表2 出力振幅のリミット値と立ち上がり時間の関係(図16のシミュレーション結果を整理)
リミット電圧を低くすると，立ち上がり時間が遅くなる

サーボ・コントローラ出力 V_{SC} 振幅リミット値 lim [V]	出力 V_{out} 立ち上がり時間 t_r [ms]	備考
1.0	3.5	
1.2	2.1	
1.4	1.6	
1.6	1.3	
2.0	1.0	
3.0	0.87	
5.0	0.78	
10.0	0.75	
39.0	0.73	リミットなし

微分先行型PIDコントローラの回路を図19に示します．ゲインK_Pを1，1.5，2.5，5［倍］に変えています．

● 微分先行型PIDコントローラの効果

ステップ応答の波形を図20に示します．通常のPIDコントローラと比較した結果を表3に示します．「微分先行型」にすることによりサーボ・コントローラ出力最大振幅を大幅に低下できますが，出力波形にオーバーシュートが発生します．

微分先行型は入力V_{in}急変時のサーボ・コントローラ出力V_{SC}の振幅を低下させる効果はありますが，プラントに外乱が加わってプラント出力V_{out}が急変する

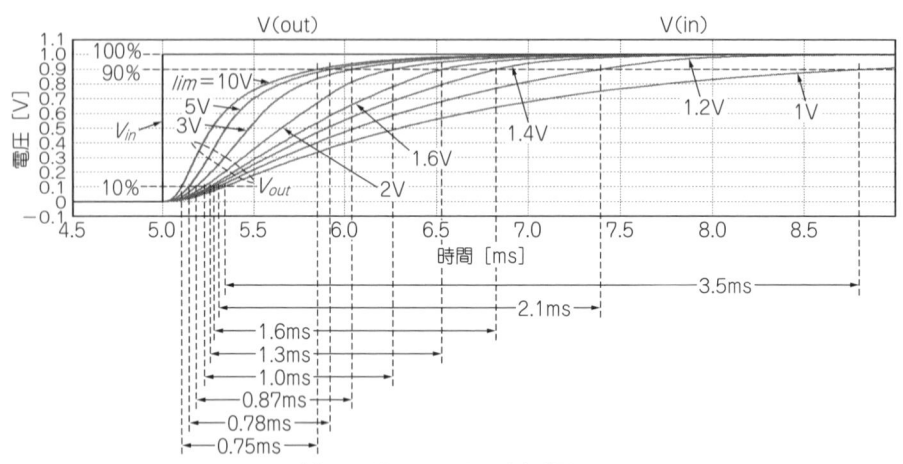

(a) サーボ・システムの出力波形 V_{out}

(b) PIコントローラの出力波形 V_{SC}

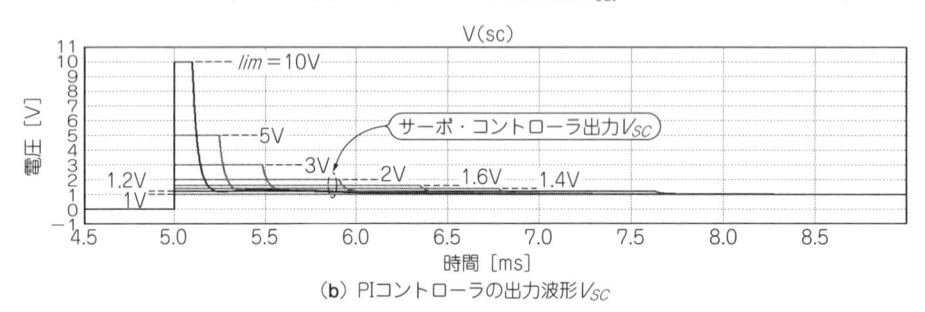

図17 図16の回路のサーボ・ループのステップ応答【LTspice 031】

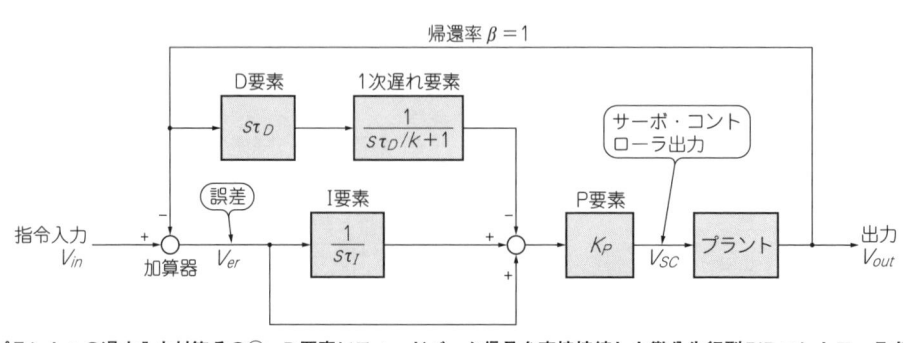

図18 プラントへの過大入力対策その②…D要素にフィードバック信号を直接接続した微分先行型PIDコントローラを採用する

場合にはV_{SC}振幅の抑制作用はありません．D要素がフィードバック経路にあるので，入力V_{in}急変情報はD要素には入りませんが，V_{out}の急変情報はフィードバック信号としてD要素に入力されるからです．出力V_{out}急変に対しては通常型PIDコントローラと同じ応答になります．

*

一般に，外乱によるプラント出力の急変振幅は定格値よりも小さいことが多く，プラント入力が線形動作範囲内である可能性も高くなります．サーボ・システムに対する要求やプラント特性などを勘案して，使用できる条件においては有効な方法です．

微分先行型の類型として，D要素とP要素をフィードバック経路に置き，I要素のみを通常のPIDコントローラの位置に置く方式も考えられます．

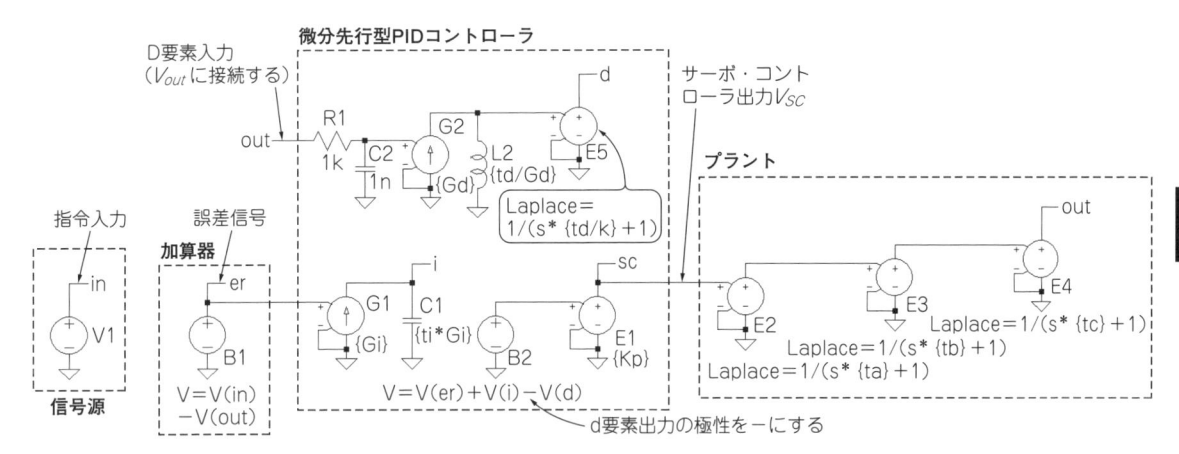

```
PULSE(0V 1V 5ms 1μs 1μs 15ms 50ms)（信号源設定）
.param fa=100Hz fb=1kHz fc=5kHz ta=1/(2*pi*fa) tb=1/(2*pi*fb) tc=1/(2*pi*fc)（プラント時定数）
.param f1=90Hz f3=900Hz k=8 ti=1/(2*pi*f1) td=1/(2*pi*f3) Gi=1m Gd=1（PIDコントローラ時定数）
.step param Kp List 1.0 1.5 2.5 5.0（PIコントローラ・ゲイン）
.tran 30ms startup（過渡解析条件）
```

図19 プラントへの過大入力を防止する微分先行型PIDコントローラを採用したサーボ・システムの応答を調べるシミュレーション回路【LTspice 032】

（a）サーボ・システムの出力波形V_{out}

（b）PIコントローラの出力波形V_{SC}

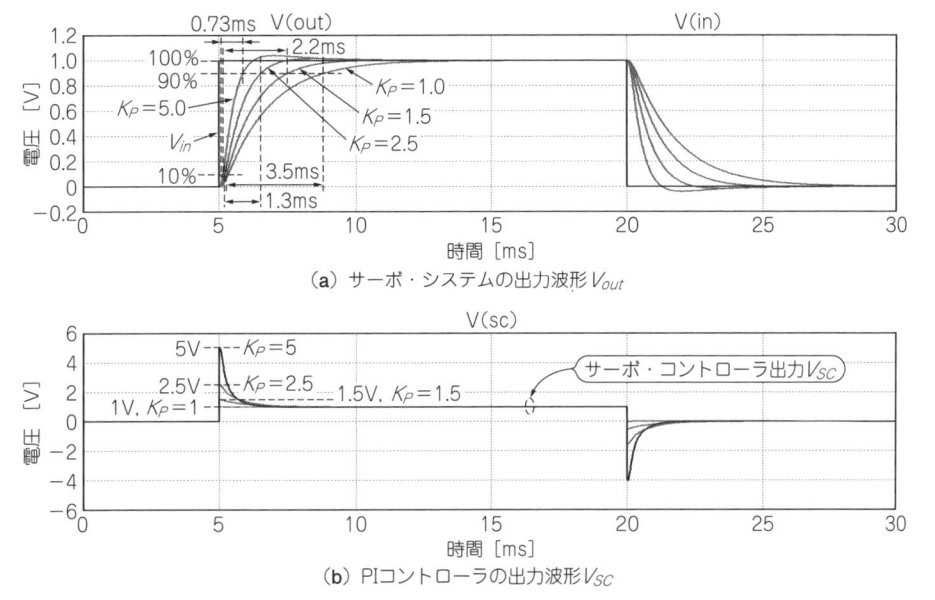

図20 図19の回路のサーボ・ループのステップ応答【LTspice 032】

7.3 サーボ・コントローラの実用上の問題対策 **87**

表3 微分先行型PIDコントローラを採用することによる対策効果のまとめ
出力の最大振幅は小さくできるが，オーバーシュートが発生してしまう．完全な対策とは言いがたいが，使える場面もある

PIDコントローラ	通常型 図12の回路（対策なし）			微分先行型 図19の回路（対策あり）		
K_P [倍]	立ち上がり時間 t_r [ms]	オーバーシュート [%]	サーボ・コントローラ出力最大振幅 V_{sc} [V]	立ち上がり時間 t_r [ms]	オーバーシュート [%]	サーボ・コントローラ出力最大振幅 V_{sc} [V]
1.0	3.9	0	8.0	3.5	0	1.0
1.5	−	−	−	2.2	0.3	1.5
2.5	−	−	−	1.3	2	2.5
5.0	0.73	0	39.0	0.73	4	5.0

（プラントへの過大入力が低下している）
（オーバーシュートが出てしまう）

7.4 ソフトウェアによるサーボ・コントローラの実現

前節までの設計によって，サーボ・コントローラの伝達関数が求められました．その伝達関数から得られる微分方程式は時間に関して連続な信号を扱います．サーボ・コントローラをソフトウェアで実現する場合は，時間的に連続な信号を不連続な信号データに変換する必要があります．連続信号のアナログ演算式から不連続信号のディジタル演算式に変換する方法として「差分法」と呼ばれる変換があります．また演算法としては，サンプリング周期ごとに前回出力値との「差分」を計算し，前回出力値に差分を加算することによって今回出力値を求める「速度型演算」と呼ばれる方式があります．

以下においては，7.2節で述べた図21に示す「実用微分型PIDコントローラ」を例にして，差分法による速度型演算方式を用いてディジタル演算式を求め，計算結果をExcelでグラフ化することによって過渡応答波形を求めます．差分法により，積分/微分結果を加減乗除演算により求めることができます．

さらにLTspiceシミュレーションによって同一条件の波形を求め，両者が一致することを確認します．

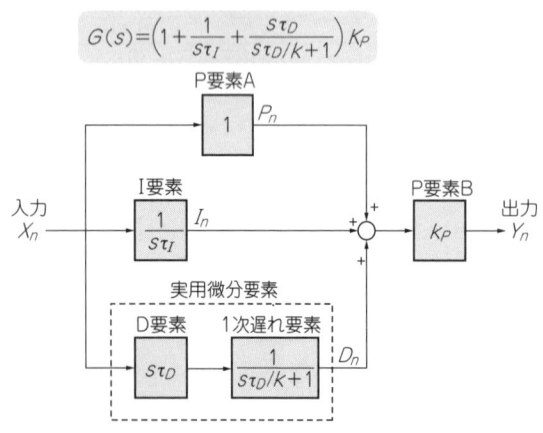

■ 演算式を求める

図21の実用微分型PIDコントローラの出力演算式を求めます．

ディジタル信号を表す記号を以下のようにします．サンプリング周期をΔT_S [s]，nを整数として，現時点を時刻$t = n\Delta T_S$とすれば，次のようになります．

Y_n：現時点における出力Yの値
Y_{n-1}：前回サンプリング時点（現時点よりΔT_S以前）におけるYの値
Y_0：$t = 0$におけるYの値
ΔY_n：サンプリングごとの差分$Y_n - Y_{n-1}$

● P要素A（2個のうち前段のP要素）出力P_n

入力をX_n，出力をP_n，差分をΔP_nとすれば，ゲインが1倍なので，次のようになります．

$$P_n = P_{n-1} + \Delta P_n, \quad \Delta P_n = X_n - X_{n-1} \cdots\cdots (4)$$

● I要素出力I_n

入力，出力のラプラス変換をそれぞれ$X(s)$，$I(s)$とすれば，伝達関数は第5章の表1から，

$$\frac{I(s)}{X(s)} = \frac{1}{s\tau_I} \quad \therefore s\tau_I \cdot I(s) = X(s) \cdots\cdots (5)$$

第5章の表Aを参照して，両辺を逆ラプラス変換すると，

$$\tau_I \frac{d}{dt} i(t) = x(t) \cdots\cdots (6)$$

微分を次式で表せるとして，

$$\frac{d}{dt} i(t) = \frac{I_n - I_{n-1}}{\Delta T_S} \cdots\cdots (7)$$

式(7)を式(6)に代入して，差分をΔI_nとおくと，

$$G(s) = \left(1 + \frac{1}{s\tau_I} + \frac{s\tau_D}{s\tau_D/k + 1}\right) K_P$$

図21 実用微分型PIDコントローラ

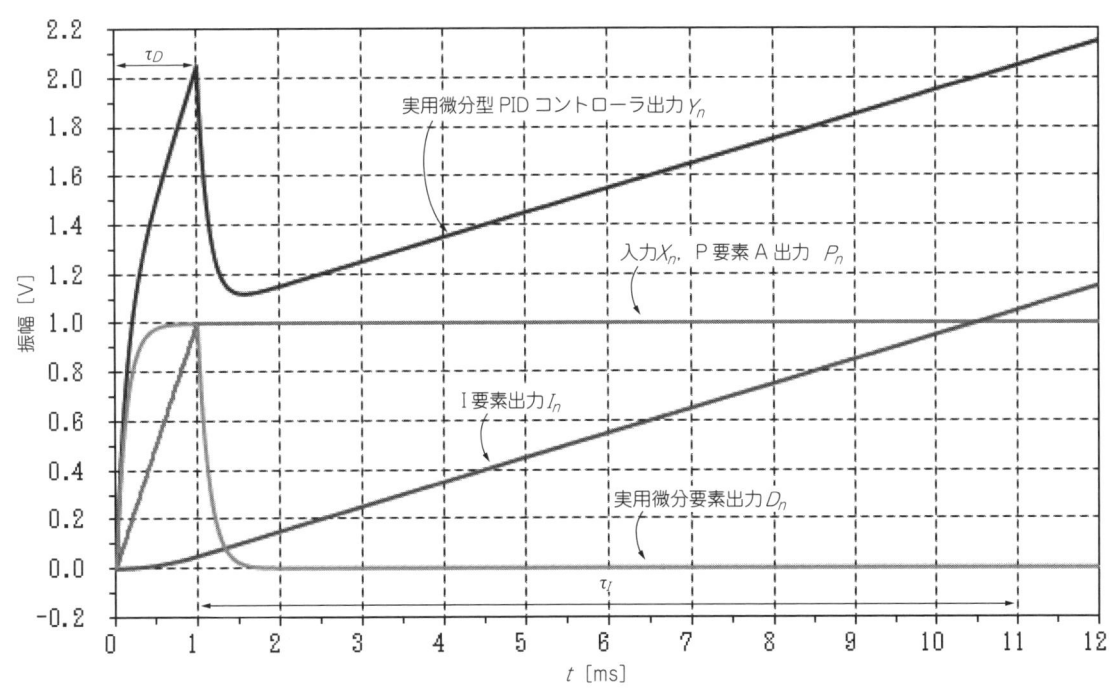

図22 実用微分型PIDコントローラの差分法による過渡応答演算波形【Excel 202】

$$\tau_I \frac{I_n - I_{n-1}}{\Delta T_S} = X_n$$

$$\therefore \Delta I_n = I_n - I_{n-1} = \frac{\Delta T_S}{\tau_I} X_n \cdots \cdots (8)$$

よって，出力I_nは，次のようになります．

$$I_n = I_{n-1} + \Delta I_n \cdots \cdots (9)$$

● 実用微分要素出力 D_n

入力，出力のラプラス変換をそれぞれ$X(s)$, $D(s)$とすれば，伝達関数は第5章の表1から，

$$\frac{D(s)}{X(s)} = \frac{s\tau_D}{s\tau_D/k + 1}$$

$$\therefore D(s) + s\tau_D/k \cdot D(s) = s\tau_D X(s) \cdots (10)$$

第5章の表Aを参照して，両辺を逆ラプラス変換すると，

$$d(t) + \tau_D/k \frac{d}{dt} d(t) = \tau_D \frac{d}{dt} x(t) \cdots (11)$$

微分を次式で表せるとして，

$$\frac{d}{dt} d(t) = \frac{D_n - D_{n-1}}{\Delta T_S}$$
$$\frac{d}{dt} x(t) = \frac{X_n - X_{n-1}}{\Delta T_S} \cdots \cdots (12)$$

式(12)を式(11)に代入して，差分をΔD_nとおくと，

$$D_n + \tau_D/k \frac{D_n - D_{n-1}}{\Delta T_S} = \tau_D \frac{X_n - X_{n-1}}{\Delta T_S}$$

$$\therefore \Delta D_n = D_n - D_{n-1} \cdots \cdots (13)$$

$$= \frac{\tau_D}{\Delta T_S + \tau_D/k} (X_n - X_{n-1}) - \frac{\Delta T}{\Delta T_S + \tau_D/k} D_{n-1}$$

よって，出力D_nは，次のようになります．

$$D_n = D_{n-1} + \Delta D_n \cdots \cdots (14)$$

● 実用微分型PIDコントローラ出力 Y_n の差分式

以上で3要素の出力が得られたので，図21の実用微分型PIDコントローラの出力Y_nは，式(4), (8), (9), (13), (14)および次式により求められます．

$$Y_n = K_P(P_n + I_n + D_n) \cdots \cdots (15)$$

式(15)をPIコントローラ用として使う場合は，$D_n = 0$としてください．

● 差分式の計算結果をExcelでグラフ化する

波形を描くにあたって，図21に示す実用微分型PIDコントローラのパラメータを以下の値とします．

> P要素B（後段のP要素）のゲイン：$K_P = 1$倍
> 積分時定数：$\tau_I = 10$ ms
> 微分時定数：$\tau_D = 1$ ms
> 1次遅れ要素の時定数：τ_D/k, $k = 8$として

7.4 ソフトウェアによるサーボ・コントローラの実現

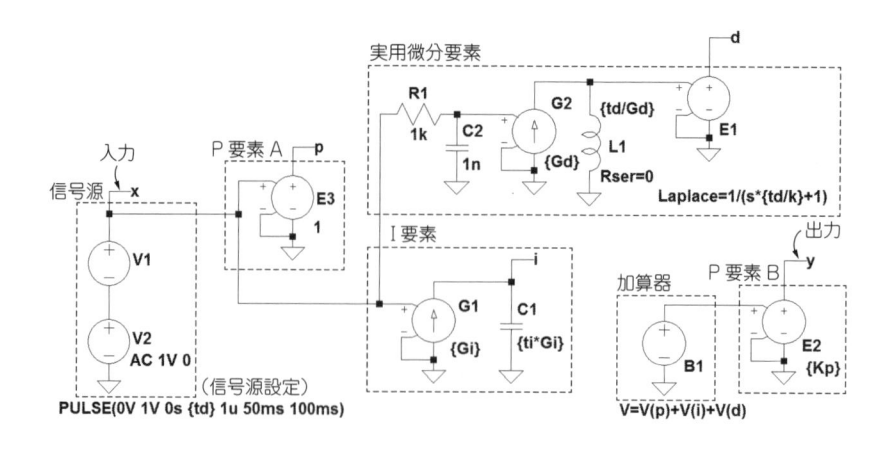

図23 実用微分型PIDコントローラのシミュレーション回路【LTspice 034】

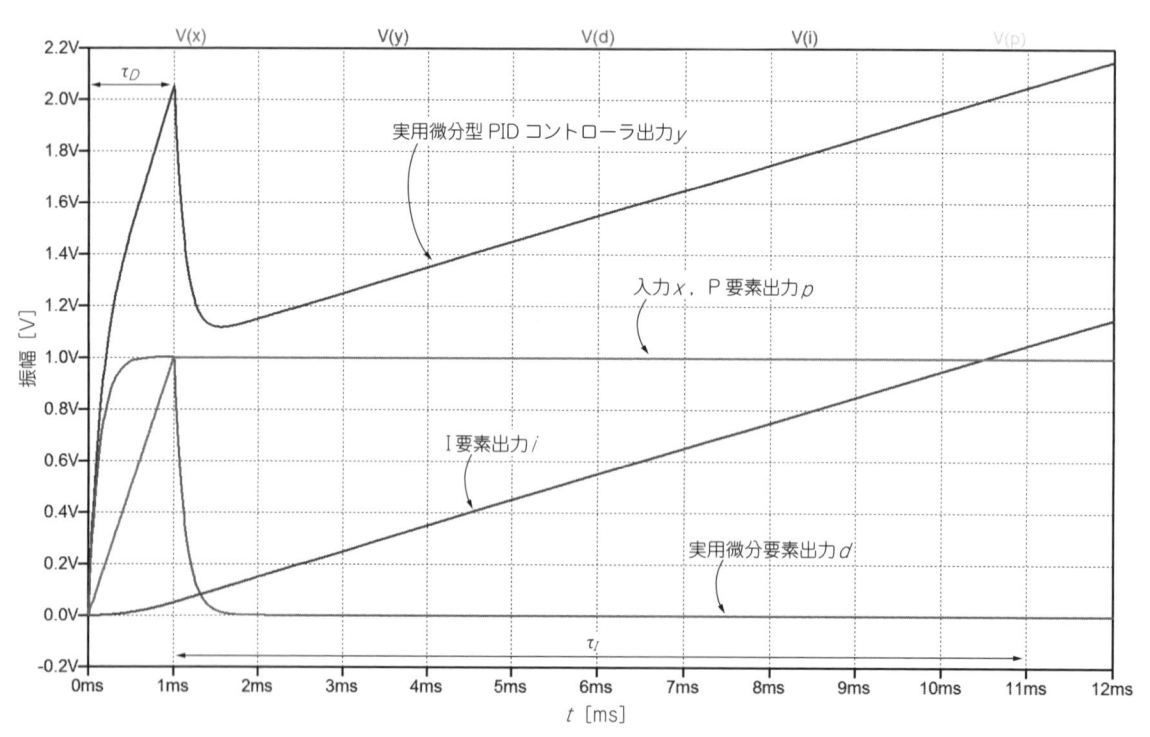

図24 実用微分型PIDコントローラの過渡応答シミュレーション結果【LTspice 034】

$$\tau_D/k = 1\,\mathrm{m}/8 = 125\,\mu\mathrm{s}$$
入力信号$x(t)$：$0 \leq t < \tau_D$にて$x(t) = (1/\tau_D)t$,
$\tau_D \leq t$にて$x(t) = 1$
サンプリング周期：$\Delta T_S = 10\,\mu\mathrm{s}$

入力X_nは，$0\sim1\,\mathrm{ms}(=\tau_D)$においては$0\sim1\,\mathrm{V}$まで直線的に増大し，$1\,\mathrm{ms}$以降は$1\,\mathrm{V}$一定です．入力に対する出力値を上で求めた各式からExcelを用いて計算し，グラフ化した波形を図22に示します．

P要素Aの出力P_nはゲイン1倍なので，入力X_nに重なっています．

I要素の出力I_nは，$0\sim1\,\mathrm{ms}$においては直線の積分なので2次曲線であり，$1\,\mathrm{ms}$以降は一定値の積分なので直線的に増大します．積分時定数$\tau_I = 10\,\mathrm{ms}$なので$1\sim11\,\mathrm{ms}$の$10\,\mathrm{ms}$間の振幅変化分は入力X_nと等しい$1\,\mathrm{V}$です．

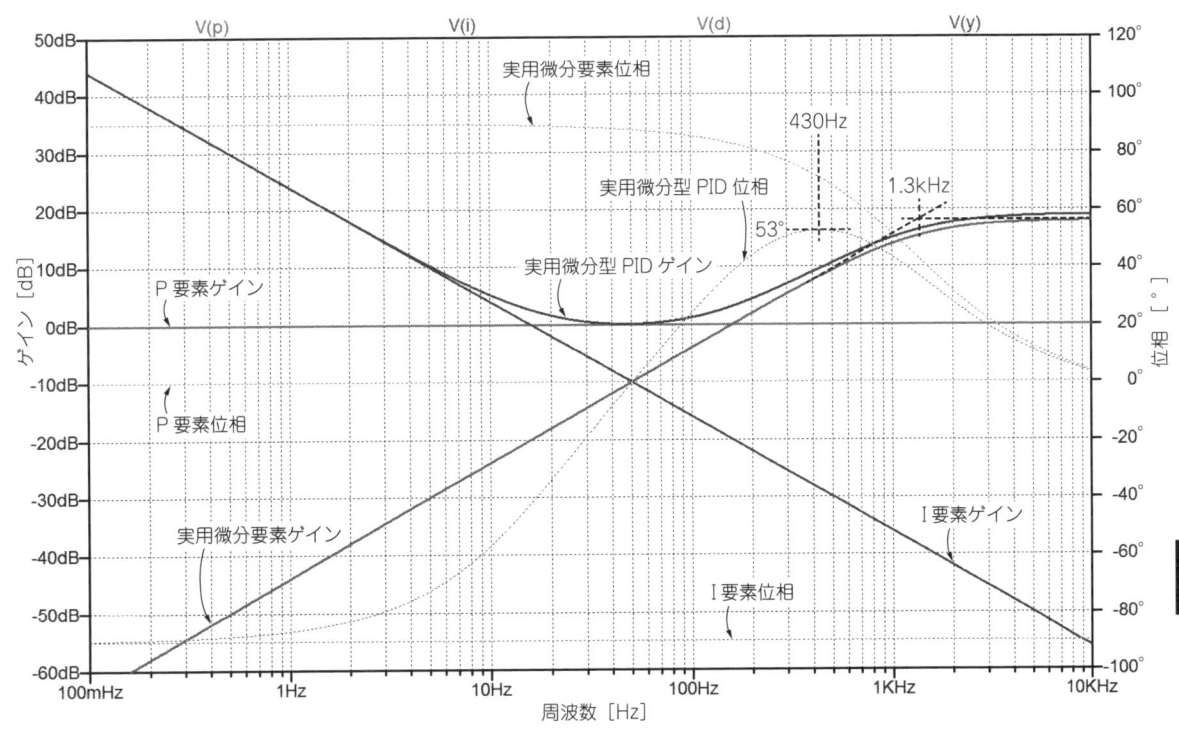

図25 実用微分型PIDコントローラの周波数特性シミュレーション結果【LTspice 035】

実用微分要素出力D_nは，0〜1msにおいては入力X_nの傾斜が$1/\tau_D$なので，そのτ_D倍の1Vです．1ms以降は入力X_nの傾斜が0なのでD_nも0Vです．D_n出力波形の立ち上がり/立ち下がりに遅れが見られますが，直列結合された1次遅れ要素によるものです．1次遅れ要素の時定数は$\tau_D/k = 1\,\mathrm{ms}/8 = 125\,\mu\mathrm{s}$ですが，$D_n$出力波形の遅れと一致しています．

実用微分型PIDコントローラ出力Y_nは，$K_P=1$倍としたのでP_n，I_n，D_nの3者の和となります．Y_n出力波形の特長は入力X_nのステップ変化時に大きなパルス波を出力し，パルス振幅はX_nの変化時間に反比例します．すなわち，入力の変化が急峻なほど大きな補正信号を出力します．その後のランプ波は定常偏差を低減するための補正信号と見ることができます．

■ **シミュレーションにより波形を求める**

次に確認のために，同じ条件でシミュレーションを行います．図23にシミュレーション回路図を示します．図23のR_1，C_2はシミュレーション時間短縮のための素子ですが，その時定数は$1\,\mu\mathrm{s}$であり，τ_I，τ_Dに比べて十分に小さいのでシミュレーション結果にはほとんど影響はありません．

● **過渡応答波形**

図24に過渡応答波形を示します．図22と図24の各波形は一致しており，上で求めた演算式が正しいことが確認できます．

● **周波数特性**

さらに，シミュレーションでAC解析を行い，実用微分型PIDコントローラのボード線図を求めたものを図25に示します．

実用微分型PIDゲイン特性は，各3要素のなかの最大ゲイン要素の特性に漸近しています．

実用微分要素ゲインは1次遅れ要素の影響で高周波域で平坦になっています．1次遅れ要素の時定数が上記のように0.125msなので遮断周波数は$1/(2\pi \times 0.125\,\mathrm{ms}) = 1.3\,\mathrm{kHz}$です．この周波数以上のゲインを上げないことにより，過渡応答などにおける補正の副作用を緩和させる効果がありますが，その反面，実用微分型PID位相の最大値が約53°（430Hz）にとどまっています．

また，1.3kHz以上で実用微分型PIDゲインと実用微分要素ゲインが一致しない理由は，P要素ゲインが実用微分要素ゲインと比較的近い値（1/8倍）であるためです．

◆参考文献◆
(1) 吉川 恒夫；古典制御論，㈱昭晃堂，2008/3/20.
(2) 広井 和夫，宮田 朗；シミュレーションで学ぶ自動制御技術入門，CQ出版社，2004/10/1.

コラム1　D要素は1次遅れ要素を加えて使われる場合が多い
ステップ信号入力時に過大振幅でプラント入力が飽和する恐れ

PIDコントローラに使われるD(微分)要素には特有の問題があります。

サーボ・コントローラはシステムの指令入力V_{in}と出力V_{out}の差分である誤差信号V_{er}を入力とします。V_{in}がステップ状に変化すると，変化の瞬間はV_{out}は変化していないので，ステップ変化はそのままV_{er}となってサーボ・コントローラの入力に加えられます。

図A(b)はステップ(矩形波)入力したときのD要素の出力波形を示しています。D要素は入力波形の微分成分を出力するので，ステップが入力されるとパルス状の鋭く大きな信号を出力します。D要素のパルス出力はPIDコントローラの出力信号に加算され，プラントに入力されます。

パルス信号の振幅がプラント入力の振幅許容限界や線形動作限界を超えていたり，パルス時間幅が小さい場合は，プラントが十分に応答できない恐れがあります。また，ソフトウェアによるサーボ・コントローラにおいては，微分パルス成分を正確に時間的に不連続な離散信号に変換できないこともあります。

● 対策…微分要素に1次遅れ要素を付加する

対策の一つとして，図Bに示すような微分要素と1次遅れ要素を直列結合したPIDコントローラを使う方法があります。D要素に1次遅れ要素を加えた構成を「不完全微分要素」または「実用微分要素」と呼びます。

図CはD要素と1次遅れ要素を直列結合して，ステップ波信号を加えたときの波形です。微分要素の時定数をτ_D [s]，1次遅れ要素の時定数をτ_D/k [s]とし，kの値を4，8，16，32と変えて波形を比較しました。

D要素に1次遅れ要素を加えた構成は1次系HPF要素になります。平坦部ゲインがk倍となるため，図C(b)のようにステップ幅1Vの入力に対して出力パルスのピーク値は入力のk倍になります。また，パルス幅(ピーク値の36.8%における時間幅)はτ_D = 15.9 msの$1/k$倍です。

kを小さくすると出力のピーク値を小さくできますが，1次遅れ要素の時定数が微分要素の時定数に近づき，微分要素による位相進み効果が失われていきます。これらを勘案してkの値を選びます。

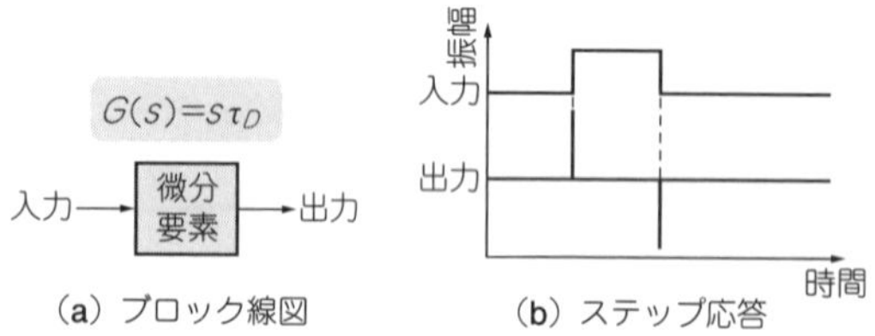

図A 微分要素はステップ状の信号が入力されると鋭い振幅の大きな信号を出力するのでプラント入力が飽和する恐れがある

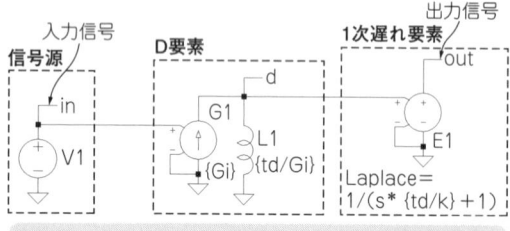

(a) ブロック線図　$G(s)=s\tau_D$
(b) ステップ応答

```
PWL(0s 0V 1ms 0V 1.001ms 1V 10ms 1V)(信号源設定)
.param G=1 f=10Hz td=1/(2*pi*f)(D要素時定数設定)
.step param k List 4 8 16 32(1次遅れ要素時定数設定)
.tran 5ms startup(解析条件)
```

図B 対策として1次遅れ要素を付け加える方法が考えられる【LTspice 033】

図C 図Bの回路で微分要素と1次遅れ要素の時定数の比kに対するピーク値の変化【LTspice 033】

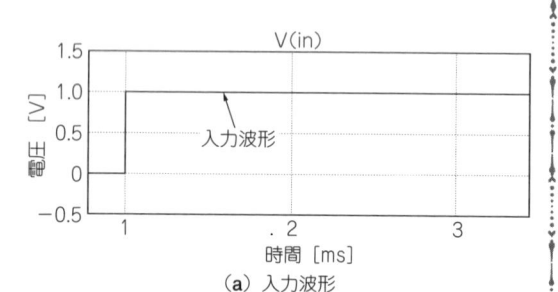

(a) 入力波形
(b) 出力波形

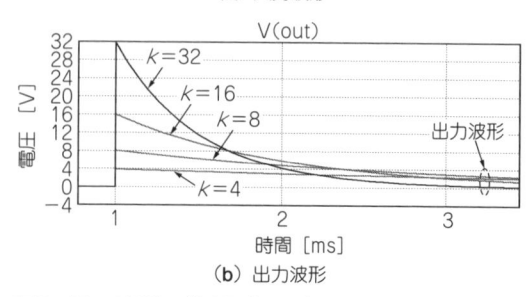

第2部　ブラシレス・モータの最適制御条件

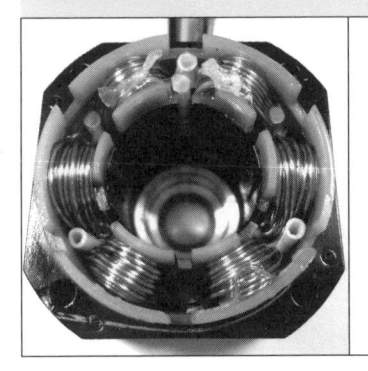

第8章　波形から制御に必要なロータの回転角度を読み取る

制御対象であるモータの振る舞いを調べる

本章では，ブラシレス・モータの制御に必要な基本事項について考えます．ブラシレス・モータとしては，CQ出版社から発売された「トラ技3相インバータ実験キット（INV-1TGKIT-A）」（以下「実験キット」と呼ぶ）をサンプルとして，構造や動作波形などを調べます．比較のために，実験キットに同梱されたブラシ付きモータも分解して，電流切り替え機能などを調べます．

これらの情報をもとに，高い電力効率や回転効率が得られるモータ制御を目指します（図1）．

図1　サーボ制御とベクトル制御の二つで高効率を目指す

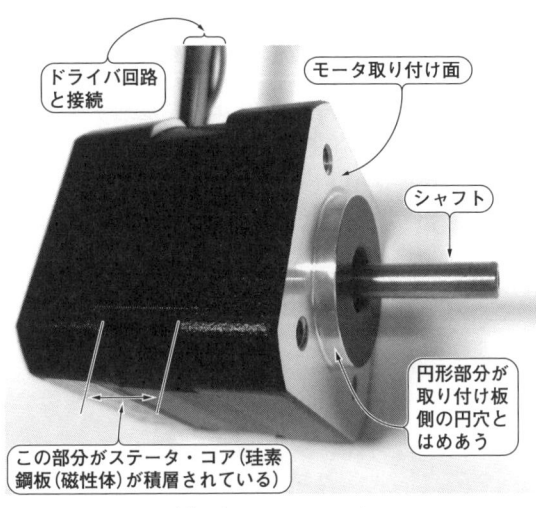

8.1　2種類のDCモータ

永久磁石とコイルをもち，外部電流をコイルに流すことで回転させるタイプのモータを「DC（直流）モータ」と呼びます．DCモータには，写真1(a)に示すブラシレス・モータと，写真1(b)に示すブラシ付きモータの2種類があります．

ブラシ付き，ブラシレス両モータの回転原理は同じです．つまり，電流を流すことで発生する磁界を利用してモータを回転させます．回転速度-トルク特性などもほぼ同じです．

(a) ブラシレス・モータ

(b) ブラシ付きモータ

写真1　2種類のDCモータ「ブラシレス」と「ブラシ付き」

> **コラム1　ベクトル制御は誘導モータから始まった**
>
> 　ベクトル制御は，元は誘導モータの制御法として用いられた技術ですが，ブラシレス・モータにも適用されるようになりました．当初はベクトル制御の大量の高速演算処理のために高性能マイコンが必要でしたが，専用マイコンも現れ，ローコスト化もベクトル制御の普及を後押ししつつあります．

■ 安価なブラシ付きモータ

▶特徴

　DC電源を接続するだけで回転し，電圧の大きさを変えれば回転速度を変化できます．電圧極性＋／－を逆にすれば回る向きが反転します．

　安価ですが，ブラシが摩耗するのでメンテナンスが必要です．回転による摺動ノイズや電気的ノイズ，微粉末を発生することもあります．

▶機構

　内蔵するブラシ(brush)とコミテータ(commutator)によって，回転軸の特定の回転角度ごとにコイルを流れる電流が切り替わります．コイル電流の切り替えにより回転します．回転させるための最低限の機能しかもっておらず，細かい制御はできません．

▶用途

　単に回転させたいという用途は広く存在し，産業用から家電，玩具まで広く大量に使われています．

■ 精度よく制御できるブラシレス・モータ

▶特徴

　DC電源以外にモータ制御用電子回路(ドライバ)を使って回します．よりきめ細かい制御が可能です．モータ負荷が変動しても回転速度を一定に保つ速度制御や，回転トルクを制御するトルク制御，回転角度を制御する位置制御などが可能です．

　ブラシ付きに比べれば高価ですが，機械的摩耗部は軸受(ボール・ベアリングなど)しかないので長寿命です．

▶機構

　回転軸の回転角度やコイル電流を検知して，制御回路にフィードバックすることにより，回転速度やトルク，回転角度に対する制御ができます．エレクトロニクス技術や制御技術などを使用して，効率や回転品質などを高める駆動機能や出力パラメータに対する高精度な制御機能をもたせることができます．

▶用途

　産業用から家電まで広く大量に使われています．例えば，エアコンの温度コントロールは条件に応じて回転速度を自由に変化させます．

▶種類

　ブラシ付きモータと異なり，ブラシレス・モータにはさまざまな種類があります．構造の種類とその特徴を図2に示します．

　マグネットが取り付けられたロータ(回転側)がコイルの巻かれたステータ・コア(固定側)の内部を回転するタイプ(インナ・ロータ型)と，外側を回転するタイプ(アウタ・ロータ型)の2種類があります．また，マグネットがロータ・コアの表面に取り付けられた表面

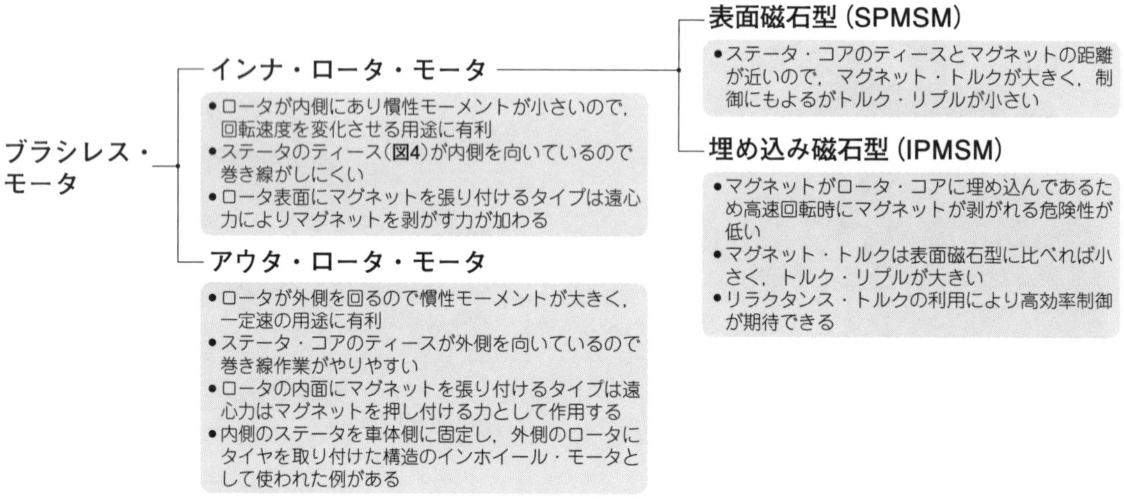

ブラシレス・モータ
- インナ・ロータ・モータ
  - ロータが内側にあり慣性モーメントが小さいので，回転速度を変化させる用途に有利
  - ステータのティース(図4)が内側を向いているので巻き線がしにくい
  - ロータ表面にマグネットを張り付けるタイプは遠心力によりマグネットを剥がす力が加わる
- アウタ・ロータ・モータ
  - ロータが外側を回るので慣性モーメントが大きく，一定の速の用途に有利
  - ステータ・コアのティースが外側を向いているので巻き線作業がやりやすい
  - ロータの内面にマグネットを張り付けるタイプは遠心力はマグネットを押し付ける力として作用する
  - 内側のステータを車体側に固定し，外側のロータにタイヤを取り付けた構造のインホイール・モータとして使われた例がある
- 表面磁石型 (SPMSM)
  - ステータ・コアのティースとマグネットの距離が近いので，マグネット・トルクが大きく，制御にもよるがトルク・リプルが小さい
- 埋め込み磁石型 (IPMSM)
  - マグネットがロータ・コアに埋め込んであるため高速回転時にマグネットが剥がれる危険性が低い
  - マグネット・トルクは表面磁石型に比べれば小さく，トルク・リプルが大きい
  - リラクタンス・トルクの利用により高効率制御が期待できる

図2　ブラシレス・モータのいろいろ

磁石型(SPMSM；Surface Permanent Magnet Synchronous Motor)と，ロータ・コア内部に埋め込まれた埋め込み磁石型(IPMSM：Interior Permanent Magnet Synchronous Motor)に分けられます．

ロータの磁気特性から非突極特性と突極特性の2種類があり，表面磁石型はロータ・マグネット磁力によるマグネット・トルクを使う非突極特性を示すものが多く，埋め込み磁石型の多くは，マグネット・トルクのほかにロータのリラクタンス・トルクを利用できる突極特性を示します．

特性や制御上または製造上などの理由でスロット数とマグネット数が決まります．ステータ・コイルは3相接続されるので3の倍数個です．ロータ・マグネット極数は，マグネットの合計数を指し，N極とS極がペアのため2の倍数です．

8.2　内部構造

● 制御に必要な情報

モータの制御系を設計するには，

- マグネット極数
- コイル数
- モータ形式(インナ・ロータ/アウタ・ロータ)

の情報が必要です．上記に加えて，ベクトル制御をするには，

- ロータ・マグネットの形式(表面磁石/埋込磁石)

コラム2　ブラシ付きモータをばらしてみた

　樹脂製のエンド・キャップを固定する金属製のハウジングのツメを起こして分解し，内部部品を取り出したようすを写真A(a)に示します．ハウジングの内面に2個のマグネットがマグネット・ピンで対向する位置に固定されています．回転するシャフトには磁性鋼板を積層したロータ・コアが固定され，コアの3個のティースにそれぞれ絶縁被覆銅線が絶縁用インシュレータを介して巻かれています．

　写真A(b)はブラシとコミテータの接触部分を離したところです．コミテータは3分割された円筒形の電極で，シャフトから絶縁されて固定してあります．三つのコイルは環状に直列に接続され3個の接続点がそれぞれコミテータの3個の電極に接続されています．写真ではコミテータがシャフト軸方向に3分割されているように見えますが，2本の筋はブラシとの摺動線であり，実際は回転方向に120°ごとに3分割されています．写真には軸と平行な分割線が見えます．

　二つのブラシは+/-の引き出し線とそれぞれ接続され，コミテータの180°離れた2点で接触しながら回転します．これにより回転角に応じてコイル電流の向きが切り替わり，ロータ側のコイル磁石の磁極と固定側のマグネット磁極が吸引と反発を繰り返し，回り続けることができます．コミテータは適切に電流を切り替える機能から「整流子」とも呼ばれます．実機では，ブラシとコミテータの接触部分にグリスが塗られていますが，写真では見やすくするためにグリスを除去してあります．

分解したブラシ付きモータは，
(1) ブラシとコミテータにより電流を切り替える
(2) マグネットが固定されコイルが回転する
という構造になっています．

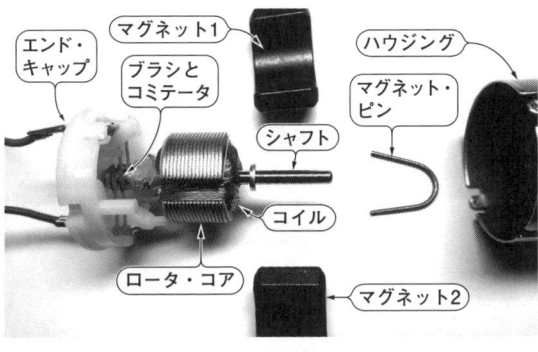

(a) 内部部品

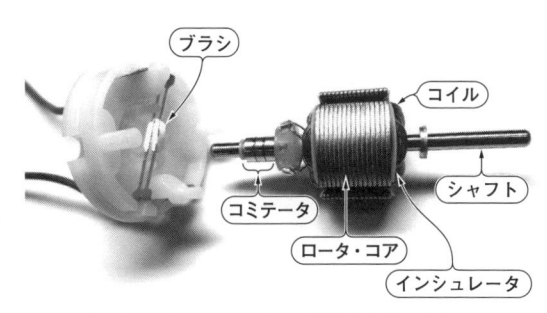

(b) ブラシとコミテータの接触部分を離したところ

写真A　ブラシ付きモータの内部構造

の情報も必要です．

表面磁石型(SPMSM)と埋め込み磁石型(IPMSM)では制御するパラメータが変わることがあるので，内部構造を頭に入れておく必要があります．

モータを分解することができれば，内部構造から上記の制御に必要な情報を得ることができます．

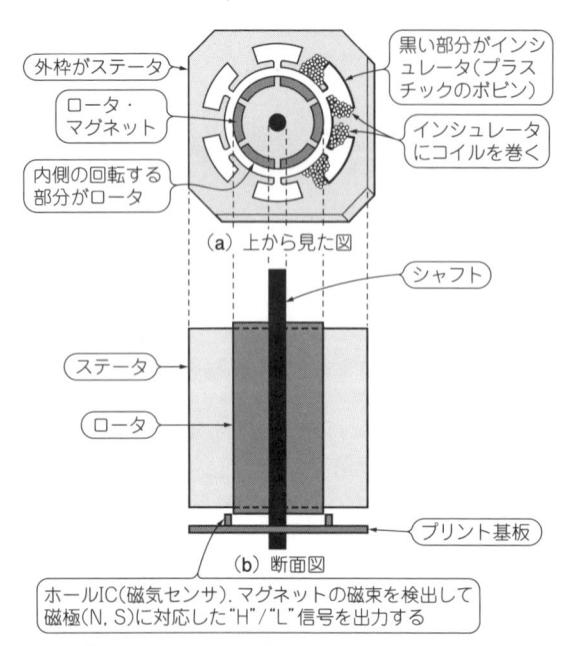

● ブラシレス・モータの内部を観察する

実験キットのブラシレス・モータを分解してみます．ブラシレス・モータの構造を図3と図4に示します．

▶ステータ部

写真2はステータ部です．写真2(a)からステータ・コアが6スロット(6コイル)で，ロータがステータの内側を回るインナ・ロータ型ということがわかります．

写真2(b)にはロータ回転角度検出用の磁気センサであるホールICが見えます．ホールIC内部のホール素子によりロータ・マグネットの磁界を検出し，検出した磁極に対応する"H"，"L"の電圧を出力します．ホールICの取り付け位置は隣接するコイルの間であり，120°間隔で3個実装されています．

▶ロータ部

写真3はロータ部です．写真3(a)の円筒形部分がマグネットです．このマグネットは「プラマグ(プラスチック・マグネット)」と呼ばれ，磁性材料とプラスチック樹脂をそれぞれ粉末状にして混ぜ合わせて加熱

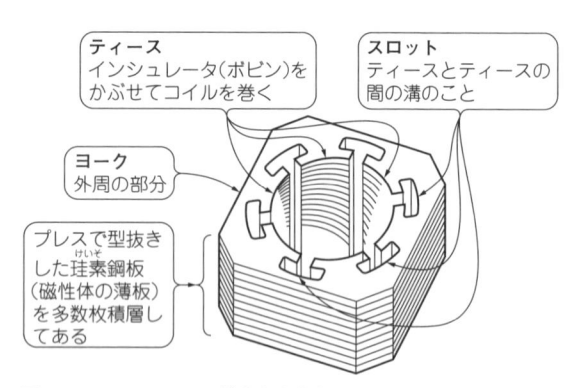

図3 ブラシレス・モータの構造

図4 ステータ・コアの構造と名称(6スロットの場合)

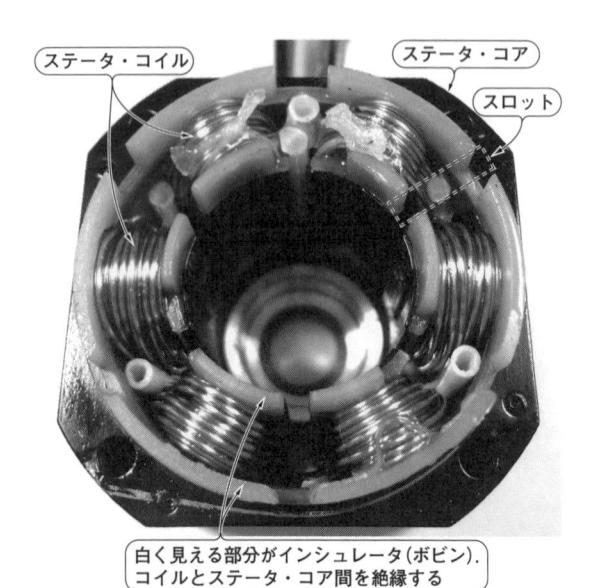

(a) 6スロットのステータ・コア

写真2 ブラシレス・モータのステータ部

(b) ホールIC(磁気センサ)は120°間隔で3個実装されている

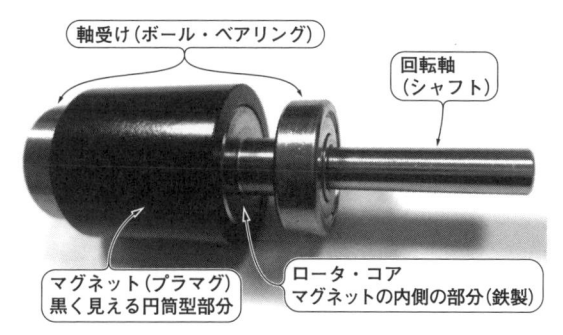

写真3　ブラシレス・モータのロータ部

(a) ロータの構造 — 軸受け(ボール・ベアリング)、回転軸(シャフト)、マグネット(プラマグ) 黒く見える円筒型部分、ロータ・コア マグネットの内側の部分(鉄製)

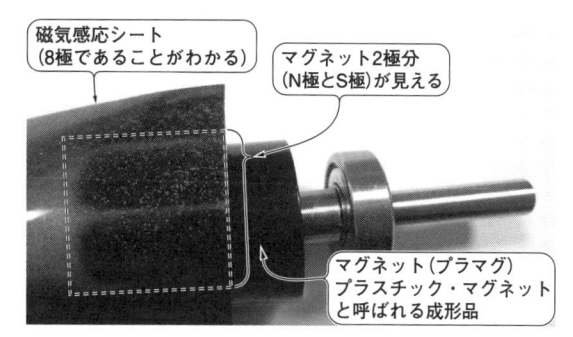

(b) 磁気感応シートを重ねるとロータ内部のマグネットが見える — 磁気感応シート(8極であることがわかる)、マグネット2極分(N極とS極)が見える、マグネット(プラマグ) プラスチック・マグネットと呼ばれる成形品

成形したものです．磁性材料はネオジム，サマコバなどの希土類磁性体やフェライトなどが用途に応じて使われます．成形後に着磁されマグネットになります．

プラマグは見た目には着磁による磁化のようすはわかりませんが，**写真3(b)**のように磁気感応シートを通すことにより磁化を可視化できます．それにより，このロータはモータのカタログ記載どおり8極であることがわかりました．磁気感応シートは「ビュアシート」などの名称で市販されています．

> 以上より，分解したブラシレス・モータは，コイル数は6個，モータ形式はインナ・ロータ・タイプ，ホールICは120°間隔に3個，マグネット極数は8極，ロータ・マグネットの形式は表面磁石型で，マグネット・トルクのみを使うタイプであることがわかります．

8.3 回転角度と誘起電圧位相

● モータの電気的な性質

モータの回転軸を外部から回して，コイルの誘起電圧や回転検出磁気センサ信号などを観測できます．これにより，モータの制御回路を設計するのに必要な電気情報を得ることができます．

モータをドライバ回路に接続する前に，電気的な性質を見てみます．電気的な模式図を**図5**に示します．

コラム3　ホール素子とホールICの違い

ホール素子は検出した磁束をそのままアナログ信号で出力します．一方，ホールICはホール素子とコンパレータを内蔵しており，検出磁気極性を判別した"H"/"L"の2値を出力します．ホール素子やMR素子を総称して磁気センサと呼びます．

外周にはステータ・コイルがコイル1～コイル6まで6個並んでいます．隣接コイル中心間の角度は60°($=360°÷6$)です．各コイルの端子(1)，(2)はコイルの巻き方向が同じであることを示しています．カタログにはステータ・コイルはモータ内部で，Δ(デルタ)結線されていると書かれていますが，ここでは各コイルは相互に接続されていないものとします．

H_1～H_3はホールICです．ステータのコイルとコイルの間のスロットに，1個おきに120°($=360°÷3$)間隔で配置されています．ホールICと隣接コイルの中心間の角度は30°($=60°÷2$)です．

ステータの内側にN極(N1～N4)とS極(S1～S4)のマグネットが交互に8個並んでいます．例えばN1のマグネットは外面側がN極で内面側がS極です．マグネットの内側にはロータ・コアがあります．

● ステータとロータの位置で磁束の大きさが決まる

図5(a)～**(e)**は0～90°まで回転させて，コイル1に発生する磁束に注目した図です．ステータの基準位置をコイル1の中央とし，ロータの基準位置をマグネッ

コラム4　「誘起電圧」の他の呼び方

「誘起電圧」は「誘起起電力」，「誘導起電力」もしくは「逆起電力」などとも呼ばれ，専門書などでも呼び方が異なります．「起電力」は，電流を発生させる電位差(electromotive force；EMF)を意味し，単位は[V]です([W]ではない)．また，コイルに外部磁束により誘導電流が発生する場合に，電流の向きは外部磁束を打ち消す方向であることから「逆」と呼ばれます．

もし，モータ技術者どうしの会話で「ぎゃっき」と言っていたら，「誘起電圧」のことだと思ってください．

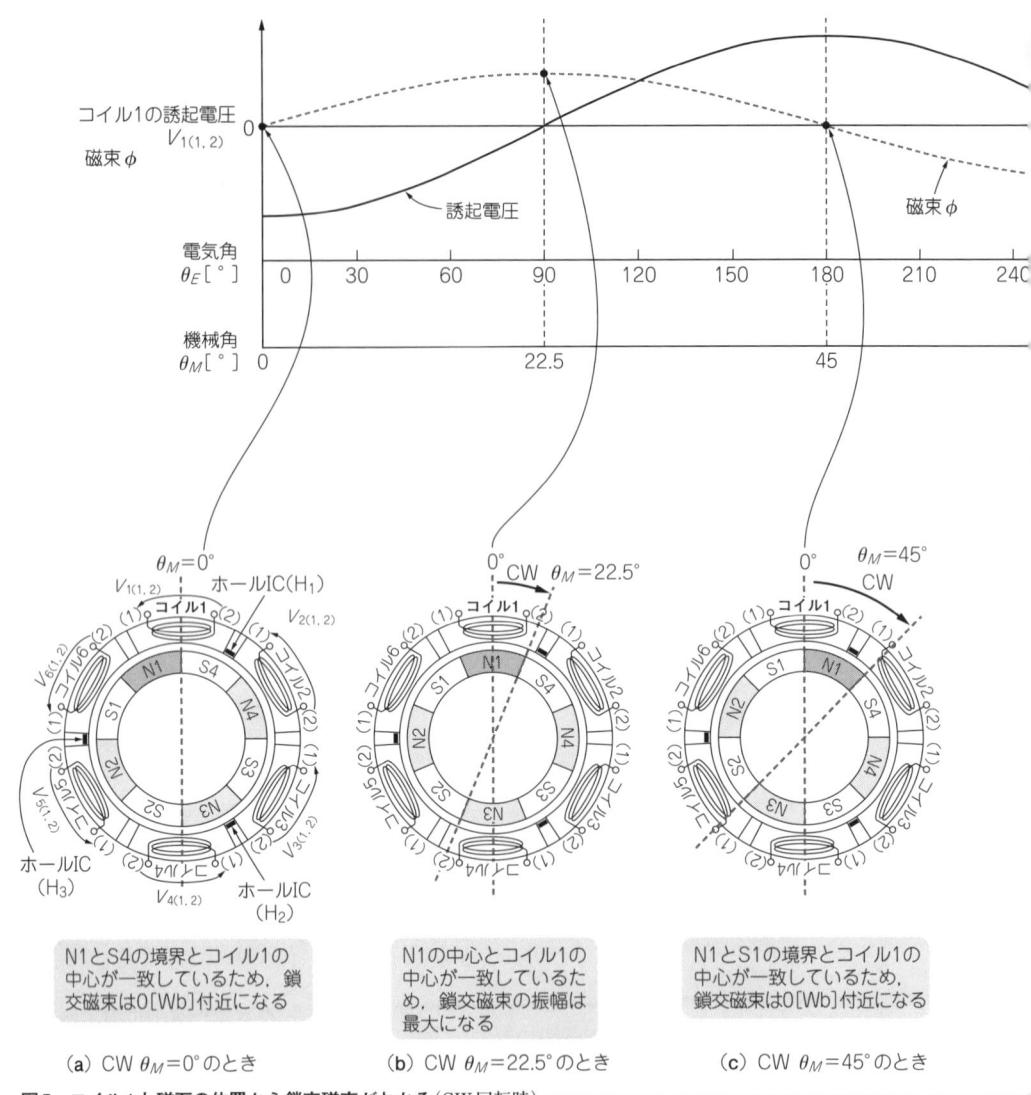

図5 コイル1と磁石の位置から鎖交磁束がわかる（CW回転時）
磁束の変化が正弦波状の場合，誘起電圧は磁束に対して90°遅れた正弦波と予想できる

(a) CW $\theta_M=0°$のとき　N1とS4の境界とコイル1の中心が一致しているため，鎖交磁束は0[Wb]付近になる

(b) CW $\theta_M=22.5°$のとき　N1の中心とコイル1の中心が一致しているため，鎖交磁束の振幅は最大になる

(c) CW $\theta_M=45°$のとき　N1とS1の境界とコイル1の中心が一致しているため，鎖交磁束は0[Wb]付近になる

ト S4とN1の境界とします．ロータ・マグネットの磁束はN極，S極それぞれの中心線で最も大きく，N極とS極の境界で最も小さくなります．

両者の基準位置間の角度をθ_Mとします．図5(a)は両者の基準位置が一致している状態，すなわち$\theta_M=0°$のときで，(b)～(e)はそれぞれ表示の角度のときを示しています．ロータが一定速度で時計方向回転（CW；Clockwise）しているものとします．

● 誘起電圧は磁束に対して90°遅れた波形

図5のように，ブラシレス・モータのロータが回転すると，ロータ側のマグネットの磁束（磁力線）がステータ側のコイルの内部を貫通する位置を通過します．磁束とコイルの相互位置関係は，マグネットの回転に応じて変化します．この変化に応じてコイルに電圧が発生します．この電圧が「誘起電圧」です．

誘起電圧V[V]は「電磁誘導に関するファラデーの法則」により，次の式で表されます．

$$V = -M\frac{d\phi}{dt} \quad \cdots\cdots\cdots (1)$$

ただし，M：コイルの巻き数［回］，ϕ：コイルと鎖交する磁束［Wb］，t：時間［s］

式(1)は，誘起電圧振幅および周波数がロータの回転速度に比例し，ロータが停止しているときは誘起電圧が発生しないことを意味します．また，磁束の変化が正弦波状であるとすれば，誘起電圧は磁束に対して90°遅れた正弦波となります．

(d) CW $\theta_M = 67.5°$ のとき：S1の中心とコイル1の中心が一致しているため，鎖交磁束の振幅は最大になる

(e) CW $\theta_M = 90°$ のとき：N2とS1の境界とコイル1の中心が一致しているため，鎖交磁束は0[Wb]付近になる

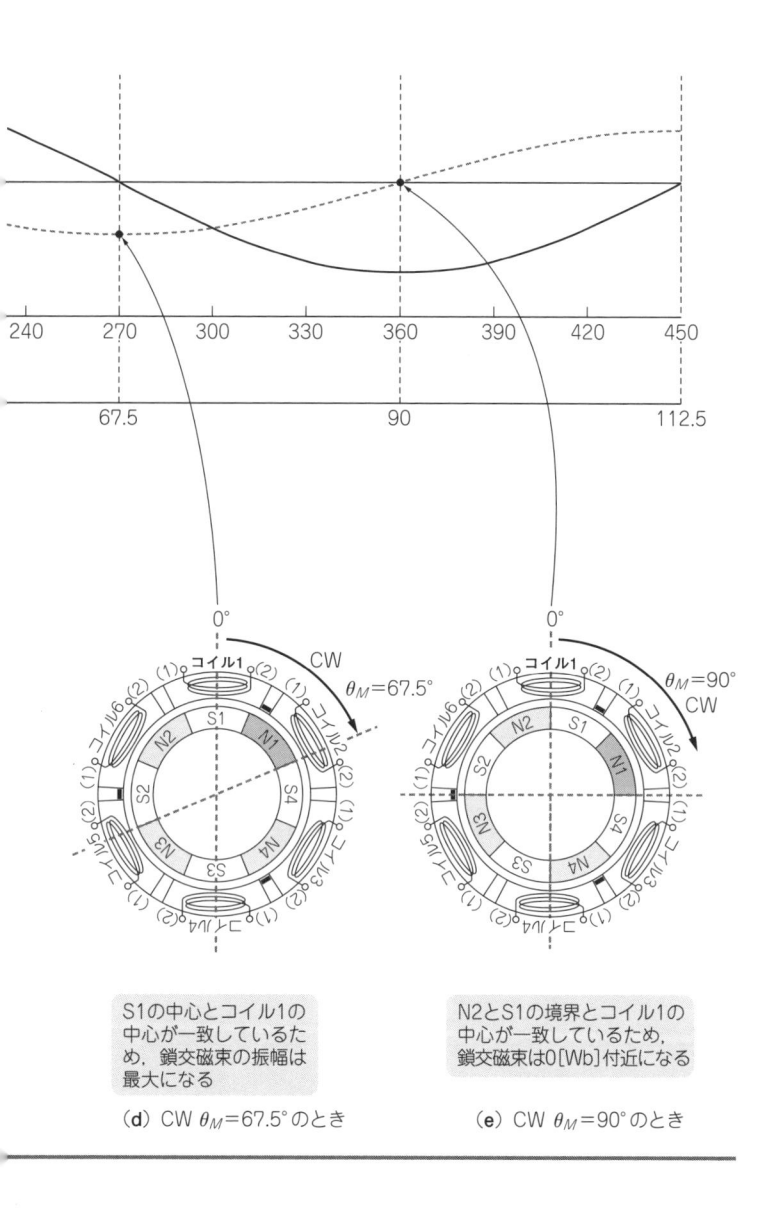

● **機械角と位相の関係**

コイルの端子電圧を次のように定義します．例えばコイル1は，端子(2)を基準とした端子(1)の電圧を $V_{1(1,2)}$ と表記し，ほかのコイルもこれに準じます．各コイルの巻き方向，巻き回数は等しいとします．

ロータ回転がCWのときに機械角 θ_M [°] に対する磁束 ϕ と誘起電圧の変化を，図6(b)に示します．

▶ $\theta_M = 0°$ のとき

図5(a)のように，N1とS4の境界がコイル1の中心と一致している $\theta_M = 0°$ 付近ではコイル1に鎖交する磁束は0Wbとなります．コイルの誘起電圧は磁束の変化率に比例するので，両者の位相差は90°です．

▶ CW $\theta_M = 22.5°$ のとき

図5(b)のように，コイル1の中心位置にN1極の中

コラム5　コイルを貫通している磁束…鎖交磁束

磁束が「コイルの内部を貫通する」ことを「鎖交」と言います．マグネットから出る磁束は，回転中心からマグネット中心を結ぶ放射線上が最も強く，コイル中心がこの線上にあるときコイルと鎖交する磁束が最大になります．回転によってこの位置からずれると磁束は減少します．鎖交磁束は回転により時々刻々と変化します．逆に磁束がコイルと鎖交していても，変化しなければ誘起電圧は0Vです．

心が来ているので，コイル1の鎖交磁束は＋の最大値です．

$\theta_M = 30°$ 付近ではN1とS4の境界がホールIC H_1 と一致するので，H_1 の検出磁束は0Wb付近になります．
▶CW　$\theta_M = 45°$ のとき

N1とS1の境界がコイル1と一致する $\theta_M = 45°$ 付近はコイル1の鎖交磁束は0Wb付近になります．コイル2の鎖交磁束は $\theta_M = 60°$ 遅れでコイル1と同じです．コイル4とN3，S3との関係はコイル1と同じなので，コイル1とコイル4の鎖交磁束は同振幅，同位相です．
▶CW　$\theta_M = 67.5°$ のとき

S1の中心がコイル1の中心線と一致しています．$\theta_M = 67.5°$ 付近ではコイル1の鎖交磁束は $\theta_M = 22.5°$ のときとは逆極性で－の最大値となります．

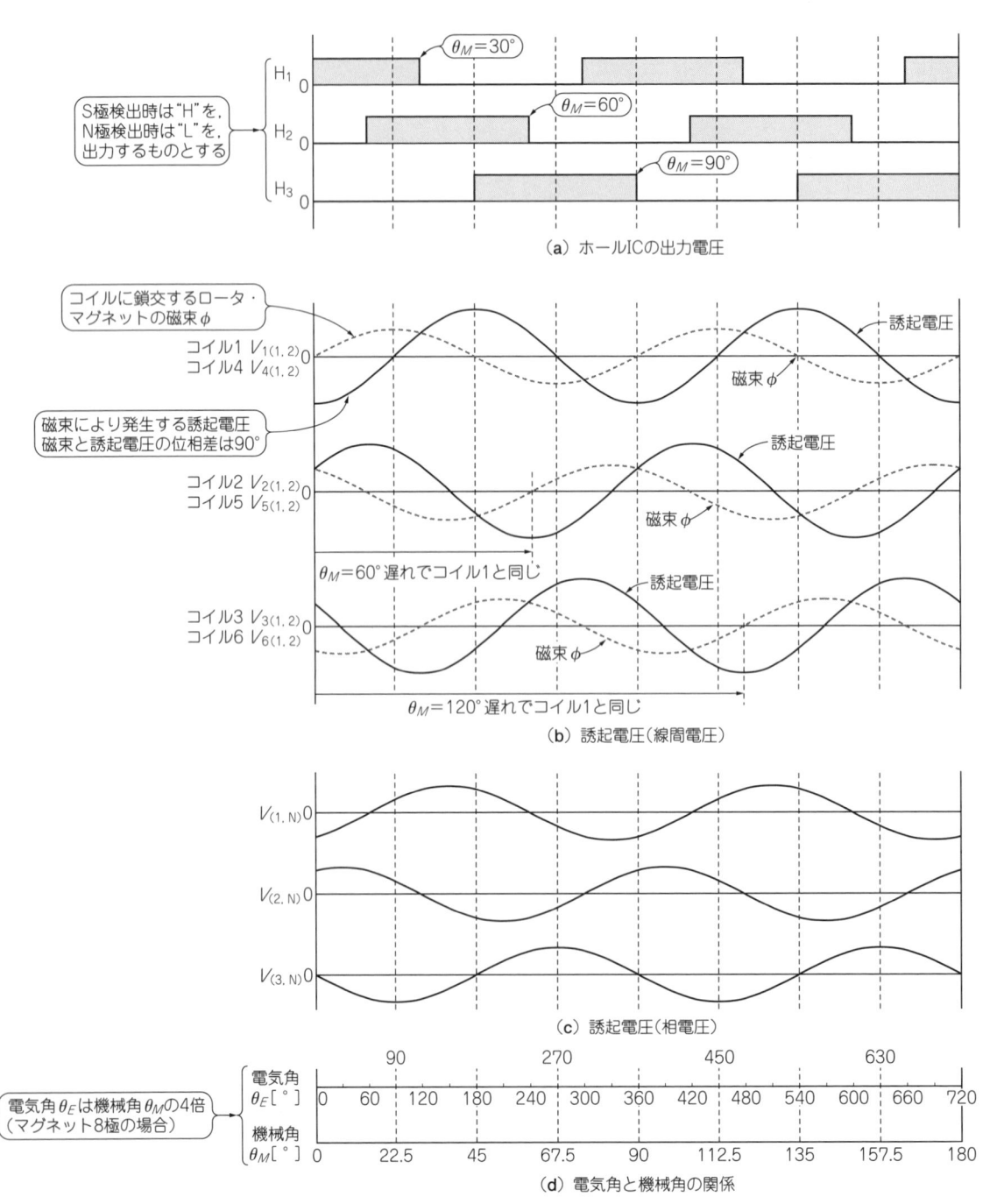

図6 モータを回転させたときの磁束と誘起電圧の変化（CW回転時）

▶CW $\theta_M = 90°$のとき

コイル1の磁束の$\theta_M = 90°$の状態を，$\theta_M = 0°$と比べると，マグネットがN1，S4からそれぞれN2，S1に変化した以外はまったく同じ状態なので，コイル1の磁束は0 Wbとなります．

θ_Mが90°を超える領域でも同じ角度変化に対して同様のことが繰り返されます．

コイル4とマグネットN3，S2との関係を見てみると，コイル1とN1，S4との関係とまったく同じであることがわかります．したがって，$V_{4(1,2)}$は$V_{1(1,2)}$と同電圧，同位相です．

誘起電圧はロータが回転することによる磁束変化によって発生するので，モータが電動機としてロータを回転させているのか，もしくはロータが外力を加えられて回転しているのかによっては変化しません．

● 電気角と機械角は違うもの

図6より$\theta_M = 0 \sim 90°$が誘起電圧の1周期($0 \sim 360°$)に対応することがわかります．両者を区別するために，誘起電圧の位相角を「電気角」(θ_E)，回転軸の回転角を「機械角」(θ_M)と呼びます．両者の角度の関係はマグネット極数P_Nによって決まり，次式で表されます．

$$\theta_E = \frac{P_N}{2}\theta_M \quad \cdots\cdots\cdots\cdots (2)$$

ただし，θ_E：電気角 [°]，θ_M：機械角 [°]，P_N：マグネットの極数 [極]

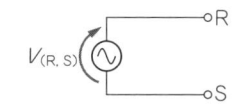

実験キットのモータはマグネット極数P_Nが8なので，機械角の90°は$\theta_E = (8/2) \times 90 = 360°$から，誘起電圧の1周期に相当します．

コイル2とコイル3はコイル1からそれぞれ機械角60°，120°だけCW方向の位置にあるので，電気角の位相差はそれぞれ－240°，－480°(－120°)となります．さらに$V_{1(1,2)}$，$V_{4(1,2)}$が等しいのと同じ理由で，$V_{2(1,2)}$と$V_{5(1,2)}$および$V_{3(1,2)}$と$V_{6(1,2)}$はそれぞれ同振幅，同位相です．

● 回転シャフトの位置をホールICで検出

ホールICは，検出したマグネットのN極およびS極に対してそれぞれ"L"および"H"信号を出力するものとします．

ホールIC H_1はコイル1に対してCW方向に機械角$\theta_M = 30°$の位置で出力が"H"から"L"に変化します．以降，順次$\theta_M = 45°$($\theta_E = 180°$)ごとに出力レベルが切り替わります．H_2は，H_1に対してCW方向に機械

図7 単相交流は極性さえ決まっていれば電圧がわかる

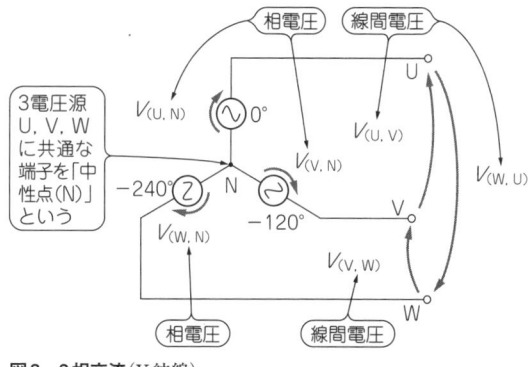

図8 3相交流(Y結線)

コラム6　回転むらが起こるのは「コギング」のせい

無通電のブラシレス・モータのシャフトを手でゆっくり回してみると，ところどころに安定停止位置があります．これはロータ・マグネットの各極の中心がステータのティースの中心に吸引されて停止することによります．この安定位置からマグネットが隣のティース位置に回転移動するときは吸引を乗り越えるトルクが必要です．次の瞬間に今度は隣のティースに吸引されるためトルクがなくても逆にトルクを発生して回転します．この現象は「コギング」と呼ばれ，回転むらなどの回転品質に悪影響があるといわれています．

実験キットのブラシレス・モータの停止位置を数えると，1回転あたり24個所ありました．図5(b)を見ると，マグネットN1，N3がそれぞれコイル1，コイル4のティースと正対しており，ほかのマグネットはティースと正対していません．正対しないほかのマグネットの吸引力はCWとCCWの両方向に分散するため打ち消されます．N1，N3ペアが1回転する間に6個所のティースと正対します．マグネットは4ペアあるので，それぞれが6個所で，安定位置が合計4×6 = 24となります．

一般には，コギング・トルクはマグネット極数とスロット数の最小公倍数の次数で現れる，とされています．

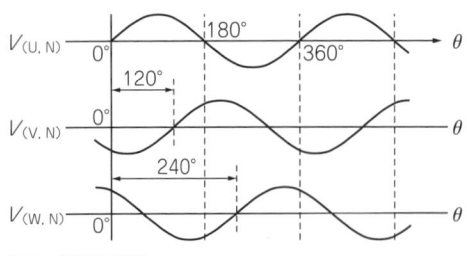

図9 相電圧波形

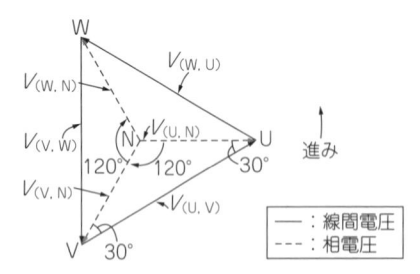

図10 図9のベクトル図は正三角形になる

角$\theta_M = 120°$の位置にあるので，$\theta_M = 30° + 120° = 150°$の位置で$H_1$と同じ変化を出力します．$\theta_M = 150°$は$\theta_E = 150° \times 4 = 600° = 240°$に相当します．同様に$H_3$は$\theta_E = 0°$で同じ変化を出力します．$H_1$，$H_2$，$H_3$の出力波形を図6(a)に示します．

ホールICは磁界が変化しない，モータが停止しているとき，すなわちDC磁界でも検出します．したがって，モータを起動する際に，3個のホールIC出力レベルから，停止しているロータ位置の概略（$\theta_E = 60°$間隔）を知ることができます．

■ 位相関係が直感的にわかるベクトル図

図7のような単相交流電源は電圧源が一つだけなので，電圧極性さえ決めれば電圧を指定できます．

図8は，互いに位相差が120°の三つの交流電圧源からなる，Y結線された3相交流電源です．この場合は，図のようにU，V，W，Nの4個の端子があります．このうち，3電圧源に共通な端子Nを「中性点（neutral point）」と言います．この中性点に1端が接続された図8の三つの電圧$V_{(U, N)}$，$V_{(V, N)}$，$V_{(W, N)}$を「相電圧（phase voltage）」と呼びます．また，U，V，Wの3端子間の三つの電圧$V_{(U, V)}$，$V_{(V, W)}$，$V_{(W, U)}$を「線間電圧（line voltage）」と呼びます．相電圧を波形で表すと図9のようになります．

図8と図9から線間電圧と相電圧の位相関係を求めてみましょう．といってもわかりません．そこで登場するのが，図10のベクトル図です．位相差が120°で，相電圧の振幅が3相とも等しいとすれば（これを「平

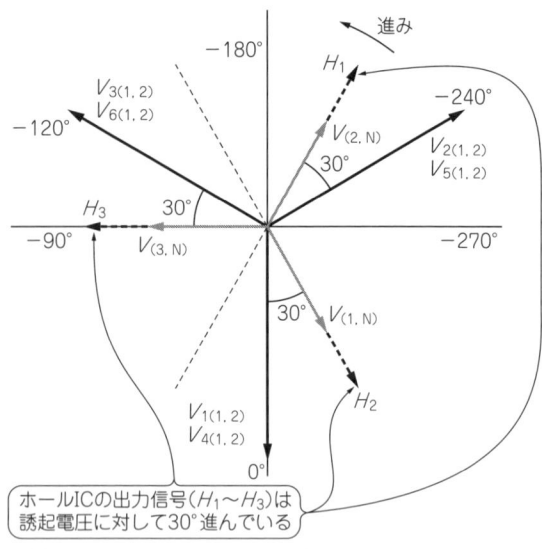

(a) 6個のステータ・コイルに発生する誘起電圧の位相関係

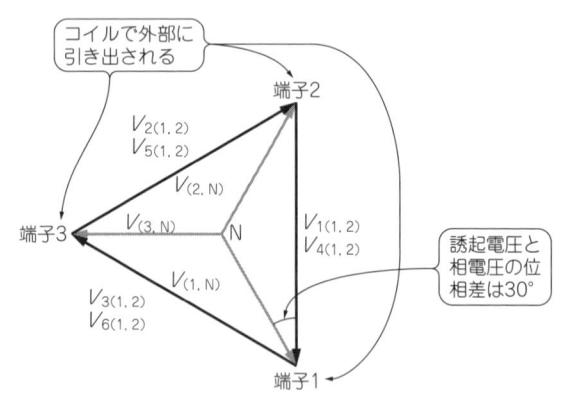

(b) (a)を△結線した図

図11 図6に示した誘起電圧をベクトルで表す（CW回転時）

衡3相」と言う），図10の三角形UVWは正三角形です．よって，線間電圧$V_{(U, V)}$は相電圧$V_{(U, N)}$に対して30°進んでいることがわかります．振幅が等しくない，もしくは位相角が120°でなくても，ベクトル図を書けば図形的に求めることができます．

またベクトル図からは，平衡3相であれば各相の相電圧の和が0（線間電圧の和も0）になることが直感的にわかります．

● CW回転時の信号をベクトル図で表す

図6のCW回転時の各信号の位相角を電気角で考えたベクトル図を図11(a)に示します．モータ・カタログより，誘起電圧は△結線されているので，図11(b)になります．中性点Nから見た相電圧は30°の位相差があり，端子1，2，3がコイル線として外部に引き出されます．相電圧の表記は，中性点Nを基準とした端

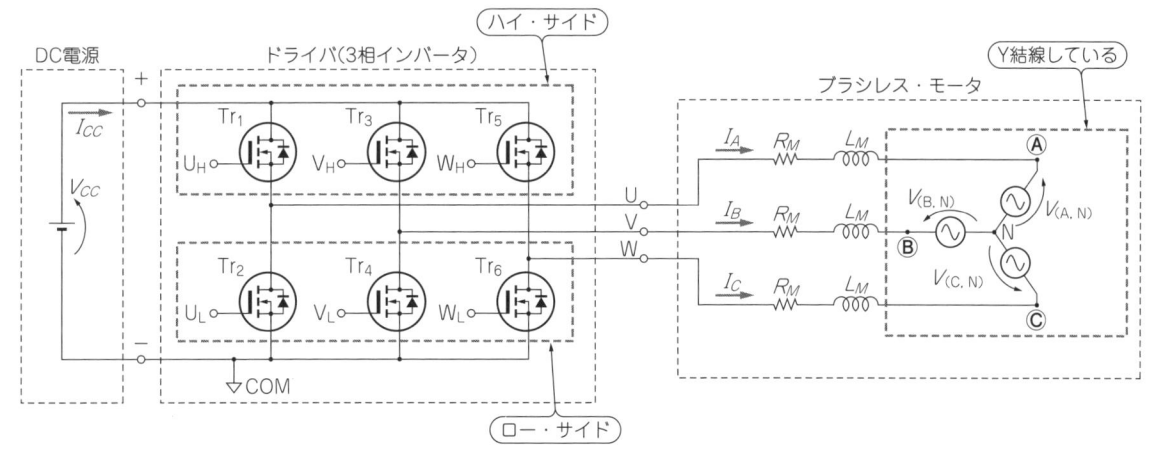

図12 ブラシレス・モータを回転させる3相インバータ回路

子1の電圧を $V_{(1, N)}$ とします.

コイルとホールICが図11(a)の配置であれば，本モータにおいては，ホールIC出力信号またはその反転信号の位相角が，コイル誘起電圧位相の +30°または -30°になることがわかります．また，ホールICの取り付け位置を現在の位置と180°対称の位置に移動しても同じ信号が得られます．

● 電流と電圧の計算が簡単になるY結線へ等価変換

平衡3相回路は，Δ-Y相互に「等価変換」できます．その変換式を次に示します．Δ結線の各相の線間電圧を V_L，コイル抵抗を R_L [Ω]，インダクタンスを L_L [H] とすれば，等価なY結線における相電圧 V_P [V]，コイル抵抗 R_P [Ω]，インダクタンス L_P [H] は以下のとおりです(抵抗，インダクタンスは1相分とする).

$$V_P = \frac{V_L}{\sqrt{3}}$$
$$R_P = \frac{R_L}{3}$$
$$L_P = \frac{L_L}{3}$$

ただし，上記においては電圧や位相などの不平衡はないものとします．

これらの式から，図11(b)のステータ・コイルのΔ結線を等価なY結線に変換できます．また，各電圧間の位相角は図11(a)，(b)から知ることができます．

8.4 回転用電力の供給方法

● モータをドライブする3相インバータ回路

図12にブラシレス・モータのドライバのブロック図を示します．

ドライバは3相インバータと呼ばれる回路です．ハイ・サイドとロー・サイドのスイッチ素子3相分(Tr_1〜Tr_6)からなり，入力されたDC電源を3相AC電源に変換してモータ・コイルに供給します．

ブラシレス・モータは120°位相差の誘起電圧が発生しているステータ・コイル3相分をY結線しています．実際の結線がΔ結線であっても，前述の等価変換によりY結線に変換して考えます．R_M, L_M はコイルの抵抗とインダクタンスです．回転角度検出センサおよび制御回路などは省略しています．

3相インバータは120°位相差の3相電力をモータのステータ・コイルに供給します．モータの回転出力(回転速度や回転トルクなど)のコントロールは供給電圧・電流の振幅や周波数，モータ-ドライバ間の位相などを変化させて行います．電圧・電流の調節は，多くの場合PWM(パルス幅変調)で行います．

● 回転トルクはステータ・コイルの電流に比例する

モータはシャフトが回転すると，ステータ・コイルに120°位相差の誘起電圧を発生します．モータが電動機として回転出力を外部に供給している(力行)ときも，外部から回転軸を回されて発電機としてステータ・コイルから電力をドライバ側に供給している(回生)ときも，誘起電圧を発生します．誘起電圧の振幅と周波数は，どちらも回転速度に比例します．

ステータ・コイルにはインダクタンスとDC抵抗ぶんがあり，コイル電流が流れているとその電圧降下があるため，誘起電圧を外部から直接観測できません．モータの回転トルクは，ステータ・コイルの電流に比例します．

モータは電気的部分だけに着目すれば，ステータ・コイルに発生する3相電源と見ることができます．モ

ータ・ドライバである3相インバータも同じく3相電源です．モータとドライバは，この二つの3相電源をコイル・インピーダンス（R_M，L_M）を通じて電気的に接続したものと見ることができます．

仮にロータが一定速度で回転し，両者の3相電源（ともに正弦波電圧とする）の周波数が同期していて同位相で，電圧振幅もまったく等しいとすると，モータ・コイルには3相とも電流は流れません．電流が0Aなので，回転トルクも0N・mです．この状態（瞬間）は3相インバータの出力電力が0Wです．しかし，モータ回転軸に接続された負荷の損失やモータ自身の損失があるため回転速度はしだいに低下します．それにともなって，モータ側の3相電源の周波数と電圧振幅も低下します．するとコイル・インピーダンス端子間に差電圧が生じコイル電流が流れ，先のバランス状態に引き戻す作用が生じます．

3相インバータの出力電圧の周波数・位相は，常にモータの誘起電圧の周波数・位相に追従同期するように制御が行われることが前提です．ブラシレス・モータは「同期モータ」の一種だと考えられます．

3相インバータの出力電圧や電流を変化させて，モータのコイルに電力を送り込むことでモータを駆動・制御することになります．

◆参考文献◆
(1) BLY - Brushless Motorsカタログ．Anaheim Automation, Inc.のWebページ，
http://www.anaheimautomation.com/
(2) 百目鬼 英雄；電動モータドライブの基礎と応用．2010年10月，pp.127．㈱技術評論社．
(3) 新中 新二；永久磁石同期モータのベクトル制御技術・上巻．2008年12月，㈱電波新聞社．
(4) ホールIC．旭化成エレクトロニクス㈱のWebページ，
http://www.akm.com/akm/jp/product/detail/0005/
(5) ビュアシート．マグテック㈱のWebページ，
http://www.magtec.co.jp/products_industrial_viewersheet
(6) 各部品の説明．マブチモーター㈱のWebページ，
http://www.mabuchi-motor.co.jp/ja_JP/technic/t_0104.html

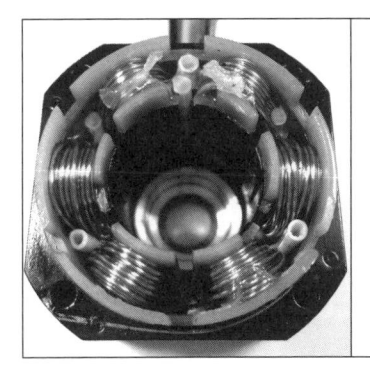

第9章 実際にモータを回転させて出力信号を測って調べる

駆動時に使うホールIC信号とロータ位置の関係

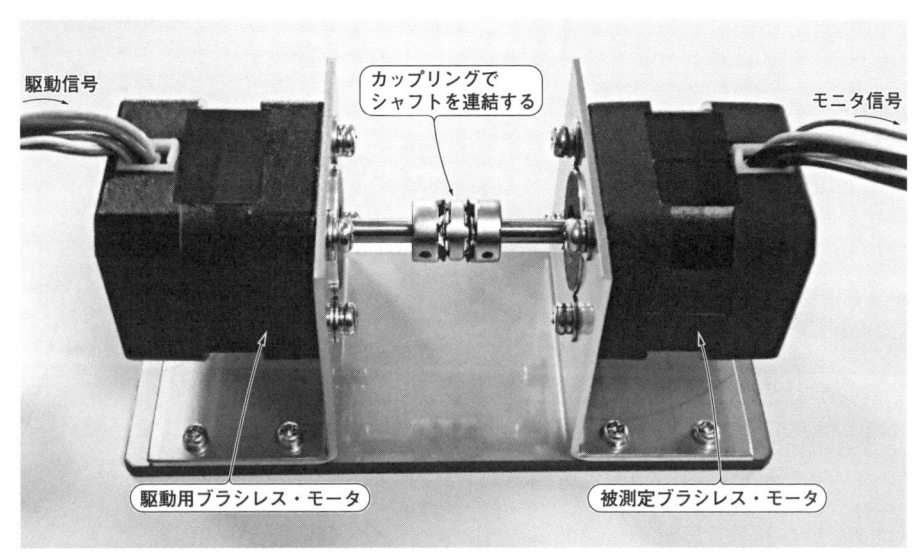

写真1 被測定ブラシレス・モータをもう1台のモータで回す
ブラシレス・モータ内のロータがどの位置にあるかはコイルに誘起する電圧を測ればわかるが，駆動信号を加えているので，実際には測定することができない．そこで，被測定ブラシレス・モータを駆動用モータで回して，被測定モータの駆動端子を開放してコイル電流をゼロとすることにより，端子間から直接誘起電圧を観測する

第8章では，実験キットのブラシレス・モータの内部構造を調べ，モータのコイルに発生する誘起電圧とホールIC出力信号の位相角を求めました．さらに，コイルと鎖交するマグネット磁束と誘起電圧の関係も調べました．

本章では，モータ駆動中には測定の難しい誘起電圧を観測するため，実験セットを使用して実際にモータを回転させ，誘起電圧とホールIC出力信号を観測し，測定結果と第8章で求めた理論値を比較します．

9.1 実験セットで実測する

● 誘起電圧とホールIC信号を観測する実験セット

写真1に今回の実験セットを示します．実験キットの構成品であるブラシレス・モータを2台用意します．2台のブラシレス・モータを対向させて台に固定し，両者のシャフトどうしを「カップリング」と呼ばれる部品で連結します．駆動用モータはドライバと接続し回転させますが，被測定用モータはドライバと接続せず，誘起電圧とホールICの出力波形を観測します．

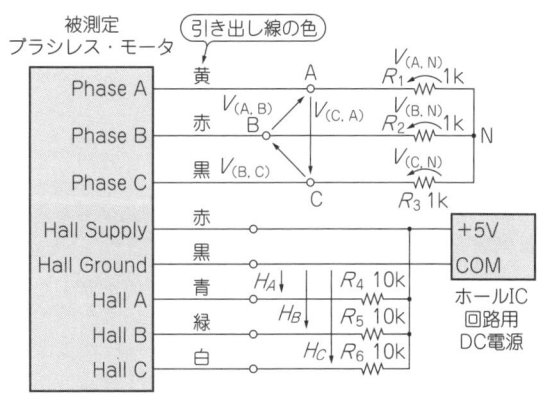

図1 被測定ブラシレス・モータの端子と信号名

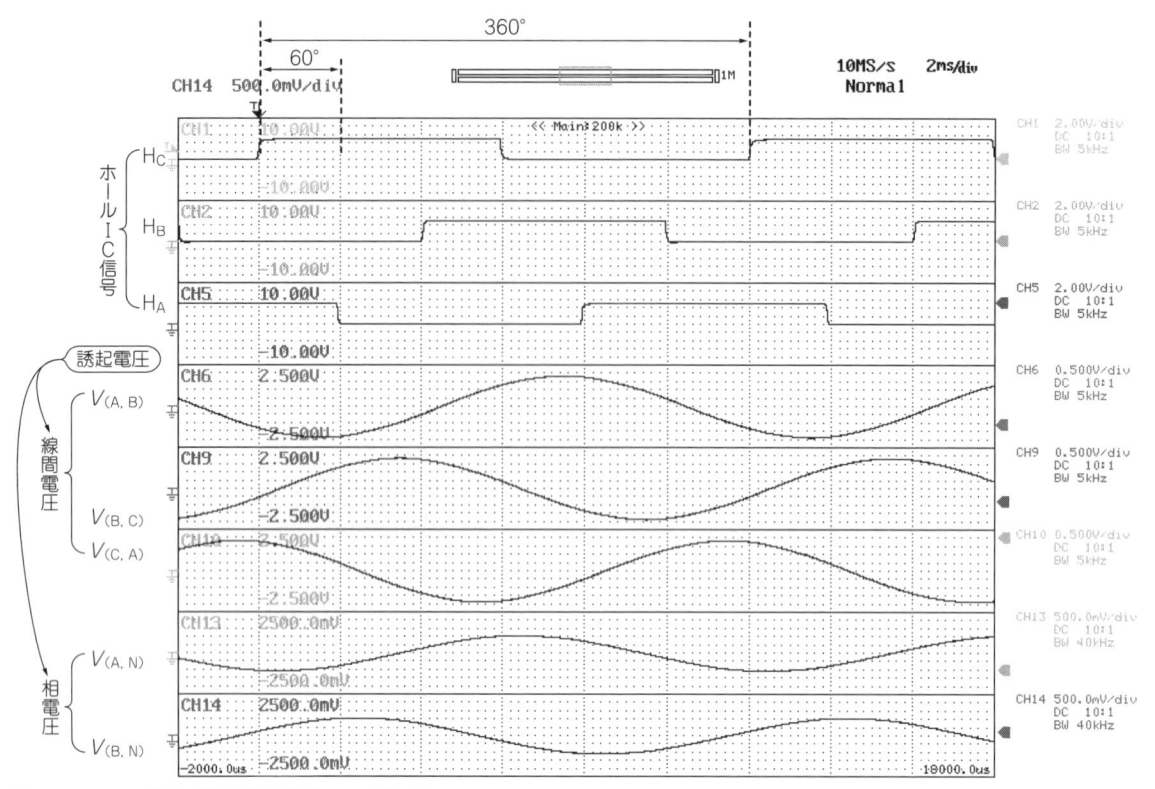

図2 ホールIC信号と誘起電圧(実測，CW回転時)

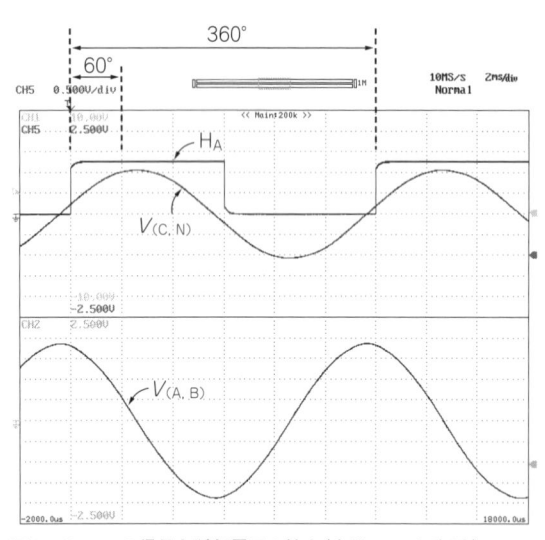

図3 ホールIC信号と誘起電圧の拡大(実測，CW回転時)

図5 ホールIC信号と誘起電圧の拡大(実測，CCW回転時)

図1に，被測定用モータの各端子と信号名を示します．
▶実験方法
中性点Nの電位を得るために，3本の抵抗$R_1 \sim R_3$を付けています．この抵抗は，モータ・コイルのインピーダンスに対して十分に大きな値(1 kΩ)としました．ホールIC回路を動作させるため，外部にDC5 V電源を設けています．ホールIC出力端子の抵抗$R_4 \sim$ R_6はプルアップ抵抗です．

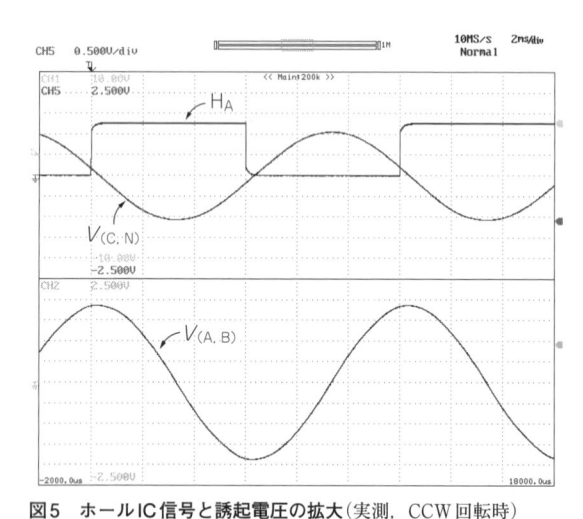

● 観測波形と理論値の対応
図2～図5に観測波形を示します．矩形波はホールIC出力電圧，正弦波は誘起電圧です．図2，図3がCW回転時(CW：Clock Wise，時計回り)，図4，図5がCCW回転時(CCW：Counter Clock Wise，反時計

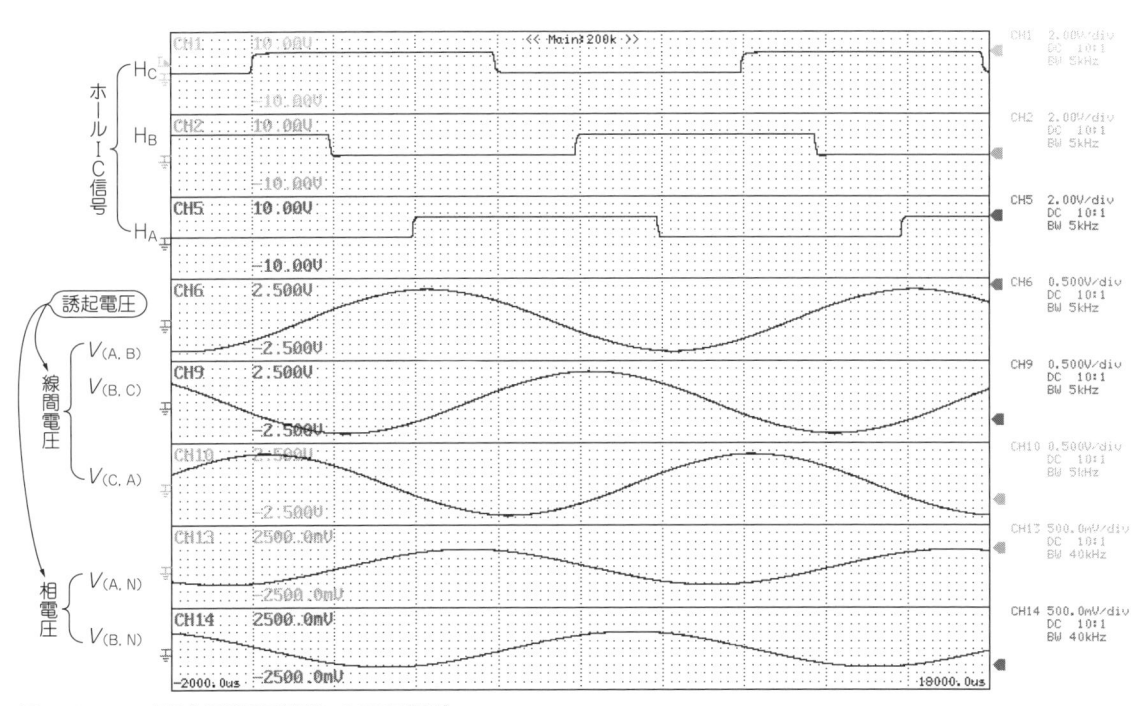

図4 ホールIC信号と誘起電圧(実測，CCW回転時)

表1 各信号がもつ位相角の理論値と実測値

実験キット・ブラシレス・モータ出力信号名		位相角実測値 [°] CW	位相角実測値 [°] CCW	位相角理論値 [°] CW	位相角理論値 [°] CCW	図6と図7の対応信号名
ホールIC出力信号	H_A	$-105(-15)$	$-76(+14)$	-90	-90	H_3
	H_B	$+15(-15)$	$-195(+15)$	$+30$	-210	H_2
	H_C	$-225(-15)$	$+42(+12)$	-210	$+30$	H_1
誘起電圧 線間電圧	$V_{(A, B)}$	0	0	0	0	$V_{1(1,2)}$, $V_{4(1,2)}$
	$V_{(B, C)}$	-240	-118	-240	-120	$V_{2(1,2)}$, $V_{5(1,2)}$
	$V_{(C, A)}$	-120	-238	-120	-240	$V_{3(1,2)}$, $V_{6(1,2)}$
相電圧	$V_{(A, N)}$	$+28$	-29	$+30$	-30	$V_{(1, n)}$
	$V_{(B, N)}$	-210	-150	-210	-150	$V_{(2, n)}$
	$V_{(C, N)}$	-90	-270	-90	-270	$V_{(3, n)}$

注1：位相角は，CW，CCWとも$V_{(A, B)}$の位相を基準（0°）としている．
注2：位相角実測値の( )内は，理論値に対する位相差を示す．

回り）です．

モータ・シャフトの回転方向はシャフト側からモータを見て，時計方向回転をCW，反時計方向回転をCCWとします．また，ホールIC出力電圧位相は立ち上がりのタイミングを0°とします．

CW回転時の理論波形を**図6**（再掲）に，CCW回転時の理論波形を**図7**に示します．

表1に，**図6**，**図7**の信号名と**図1**の信号名の対応，各信号の位相角の実測値と理論値をまとめて示しました．**図1**のコイル端子A，B，Cは，第8章の**図11**(b)ベクトル図の端子1，2，3に，ホールIC信号H_A，H_B，H_Cは**図6**と**図7**のホールIC信号H_3，H_2，H_1にそれぞれ対応することが，実測波形からわかりました．

● 実測値と理論値の差違を確認する

図2～**図5**の横軸は時間tですが，**図2**，**図3**に示すように，6divが波形の1周期（360°）となるよう回転速度を調整しています．横軸は60°/divの位相軸として見ることもできます．

図2～**図5**から各信号の位相角を読み取り，理論値と比較できるように，**表1**に示しました．ただし，読み取りには誤差を含んでいる可能性があることをお断りしておきます．

図2～**図5**と，**図6**，**図7**の各波形はほぼ一致しています．**図2**，**図4**の信号の並びは**図6**，**図7**の並びと同じにしています．

表1を個々に見ると次のことがわかります．

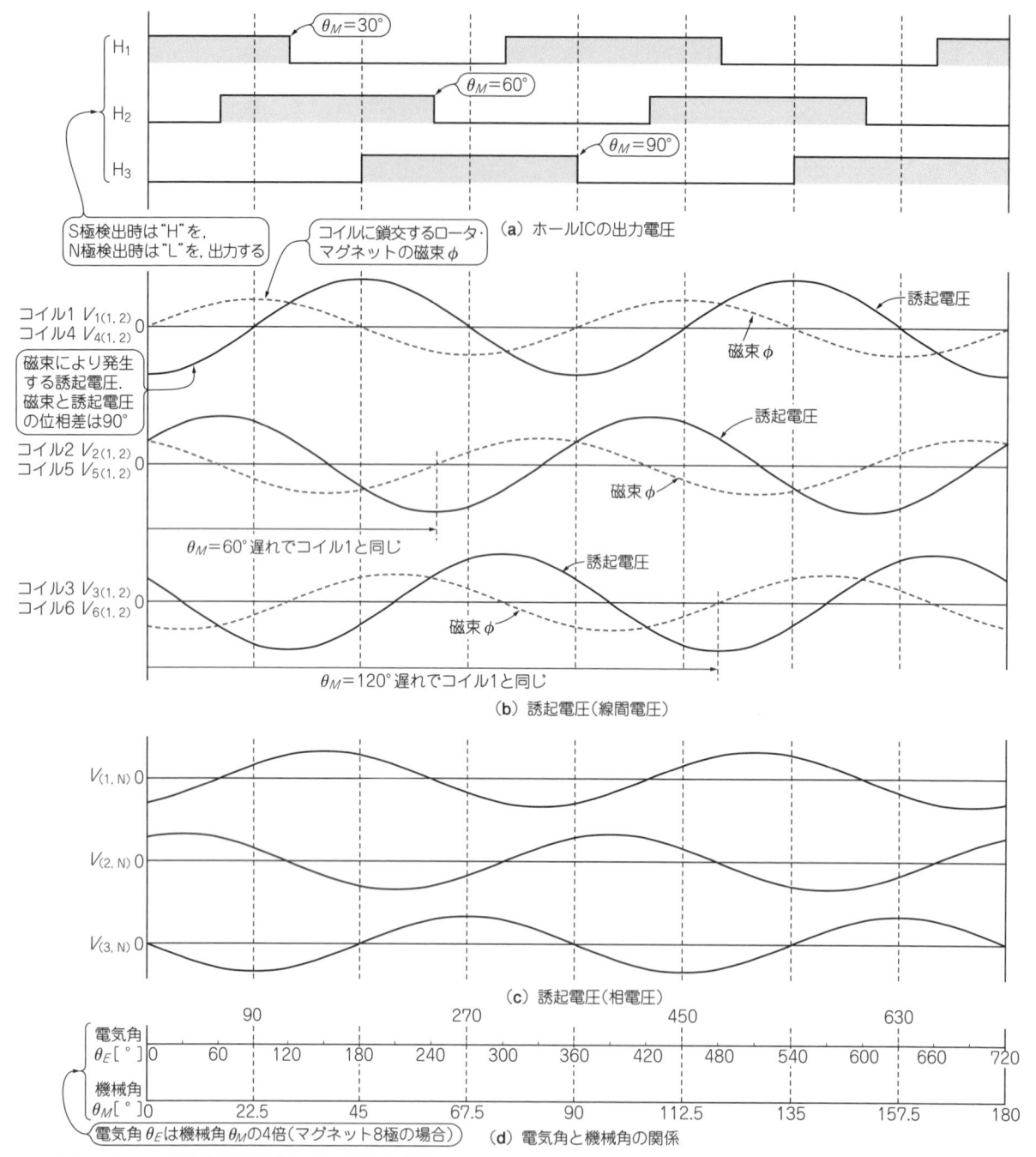

図6 ホールIC信号と誘起電圧その他の関係(理論値, CW回転時, 再掲)

(a) ホールICの出力電圧
(b) 誘起電圧(線間電圧)
(c) 誘起電圧(相電圧)
(d) 電気角と機械角の関係

(a) 線間電圧と相電圧は, 実測位相角の理論値に対する位相差が最大で2°
(b) ホールIC信号は, 理論値に対して最大15°の位相差がある. 位相差の極性はCW時は−で, CCW時は+となっている
(c) ホールIC信号相互間の実測位相差は, 120°に対して最大3°

上記(b)の位相差の原因として考えられる一つの可能性は, ホールIC実装基板が第8章の図5の位置とは異なる位置(角度)にあることです. この位置はモータごとの設計によって決めるものなので, 位相差があること自体は問題ではありません.

第8章で述べたように, 8極モータの機械角1°は電気角の4°に相当します. 基板上の3個のホールICの取り付け位置の相互関係は, (c)のホールIC信号相互

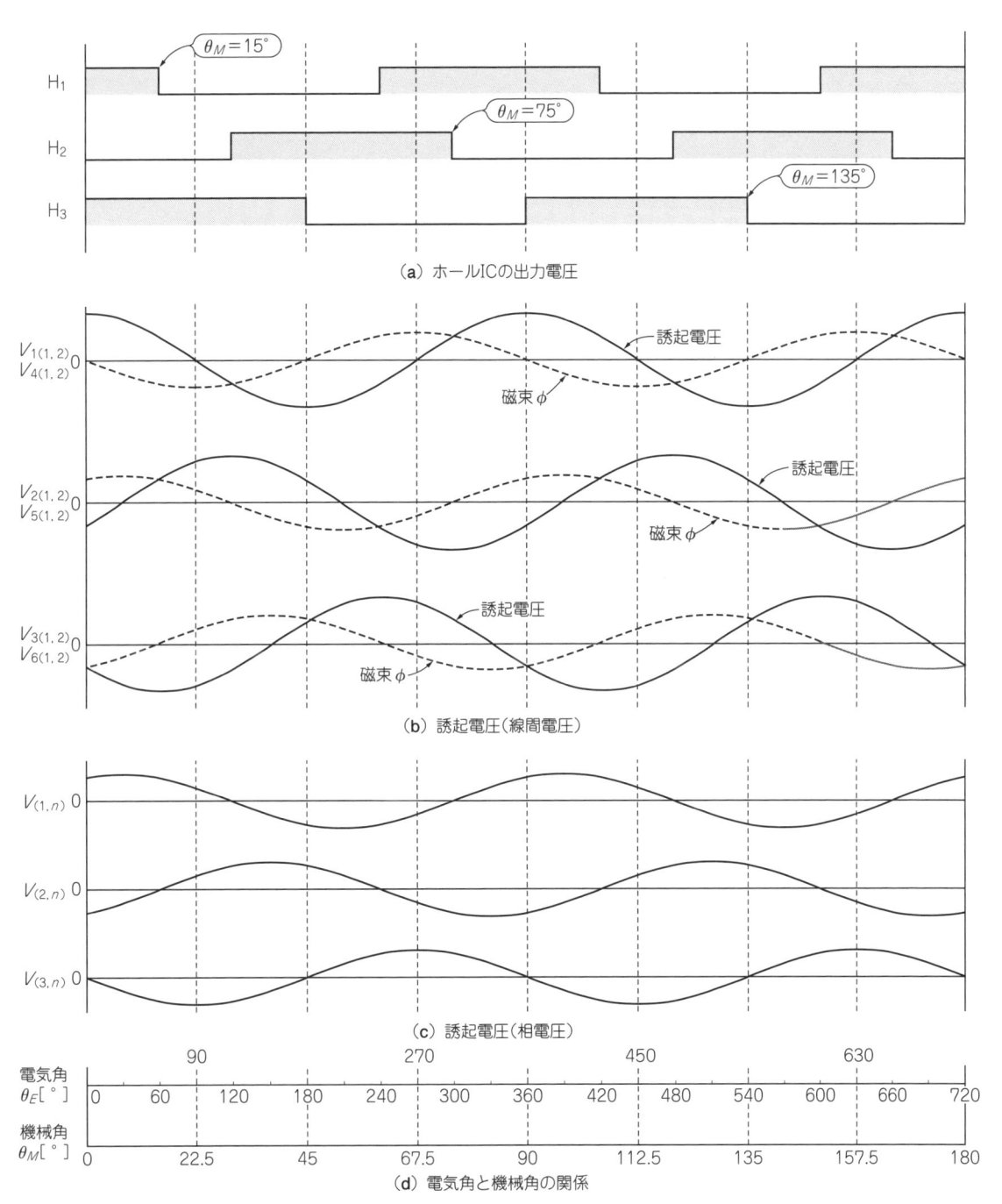

図7 ホールIC信号と誘起電圧その他の関係(理論値,CCW回転時)

間の位相差に影響します.

● **実験からわかるその他の特性**
(1) 回転速度
　図2～図5の誘起電圧周波数f_Mはその周期から約83 Hzでした.ブラシレス・モータの回転速度N_Rは,モータ・マグネット極数$P_N = 8$から,

$$N_R = \frac{120 \times f_M}{P_N} = \frac{120 \times 83}{8} = 1245 \text{ r/min}$$

と考えられます.

(2) 誘起電圧振幅
　図5から線間電圧$V(A, B)$の振幅を読み取ると3.76 V_{P-P}でした.このときの回転速度N_Rから,誘起電圧定数K_eを求めると,

> ### コラム1　誘起電圧は直接計れない
>
> 　モータ・コイルに限らず，一般に電線でコイルを巻くとインダクタンス成分L_Mと抵抗成分R_Mが生じます．これらは，電線の1か所に集中して存在するのではなく，電線の端から端までの全域にわたって分布し，巻いたコイルからL_MとR_Mだけを分離することはできません．
> 　コイル電流i_M通電時にコイル端子電圧として観測できるのは，誘起電圧v_Mとコイル・インピーダンスL_MとR_Mにおける電圧降下を足し合わせた電圧です．コイルに電流が流れていると，全域に分布するL_MとR_Mに電圧降下が発生するため，コイル端子間にオシロスコープを接続しても，誘起電圧だけを見ることはできません．見えるのは誘起電圧とコイル・インピーダンス電圧の和です．コイル端子間をオープンにしてコイル電流を0Aにすれば，L_M，R_Mの電圧降下も0Vになるので誘起電圧を単独で直接観測することができます．
> 　本章ではオシロスコープで誘起電圧波形を観測しましたが，**写真1**のように波形観測用モータを，別に用意した駆動用モータとシャフトを連結して回し，観測用モータのコイル端子間をオープンにして観測しました．このような面倒なことをした理由は，コイル端子間をオープンにしなければ誘起電圧だけを観測できないからです．このとき，両モータの特性が同じである必要はありません．

$$K_e = \frac{3.76/2}{1245} = 1.51 \text{ mV}/(\text{r/min})$$

であり，これはカタログ値の1.57 mV/(r/min)とほぼ一致します．なお，本モータは，カタログによれば，3相コイルがΔ結線されています．

(3) 線間電圧/相電圧比

　前項の観測において，相電圧$V(\text{C, N})$は2.15 V_{P-P}でした．線間電圧との振幅比は，

$$\frac{V(\text{A, B})}{V(\text{C, N})} = \frac{3.76}{2.15} = 1.75$$

であり，理論値$\sqrt{3}$に対する誤差は＋1％でした．

◆参考文献◆

(1) BLY - Brushless Motorsカタログ．Anaheim Automation, Inc.のWebページ．
　　http://www.anaheimautomation.com

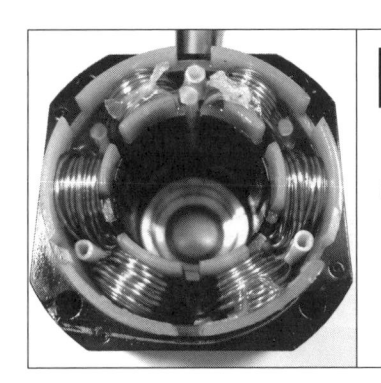

第10章 モータの誘起電圧とモータ・コイル電流の位相関係

電力効率とトルク効率の最適制御条件

ブラシレス・モータを回転させるためにドライバから流し込むコイル電流の位相と，ブラシレス・モータが回転することにより発生する誘起電圧の位相はモータ効率に影響します．表面磁石型ロータのモータにおいては，両者の位相を同相にすると，ブラシレス・モータの電力効率とトルク効率を上げることができます．電力効率はブラシレス・モータの省エネ性に，発生トルクは振動や騒音などの回転品質にとっても重要な性能です．

本章では，トルクや電力を表す数式からグラフを描き，電力効率および発生トルクの二つの観点から，誘起電圧に対するコイル電流の位相θをいくらに設定すべきかを考えます．θは，ドライバが電流をブラシレス・モータに供給するにあたって重要な制御パラメータです．

10.1 電力効率を上げる

■ モータ駆動時に発生する電力の無駄

● モータの電力効率とは

例えばモータの回転出力P_Mが80 Wで，モータの入力電力P_Eが100 Wである場合，モータの電力効率η_Fは次式のように80 %です．

$$\eta_F = \frac{P_M}{P_E} = \frac{80}{100} = 0.8 (80\%)$$

モータの損失は20 W($= 100 - 80 = P_E - P_M$)となり，モータ内部で20 Wが消費されています．

● 小さくない三つの損失

モータの電力損失には，次の要因があります．

① モータの機械・電気・磁気的な損失

モータは，ドライバから受け取った3相電力を機械的な回転に変換するときに損失が発生する．例えば，コイル抵抗の発熱，軸受けの転がり摩擦損失，ロータが空気中を回転することによる風損，ロータ・コア，ステータ・コア，マグネットなどのモータ部品の発熱など．

モータだけでなくモータ・ドライバ回路でも電力損失が発生します．

② ドライバ回路の電力損失

ドライバはDC電源から供給された電力を3相電力に変換しモータに供給するときに損失が発生する．例えば，スイッチング素子などの回路部品の発熱損失など．

③ ドライバからモータへの電力供給損失

ドライバからモータにAC電力を受け渡すときに発生する損失．

これらの損失を減らせれば，電力効率がアップします．

● ③の損失を減らすことを考える

コイルの抵抗を減らしたり，コアやマグネットの材質や形状を変えたり，軸受けを変更したりすれば，電力損失を減らすことができますが，モータ自体の設計変更が必要です．ここではモータ自体に手は加えず，③のドライバからモータへ電力供給するときに発生する損失を減らす方法を考えます．

③の損失を減らし電力効率を上げてコイル電流を減らすことができれば，結果的にコイル抵抗による損失などが減らせます．さらに，ドライバの電流も減るので，ドライバ損失も小さくできます．

■ 電力を効率良く供給するための条件

● 最小電流で必要な電力を得るには力率を1にする

直流では「電圧×電流」が電力そのもので，それ以外の電力はありません．しかし，交流では「電圧×電流」は表面的な電力である「**皮相電力**」であって，熱やエネルギに変換される真に有効な電力「**有効電力**」ではありません．この二つの電力を結ぶ重要なカギが「**力率**」です．

コラム1　マグネット磁束，誘起電圧，コイル電流の位相関係

● マグネット磁束

定速回転しているブラシレス・モータのU，V，W各相のステータ・コイルと鎖交するロータ・マグネットの磁束をそれぞれϕU，ϕV，ϕWとすると，次式で表すことができます．

【U相の磁束】
$$\phi U = \Phi \cos \omega t \; [\text{Wb}] \cdots\cdots\cdots\cdots (\text{A})$$

【V相の磁束】
$$\phi V = \Phi \cos\left(\omega t - \frac{2\pi}{3}\right) [\text{Wb}] \cdots\cdots (\text{B})$$

【W相の磁束】
$$\phi W = \Phi \cos\left(\omega t - \frac{4\pi}{3}\right) [\text{Wb}] \cdots\cdots (\text{C})$$

ただし，Φ：磁束の振幅［Wb］，ωt：位相角［rad］

マグネットの磁束は誘起電圧と90°位相差があるためcosで表します．また，各コイルは機械角で60°ごとの角度に位置しています．したがって，ある一つのマグネットの回転によって発生する磁束はコイルごとに位相がずれます．そのため，電気角ではV相は$2\pi/3$ rad＝120°，W相は$4\pi/3$ rad＝240°位相がずれます．

つまり，三つの信号はそれぞれ120°の位相差があり，誘起電圧各相と90°の位相差があることがわかります．

● 誘起電圧

式(A)～式(C)の磁束により，各相コイルに発生する誘起電圧$V_{(A, N)}$，$V_{(B, N)}$，$V_{(C, N)}$は，第8章のファラデーの法則の式により，次式で表されます．

$$V = -M \frac{d\phi}{dt} \cdots\cdots 第8章8.3節の式(1)$$

ただし，M：コイルの巻き数［回］，ϕ：コイルと鎖交する磁束［Wb］，t：時間［s］

上式と式(A)～式(C)より，

$$V_{(A, N)} = V_{max} \sin \omega t \; [\text{V}] \cdots\cdots\cdots\cdots (\text{D})$$

$$V_{(B, N)} = V_{max} \sin\left(\omega t - \frac{2\pi}{3}\right) [\text{V}] \cdots\cdots\cdots (\text{E})$$

$$V_{(C, N)} = V_{max} \sin\left(\omega t - \frac{4\pi}{3}\right) [\text{V}] \cdots\cdots\cdots (\text{F})$$

ただし，V_{max}：誘起電圧の振幅［V］，ωt：位相角［rad］

と表せます．

ファラデーの法則は誘起電圧が磁束の微分に比例することを意味しますが，cosを微分するとsinになります．

● コイル電流

ドライバ（3相インバータ）はブラシレス・モータにコイル電流I_U，I_V，I_Wを供給します．電流は図1の矢印の向きをプラスとします．ここでは，磁束，誘起電圧，コイル電流はすべて周波数が同期した正弦波とします．つまり，各信号間の位相差が時間とともに変化しないものとします．周波数が同期していない（完全に等しくない）信号間位相は時間とともに変化し不定となります．

＊

磁束，誘起電圧，コイル電流の信号の関係は，

(1) 角周波数は共通
(2) 振幅は個別
(3) 誘起電圧と磁束の位相差は90°

です．誘起電圧に対するコイル電流位相をθ［rad］とし，コイル電流を次式で表します．

$$I_U = I_{max} \sin(\omega t - \theta) \; [\text{A}] \cdots\cdots\cdots\cdots (\text{G})$$

$$I_V = I_{max} \sin\left(\omega t - \frac{2\pi}{3} - \theta\right) [\text{A}] \cdots\cdots (\text{H})$$

$$I_W = I_{max} \sin\left(\omega t - \frac{4\pi}{3} - \theta\right) [\text{A}] \cdots\cdots (\text{I})$$

ただし，I_{max}：電流の振幅［A］，ωt：位相角［rad］

上記の位相（90°やθ）は三つの信号相互間の位相です．各信号とも3相正弦波なので各信号の各相は120°位相差があります．

有効電力［W］＝皮相電力［VA］×力率
　　　　　　＝電圧［V］×電流［A］×力率
　　　　　　　　　　　　　　　　 ………………(1)
ただし，電圧と電流は実効値．力率の単位は無名数(％で表すこともある)

必要な有効電力を得るために，力率が小さければより大きい皮相電力を要します．もし電圧が一定ならば，同じ有効電力を得るために，力率が小さければより大きい電流が必要になります．

力率は正弦波電力であれば，電圧と電流間の位相差を θ として，

　力率 ＝ $\cos\theta$

と表されます．$\theta = 0°$ のとき力率 $\cos\theta$ は最大値である"1"となり，有効電力＝皮相電力となります．つまり，最小の電流で必要な有効電力が得られます．

● 電力の授受を数式で表すと

一般に，$V(t)$ と $I(t)$ が同じ周波数の正弦波であり，ピーク値がそれぞれ V_{max} と I_{max} のとき，その実効値 V_{RMS}［V］と I_{RMS}［A］は次式となります．

$$V_{RMS} = \frac{V_{max}}{\sqrt{2}}, \quad I_{RMS} = \frac{I_{max}}{\sqrt{2}} \quad \cdots\cdots(2)$$

両者の積は皮相電力 P_A で，単位は［VA］です．

【皮相電力】
$$P_A = V_{RMS} I_{RMS} = \frac{V_{max} I_{max}}{2} \quad \cdots\cdots(3)$$

また，$V(t)$ に対する $I(t)$ の位相角を θ とすれば，$\cos\theta$ を力率として，式(1)より有効電力 P_E［W］は次式で表せます．

コラム2　力率が高ければ電力料金は安くなる

電力会社は顧客の消費した「有効電力」に対して「電力量料金」を請求します．ただし，「力率」は顧客によって異なり，力率が小さければ同じ有効電力に対して，より大きな電流を供給しなければなりません．供給電流の大きさも供給コストに影響するため，業務用電力などでは，「基本料金」に「力率割引・割増」制度を設けています．

$$P_E = P_A \cos\theta \quad \cdots\cdots(4)$$

力率 $\cos\theta$ は，$-1 \leq \cos\theta \leq 1$ の範囲の値です．

力率 $\cos\theta = 1(\theta = 0°)$ ならば，有効電力＝皮相電力であり，皮相電力には無効電力が含まれず，すべてが有効に使われます．

力率 $\cos\theta = 0(\theta = \pm 90°)$ ならば，どんなに電流を流しても有効電力は 0［W］です．

力率 $\cos\theta = -1(\theta = 180°)$ ならば，有効電力＝－皮相電力となり，有効電力は負の値となります．負というのはモータが負荷側から受けた回転エネルギを電気エネルギに変換し，ドライバ側(電源側)に電力を戻しています．すなわち，モータが発電機として機能していることを意味します．

＊

AC電力では θ の値により有効電力と皮相電力の割合が変化します．有効電力を最大にするには，θ を 0°($\cos\theta = 1$)に制御すれば良いことがわかります．

消費電力のうち皮相電力のすべてが有効にエネルギに変換されるわけではなく，力率が1より小さくなれば有効電力を同じ値にするためには電圧，電流を増大

コラム3　実効値の物理的意味

抵抗 R［Ω］にDC電圧 E［V_{DC}］を印加したとき，消費電力は $P_E = E^2/R$［W］です．この P_E が「有効電力」であり，熱エネルギに変換され抵抗に「ジュール熱」を発生させます．

次に，ある一定振幅，一定周期 t_P［s］の正弦波もしくは非正弦波電圧を同じ抵抗 R［Ω］に印加したときの消費電力が，上記と同じ P_E［W］であったとすると，このときのAC電圧をAC実効値 E［V_{RMS}］と定義します．すなわち，同じ抵抗 R に同じ有効電力を発生させるDC電圧と同一の値がAC電圧の実効値です．

このAC実効値は下記の式から求めることができますが，AC信号 $v(t)$ の2乗の1周期における平均値を求め，その平方根が実効値です．実効値を「RMS (Root Mean Square)」といいますが，この演算操作を意味しています．

AC波形が正弦波の場合は，下記の式で計算した実効値は式(2)に示したとおりピーク値の $1/\sqrt{2}$ となります．

$$v_{(RMS)} = \sqrt{\frac{1}{t_P} \int_0^{t_P} v^2(t) dt}$$

コラム4　モータ・コイルの中性点はドライバの電源V_{CC}の1/2

● ブラシレス・モータとドライバの接続

ブラシレス・モータとドライバは図1のように接続されています．機械的遅れを無視した電気的な等価回路です．

モータ・コイルの中性点Nを基準にしたA, B, C各点の電圧(相電圧)を$V_{(A, N)}$, $V_{(B, N)}$, $V_{(C, N)}$とします．ドライバ側も中性点Nを基準とした相電圧を$V_{(U, N)}$, $V_{(V, N)}$, $V_{(W, N)}$とします．R_MとL_Mは各相の抵抗とインダクタンスです．ドライバの相電圧は，**図A**(第8章の図12を再掲)の各ドライバの出力電圧に対応します．

● ドライバ側のAC波形とモータ側のAC波形の振幅の基準は同電位

ドライバの中性点の電位は，DC電源V_{CC}の中点電位です．

モータの中性点Nから見た各相電圧波形は位相差はありますが，正と負の振幅が同じです．つまり，中性点Nは各相AC電圧振幅の中点(1/2電位)と見ることができます．また，ドライバの出力電圧波形はドライバCOM(V_{CC}のマイナス端子)を基準に見れば，各相ともAC分に$V_{CC}/2$のDC分が加算重畳されています．

したがって，ドライバ側のAC波形とモータ側のAC波形をその振幅中心を一致させて重ね合わせたときに，中点電位と中性点が同電位になるので，ドライバ側が中点電位を基準にした電圧を供給すれば，中性点基準に与えたことになります．

これは第12章の図Bのシミュレーションの中で実際に両者間が同電位であることを確認します．ただし，同電位なのは正弦波駆動の誘起電圧周波数成分に関してであり，PWMキャリア周波数成分は両者間で0にはなりません．

● 回路間での信号のやりとりには基準電位が必要

二つの回路間で信号のやりとりをするときは，両回路の基準電位を決める必要があります．送り手は受け手の基準電位に対して送信信号を作り，受け手は自分の電位を基準に信号を受信します．

ドライバはモータの基準電位すなわちNを基準にした信号を作って供給しなければならず，そのためにはNの電位が必要です．ドライバ側にN点電位が存在しなければ，モータのN電位をモータからドライバへ引き出さねばなりませんが大変です．N電位と見なせる$V_{CC}/2$電位を作って基準電位として利用する方法もありますが，実際にはCOM電位を基準としたAC信号V_U, V_V, V_Wに$V_{CC}/2$のDCを加算して同じ結果を得ています．

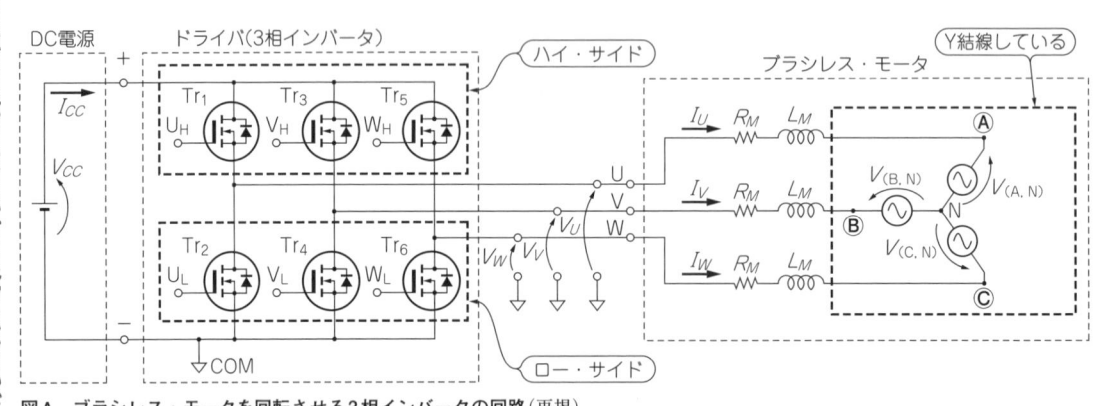

図A　ブラシレス・モータを回転させる3相インバータの回路(再掲)

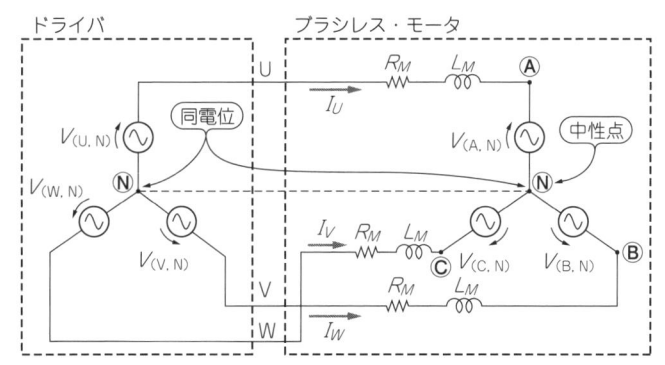

図1 ブラシレス・モータとドライバの電気的な等価回路
ドライバの中性点とモータ・ドライバの中性点は同電位と考えられる

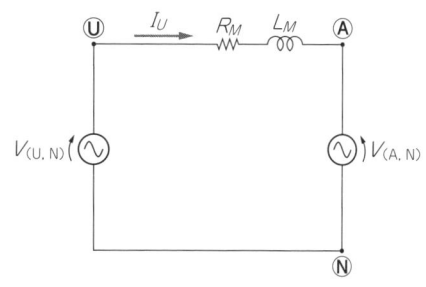

図2 ブラシレス・モータとドライバの中性点は同電位なので各相の動作はこのようなシンプルな接続図で考えられる

させなければなりません．

■ 電圧と電流が同相だと ムダなく電力がモータに加わる

● モータを回すのに使われる有効電力が最大になる条件

モータ駆動においても，（誘起）電圧と（コイル）電流が同相になる（$\theta = 0°$ となる）ように，電流を制御すれば最大の電力効率が得られることを計算で確かめます．

図1が正弦波3相平衡回路であれば，ドライバの中性点とモータ・コイルの中性点は同電位です（コラム4参照）．U相のみを抽出した回路を図2に示します．

一般に，共に周期 t_P [s] の電圧 $V(t)$ [V] と電流 $I(t)$ [A] があって，電圧源 $V(t)$ に $I(t)$ が流入しているときに $V(t)$ で消費される電力の瞬時値 P_I [W] は，次式で表されます．

【電力の瞬時値】
$$P_I = V(t)I(t) \quad \cdots\cdots (5)$$

このときの平均電力 P_E [W] は，次式になります．

【有効電力】
$$P_E = \frac{1}{t_P}\int_0^{t_P} P_I dt = \frac{1}{t_P}\int_0^{t_P} \{V(t)I(t)\} dt \quad \cdots\cdots (6)$$

この平均電力 P_E が有効電力（effective power）です．
実際に，図2のU相の場合で考えてみます．式(5)にU相の誘起電圧の式(7)とコイル電流の式(8)を代入して，U相電力の瞬時値 P_U [W] を求めます．

【U相の誘起電圧】
$$V_{(A,N)} = V_{max}\sin\omega t \quad [V] \quad \cdots\cdots (7)$$

【U相のコイル電流】
$$I_U = I_{max}\sin(\omega t - \theta) \quad [A] \quad \cdots\cdots (8)$$

【U相電力の瞬時値】
$$P_U = V_{(A,N)}I_A = V_{max}\sin\omega t \cdot I_{max}\sin(\omega t - \theta)$$
$$= \frac{V_{max}I_{max}}{2}\{\cos\theta - \cos(2\omega t - \theta)\} \quad \cdots\cdots (9)$$

次に式(6)に式(9)を代入すると，U相の有効電力 P_{EU} [W] が求められます．

【U相の有効電力】
$$P_{EU} = \frac{1}{t_P}\int_0^{t_P}(P_U)dt$$
$$= \frac{V_{max}I_{max}}{2t_P}\int_0^{t_P}\{\cos\theta - \cos(2\omega t - \theta)\}dt$$
$$= \frac{V_{max}I_{max}}{2}\cos\theta \quad \cdots\cdots (10)$$

ただし，$\omega = \dfrac{2\pi}{t_P}$ [rad/s]

式(10)から V_{max} と I_{max} が一定であれば，$\theta = 0$ rad のときに最大値になります．式(10)の P_{EU} は，式(3)と式(4)からも求められ，その最大値は次式となります．

$$P_{EU} = \frac{V_{max}I_{max}}{2}\cos(0) = \frac{V_{max}I_{max}}{2} \quad [W] \quad \cdots\cdots (11)$$

V相とW相の有効電力 P_{EV} と P_{EW} の最大値も同じ値なので，$\theta = 0$ rad のときの3相分の有効電力 P_{EM} は次式となります．

コラム5 Y結線にすると解析が楽になる

実際のモータ・コイルが Δ 結線だとしても，解析するときにはY結線に等価変換（第8章8.3節参照）します．その理由は，ドライバ，モータ間の接続点であるU，V，W端子を流れる電流がそのままモータ・コイルの誘起電圧を流れるので解析しやすいからです．実際にも市販モータの多くはY結線されています．

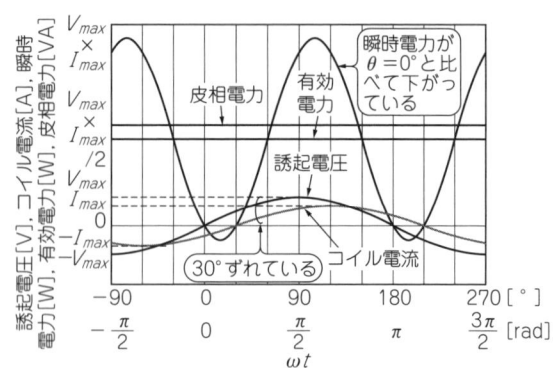

(a) $\theta = 0°$の場合は瞬時電力は常に0W以上

(b) $\theta = -30°$の場合は瞬時電力に負の区間が生じる

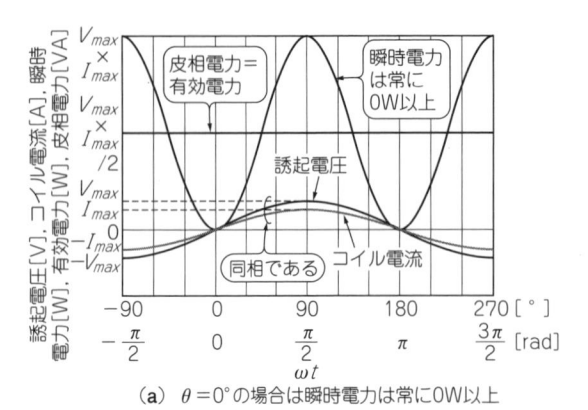

図3 誘起電圧とコイル電流の位相差θによって瞬時電力が変わる

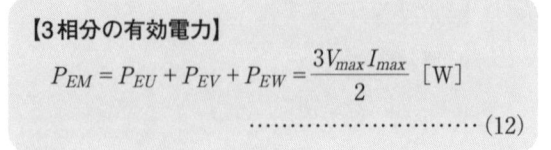

【3相分の有効電力】
$$P_{EM} = P_{EU} + P_{EV} + P_{EW} = \frac{3V_{max}I_{max}}{2} \text{ [W]} \quad \cdots (12)$$

*

各相とも誘起電圧と同相にコイル電流が制御された位相差$\theta = 0$ radのとき,有効電力が最大となることがわかりました.

■ 電圧と電流の位相差で有効電力は変わる

式(7)のU相の誘起電圧$V_{(A, N)}$ [V] と,式(8)のコイル電流I_U [A],式(9)の瞬時電力P_U [W],式(10)の有効電力P_{EU} [W],式(3)の皮相電力P_A [VA] のグラフを図3に示します.

● 位相差$\theta = 0°$,力率=1のとき

図3(a)では,誘起電圧とコイル電流は同相で,ピーク値はそれぞれV_{max}とI_{max}です.両者の瞬時値の積が瞬時電力で,周波数が2倍になっており,ピーク値は$V_{max}I_{max}$です.瞬時電力の平均値$V_{max}I_{max}/2$が有効電力になります.皮相電力は誘起電圧とコイル電流の実効値の積で$V_{max}I_{max}/2$なので有効電力と重なります.

誘起電圧とコイル電流が同相であるため,両者の瞬時値は+と+,または-と-,または0Wと0Wなので,両者の積である瞬時電力は位相ωtによらず常に0W以上で,振幅は$V_{max}I_{max}$ [W$_{P-P}$] です.

● 位相差$\theta = 30°$,力率=0.866のとき

一方,$\theta = -30°$の図3(b)では,コイル電流は誘起電圧に対して30°遅れています.誘起電圧とコイル電流のピーク値は図3(a)同様それぞれV_{max}とI_{max}です.したがって,皮相電力も図3(a)と同様に$V_{max}I_{max}/2$です.

図3(a)と異なるのは,$0° < \omega t < 30°$および$180° < \omega t < 210°$において誘起電圧とコイル電流の極性がプラスとマイナスの逆極性になることです.そのため両者の瞬時値の積である瞬時電力がマイナス極性となり,瞬時電力の振幅は$V_{max}I_{max}$ [W$_{P-P}$] のまま,マイナス方向に移動しています.その結果,瞬時電力の平均値である有効電力も低下します.

有効電力は次式から計算できます.

$$\text{有効電力} = \text{皮相電力} \times \cos\theta$$
$$= \frac{V_{max}I_{max}}{2} \times \cos 30°$$
$$= \frac{V_{max}I_{max}}{2} \times 0.866 \quad \cdots (13)$$

誘起電圧とコイル電流が図3(a)と同じ値であるにもかかわらず,有効電力が皮相電力の86.6%に低下します.逆に言えば,図3(a)と同じ有効電力を得るためには,コイル電流を15%(1/0.866 = 1.15)増やさなければなりません.

V相とW相電力も位相が120°,240°遅れますが,U相と同じになります.

10.2 トルク効率を上げる

● トルク効率とは

モータが同じ回転トルク [N・m] を供給する場合でも,ドライバからコイルに流し込む電流を最適に制御することによって電流振幅を最小にできます.その度合いをトルク効率と呼びます.すなわち,電流を10%減らすことができれば,トルク効率が10%改善します.

● 効率良くトルクを出し続けるための条件がある

電流の制御方法を改善するというのは,全区間のトルク極性を正にする,言い換えれば電圧と電流を同相に制御するということになります.

発生回転トルクはコイル電流に比例しますが,コイ

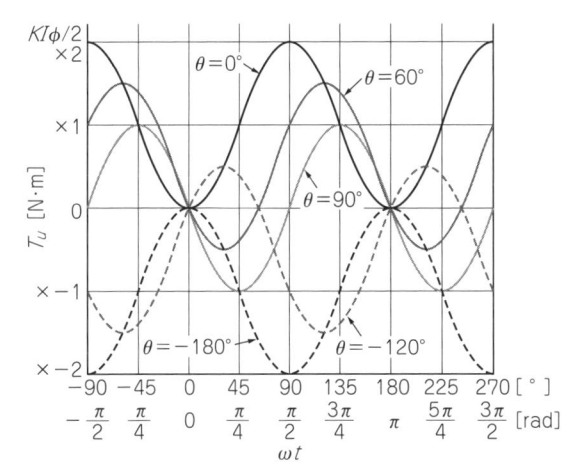

図4 U相のトルク特性…θの値によりトルクが変わる

ル電流が正弦波なので，トルクの瞬時値も一定値ではなく変化します．

トルクの瞬時値の極性が1周期の一部の区間で負になることがあります．負の区間があると，そのぶんを補うためには，正のトルクを大きくしなければならず，コイル電流値が大きくなります（トルクの平均値を正方向へ移動する）．全区間でトルク極性を正にできれば無駄に使われることがなくなるので電流値が最小になります．

● 各相において最大トルクが得られる条件

表面磁石型ブラシレス・モータ[注1]のマグネット・トルクは，

マグネット・トルク[N・m]＝コイル電流[A]×マグネットのコイル鎖交磁束の変化[Wb] … (14)

として求められます．マグネット磁束の式[コラム1の式(A)～式(C)]，コイル電流の式[式(G)～式(I)]から，各相のマグネット・トルクT_U[N・m]，T_V[N・m]，T_W[N・m]は次式で表されます．

【U相のトルク】
$$T_U = KI_{max}\sin(\omega t - \theta)\Phi\sin\omega t \quad\cdots\cdots(15)$$

【V相のトルク】
$$T_V = KI_{max}\sin\left(\omega t - \frac{2\pi}{3} - \theta\right)\Phi\sin\left(\omega t - \frac{2\pi}{3}\right)$$
$$\cdots\cdots(16)$$

【W相のトルク】
$$T_W = KI_{max}\sin\left(\omega t - \frac{4\pi}{3} - \theta\right)\Phi\sin\left(\omega t - \frac{4\pi}{3}\right)$$
$$\cdots\cdots(17)$$

ただし，K：比例定数

注1：リラクタンス・トルクを利用しないタイプ

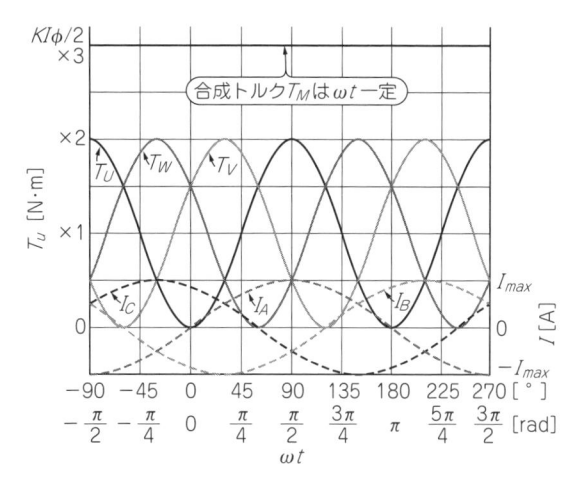

図5 3相のトルクと合成トルクの特性（$\theta = 0°$）
各相の瞬時トルクは変動するが，3相分の合成トルクは一定(DC)になる

これらの式から各相電流の位相角θがいくらのときに，最大トルクが得られるかを考えます．式(15)を整理すると，次式が得られます．

$$T_U = \frac{KI_{max}\Phi}{2}\{\cos\theta - \cos(2\omega t - \theta)\} \cdots\cdots(18)$$

式(18)を見ると，トルクのAC成分の周波数が，磁束や電流周波数の2倍(2ω)になり，DC成分($\cos\theta$)が発生しています．ここから，θに応じてトルクが変化することが予測できます．式(18)のグラフを図4に示します．このグラフは，式(18)のθにいくつかの値を代入して，位相角ωt[rad]によって変化するトルクの瞬時値を描いたものです．

$\theta = 0°$のときに最大トルクが得られることがわかります．$\theta = 0°$においては1周期の全域でトルクの瞬時値は0 W以上ですが，$0 < |\theta| < 90°$においては平均トルクはプラスであるものの，瞬時トルクがマイナスの区間が生じており，コイル電流の一部が有効利用されていないことがわかります．

● 3相の合成トルクにおいて最大トルクが得られる条件

次に，V相とW相を含めた合成トルクT_Mを計算します．

【合成トルク】
$$\begin{aligned}T_M &= T_U + T_V + T_W \\ &= \frac{KI_{max}\Phi}{2}\Big\{\cos\theta - \cos(2\omega t - \theta) \\ &\quad + \cos\theta - \cos\left(2\omega t - \frac{4\pi}{3} - \theta\right) \\ &\quad + \cos\theta - \cos\left(2\omega t - \frac{2\pi}{3} - \theta\right)\Big\}\end{aligned}$$

10.2 トルク効率を上げる

コラム6　合成トルクを負にすると電力が逆流する「回生現象」が起きる

　図4の90°＜|θ|≦180°におけるU相のトルク特性（点線）を見ると，瞬時トルクは一部の区間ではプラスであるものの，平均トルクはマイナスになります．トルクがマイナスであるということは，ロータの回転方向とは反対方向にトルクが発生することになり，回転にブレーキ（制動）がかかります．

　このとき，電力も同様の特性になるので，電力の平均値すなわち有効電力もマイナスとなります．有効電力がマイナスということは，モータはモータ負荷側から回転エネルギを受け取り，これを電気エネルギに変換して，コイルの誘起電圧からドライバ側に出力します．ドライバはモータから受け取ったAC電力をDC電力に変換し，入力DC電源に向けて出力します．

　このように，モータ・シャフトから外部の回転エネルギを得て，これを電気エネルギに変換して入力電源に供給する動作を「回生動作」といいます．モータが発電機として機能することになります．

　入力DC電源が，「回生電力」を受け入れられる「充電式バッテリ（2次電池）」のような場合は，いわゆる「省エネ」につながりますが，そうでない場合は，DC電圧の過大な上昇を防止するために，必要に応じて「回生抵抗」と呼ばれる抵抗をDC電源端子間に接続して回生電力を消費させる必要があります．

　回生による制動の例として，たとえば荷重の巻き上げに対する「巻き下げ運転」や電気自動車が減速する際の「回生ブレーキ」などがあります．

　回生とは逆に，入力電源の電力をモータ・シャフトから回転エネルギとして外部に出力する動作を，鉄道などで「力行動作（運転）」と呼ぶことがあります．

＊

　モータ・トルクはコイル電流振幅に比例し，電力効率とトルク効率を最大にするためには，コイル誘起電圧に対するコイル電流位相を同相（力行：トルク極性は＋）または逆相（回生：トルク極性は－）になるように制御する必要があります（表面磁石型のロータの場合）．また，誘起電圧も駆動電圧もともに正弦波で3相不平衡がない理想状態では，回転速度一定の定常運転においては，発生する総合トルクおよびモータ消費電力は回転角度によらない一定値となります．

$$= \frac{3}{2} K I_{max} \Phi \cos\theta \quad\cdots\cdots\cdots\cdots (19)$$

　式(19)によれば，各相のACトルク成分が打ち消しあって消滅し，DC成分のみが残ること，および$\theta = 0°$（$\cos\theta = 1$）のときに合成トルクが最大になることがわかります．

　式(15)～式(17)，式(19)から，$\theta = 0°$における各相トルクと合成トルクのグラフを図5に示します．すなわち，U，V，W各相のトルクT_U，T_V，T_Wは，単独では図5のような0から最大値まで変化する大きなトルク変動（トルク・リプル）がありますが，3相分の合成トルクT_M（モータ・シャフトを回転させる総合トルク）はトルク・リプルのないロータ回転角度によらない一定のトルクが得られることを示しています．合成トルクT_Mは，各相の平均トルクの3倍となっています．

● まとめ

　電力効率もトルク効率も，電圧と電流を同相にすることにより最適な状態が得られます（マグネット・トルクを利用する場合）．

　U相の電力の瞬時値P_Uを表す式(9)とU相トルクの瞬時値T_Uを表す式(18)を比べてみましょう．

　実は，定数以外の||内は両者はまったく同じ式です．したがって，図4と図5はトルク特性のグラフとして示しましたが，これらは電力特性と見ることもできます．したがって，電力も3相分の瞬時電力の合成電力としては，各相有効電力の3倍の一定値（DC）となります．

◆参考文献◆

(1) 東京電力㈱．Webページ，業務用電力料金．
http://www.tepco.co.jp/life/elect-dict/index-j.html
(2) 谷腰 欣司：ブラシレス・モータの実用技術．2005年9月．㈱電波新聞社．
(3) 武田 洋次，松井 信行，森本 茂雄，本田 幸夫：埋込磁石同期モータの設計と制御．2001年10月．pp.7～8．㈱オーム社．

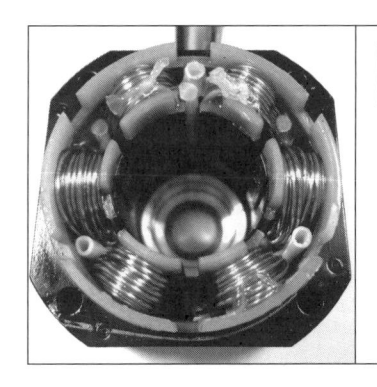

第11章 最適制御条件で回転させたときの効果を計算する

高効率を実現するベクトル制御の導入効果

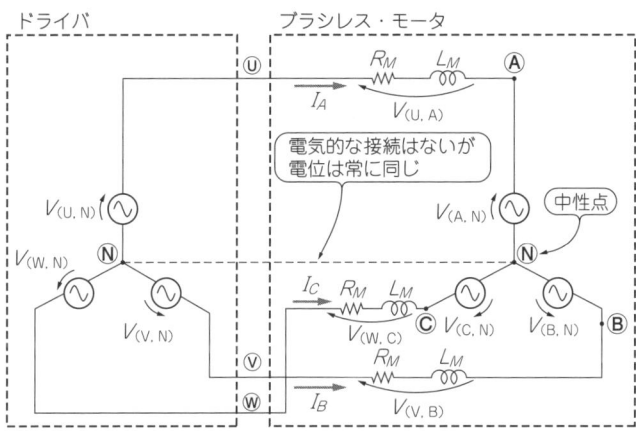

図1 ブラシレス・モータとドライバの電気的な動作を表す等価回路
ドライバの中点とブラシレス・モータの中性点は同電位と考えられる

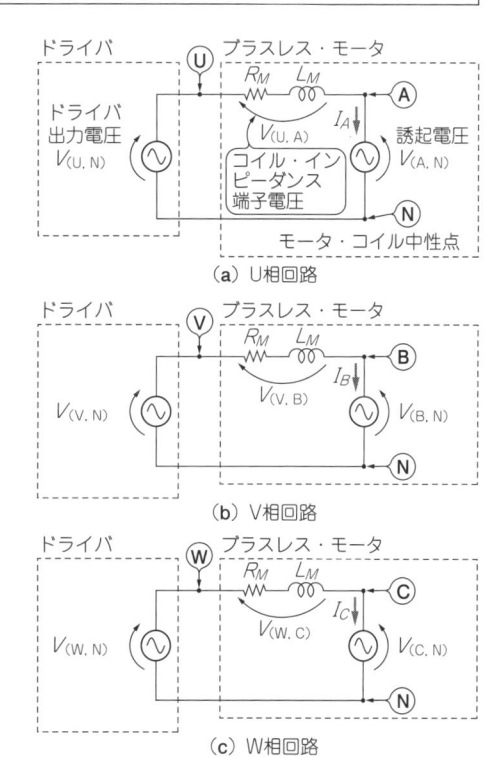

図2 3相回路を各相ごとに分割する
(a) U相回路
(b) V相回路
(c) W相回路

● ベクトル制御のねらいを再確認…誘起電圧とコイル電流の位相差を0°（力率1）にして電力効率とトルク効率を最大にすること

　前章では，ブラシレス・モータを正弦波で駆動する場合，コイル電流の位相が誘起電圧と同相になるように制御すると，電力効率とトルク効率が最大になることを示しました（マグネット・トルクのみを使用する場合）．

　ベクトル制御は，モータの回転速度や出力トルクなどの動作条件に応じて，コイル電流の位相を誘起電圧と同相になるように自動的に調節します．ここでは，モータの各パラメータを等価回路（図1）から数式で表し，誘起電圧に対してコイル電流の位相を変化させて，モータの各パラメータがどのように変化するかを定量的に求めます．そして，各パラメータの因果関係から，ベクトル制御が行われたときの動作メカニズムを理解します．

● 誘起電圧の位相や振幅を測るすべがない

　ベクトル制御の基準は誘起電圧です．しかし，誘起電圧そのものを直接測定することはできせん．

　モータ・コイルに限らず，一般に電線でコイルを巻くとインダクタンス成分L_Mと抵抗成分R_Mが生じます．これらは，電線の1か所に集中して存在するのではなく，電線の端から端までの全域にわたって分布し，巻いたコイルからL_MとR_Mだけを分離することはできません．

　図2(a)のように，コイル電流I_A［A］の通電時に観測できるのは，誘起電圧$V_{(A, N)}$［V］とコイル・インピーダンス端子電圧$V_{(U, A)}$を足し合わせた値です．コイルに電流が流れていると，全域に分布するL_M，R_Mに電圧降下が発生するため，コイル端子間にオシロスコープを接続しても，誘起電圧を見ることはできません．見えるのは誘起電圧とL_MとR_Mの電圧降下を加算した電圧です．コイル端子間をオープンしてコイル電流を0Aにすれば，L_M，R_Mの電圧降下も0Vになるので誘起電圧が観測できます．しかし，誘起電圧を

見たいのは，モータを駆動しているとき，すなわち，まさにコイルに電流を流している最中です．

第9章で，オシロスコープで誘起電圧の波形を観測しました．このときは観測用モータを別に用意した駆動用モータで回し，観測用モータのコイル端子間をオープンにしました．このような面倒なことをした理由は，コイル端子間をオープンにしなければ観測できないからです．

11.1 モータ・パラメータを数式化

■ 1相（U相）だけに着目する

図1は，ドライバとブラシレス・モータの電気的な動作を表す等価回路です．数式で表すために等価回路に置き換えて考えます．ドライバの中点とモータの中性点を同電位と見なせれば，各相は図2のような等価回路に分けられます．電圧や電流などの計算は，3相分を一度に計算できないので，各相に分けた等価回路を利用します．

● U相に着目する

図2(a)のU相において，$V_{(A, N)}$ [V] は誘起電圧，$V_{(U, N)}$ [V] はモータ・コイルの中性点Ⓝを基準にしたドライバ出力電圧，$V_{(U, A)}$ [V] はコイル・インピーダンス端子電圧です．コイル電流 I_A [A] は矢印の向きを正極性とします．コイル・インピーダンス端子電圧とは，モータ内のコイルで発生している抵抗成分 R_M とインダクタンス成分 L_M の両端に発生する電圧とします．

① 誘起電圧 $V_{(A, N)}$ [V]

② コイル電流 I_A [A]

③ コイル・インピーダンス端子電圧 $V_{(U, A)}$ [V]

④ ドライバ出力電圧 $V_{(U, N)}$ [V]

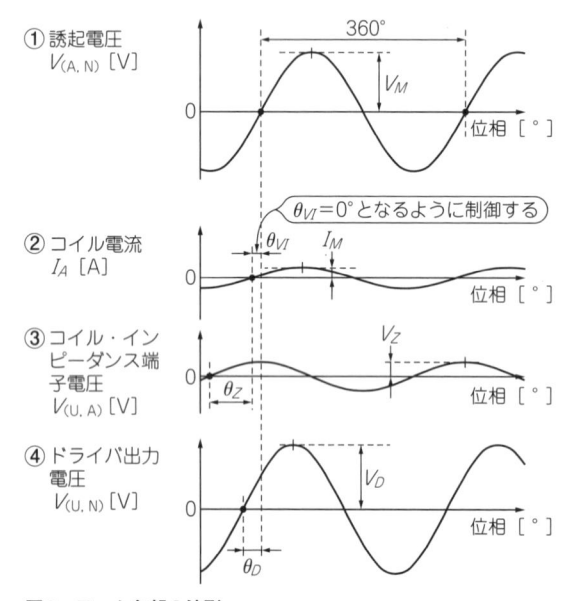

図3 モータ各部の波形

■ ブラシレス・モータ各部の電圧，電流

● 波形

図3に示すのは，誘起電圧，コイル電流，コイル・インピーダンス端子電圧，ドライバ出力電圧の各波形です．振幅や位相の関係を見ていきます．

図3の各信号の位相には次のような関係があります．

① 誘起電圧 $V_{(A, N)}$ [V] 位相を基準として0°，$V_{(A, N)}$ に対するコイル電流 I_A [A] 位相を θ_{VI} とする
② コイル電流 I_A [A] の位相は，コイル・インピーダンスの端子電圧 $V_{(U, A)}$ [V] に対して θ_Z [°] 遅れる
③ ドライバ出力電圧 $V_{(U, N)}$ [V] の位相は，誘起電圧 $V_{(A, N)}$ [V] に対して θ_D [°] 進む

● 誘起電圧はドライブ電圧からコイル・インピーダンス端子電圧を引いたものに等しい

ベクトル図を描くと，各信号の振幅と位相の因果関係が見えてきます．

ベクトルは，振幅と位相をもつ信号，すなわち正弦波信号を表します．一つの信号は1本の矢で表され，信号の振幅は矢の長さで，信号位相は矢の方向で示します．2本の矢のなす角度は2信号間の位相差を表します．

図2(a)から，誘起電圧 $V_{(A, N)}$ [V] とコイル・インピーダンスの端子電圧 $V_{(U, A)}$ [V] の和はドライバ出力電圧です．つまり，次のとおりです．

$$V_{(U, N)} = V_{(A, N)} + V_{(U, A)} \cdots\cdots\cdots\cdots (1)$$

式(1)をベクトル図で表すと，図4のように3信号（3ベクトル）が三角形になります．位相の進み方向は反時計方向とします．

● 振幅と位相

次のようにしてベクトルの長さと方向が決まります．
① 誘起電圧 $V_{(A, N)}$ のベクトル
  [振幅（長さ）] モータ回転速度と誘起電圧定数により決まる
  [位相（方向）] このベクトルを基準にする．x 軸の正方向と一致させる
② コイル電流 I_A のベクトル
  [振幅（長さ）] 誘起電圧に供給する有効電力と力率により決まる
  [位相（方向）] 誘起電圧に対してコイル電流の位相は0°となるように制御すれば電力効率とトルク効率が最大になる（第10章参照）．図4ではコイル・インピーダンス端子電圧との位相をわかりやすく示すため，支点をずらして描いている

位相の進み方向

$\theta_{VI}=0°$となるように制御すれば電力効率とトルク効率が最大になる

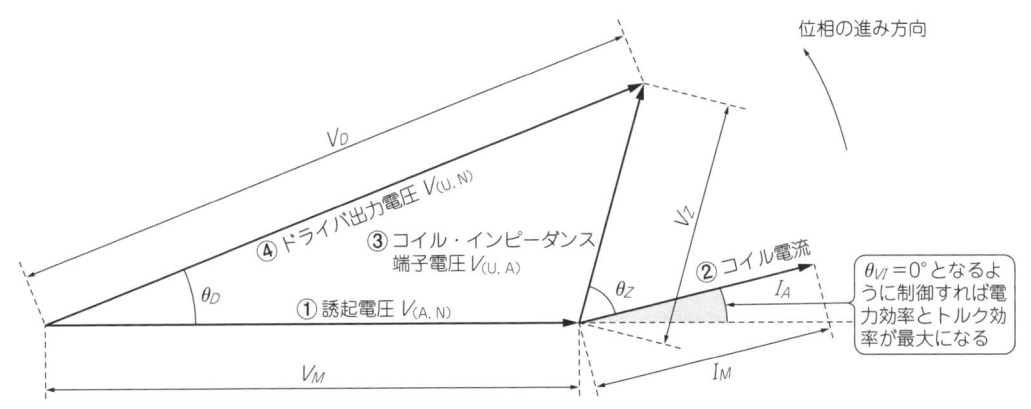

図4 モータ各部波形の関係を示すベクトル図

③ コイル・インピーダンス端子電圧$V_{(U, A)}$のベクトル
 [振幅(長さ)] コイル電流の振幅とコイル・インピーダンスとの積で決まる
 [位相(方向)] コイル電流とコイル・インピーダンス端子電圧の位相は，コイル・インピーダンスの時定数τ_Zと誘起電圧の周波数から決まる
④ ドライバ出力電圧$V_{(U, N)}$のベクトル
 3本のベクトルが，式(1)で示した関係にあり，そのうちの2ベクトルが既知であるならば，残りの1ベクトルは長さも方向も図形的に求められる(余弦定理より).

■ 誘起電圧を基準(位相0°)にして数式化する

各信号の数式を求めて，各信号がどのように影響し合うかを読み取ります．

① 誘起電圧$V_{(A, N)}$の数式化

誘起電圧$V_{(A, N)}$[V]の振幅V_M[V$_{0-P}$]は，モータ回転速度N_R[r/min]と誘起電圧定数k_e[V/(r/min)]から求めます．

【誘起電圧の振幅】
$$V_M = N_R\, k_e \cdots\cdots(2)$$

誘起電圧$V_{(A, N)}$は基準なので，位相は0°です．
次に，誘起電圧の周波数f_M[Hz]を求めます．マグネット磁極数をP_N[極]とすると，次式で表せます．

【誘起電圧の周波数】
$$f_M = \frac{P_N N_R}{120} \cdots\cdots(3)$$

N_R[r/min]は，ロータが1分間にN_R回転することを意味するので，1秒間では$N_R/60$回転です．コイルに発生する誘起電圧は，回転するロータ・マグネットのN極，S極の1ペアがコイルを通過すると1周期分が発生します．例えば極数が8極(N極4, S極4)のモータであれば，ロータ1回転が誘起電圧の4周期になります．極数がP_N極であれば，ロータ1回転で$P_N/2$周期です(機械角＝電気角×$P_N/2$)．

コラム1　三角形の3ベクトルの動きは2ベクトルでコントロールできる

図Aに示すような3辺の長さがa, b, cの3角形があり，辺a, b, cの対角をそれぞれθ_A, θ_B, θ_Cとすると，次の各式が成り立ちます．

$$a^2 = b^2 + c^2 - 2bc\cos\theta_A \cdots\cdots(A)$$
$$b^2 = c^2 + a^2 - 2ca\cos\theta_B \cdots\cdots(B)$$
$$c^2 = a^2 + b^2 - 2ab\cos\theta_C \cdots\cdots(C)$$

矢印ベクトルが3角形で表されたとき，余弦定理により，矢の長さや相互角を求めることができます．例えば式(A)を変形すれば，辺aの長さは式(D)で，角度θ_Aは式(E)で求められます．

$$a = \sqrt{b^2 + c^2 - 2bc\cos\theta_A} \cdots\cdots(D)$$
$$\theta_A = \cos^{-1}\left(\frac{b^2 + c^2 - a^2}{2bc}\right) \cdots\cdots(E)$$

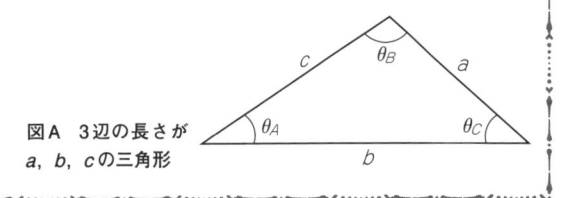

図A　3辺の長さがa, b, cの三角形

② コイル電流I_Aの数式化

コイル電流I_A [A]の振幅I_M [A$_{0-P}$]は誘起電圧に供給する有効電力と力率から決まります．U相の誘起電圧に供給される有効電力P_{EU} [W]は，前章で求めたように次式で表せます．

【U相の有効電力】

$$P_{EU} = \frac{V_M I_M}{2} \cos(\theta_{VI}) \cdots\cdots\cdots (4)$$

ただし，V_M：誘起電圧$V_{(A, N)}$の振幅 [V$_{0-P}$]，I_M：コイル電流I_Aの振幅 [A$_{0-P}$]，θ_{VI}：$V_{(A, N)}$に対するI_Aの位相 [°]

式(4)をコイル電流の振幅I_M [A$_{0-P}$]を求める式に変形すると，次式になります．

【U相のコイル電流の振幅】

$$I_M = \frac{2 P_{EU}}{V_M \cos(\theta_{VI})} \cdots\cdots\cdots (5)$$

誘起電圧$V_{(A, N)}$に対してコイル電流I_Aの位相θ_{VI}が0°になるように制御すれば電力効率とトルク効率が最大になります．

③ コイル・インピーダンス端子電圧$V_{(U, A)}$の数式化

コイル・インピーダンス端子電圧$V_{(U, A)}$ [V]の振幅をV_Z [V$_{0-P}$]，コイル電流I_A [A]の振幅をI_M [A$_{0-P}$]，角速度$\omega = 2\pi f_M$ [rad/s]とすると，電圧と電流の関係により次式で表せます．

$$V_{(U, A)} = I_A (R_M + j\omega L_M)$$
$$= I_A \sqrt{R_M^2 + (\omega L_M)^2} e^{j\theta_Z} \cdots\cdots (6)$$

ただし，θ_Z：I_Aに対する$V_{(U, A)}$の位相 [°]

【コイル電流に対するコイル・インピーダンス端子電圧の位相】

$$\theta_Z = \tan^{-1}\left(\omega \frac{L_M}{R_M}\right) \cdots\cdots\cdots (7)$$

コイル・インピーダンスの時定数τ_Z [s]を式(8)とすれば，θ_Zは式(9)になります．

$$\tau_Z = \frac{L_M}{R_M} \cdots\cdots\cdots (8)$$

$$\theta_Z = \tan^{-1}(2\pi f_M \tau_Z) \cdots\cdots\cdots (9)$$

$V_{(U, A)}$の振幅V_Z [V$_{0-P}$]は，

【コイル・インピーダンス端子電圧の振幅】

$$V_Z = I_M \sqrt{R_M^2 + (2\pi f_M L_M)^2} \cdots\cdots (10)$$

になります．

④ ドライバ出力電圧$V_{(U, N)}$の数式化

ドライバ出力電圧$V_{(U, N)}$の振幅V_D [V$_{0-P}$]は，余弦定理から次式になります．

【ドライバ出力電圧】

$$V_D = \sqrt{V_M^2 + V_Z^2 - 2V_M V_Z \cos\{180° - (\theta_Z + \theta_{VI})\}}$$
$$\cdots\cdots (11)$$

$V_{(A, N)}$に対する$V_{(U, N)}$の位相θ_D [°]も余弦定理から次式になります．

コラム2　本書の実験で使っている3相インバータ実験キット「INV-1TGKIT-A」

本書の実験は，写真Aに示すトラ技3相インバータ実験キット INV-1TGKIT-Aで追試できます．太陽光パネルの電力制御やブラシレス・モータのベクトル制御の技術を学習できます．INV-1TGKIT-Aには，次のような特徴があります．

- オシロスコープがなくてもパソコンで波形を観測できる
- 浮動小数点演算回路を内蔵するマイコン RX62T(ルネサス エレクトロニクス)を搭載
- ACアダプタ，ブラシ付きDCモータ，ブラシレスDCモータを付属

〈編集部〉

CQ出版WebShop　http://shop.cqpub.co.jp/

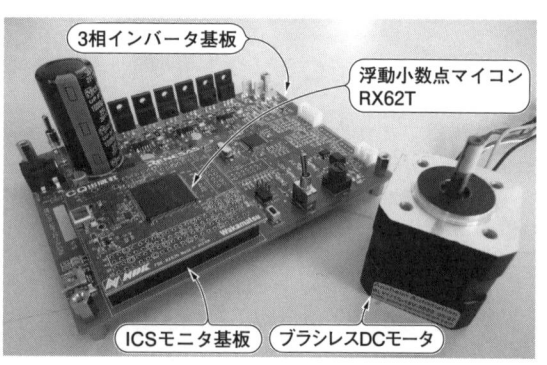

写真A　本書の実験を試せる実験キット「トラ技3相インバータ実験キット INV-1TGKIT-A(CQ出版社)」
その他，ACアダプタ，USBケーブル，マニュアルや開発ツールを収録したCD-Rが付属している

【誘起電圧に対するドライバ出力電圧の位相角】

$$\theta_D = \cos^{-1}\left(\frac{V_M^2 + V_D^2 - V_Z^2}{2V_M V_D}\right) \cdots\cdots (12)$$

11.2 ベクトル制御の導入効果を計算

■ 実験キットのモータのカタログ・データをチェック

トラ技3相インバータ実験キット(以下,実験キット,コラム2)のブラシレス・モータのカタログ[2]には,表1のような値が表記されています.カタログの一部の単位表記はヤード・ポンド単位のため,SI単位系に換算しています.

定格運転時の各値を計算するので,定格電力26 Wは回転出力電力に,定格回転速度8000 r/minはモータ回転速度になります.電力効率の規定がないので効率87%としました.これは,モータ回転速度が8000 r/minのときに,1相あたりの誘起電圧が消費する有効電力P_{EU}を10 Wとすれば3相ぶんで30 Wとなり,これを効率87%で変換すれば回転出力は定格電力の26 Wとなるからです.

誘起電圧定数k_e [V/(r/min)]とは,誘起電圧の振幅と回転速度の比例定数のことです.すなわち,

誘起電圧 [V] = 誘起電圧定数 [V/(r/min)]
　　　　　　　 × 回転速度 [r/min] ……(13)

となります.

表1　実験キットに同梱されているブラシレス・モータ「BLY171S-15V-8000」のカタログ・スペック

定格トルク	31.1×10^{-3} N・m
定格電圧	15 V
定格電力	26 W
定格回転速度	8000 r/min *1
トルク定数k_t	14.0×10^{-3} N・m/A
誘起電圧定数k_e	1.57×10^{-3} V/(r/min)
線間抵抗	0.35 Ω
線間インダクタンス	0.35 mH
ロータ慣性モーメント	2.4×10^{-6} kg・m^2
L(長さ)	50.8 mm
シャフト	シングル
質量	0.3 kg
コイル	デルタ結線
マグネット極数	8極
シャフト径公差	φ5.00 + 0 / − 0.01 mm

*1　[r/min]は非SI単位である.SI単位は[min^{-1}]となる

■ ベクトル制御効果でコイル電流と誘起電圧の位相が合っているとき

コイル電流と誘起電圧の位相差が0°($\theta_{VI} = 0°$)となるように制御されているときについて,カタログ値をもとに実際の値を求めます.

● 誘起電圧の振幅と周波数を求める

上述のとおり,回転出力電力が定格電力の26 Wのときの誘起電圧の振幅は,誘起電圧定数1.57×10^{-3} V$_P$/(r/min)と定格回転速度8000 r/minの積で計算します.

本モータはカタログによればΔ結線されており,カタログの誘起電圧定数は線間電圧に対する規定です.

コラム3　日本はSI単位系で統一!

日本における使用単位は,1992年(平成4年)の計量法の改正において国際単位系SI(エス・アイ)が全面的に採用され,現在ではSI単位の使用が義務付けられています.

使用が義務付けられる「取引または証明にあたる文書」の例は契約書,仕様書,官公庁への提出書類などです.

次に注意点をあげます.

(1) ものの量を表すときは「重量」ではなく「質量」
(2) 質量は[kg].[Kg]や[KG]は誤り.[K]は温度ケルビン,[G]は10^9を表す接頭語(ギガ)
(3) 「秒」は[s].[sec]は誤り.「周波数」は[Hz].[HZ]は誤り
(4) モータなどの回転機器の「回転数」や「回転速さ」は「回転速度」に統一する
(5) 2個以上の単位の積は,間に中点(・)またはスペースを入れる.たとえば,トルクは[N・m]または[N m]
(6) 2個以上の単位の除を表す斜線(/)は原則1回のみ使用可.不適例は[m/s/s],正しくは[m/s^2]

◆参考文献◆
(1) (独立行政法人)産業技術総合研究所.Webページ,「国際単位系(SI)は世界共通のルールです」,
https://www.nmij.jp/public/pamphlet/si/SI1002.pdf

表2 実験キットのブラシレス・モータの定格運転時の各パラメータ計算値($\theta_{VI} = 0°$のとき)

DC電源電圧	V_{CC}	24 V_{DC}
マグネット極数	P_N	8極
回転速度	N_R	8000 r/min
誘起電圧周波数	f_M	533 Hz
誘起電圧有効電力(3相分)	P_E	30 W
誘起電圧定数(相電圧)	k_e	0.906 mV_P/(r/min)
誘起電圧振幅	V_M	7.25 V_P
コイル抵抗	R_M	0.117 Ω
コイル・インダクタンス	L_M	0.117 mH
コイル・インピーダンス時定数	t_Z	1 ms
インピーダンス電圧, 電流位相角	θ_Z	-73.4°

ここではY結線として検討しているので, 相電圧に換算する必要があります. 平衡3相の線間電圧を相電圧換算するには$\sqrt{3}$で割ります(第8章「Y結線への等価変換」参照). なお, 第9章の実測において, 誘起電圧定数カタログ値が線間電圧実測値とほぼ一致することを確認しています.

【誘起電圧の振幅】
$$V_M = 1.57 \times 10^{-3} \times 8000/\sqrt{3} = 7.25 \text{ V}_{0-P}$$
$$\fallingdotseq 5.13 \text{ V}_{RMS} \cdots\cdots\cdots (14)$$

式(3)から, 誘起電圧の周波数f_Mは次のように計算できます.

【誘起電圧の周波数】
$$f_M = \frac{8 \times 8000}{120} = 533 \text{ Hz} \cdots\cdots\cdots (15)$$

● コイル電流の振幅を求める

式(5)から, コイル電流の振幅は次のように計算できます.

【コイル電流の振幅】
$$I_M = \frac{2 \times 10}{7.25 \times \cos 0°} = 2.76 \text{ A}_{0-P} \fallingdotseq 1.95 \text{ A}_{RMS}$$
$$\cdots\cdots\cdots (16)$$

● コイル・インピーダンス端子電圧の振幅と位相を求める

コイル・インピーダンス時定数τ_Zは, 式(8)から次式になります. Δ-Y変換において電圧は$1/\sqrt{3}$ですが, インピーダンスは1/3にします.

$$\tau_Z = \frac{0.35 \times 10^{-3}/3}{0.35/3} = 1 \text{ ms} \cdots\cdots\cdots (17)$$

$V_{(U, A)}$に対するI_A位相θ_Zは, 式(9)から次式になります.

【コイル・インピーダンス端子電圧の位相】
$$\theta_Z = \tan^{-1}(2\pi \times 533 \times 1 \times 10^{-3}) \fallingdotseq 73.4° \quad (18)$$

振幅V_Z[V_{0-P}]は, 式(10)から次式のように計算できます.

【コイル・インピーダンス端子電圧の振幅】
$$V_Z = 2.76 \times \sqrt{(0.35/3)^2 + (2\pi \times 533 \times 0.35 \times 10^{-3}/3)^2}$$
$$\fallingdotseq 1.13 \text{ V}_{0-P} \cdots\cdots\cdots (19)$$

● ドライバ出力電圧の振幅と位相を求める

式(11)から, ドライバ出力電圧$V_{(U, N)}$の振幅V_D[V_{0-P}]は, 次のように計算できます.

【ドライバ出力電圧の振幅】
$$V_D = \sqrt{7.25^2 + 1.13^2 - 2 \times 7.25 \times 1.13}$$
$$\times \cos\{180° - (73.4° + 0°)\}$$
$$\fallingdotseq 7.65 \text{ V}_{0-P} \cdots\cdots\cdots (20)$$

式(12)から, $V_{(A, N)}$に対する$V_{(U, N)}$の位相θ_D[°]は, 次のように計算できます.

【ドライバ出力電圧の位相】
$$\theta_D = \cos^{-1}\left(\frac{7.25^2 + 7.65^2 - 1.13^2}{2 \times 7.25 \times 7.65}\right) \fallingdotseq 8.10° \cdots (21)$$

＊

以上で, 正弦波駆動$\theta_{VI} = 0°$のときの各パラメータが算出できました. 計算結果を表2にまとめます.

■ コイル電流と誘起電圧の位相がずれているとき

同様に, θ_{VI}を-60°〜60°に変化させたときも計算し, 値を表3に示します.

■ コイル電流と誘起電圧の位相差と力率の変化

有効電力$P_{EU} = 30$ W, モータの回転速度$N_R = $

表3 実験キットのブラシレス・モータの定格運転時の各パラメータ計算値（−60°＜θ_{VI}＜60°の範囲で変化させたとき）

コイル電流位相 θ_{VI} [°]	誘起電圧皮相電力(3相分) P_A [W]	誘起電圧消費電力力率(3相分) p_F	コイル電流振幅 I_M [A$_{0-P}$]	コイル電流実効値 I_{ARMS} [A$_{RMS}$]	ドライバ出力電圧振幅 V_D [V$_{0-P}$]	ドライバ出力電圧位相 θ_D [°]	インピーダンス電圧 V_Z [V$_{0-P}$]
−60	60.000	0.500	5.516	3.900	5.935	15.996	2.251
−50	46.672	0.643	4.291	3.034	6.456	13.086	1.751
−40	39.162	0.766	3.600	2.546	6.803	11.430	1.469
−30	34.641	0.866	3.185	2.252	7.065	10.307	1.299
−20	31.925	0.940	2.935	2.075	7.280	9.451	1.197
−10	30.463	0.985	2.801	1.980	7.470	8.740	1.143
−5	30.115	0.996	2.769	1.958	7.560	8.415	1.130
0	30.000	1.000	2.758	1.950	7.650	8.103	1.125
5	30.115	0.996	2.769	1.958	7.739	7.798	1.130
10	30.463	0.985	2.801	1.980	7.830	7.496	1.143
20	31.925	0.940	2.935	2.075	8.024	6.880	1.197
30	34.641	0.866	3.185	2.252	8.244	6.215	1.299
40	39.162	0.766	3.600	2.546	8.517	5.446	1.469
50	46.672	0.643	4.291	3.034	8.886	4.485	1.751
60	60.000	0.500	5.516	3.900	9.455	3.158	2.251

8000 r/minに保った状態で，誘起電圧に対するコイル電流の位相差θ_{VI}の値を変化させたときに，コイル電流値I_{ARMS} [A$_{RMS}$]と皮相電力P_A [W]，ドライバ出力電圧の振幅V_D [V$_{0-P}$]，誘起電圧に対するドライバ出力電圧の位相θ_D [°]を図5に示します．

● 最大効率条件 θ_{VI} = 0°のとき

誘起電圧が消費する有効電力P_Eおよび皮相電力P_Aはそれぞれ30 W，30 VAであり，力率p_Fは1.0です．このときのU相コイル電流I_{ARMS}は1.95 A$_{RMS}$です．

● θ_{VI}を変化すると

回転速度が一定であれば，それに比例する誘起電圧は変化しません．しかし，コイル電流は回転速度とモータに入力される有効電力が一定でも，コイル電流と誘起電圧の位相角θ_{VI} [°]が正負いずれに変化しても増加します．

θ_{VI} = 0°のときのコイル電流実効値を100％としたときのθ_{VI}変化に対する変化を表4に示します．位相差が10°になるとコイル電流は2％増え，60°では2倍になります．

表4 θ_{VI}変化に対するコイル電流変化率
60°ずれるとコイル電流は倍に増える

θ_{VI} [°]	コイル電流 [％]
0	100
10, −10	102
20, −20	106
30, −30	115
40, −40	131
60, −60	200

コイル電流が増加すると，

皮相電力 ＝ 電圧 × 電流

なので，電圧が一定であれば皮相電力が増加します．皮相電力が増加すると，

有効電力 ＝ 皮相電力 × 力率

なので，ここでは有効電力が一定なので，力率が減少したことになります．

＊

正弦波駆動では力率 ＝ cos θ_{VI}です．つまり，常に

コイル4 損失はコイル電流の2乗に比例して増える

モータの各相のコイル抵抗の損失は，コイル電流の増加率の2乗に比例して増加します．また，ドライバの3相インバータ回路からコイル電流を供給しているので，3相インバータ回路のMOSFETなどのスイッチング・デバイスやシャント抵抗などに流れる電流はコイル電流に比例します．したがって，コイル電流の増加に伴いドライバ部品の損失も増えます．

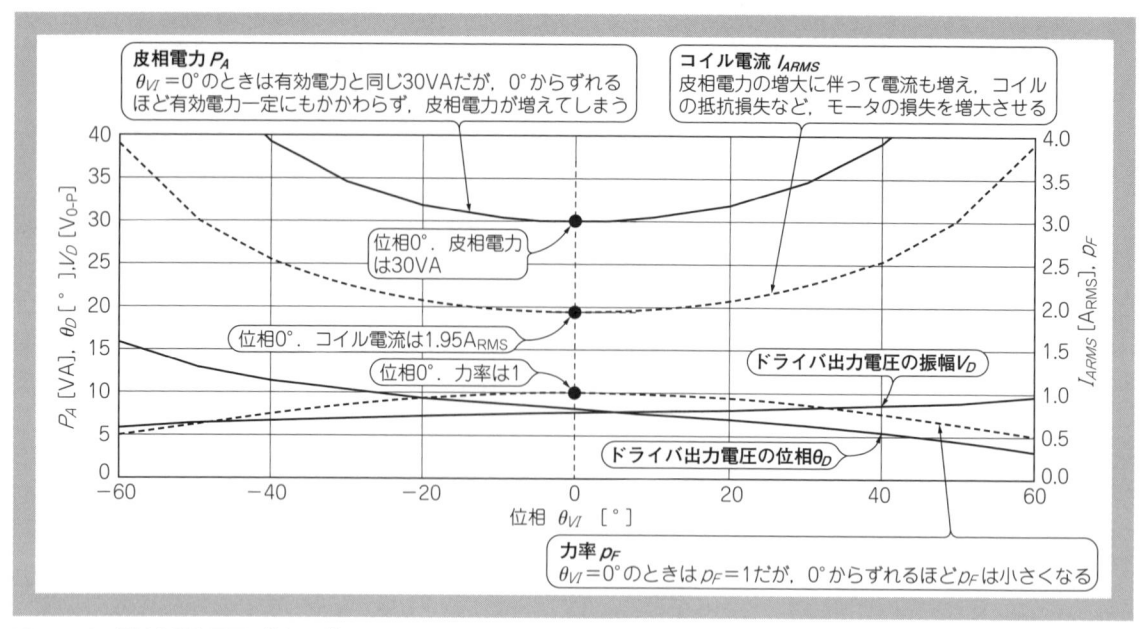

図5 コイル電流と誘起電圧の位相がずれるとコイル電流の大きさが変わる（正弦波で駆動）
モータ回転速度を8000 r/min，有効電力を30 Wに保ったまま，位相 θ_{VI} [°] を変化させた

グラフ内注釈：
- **皮相電力 P_A**：$\theta_{VI} = 0°$ のときは有効電力と同じ30VAだが，0°からずれるほど有効電力一定にもかかわらず，皮相電力が増えてしまう
- **コイル電流 I_{ARMS}**：皮相電力の増大に伴って電流も増え，コイルの抵抗損失など，モータの損失を増大させる
- 位相0°，皮相電力は30VA
- 位相0°，コイル電流は1.95A_{RMS}
- 位相0°，力率は1
- ドライバ出力電圧の振幅 V_D
- ドライバ出力電圧の位相 θ_D
- **力率 p_F**：$\theta_{VI} = 0°$ のときは $p_F = 1$ だが，0°からずれるほど p_F は小さくなる

$\theta_{VI} = 0°$，誘起電圧とコイル電流が同相になるように制御すれば，結果的にコイル電流を最小値に保てます．
　以上から，

- 最大電力効率を得るためには $\theta_{VI} = 0°$ に制御しなければならない
- θ_{VI} のずれによる効率低下を計算から定量的に知ることができる

ことがわかりました．

*
● **ベクトル制御は大電力モータで威力を出す**
　図5から，誘起電圧に対するコイル電流の位相が0°からずれても，コイル電流や皮相電力が大きく変わってないと感じるかもしれません．
　世の中にはベクトル制御を行っていないブラシレス・モータが多く使われています．これらのモータは，想定されているモータ動作条件に合わせて設計されており，位相のずれが一定の範囲に収まる構造をもっています．消費する電力がシビアでない製品では，ベクトル制御をしないものが多くあります．
　ベクトル制御とは，1%でも電流を低減したいときに使用される制御です．たとえば電車のように大きな電力を必要とする大きなモータの場合は，1%が大きな値となります．また，家電製品は，消費者が電気代を節約したい場合に，限界まで電力を削るためにベクトル制御が利用されます．
　次章では，シミュレーション・モデルを作成し，実際には計測することのできない誘起電圧や，位相差による各波形の受ける影響を観測します．

◆参考文献◆
(2) ブラシレス・モータ「BLY171S-15V-8000」のカタログ，http://www.anaheimautomation.com/manuals/brushless/L010228%20-%20BLY17%20Series%20Product%20Sheet.pdf

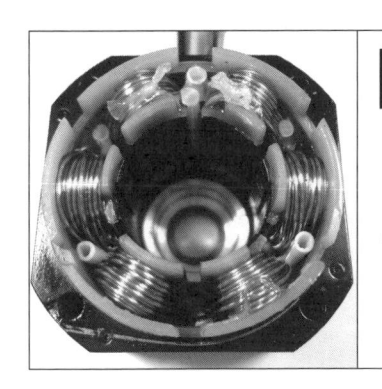

第12章 代表的な「120°矩形波駆動」と「正弦波駆動」を比較

モータの駆動方法の検討

前章までに，ブラシレス・モータを正弦波駆動する場合の，電力効率とトルク効率を最大にする制御条件について検討してきました．対象を表面磁石型ロータ・タイプでマグネット・トルクのみを利用するモータとした場合に，最適制御条件はモータ・コイルの誘起電圧と駆動コイル電流を同相にすることであるということがわかりました．

前章まではモータの各パラメータに対する計算式から制御条件を求め，グラフ化などによってパラメータ間の相互関係を明らかにしましたが，本章ではそれらの条件を適用したシミュレーションを行って動作波形を観測し，より具体的・直感的な理解を目指します．シミュレーションでは駆動回路である3相インバータのPWMスイッチング動作を含め，スイッチング動作の波形への影響も見ます．関連技術として，モータ・コイル電流の検出法や電圧利用率の改善についても述べます．

また，正弦波駆動とは別に使用機会の多い120°矩形波駆動についても動作を調べます．効率の検討以外に，駆動方式と駆動波形の違いも確認します．

12.1 ベクトル制御には正弦波駆動が最適

● 回転速度やトルクが変わってもトルク＆電力効率を最大にキープしたい

例えばエアコンで使用されるモータは，設定温度や気温の変化によりモータの回転速度が変化します．

モータの回転速度や負荷トルクが変化すれば必要なコイル電流が変化するため，誘起電圧やドライバ出力電圧なども変化します．それらの運転条件の変化に合わせて，誘起電圧に対してコイル電流の位相を同相になるように追従制御し続けなければ，電力効率は悪くなります．

これらの変動に対して自動的に追従し最適な駆動をする手法として，ベクトル制御技術が有効です．

● ベクトル制御は最適動作に自動追従

第11章で求めた計算式を用いて高速に処理できれば，ベクトル制御を使わなくても，モータの回転速度や負荷トルクに合わせてコイル電流の振幅や位相を制御することはできるかもしれません．しかし，計算の元になる各パラメータは温度などで変動するので，これによる誤差は避けられません．

ベクトル制御技術を利用すれば，これらの変動を含めて制御できます．といっても，高精度で高速な座標変換演算などは必要です．エアコンなどの家電製品にもベクトル制御が導入され，ベクトル制御に特化した安価な専用マイコンが出てきたことも普及の一因です．

● 正弦波駆動の利点1…電力効率が良い

ベクトル制御は，電力のむだを削りたいときに利用する技術です．

ブラシレス・モータでは120°矩形波駆動と呼ばれる駆動方法が広く普及しています．120°矩形波駆動のほうが正弦波駆動に比べて回路も制御もシンプルで安価に製作できるため，多く使用されています．

本章では，正弦波駆動が120°矩形波駆動よりも電力効率が高いことを示します．

● 正弦波駆動の利点2…滑らかに静かに回せる

正弦波駆動のもう一つの特長は回転品質の優位性です．回転品質とは振動，騒音や回転むらなどに関係します．正弦波駆動は，誘起電圧も正弦波であれば発生トルクがロータの回転角度によらず一定値を示すので，滑らかに静かに回転させることができます．120°矩形波駆動の場合は，ロータの回転角度によって発生トルクが変化するトルク・リプルがあり，振動や騒音，回転むらなどの原因になりえます．

12.2 正弦波駆動の電力効率とトルク効率

実験キットのブラシレス・モータを例にシミュレーションを行い，①誘起電圧，②コイル電流，③ドライバ出力電圧，④各相の瞬時電力（瞬時トルク），⑤3相の合計電力（合計トルク）の波形を観測します．

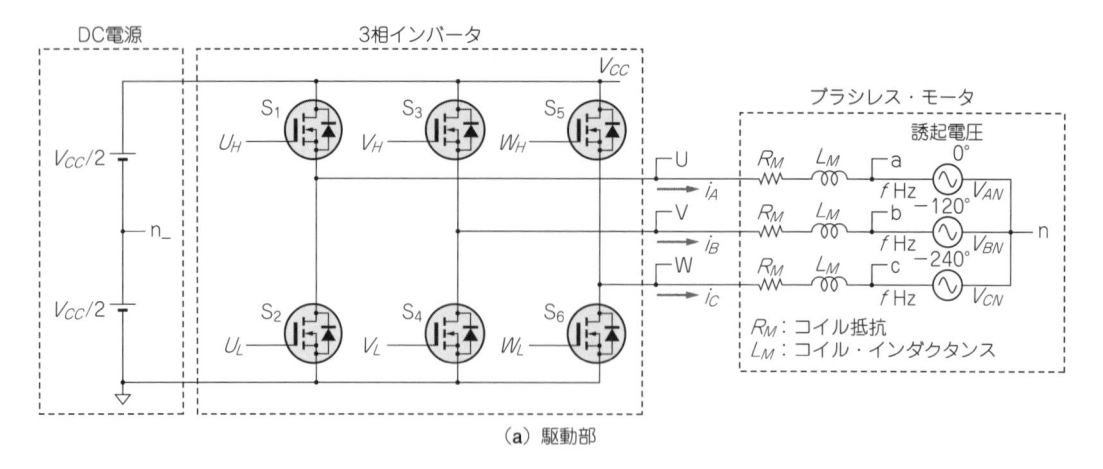

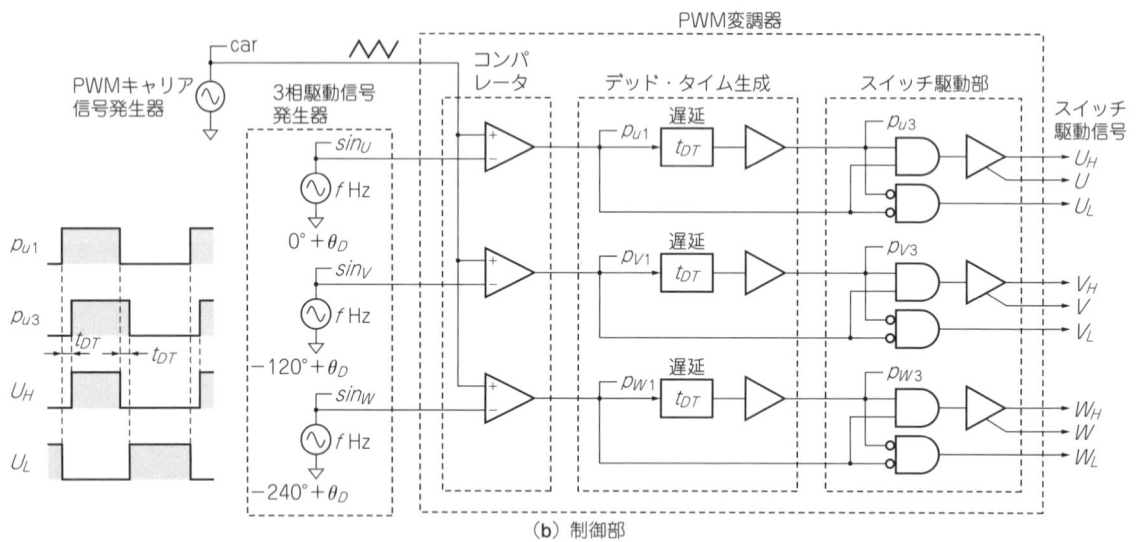

図1 ブラシレス・モータ正弦波駆動のブロック図

● 正弦波駆動ブロック図

ブラシレス・モータ正弦波駆動ブロック図を図1に，回路図を図2に示します．

▶駆動部ブロック図［図1(a)］

ブロック図ではスイッチ素子をパワー MOSFET としていますが，バイポーラ・トランジスタやIGBTを使用することもできます．ただし，動作上各素子に並列ダイオードが必要です．ダイオードは素子の順電流とは逆方向の電流を流します．シミュレーション回路の図2(a)では，スイッチと並列ダイオードを使っています．

▶制御部ブロック図［図1(b)］

キャリア信号とモータ駆動信号に相当する3相正弦波信号からPWM変調を行い，正弦波駆動を行うための6個のスイッチ駆動信号を作ります．3相正弦波信号は誘起電圧と同期し，各相とも誘起電圧から位相 θ_D（回路図ではphd）だけ進んでいます．

各相上下スイッチは互いにON，OFFが逆のスイッチング動作を行いますが，上下スイッチのON，OFF遷移時に同時ONが発生しないようにデッド・タイムを設けています．図中のU相タイムチャートに示すように，遷移時に上下スイッチがともにOFFの区間（デッド・タイム）t_{DT} が短時間生じています．

実機においては同時ONによる貫通電流を防ぐための対策がとられることがありますが，シミュレーションにおいても解析結果への影響を避けるために設けています．

● 正弦波駆動回路

▶モータ駆動回路［図2(a)］

DC電源には中点電位「n_」を設けています．これは，モータ・コイルの中性点「n」とDC電源の中点電位「n_」が同電位かどうかを確認するためのものです．

3相インバータの上下ペアのスイッチは，ONとOFFを繰り返すPWM信号でスイッチング動作を行い正弦波形を作ります．この正弦波により，モータが

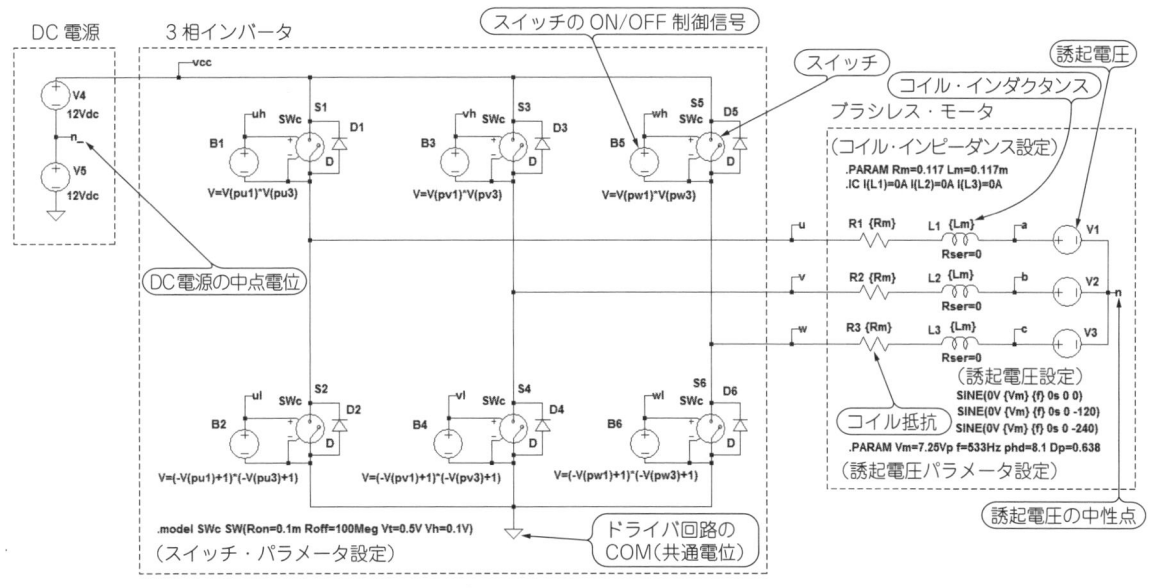

(a) ブラシレス・モータとドライバ回路

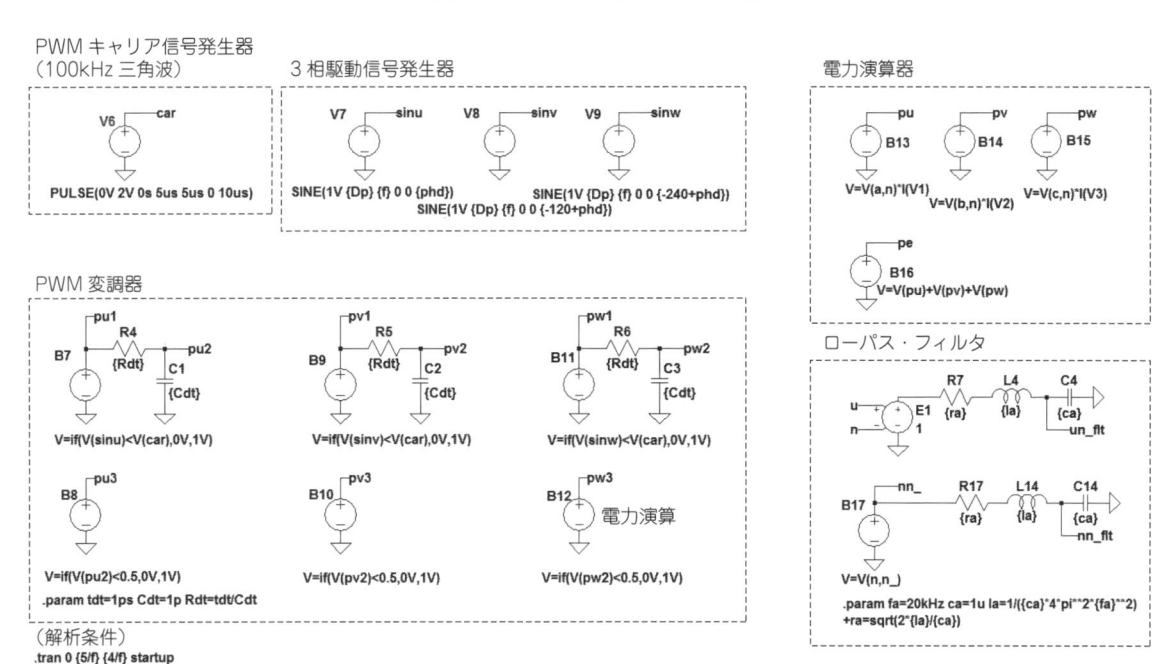

(b) 制御回路

図2 ブラシレス・モータ正弦波駆動のシミュレーション回路【LTspice 036】

回転します．

モータの等価回路には，コイル・インピーダンスによる電気的な遅れのみを表し，機械的な遅れは省略してあります．

▶制御回路［図2(b)］

図2(a)の3相インバータのスイッチに与える制御信号を生成します．PWMキャリア信号発生器で100 kHzの三角波を，3相信号発生器で120°位相差のサイン波形を生成します．PWM変調器はこの二つの信号を使用してPWM信号を作ります．ゲート・ドライバにて，各相の信号を作り，各スイッチに与えます．

電力演算器では，各相の誘起電圧における瞬時電力を計算しています．

シミュレーション波形に重畳するPWMキャリア周波数成分の振幅を小さくするため，PWM周波数を比較的高い100 kHzに設定しました．

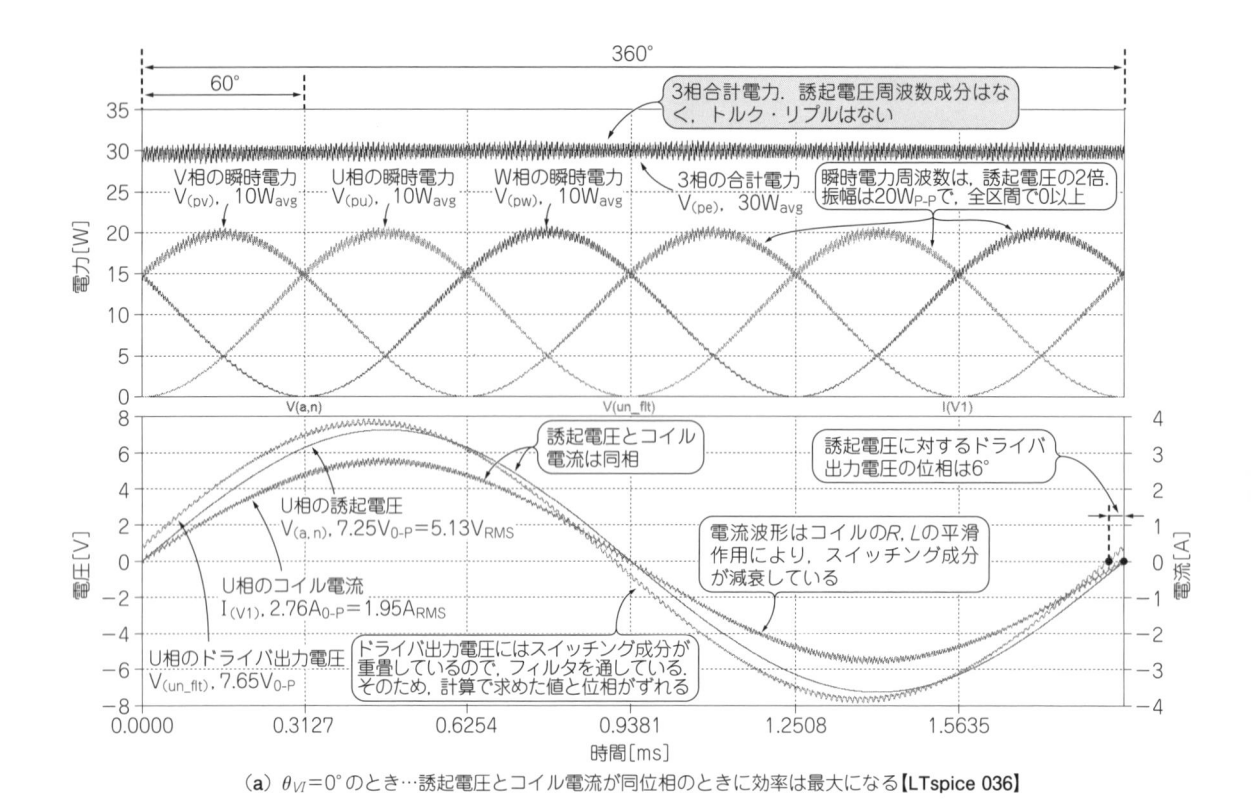

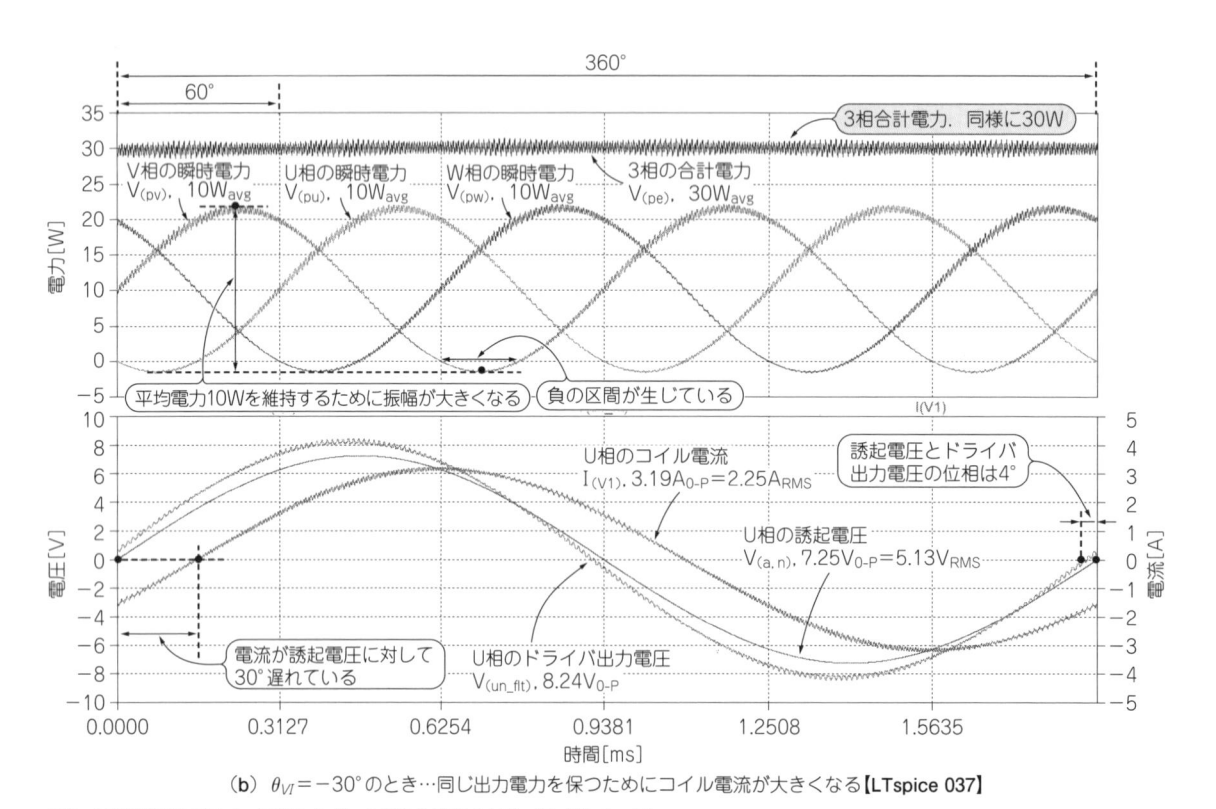

(a) $\theta_{VI}=0°$のとき…誘起電圧とコイル電流が同位相のときに効率は最大になる【LTspice 036】

(b) $\theta_{VI}=-30°$のとき…同じ出力電力を保つためにコイル電流が大きくなる【LTspice 037】

図3 正弦波駆動ではθ_{VI}に関わらず，3相の合計電力にリプルがなく一定

3相ドライバのスイッチに入力する制御信号を作るために，デューティを求める必要があります．デューティは，正弦波の振幅にしたがって時々刻々と変化します．ドライバの出力電圧 $V_{(U,N)}$ [V] の振幅のピーク値 V_D [V$_{0\text{-}P}$] におけるデューティ D_P は，DC電源電圧を V_{CC} とすると，次式になります．

$$D_P = \frac{V_D}{V_{CC}/2} = \frac{7.65\,\text{V}}{24\,\text{V}/2} = 0.638 \cdots\cdots\cdots (1)$$

電圧波形のPWM周波数成分を低減させる，波形観測用の2次系LPFは，遮断周波数 f_{cut} = 20 kHz，通過域ゲインが0 dB（1倍），減衰域のゲイン傾斜が－12 dB/oct（周波数が2倍になると，ゲインが12 dB低下する），f_{cut} 近傍のゲイン・ピークのない特性です．位相遅れは f_{cut} において90°，周波数上昇にともなって最大180°です．そのため，PWM周波数（100 kHz）成分の減衰量は f_{cut} の5倍なので約28 dB減衰（1/25）となります．誘起電圧周波数（533 Hz）に対する影響は，ゲイン変化がほぼ0 dB，位相遅れが約2.2°です（このLPFを通過させた信号名には"_flt"を付加している）．

■ θ_{VI} と3相合計電力のトルク・リプルと電力効率

● θ_{VI} = 0°のとき
▶パラメータの設定

誘起電圧の振幅 V_M（シミュレーションではVm）[V$_{0\text{-}P}$] と誘起電圧の周波数 f_M（シミュレーションではf）[Hz]，誘起電圧に対するドライバ出力電圧の位相 θ_D（シミュレーションではphd）[°]，デューティ D_P の各値を.PARAMコマンドにより設定します．

.PARAM Vm = 7.25 Vp
.PARAM f = 533 Hz
.PARAM phd = 8.1
.PARAM Dp = 0.638

θ_D と D_P には，誘起電圧に対するコイル電流の位相 θ_{VI} が0°のときのパラメータを設定します．V_M と f_M は θ_{VI} によらず一定の値です．
▶電力効率が最大のときは誘起電圧とコイル電流の位相は0°

図3(a)は θ_{VI} = 0°時の波形です．横軸は時間 t ですが，誘起電圧の1周期を6等分した時間を1目盛りとしているので60°/divの位相軸と見ることもできます．
U相の誘起電圧 $V_{(A,N)}$ ［シミュレーションでは $V_{(a,n)}$］とU相コイル電流 I_A ［シミュレーションでは $I_{(V1)}$］の2波形から両者が同相であることがわかります．
▶PWMスイッチ成分をLPFで減衰してドライバ出力電圧の周波数成分を見る

U相のドライバ出力電圧 $V_{(U,N)}$ はPWMスイッチングによるパルス波形なので，直接観測しても誘起電

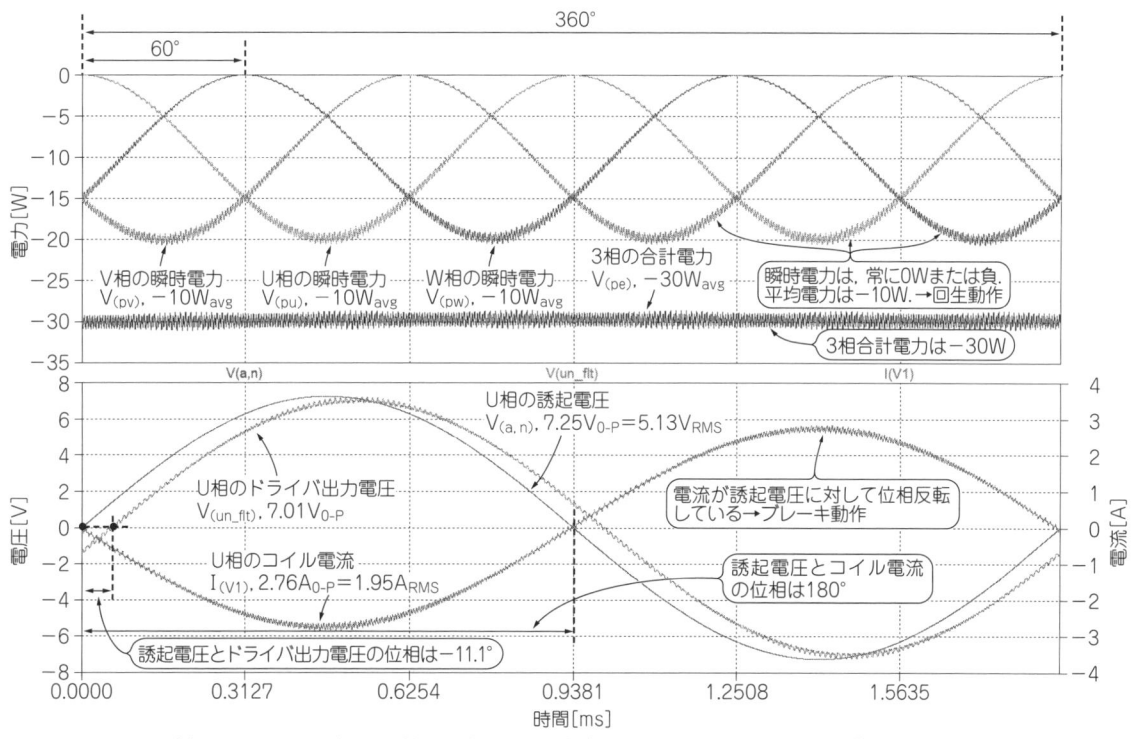

(c) θ_{VI} = －180°のとき…誘起電圧とコイル電流が逆位相になると回生動作になる【LTspice 038】

12.2 正弦波駆動の電力効率とトルク効率

圧の周波数成分は見えません．2次系ローパス・フィルタ(LPF)を通した波形$V_{(un\_flt)}$を観測します．

ドライバ出力電圧$V_{(U,N)}$と誘起電圧$V_{(A,N)}$の位相θ_Dは，図3(a)から6°と読み取れます．これは，第11章の式(20)で求めた8.1°とは一致しません．

【ドライバ出力電圧の位相】
$$\theta_D = \cos^{-1}\left(\frac{7.25^2 + 7.65^2 - 1.13^2}{2 \times 7.25 \times 7.65}\right) \fallingdotseq 8.10°$$
……………第11章の式(20)

理由は，2次のLPFによる位相遅れが2.2°あることによります．シミュレーション結果の6°に2.2°を加えれば8.2°となり，ほぼ一致します．

コイル電流I_A波形は，コイル抵抗R_M，コイル・インダクタンスL_Mによる平滑作用によりPWM周波数成分が減衰するので，LPFを通す必要はありません．

▶回転角によらず一定値の電力(トルク)を出力する

各相誘起電圧で消費する瞬時電力P_U, P_V, P_W [シミュレーションではV(pu), V(pv), V(pw)] の周波数は誘起電圧の2倍で，振幅が0～20Wの正弦波です．瞬時電力は各相とも常に0以上です．瞬時電力3相分を加算した有効電力P_E [シミュレーションではV(pe)] は，回転角によらず一定値30Wです．

各相の瞬時電力の平均値の単位を[W_{avg}]で表していますが，これは有効電力に相当します．3相の合計電力P_Eの波形にはPWM周波数成分リプルが重畳していますが，モータがこの周波数には応答しないと考えられるので，正弦波駆動時は駆動側起因のトルク・リプルが原理的には生じないことが確認できます．

以上のシミュレーション結果は第10章の図5に示したトルク特性グラフと一致しています．電力特性のグラフはトルク特性のグラフでもあります．

● $\theta_{VI} = -30°$のとき
▶パラメータの設定

パラメータを$\theta_{VI} = -30°$となるように設定します．V_Mとf_Mはθ_{VI}によらず一定の値です．

.PARAM phd = 6.2
.PARAM Dp = 0.687

▶電流位相θ_{VI}がずれると振幅が大きくなり必要とする電力が増える

波形を図3(b)に示します．コイル電流I_A [$I_{(V1)}$] は，振幅は3.19A_{0-P}(2.25A_{RMS})に増大しています．各相瞬時電力P_U, P_V, P_W [V(pu), V(pv), V(pw)] は，振幅が23.1W_{P-P}となり$\theta_{VI} = 0°$の20W_{P-P}より大きくなっていますが，一部区間で負の値を取ります．そのため，平均値(各相有効電力)は$\theta_{VI} = 0°$のときと同じ10Wになります．

▶各相のトルク・リプルは増えるが3相の合計トルクはDCになる

3相の合計電力P_E [V(pe)] も30Wとなり，$\theta_{VI} = 0°$のときと同じです．トルクが負となる相をほかの2相で補うため，コイル電流が大きくなります．

各相のトルク・リプルは増えていますが，3相合計のトルクは回転角度によらず一定で，$\theta_{VI} = 0°$のときと同様にトルク・リプルは0です．正弦波駆動においては，θ_{VI}が0°からずれると効率は低下しますが，トルク・リプルは0のままです．

● $\theta_{VI} = -180°$のとき
▶パラメータの設定

パラメータを$\theta_{VI} = -180°$となるように設定します．V_Mとf_Mはθ_{VI}によらず一定の値です．

.PARAM phd = -8.84°
.PARAM Dp = 0.584

▶コイル電流が逆相のときは回生する

波形を図3(c)に示します．U相のコイル電流I_A [$I_{(V1)}$]の位相が誘起電圧$V_{(A,N)}$ [$V_{(a,n)}$]と逆相になっています．また，瞬時電力は各相とも全域で0または負となっており，3相合計の有効電力P_E [V(pe)]は-30Wです．回転方向とは逆方向のトルクが発生し，DC電源に対して電力を回生しています．そのときもトルク・リプルは0のままです．

12.3 正弦波駆動における電圧利用率の改善

前節までは，駆動電圧，誘起電圧および駆動電流がすべて正弦波の場合について検討しました．本節では，駆動電圧(ドライバ出力電圧)が非正弦波であるにも関わらず正弦波誘起電圧に正弦波電流を供給し，なおかつより大きな駆動電圧が得られる方式について解説します．

3相スイッチング・インバータによりブラシレス・モータを正弦波駆動する場合の最大駆動電圧振幅は，通常V_{CC}[V_{P-P}]です．ここで，V_{CC}[V_{DC}]はインバータに供給するDC電源電圧です．これに対し，V_{CC}が同じ値でもモータ側から見た最大駆動電圧を増大させることのできるいくつかの方法があります．一見不思議に感じる駆動電圧が増大する理由について検討し，次にそれらの方法のうちの①3次高調波重畳，②2相変調，③3相変調について述べます．

■ 駆動電圧が増大する理由

図4(a)に基本接続図を示します．3相スイッチング・インバータの出力電圧構成は，スイッチング周波数成分を除けば，正弦波平衡3相電圧v_1, v_2, v_3と3

相共通電圧v_{com}からなると見ることができます．

負荷抵抗R_1，R_2，R_3もすべて抵抗値が等しい平衡3相負荷です．ブラシレス・モータも平衡3相負荷と見ることができます．Y結線されたv_1，v_2，v_3の電源共通電位をx，同じくY結線されたR_1，R_2，R_3の中性点をnとします．

電源v_1，v_2，v_3が平衡3相であり，かつ負荷R_1，R_2，R_3も平衡3相であれば，3相共通電圧v_{com}の値に関わらず，x-n間電圧$V_{(x, n)}$は0V(x, nは同電位)となります．共通電圧v_{com}はv_1，v_2，v_3に共通に加算されます．

3相共通電圧v_{com}の波形や振幅に関わらず，共通電

コラム1　シミュレーションでも確認！ DC電源の中点とモータ・コイルの中性点は同電位

図Aは，図2(a)の3相インバータの中の1相のみを取り出したものです．これは，ドライバの中点とモータの中性点を同電位と見なせることを前提としています．では，その2点間の電位差をシミュレーションで確認してみます．

図Bは，正弦波駆動$\theta_{VI} = 0°$のときの図2(a)において，モータの中性点nをDC電源の中点n_から見た電圧$V_{(n, n\_)}$です．画面上側のように，PWMスイッチング成分は電源電圧全域(±12V)に振れていますが，2次系LPFを通してPWMスイッチング成分を減衰させた信号$V_{(nn\_flt)}$は0Vとなり，誘起電圧成分は見られません．したがって，誘起電圧周波数での動作を検討するときは，n，n_の2点間は同電位とみなすことができます．図において波形の重なりを防ぐために，$V_{(nn\_flt)}$にDC15Vを加算しています．

また，ドライバのCOM電位基準で，各相ドライバ出力U，V，Wを観測すると，上記$V_{(n, n\_)}$に$V_{cc}/2$が加算されます．

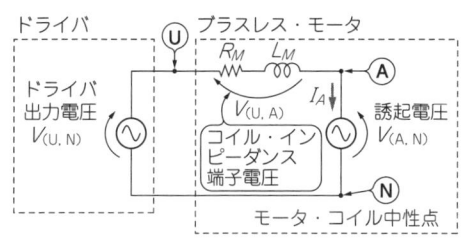

図A　U相の等価回路

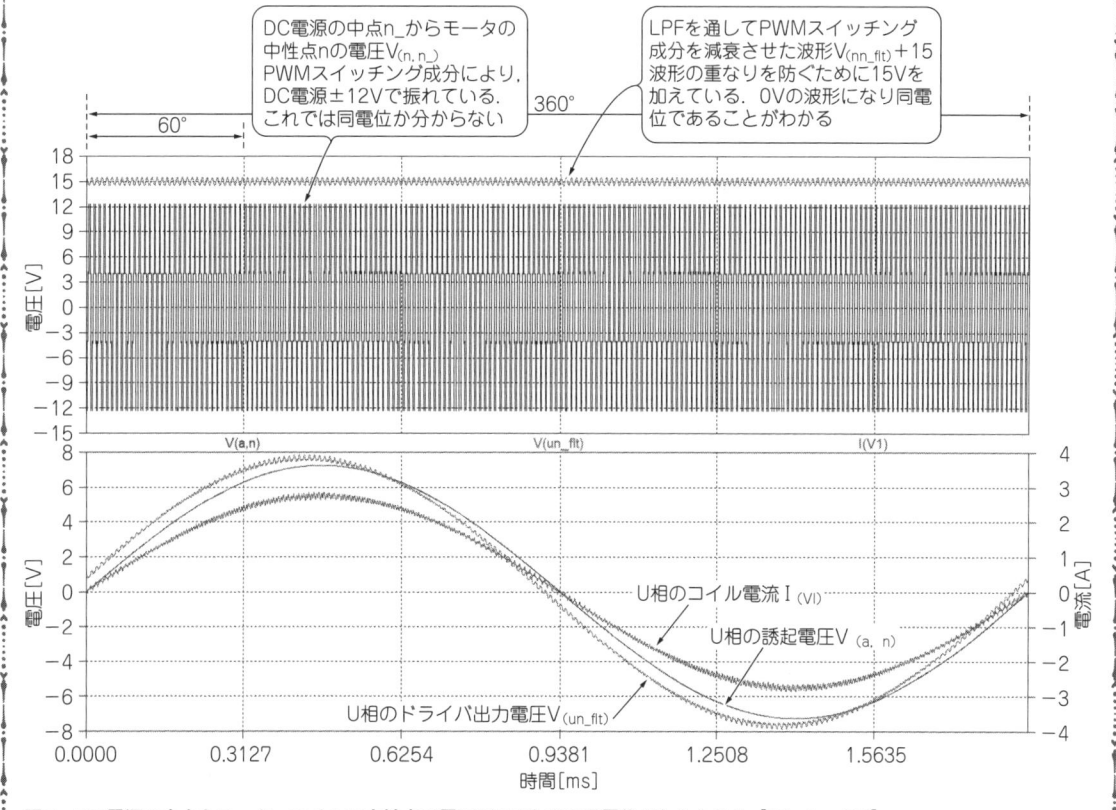

図B　DC電源の中点とモータ・コイルの中性点の電圧が0Vなので同電位だとみなせる【LTspice 041】

位xと中性点nが常に同電位となることが，モータ駆動電圧を通常よりも増大させることができる理由です．モータ駆動電圧は中性点nを基準とするのに対し，インバータの出力電圧はcomを基準としてその振幅がDC電源電圧に制限されるので，通常より増大させた駆動電圧のピーク値付近の振幅を，加算するv_{com}波形により減ずることができれば，中性点nから見た駆動電圧を増大させることができます．

3相インバータのDC電源電圧が$V_{CC} = 20 \text{ V}_{DC}$，正弦波基本波周期$t_p = 6 \text{ ms}$（周波数1/6 m = 167 Hz）のときの各部の電圧波形を図4(b)に示します．3相インバータが供給可能な出力電圧範囲は，スイッチ素子の飽和電圧などを無視すれば，0 V～20 V（= V_{CC}）なので，$V_{(x)} = v_{com} = 10 \text{ V}_{DC}$で$v_1$, v_2, v_3の振幅V_Dが10 V_Pのときに，com基準の3相出力電圧$V_{(u)}$, $V_{(v)}$, $V_{(w)}$が最大振幅20 V_{P-P}となります．

$V_{(x, n)} = 0 \text{ V}$であることから，中性点n基準の負荷電圧$V_{(u, n)}$, $V_{(v, n)}$, $V_{(w, n)}$は，それぞれ$V_{(u, x)}$, $V_{(v, x)}$, $V_{(w, x)}$に等しく，$V_{(x)} = 10 \text{ V}_{DC}$は負荷側には現れません．

したがって，v_1, v_2, v_3の振幅が±10 V_Pを上回っても，$V_{(u)}$, $V_{(v)}$, $V_{(w)}$を0 V～20 Vの範囲に収められるような3相共通電圧v_{com}波形が存在すれば，前述の「駆動電圧を増大」させることができます．

■ 3次高調波重畳

図5(a)の3相共通電圧$V_{(x)}$は，周波数が平衡3相電圧（基本波）の3倍（3次高調波）の正弦波とDCの加算波形です．3次高調波の0°とU相電圧$V_{(u, x)}$の0°が一致する位相とします．その結果，ほかの2相の0°も3次高調波の0°と一致します．各設定値は，DC電源電圧$V_{CC} = 20 \text{ V}_{DC}$，基本波振幅$V_D = 11.55 \text{ V}_P$，基本波周波数1/6 ms = 167 Hz，3次高調波振幅$K_a \times V_D = 0.168 \times 11.55 = 1.94 \text{ V}_P$，3次高調波周波数3/6 ms = 500 Hz，

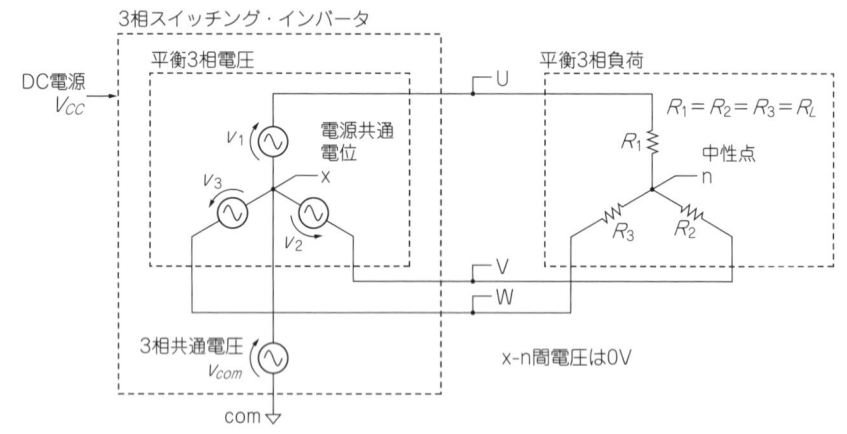

(a) 基本接続図

(b) 基本接続図の各部波形（駆動電圧増大策未実施の場合）

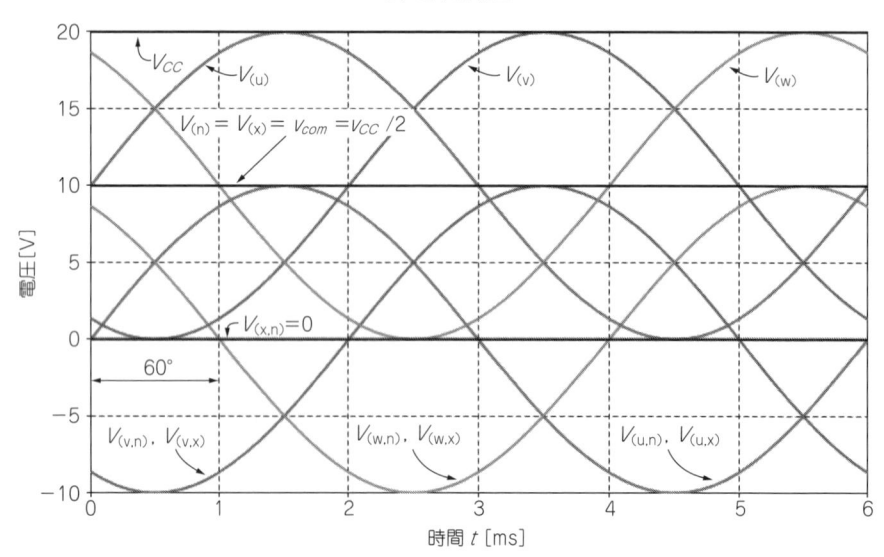

図4　3相共通電圧を持つ基本接続時の回路と各部の波形

加算DC = $V_{CC}/2$ = 20/2 = 10 V_{DC}です.

このときの各部波形を図5(b)に示します. $V_{(x, n)}$は全区間で0Vであり, $V_{(x)}$, $V_{(n)}$が同電位であることがわかります. $V_{(x)}$および$V_{(n)}$は基本波の3倍の周波数であり, 振幅は(11.94 − 8.06)/2 = 1.94 V_Pと読み取れるので, 設定値と一致しています.

com基準の駆動電圧 $V_{(u)}$, $V_{(v)}$, $V_{(w)}$は台形波に近いひずみ波ですが, DC = 10 Vを中心に, 20/2 = 10 V_Pであり V_{CC} = 20 V_{DC}における最大値20 V_{P-P}と一致しています. これに対して, n基準の駆動電圧 $V_{(u, n)}$, $V_{(v, n)}$, $V_{(w, n)}$は設定値である11.55 V_Pであり, 図5(a)の設定においては, 3次高調波非重畳時の最大駆動電圧10 V_Pに比べて15.5%増大しています.

3相インバータにおいては, 出力のAC電圧成分には, DC電源電圧 V_{CC}の1/2(= 10 V_{DC})のDC電圧が重畳するので, 図5(a)の3相共通電圧の10 V_{DC}はこれに相

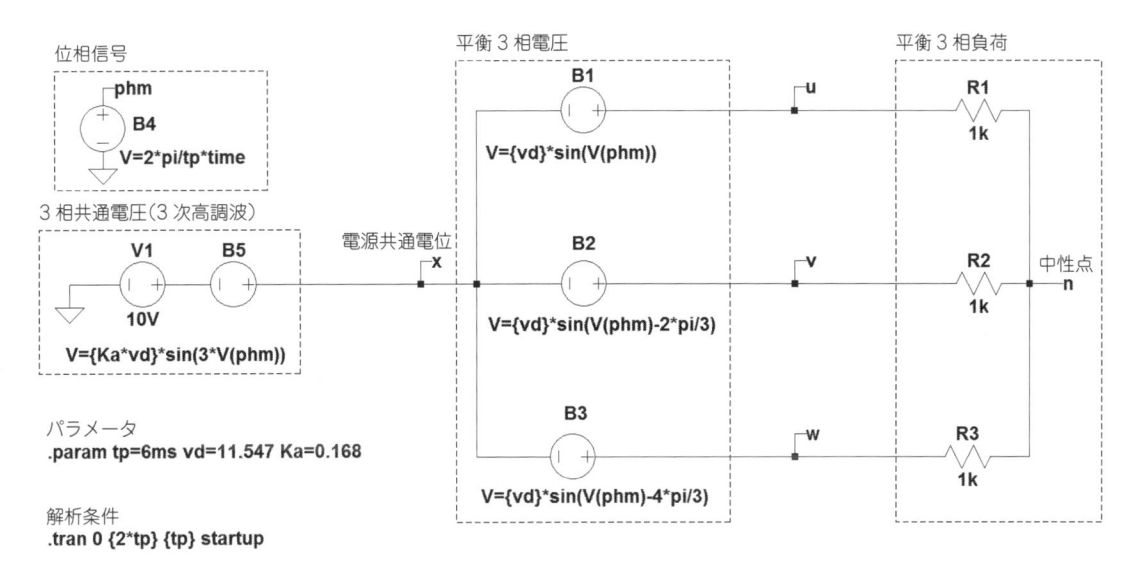

(a) 回路図

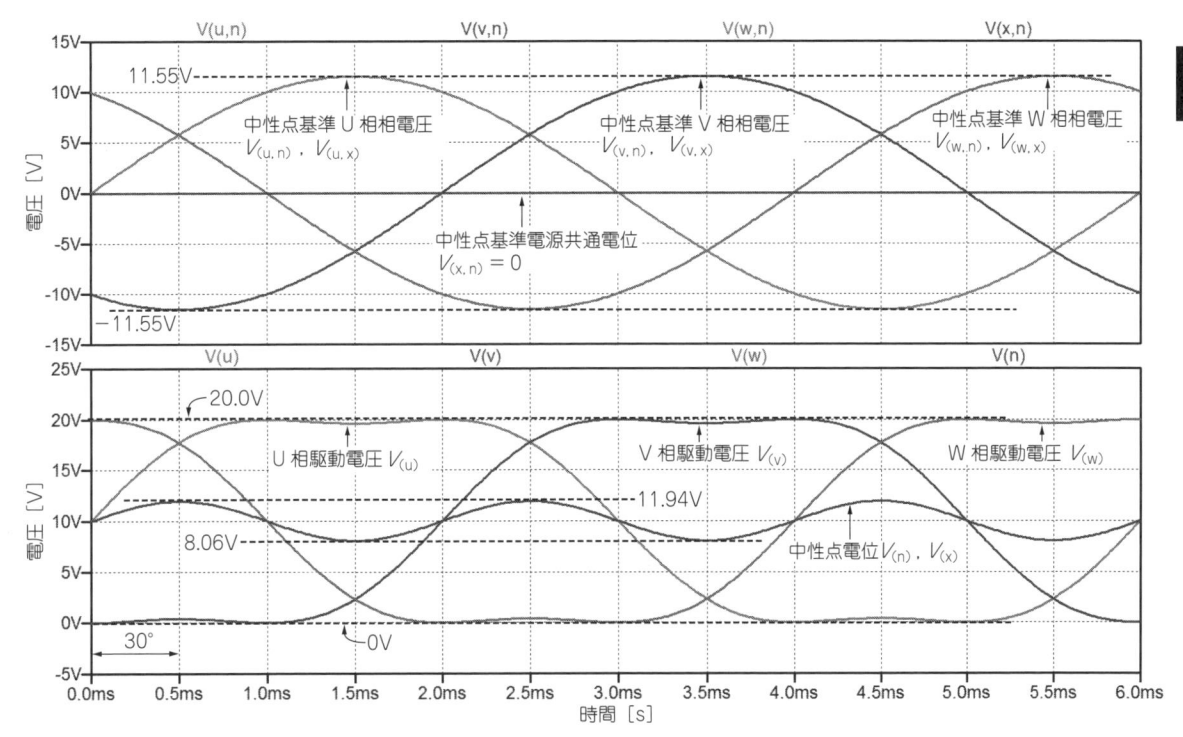

(b) 3次高調波重畳時の各部波形

図5 最大駆動電圧を増大させる方法①3次高調波重畳【LTspice 042】

12.3 正弦波駆動における電圧利用率の改善

当します．このDC電圧を加算したことにより$V_{(x)}$電位が10 V_{DC}シフトしますが，同時に$V_{(n)}$電位も同じ電圧だけシフトするので，中性点nから見た駆動電圧にはDC成分が現れません．

上記のような駆動電圧増大効果が得られる理由は，3次高調波と基本波の位相が，各相とも両者の加算により，図5(b)のように基本波振幅が減少する関係で

あることによります．

■ 2相変調

図6(a)の3相共通電圧$V_{(x)}$は，各時刻ごとの各相基本波電圧のうちの最小値の極性反転電圧です．3相共通電圧設定として示されているLTspiceのコマンドの一部，

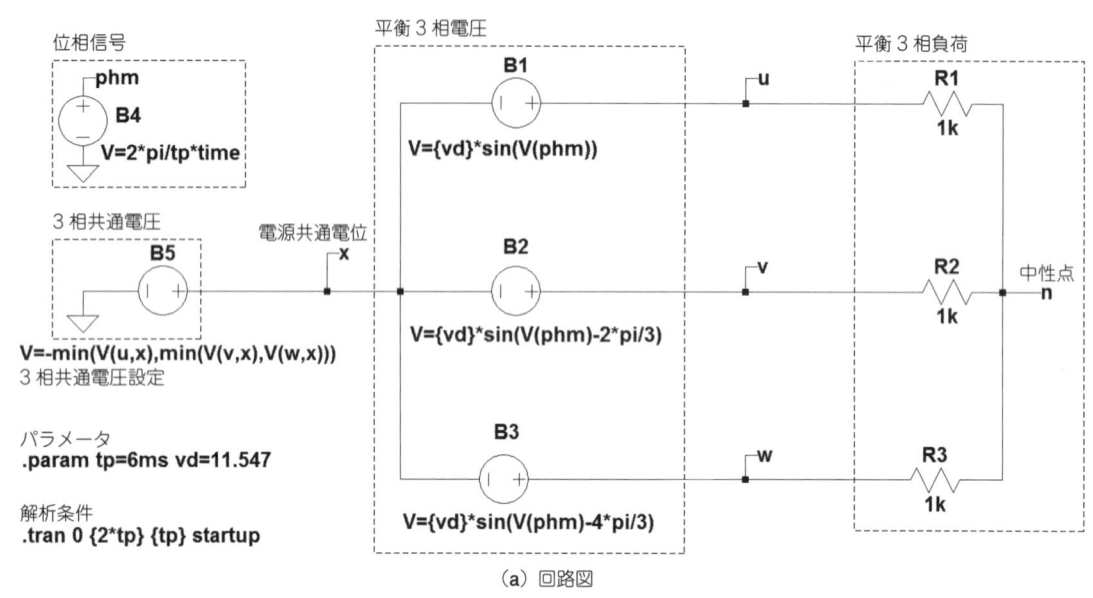

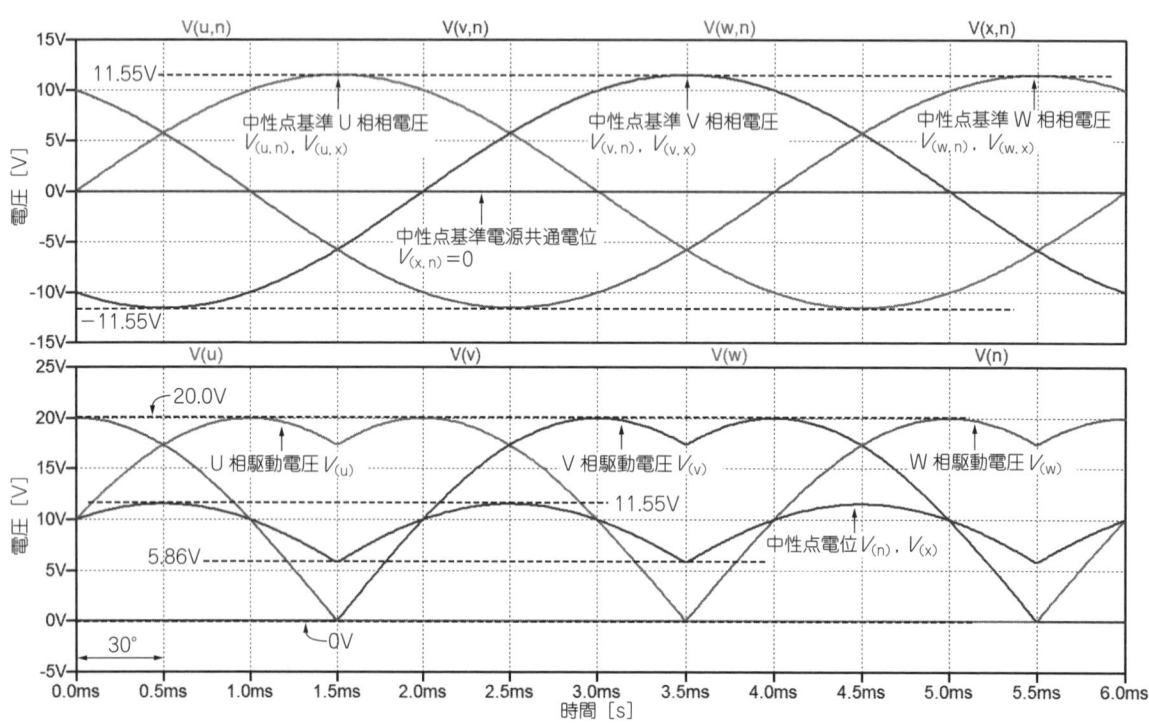

(a) 回路図

(b) 2相変調の各部波形

図6 最大駆動電圧を増大させる方法② 2相変調【LTspice 043】

$\min(V_{(v, x)}, V_{(w, x)})$

は，二つの電圧 $V_{(v, x)}$ および $V_{(w, x)}$ のうちの最小値を求めることを意味します．

上記の3相共通電圧波形を図6(b)の $V_{(n)}$（$= V_{(x)}$）として示します．このような波形を重畳する方式を「2相変調」と呼びます．

この重畳波を加算することは，各相基本波（$V_D = 11.55\,V_P$）の最大振幅を低下させることになり，各相駆動電圧 $V_{(u)}$，$V_{(v)}$，$V_{(w)}$ の最大振幅が $20.0\,V_{P-P}$ となっています．その結果，負荷側から見た駆動電圧 $V_{(u, n)}$，$V_{(v, n)}$，$V_{(w, n)}$ は，図6(a)の設定においては，$11.55\,V_P$ であり，非重畳時の最大駆動電圧 $10\,V_P$ に比べて15.5％増大しています．

(a) 回路図

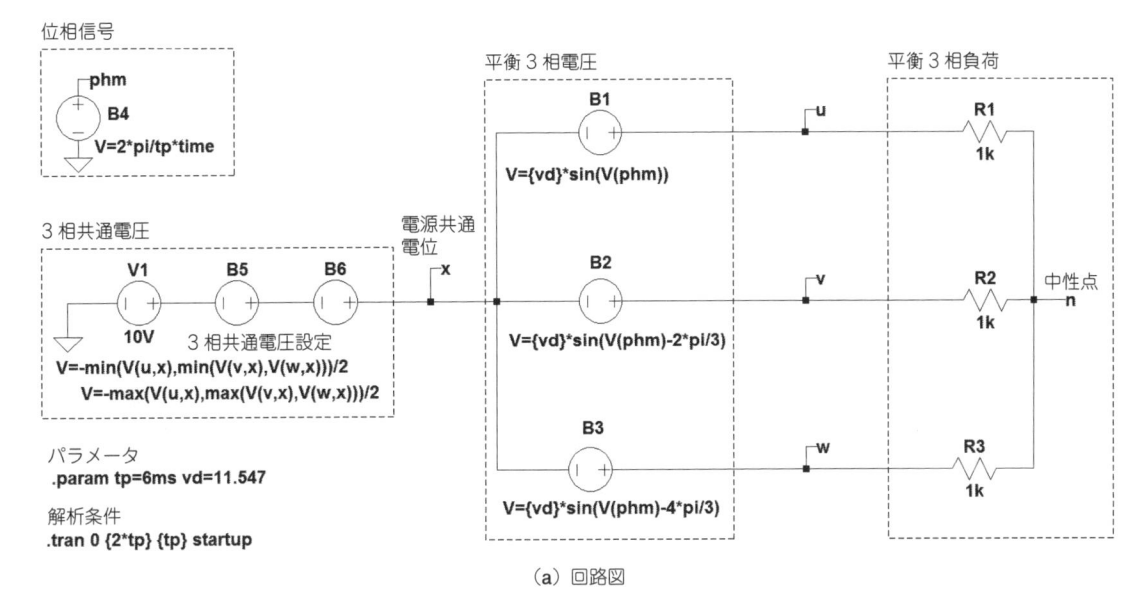

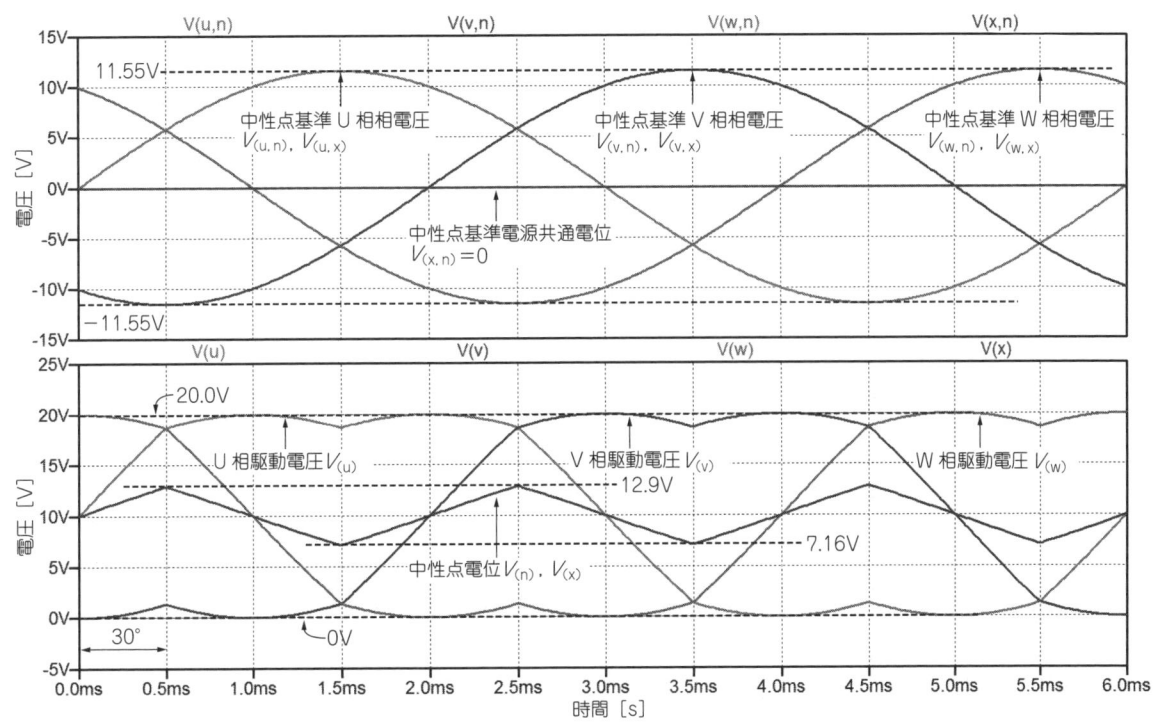

(b) 3相変調の各部波形

図7　最大駆動電圧を増大させる方法③3相変調【LTspice 044】

12.3　正弦波駆動における電圧利用率の改善

2相変調においては，各相駆動電圧 $V_{(u)}$, $V_{(v)}$, $V_{(w)}$ は基本波振幅 V_D の大小に関わらず，1周期の1/3が0Vであり，スイッチング・インバータ駆動においては120°の間スイッチングが停止します．3相のうち常にいづれか1相のスイッチングが停止していることになるので，スイッチング損失やスイッチング・ノイズを低減させることができる可能性があります．

■ 3相変調

図7(a)の3相共通電圧は，各時刻ごとの各相基本波電圧のうちの最小値の極性反転電圧の1/2と最大値の極性反転電圧の1/2の和です．3相共通電圧設定として示されているLTspiceのコマンドの一部，

$$\max(V(v, x), V(w, x))$$

は，二つの電圧 $V_{(v, x)}$ および $V_{(w, x)}$ のうちの最大値を求めることを意味します．

上記の3相共通電圧波形を図7(b)の $V_{(n)}$ ($= V_{(x)}$) として示します．このような波形を重畳する方式を「3相変調」と呼びます．

この重畳波を加算することは，各相基本波(V_D = 11.55 V_P)の最大振幅を低下させることになるため，各相駆動電圧 $V_{(u)}$, $V_{(v)}$, $V_{(w)}$ の最大振幅が20.0 V_{P-P} となっています．その結果，負荷側から見た駆動電圧 $V_{(u, n)}$, $V_{(v, n)}$, $V_{(w, n)}$ は，図7(a)の設定においては，11.55 V_P であり，非重畳時の最大駆動電圧10 V_P に比べて15.5%増大しています．

12.4　120°矩形波駆動の動作方式

前節までに述べた「正弦波駆動」に対してよりシンプルな「120°矩形波駆動」は，ブラシレス・モータの駆動で広く使われています．120°矩形波駆動の制御方法にはいくつかの方式があります．本節では，これらのなかから，基本動作および3種類のPWM制御方式について，駆動電圧波形を比較し，誘起電圧位相検出への応用を含めて検討します．以下の各場合とも，実験キットのブラシレス・モータを定格運転したときの動作値や動作波形を比較します．

さらに，実動作上の問題としてブートストラップ電源使用時の制約についても述べます．

● 120°矩形波駆動のブロック図

本項の120°矩形波駆動ブロック図を図8，図9に示します．これらのブロック図の構成は，図8(a)，(b)が各方式共通，図9の(a)〜(d)が，12.4.1〜12.4.4節の各方式にそれぞれ対応します．

▶駆動部［図8(a)］

図1(a)のブロック図の説明が本図にも適用できます．相違はDC電源の中点の有無のみです．図1(a)は正弦波駆動，本図は120°矩形波駆動ですが，ブロック図は共通に使用できます．

本図は以下の各方式にも共用します．

▶PWM変調器［図8(b)］

120°矩形波駆動では動作条件が変動しなければデューティ D_P (回路図では dp)も不変なので，D_P としてDCを与えています．pwmおよび/pwmのPWM信号は互いにハイ，ローが逆であり，デッド・タイムが設けてあります．

各相上下各スイッチのアクティブ区間(ONまたはスイッチング区間)は，各相誘起電圧の正および負の半周期(180°)におけるそれぞれ120°区間です．各スイッチのアクティブ区間開始位相 θ_R (回路図ではphr)はパラメータとして設定可能です．

スイッチ・アクティブ信号発生器により図のタイムチャートのように各スイッチのアクティブ信号 S_1act〜S_6act が作られます．

本図は以下の各方式に共用します．

▶スイッチ駆動部［図9(a)〜(d)］

図8(b)で得られたPWM信号 pwm，/pwm およびスイッチ・アクティブ信号 S_1act〜S_6act を組み合わせることにより，各方式ごとのスイッチ駆動信号を作ることができます．

(a) 回転制御のみの場合

PWMスイッチング動作を行わないので，スイッチ・アクティブ信号 S_1act〜S_6act がそのままスイッ

コラム2　120°矩形波駆動の「進み角」

120°矩形波駆動の理論上の最適駆動位相は，電圧・電流の位相軸上(左右方向)の波形中心が一致する $\theta_R = -30°$ です．これに対してシミュレーション上の最適位相は $\theta_R = -26°$ と理論値に対して4°進んでいます．その理由は，コイル電流 I_U 波形の立ち上がり立ち下がりに遅れがあるからです．このシミュレーションでは電気的な遅れのみを評価していますが，回転速度などの動作条件に応じて遅れ位相は変化します．

このように，θ_R は動作に応じて理論値より進める必要がありこの位相角を「進み角」と呼びます．$\theta_R = -26°$ の例では進み角4°に相当します．

チ駆動信号となります．

本方式では，モータ駆動電圧振幅の調節はDC電源電圧によって行います．

(b) ハイ・サイドのみPWM方式

各相ハイ・サイド・スイッチは，スイッチ・アクティブ区間においてのみPWM動作(pwm)を行います．

各相ロー・サイド・スイッチは，PWM動作を行わず各スイッチ・アクティブ区間で連続ONとなります．

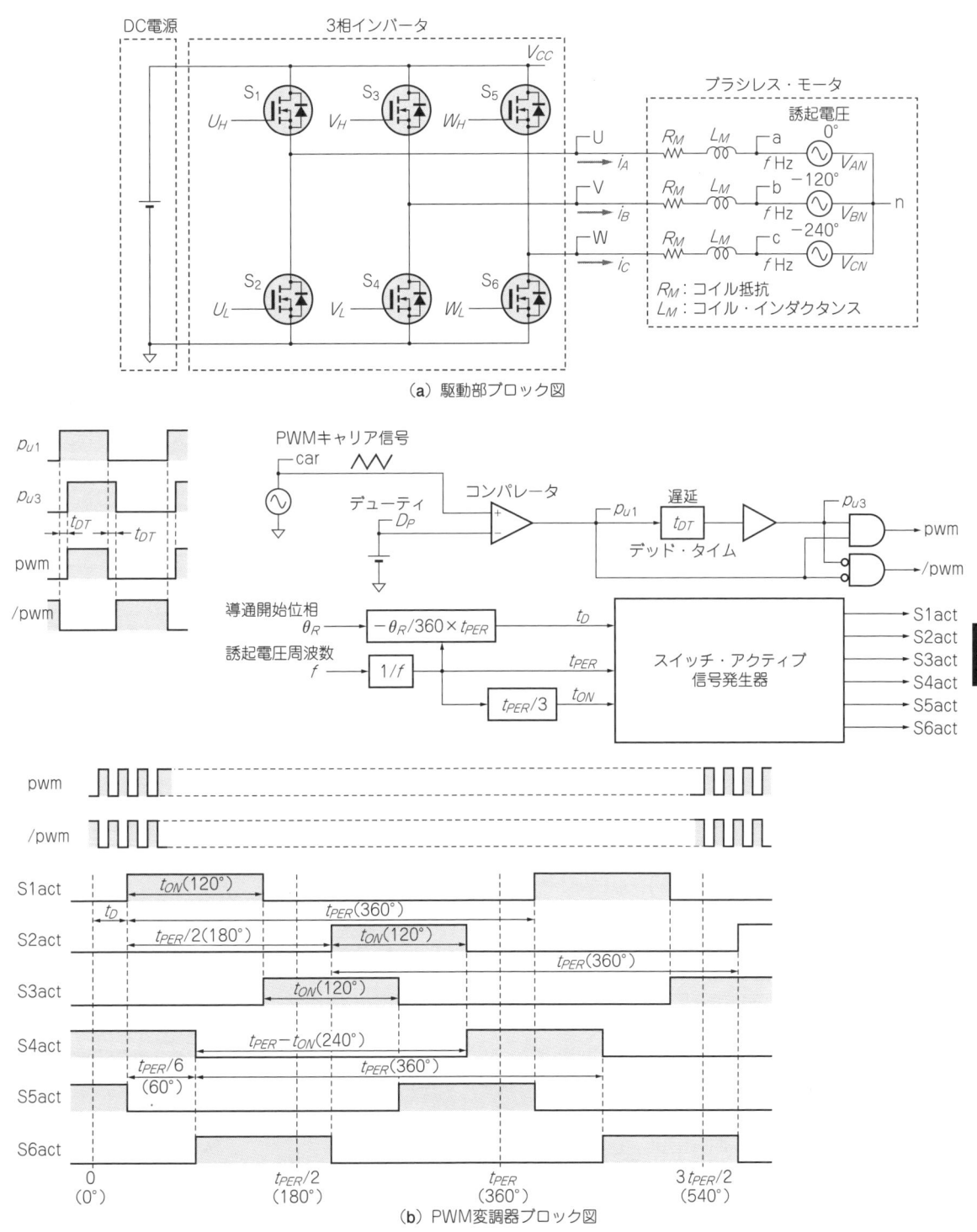

(a) 駆動部ブロック図

(b) PWM変調器ブロック図

図8　120°矩形波駆動のブロック図(各方式共通)

12.4　120°矩形波駆動の動作方式

(c) ハイ/ロー個別PWM方式

　各相ハイ・サイドおよびロー・サイド各スイッチは，スイッチ・アクティブ区間においてPWM動作(pwm)を行います．上下いずれか一方のスイッチがPWM動作中は他方のスイッチは連続OFFとなります．

(d) ハイ/ロー同時PWM方式

　各相ハイ・サイドおよびロー・サイド両スイッチは，両者のスイッチ・アクティブ区間においてともにPWM動作を行います．ただし，両者のハイ/ロー・レベルは逆となり(pwmと/pwm)，本方式ではデッド・タイムも有効に作用します．

■ 12.4.1　基本動作(回転制御のみの場合)

　基本動作回路図を図10(a)，(b)に，動作波形を図10(c)に示します．各相誘起電圧は正弦波平衡3相であるとし，スイッチS_1〜S_6のオン抵抗は十分に小さく無視できるものとします．また，ダイオードの順方向電圧をV_F(約1V)とします(以下同様)．

● 3相インバータのスイッチ制御

　120°矩形波駆動では，各相誘起電圧の正，負の半周期にハイ/ロー・スイッチがそれぞれ120°ずつONになることにより矩形波状の電流を供給します(誘起電圧の1周期を360°とする)．電流通電区間は各相誘起電圧の正負のピーク(90°および270°)を中心とする各120°が基準区間ですが，より高効率とするため基準区間から「進み角」(**コラム2**参照)だけ進ませます．実験キットのモータにおいては進み角を4°，すなわち誘起電圧の正区間における流通区間を26°〜146°[(30 - 4)°〜(150 - 4)°]としています．

　3相インバータのS_1〜S_6の6個のスイッチが駆動を受け持つ区間を指令する信号を，図10(b)のようにそれぞれS1act〜S6actとしています．これらのact信号により，各スイッチは図10(c)のようにON/OFF動作します．これは，各スイッチのPWMデューティが100%であると見ることもできます．

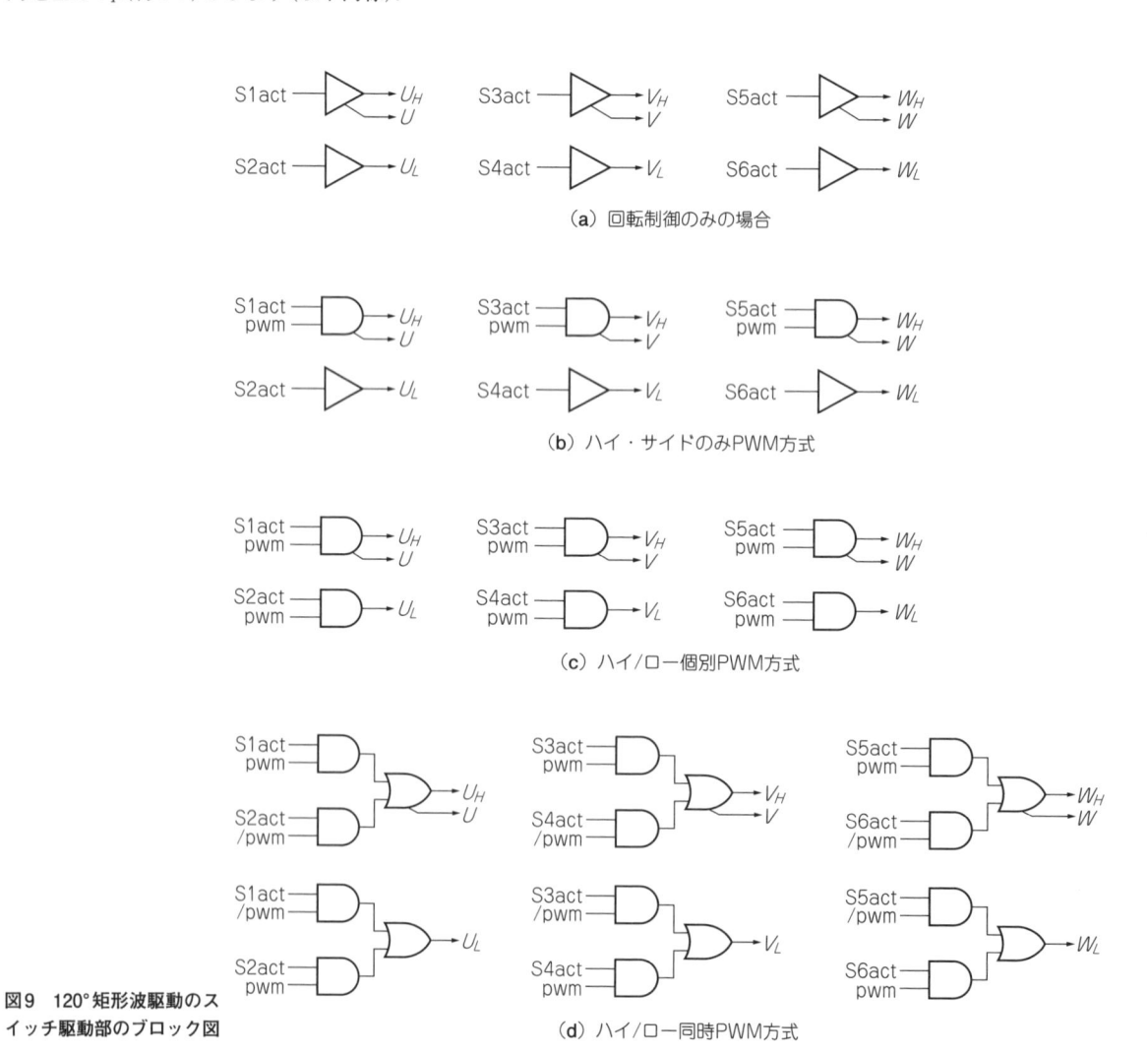

図9　120°矩形波駆動のスイッチ駆動部のブロック図

(a) 回転制御のみの場合

(b) ハイ・サイドのみPWM方式

(c) ハイ/ロー個別PWM方式

(d) ハイ/ロー同時PWM方式

● 駆動電流制御

各スイッチはPWM動作を行わないので，電流振幅は制御できません．電流値は3相インバータの供給DC電源電圧 $V_{(vcc)}$ [V_{DC}] により決まります．実験キットのモータを定格動作させるための電流 2.03 A_{RMS} に近い値となるように $V_{(vcc)}$ を調整し，その結果，図示の電圧値としています．

回転制御のみなのでPWM制御は行っていませんが，他の方式および次節以降と回路図を共通にするために，**図10(b)** にはPWM変調器や電力演算器を記載してあります．

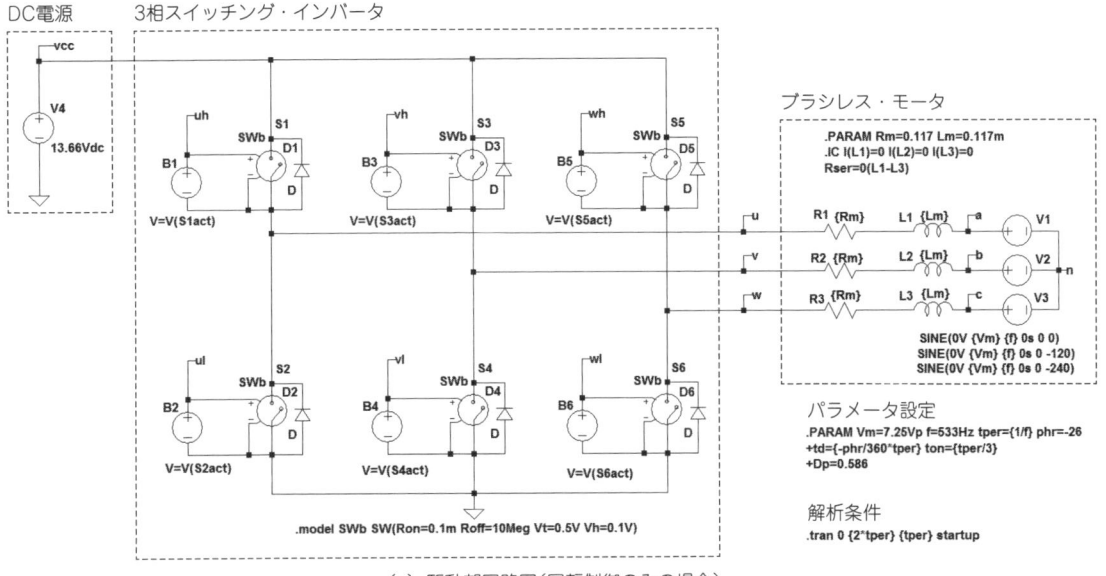

(a) 駆動部回路図（回転制御のみの場合）

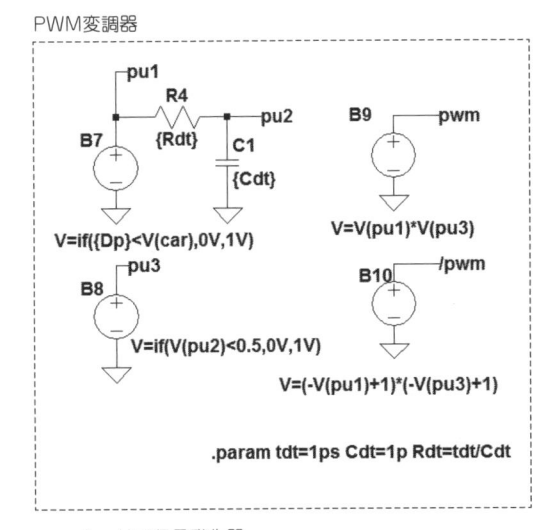

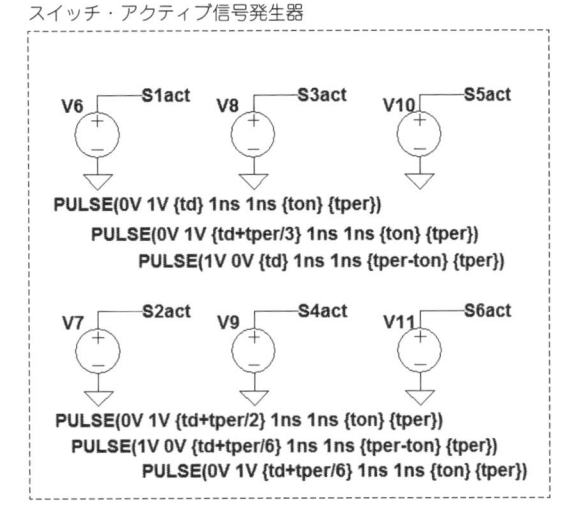

(b) 制御部回路図（各方式に共通）

図10 120°矩形波駆動の基本回路【LTspice 045】

12.4 120°矩形波駆動の動作方式　141

● センサレス制御への応用

　誘起電圧位相を検出することができれば，ホール素子などの回転位置検出センサを省略し，センサレス制御を行うことができます．しかし一般には，コイル電流によるコイル・インピーダンス(R_M, L_M)の電圧降下があるため，通常は誘起電圧を直接観測することはできません．120°矩形波駆動では誘起電圧の0°，180°付近にそれぞれ約60°の非駆動区間があり，この区間ではコイル電流が流れないので，誘起電圧のゼロ・クロス・タイミングが検出できる可能性がありま

す．これを3相分検出すれば誘起電圧1周期に60°間隔で計6点の位相が検出できます．

　図10(c)においては，誘起電圧 $V_{(a,n)}$ の180°において，駆動電圧 $V_{(u)}$ がDC電源電圧の中点 $V_{(vcc)}/2$ と交差するタイミングが，誘起電圧 $V_{(a,n)}$ のゼロ・クロス点と一致していることがわかります．$V_{(a,n)}$ の0°においても同様です．

● 検出タイミングの電圧電流

　なぜ，$V_{(u)}$ 波形から $V_{(a,n)}$ のゼロ・クロス点を知ることができるのか，**図10(c)**のU相非駆動区間（スイッチ S_1, S_2 がともにOFF）における動作から理由を考えます．

　図の S_1, S_6-ON区間においてモータ・コイル・インダクタンス L_1, L_3 に電流が流れるのでエネルギが蓄えられ，S_1 のターンオフ，S_3 のターンオンと同時に L_1 は逆起電圧を発生して S_2 の並列ダイオード D_2 を導通させ，このエネルギを放出します．放出が完了して D_2 がOFFし，U相コイル電流 $I_{(V1)}$ が0Aとなった区間においては，L_1, R_1 の端子電圧 $V_{(u,a)}$ は0Vです．

　図11はこの $I_{(V1)}=0$ A区間における電流経路を示しています．この区間ではスイッチ S_3, S_6 のみがONであり，端子VからWに向かって電流が流れており，次式が成り立ちます．

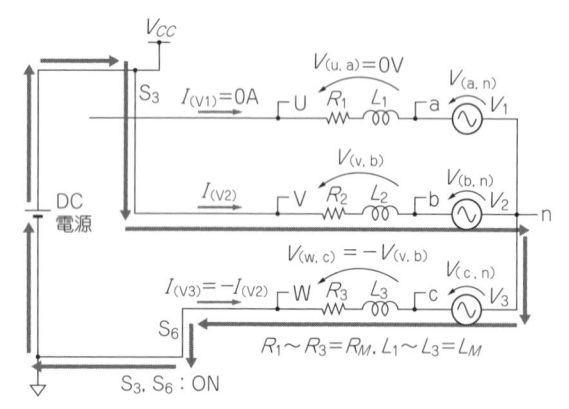

図11 $I_{(V1)}=0$ A区間 [$V_{(a,n)}=180°$付近の電流経路]

(c) 回転制御のみの場合の波形

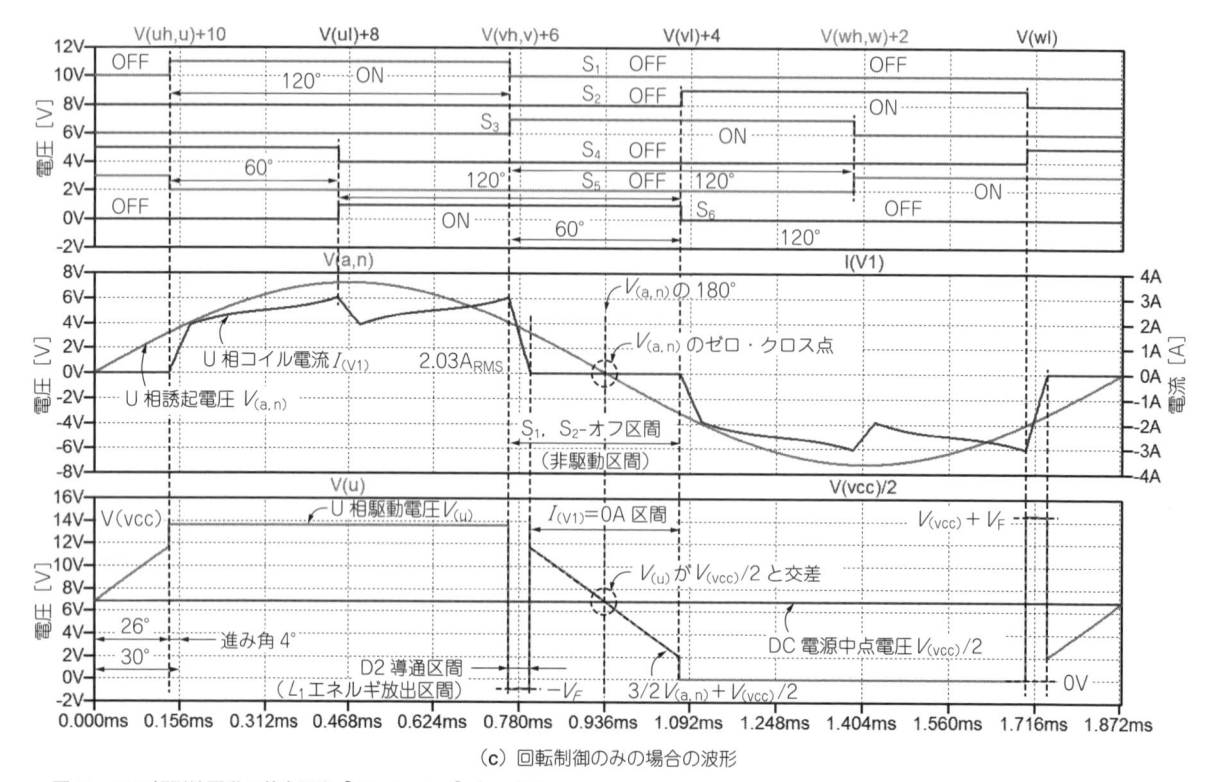

図10 120°矩形波駆動の基本回路【LTspice 045】（つづき）

$$V_{(v)} - V_{(w)} = V_{(v, b)} + V_{(b, n)} - V_{(c, n)} - V_{(w, c)} \cdots\cdots (1)$$

ここで,

$$V_{(w, c)} = -V_{(v, b)} \cdots\cdots (2)$$

式(2)を式(1)に代入して整理すると,

$$V_{(v, b)} = -\frac{V_{(b, n)}}{2} + \frac{V_{(c, n)}}{2} + \frac{V_{(v)}}{2} + \frac{V_{(w)}}{2} \cdots\cdots (3)$$

また, 中性点電圧は,

$$V_{(n)} = V_{(v)} - V_{(v, b)} - V_{(b, n)} \cdots\cdots (4)$$

式(3)を式(4)に代入して整理すると,

$$V_{(n)} = -\frac{1}{2}\{V_{(b, n)} + V_{(c, n)}\} + \frac{1}{2}\{V_{(v)} + V_{(w)}\}$$
$$= \frac{V_{(a, n)}}{2} + \frac{1}{2}\{V_{(v)} + V_{(w)}\} \cdots\cdots (5)$$
$$[\because V_{(b, n)} + V_{(c, n)} = -V_{(a, n)}]$$

よって, U相端子電圧 $V_{(u)}$ は次式となります.

$$V_{(u)} = V_{(n)} + V_{(a, n)}$$
$$= \frac{3}{2}V_{(a, n)} + \frac{1}{2}\{V_{(v)} + V_{(w)}\} \cdots\cdots (6)$$

図11においては, $V_{(v)} = V_{(vcc)}$, $V_{(w)} = 0$ なので,次式が得られます.

$$V_{(u)} = \frac{3}{2}V_{(a, n)} + \frac{V_{(vcc)}}{2} \cdots\cdots (7)$$

式(7)から, $V_{(a, n)} = 0$ V のときには $V_{(u)} = V_{(vcc)}/2$ となることがわかります. したがって, $V_{(u)}$ が $V_{(vcc)}/2$ と交差する瞬間を検出すれば, そのタイミングが $V_{(a, n)}$ のゼロ・クロス点となります.

$V_{(a, n)}$ の 0°, さらに $V_{(b, n)}$, $V_{(c, n)}$ の 0°, 180° においても同様に検出すれば, 各相誘起電圧のゼロ・クロス点の検出ができます.

■ 12.4.2 ハイ・サイド・スイッチのみ PWM制御方式

この場合の回路図を**図12**(a)に, 動作波形を**図12**(b), (c)に示します. 制御部回路図は**図10**(b)が本方式および次の各方式に共通に適用されます.

● PWM動作

本方式では, ハイ・サイド・スイッチ S_1, S_3, S_5 がそれぞれのアクティブ区間において, PWMスイッチング動作を行います. PWMデューティは全区間で一定です. 電源電圧 $V_{(vcc)} = 24$ V においてコイル電流が定格値となるようにデューティを設定しています. ロー・サイド・スイッチ S_2, S_4, S_6 はそれぞれのアクティブ区間全域で連続ONとなります.

ハイ・サイド S_1 - PWM 区間 (S_1 アクティブ区間) の前半ではロー・サイド S_4 が, 後半ではロー・サイド S_6 がともに連続ONとなっています. PWM区間では

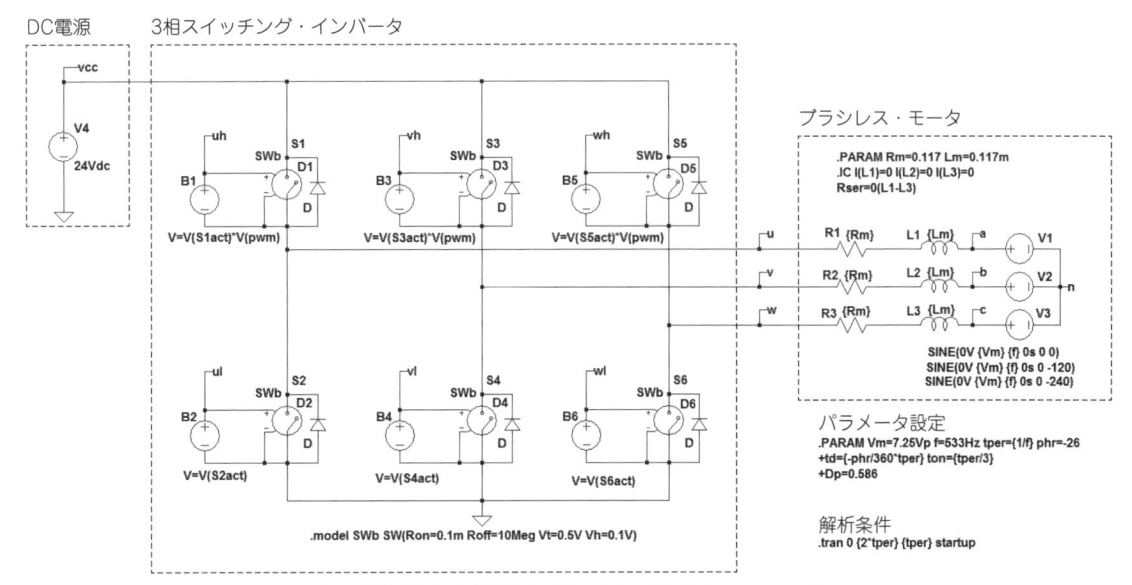

(a) 駆動部回路図 [制御部は**図10**(b)と同じ] 【LTspice 046】

図12 ハイ・サイドのみPWM方式

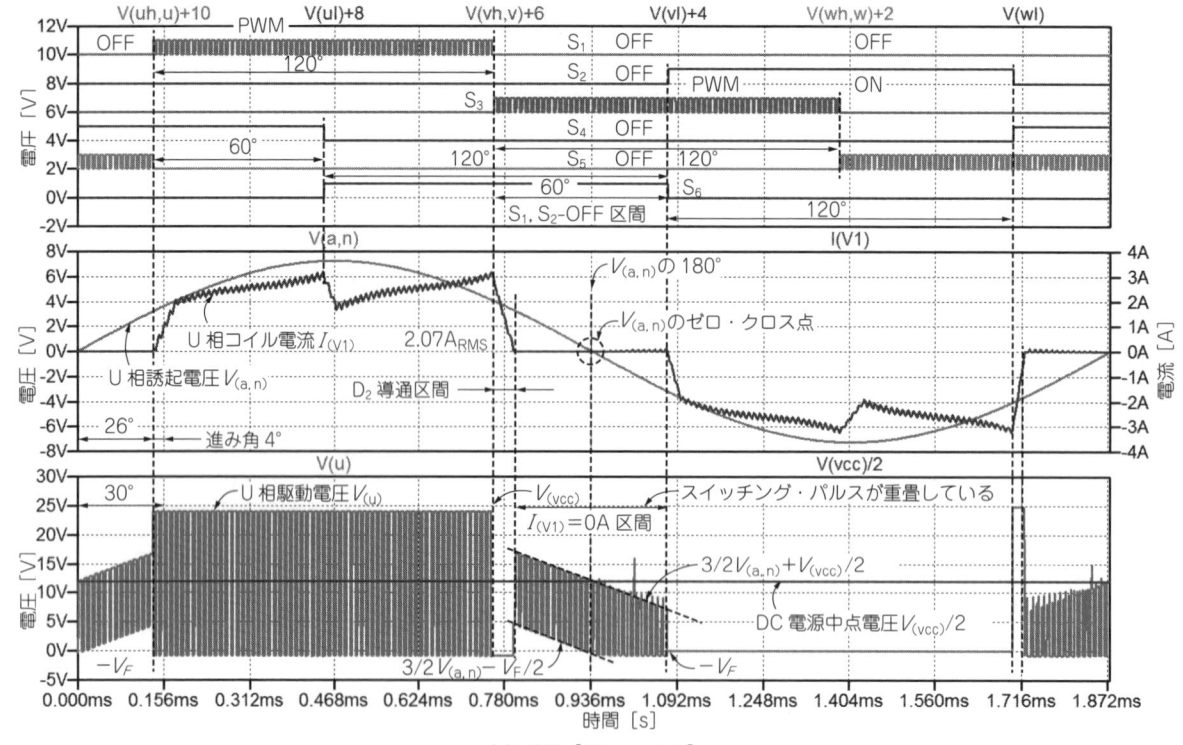

(b) 波形【LTspice 046】

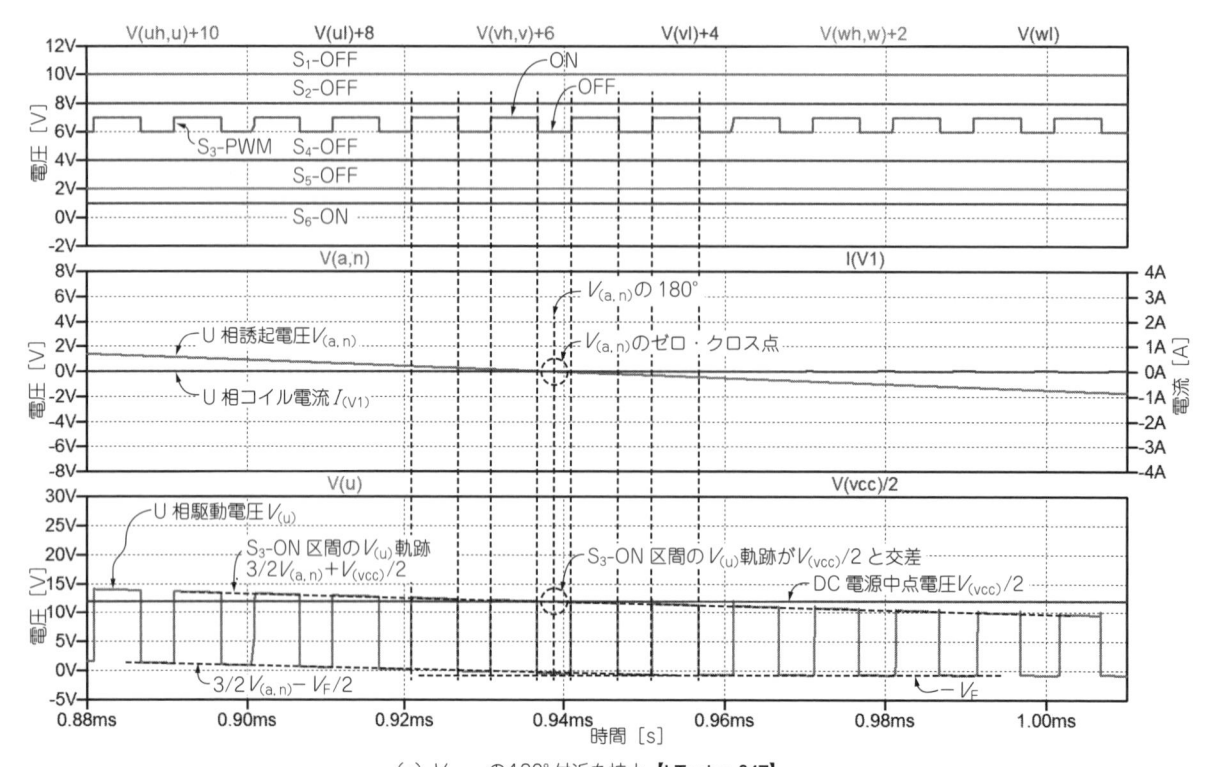

(c) $V_{(a,n)}$の180°付近を拡大【LTspice 047】

図12 ハイ・サイドのみPWM方式（つづき）

S_1のターンオフと同時にインダクタンスが発生する逆起電圧によりD_2が導通し，U相駆動電圧$V_{(u)}$は$-V_F$に制限されます．

$V_{(u)}$波形は，S_1-PWM区間ではキャリア周波数（100 kHz）で電源電圧（24 V）と$-V_F$間を振れる矩形波となり，S_2アクティブ区間（S_2-ON）では0 Vとなります．

本方式はPWM動作を行うスイッチがハイ・サイドのみで，12.4.2～12.4.4項の3方式のなかで最もシンプルです．

PWM動作をハイ・サイドではなくロー・サイド・スイッチS_2, S_4, S_6のみが行うことも可能であり，上記とは対称動作になりますが，スイッチ素子およびその駆動回路によっては制約がある場合があります．これについては，12.4.5項を参照ください．

● コイル電流0A区間の波形

図12(b)の$I_{(V1)}=0$ A区間の$V_{(u)}$波形には，図10(c)とは異なりPWMスイッチング・パルスが重畳しており，誘起電圧のゼロ・クロス点を検出できないように見えます．

検出の可否を確認するために，図12(b)の$V_{(a, n)}$の180°付近の時間軸を拡大して図12(c)に示します．

図12(c)のV相ハイ・サイド・スイッチS_3-ON区間においてはW相ロー・サイドS_6-ONで，電流は端子Vから端子Wに向かって流れます．このときの動作電圧，電流は図11と同様であり，$V_{(u)}$のS_3-ON区間における値を順に結んだ軌跡の値は式(7)と一致します．

したがって，この軌跡の$V_{(vcc)}/2$電圧と交差するタイミングを検出できれば，誘起電圧$V_{(a, n)}$のゼロ・クロス点を知ることができます．

次に，同じ$I_{(V1)}=0$ A区間でS_3-OFFにおける動作を考えます．S_3がターンオフすると，L_2, L_3が発生する逆起電圧によりV相ロー・サイドのダイオードD_4が導通し，図13に示す経路に電流が流れます．このときの駆動電圧$V_{(u)}$を求めます．

図13においても式(1)が成り立つので，$V_{(u)}$は式(6)となります．図13では，$V_{(v)}=-V_F$, $V_{(w)}=0$であるので，式(6)に代入して次式が得られます．

$$V_{(u)} = \frac{3V_{(a, n)}}{2} - \frac{V_F}{2} \quad \cdots\cdots\cdots\cdots (8)$$

ただし，$V_{(u)}$が$-V_F$より負側へ振れようとするとU相ロー・サイドのダイオードD_2が導通するため，$V_{(u)}$の最小値は$-V_F$に制限されます．図12(b)の$I_{(V1)}$波形には，$I_{(V1)}=0$ A区間でD_2が導通することにより，わずかに電流が流れる様子が認められます．

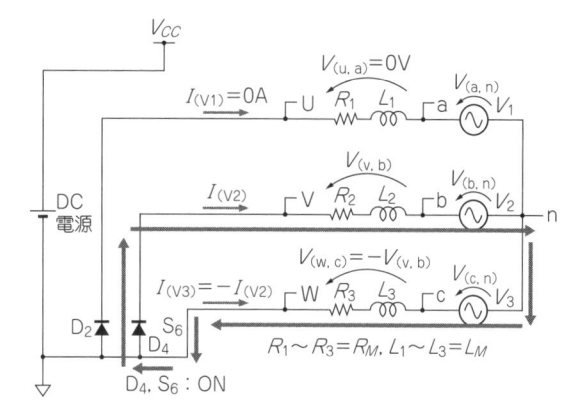

図13 $V_{(a, n)}=180°$付近，S_3-OFF時の電流経路

■ 12.4.3 ハイ／ロー個別PWM方式

この場合の回路図を図14(a)に，動作波形を図14(b)に示します．制御部回路図は図10(b)です．

● PWM動作

本方式では，ハイ・サイド・スイッチS_1, S_3, S_5およびロー・サイド・スイッチS_2, S_4, S_6がそれぞれのアクティブ区間において，PWMスイッチング動作を行います．PWMデューティは全区間で一定です．電源電圧$V_{(vcc)}=24$ Vにおいてコイル電流が定格値となるようにデューティを調整し設定しています．

ハイ・サイドS_1-PWM区間（S_1アクティブ区間）の前半ではロー・サイドS_4が，後半ではロー・サイドS_6がそれぞれPWM動作し，ハイ／ロー対称動作となっています．

S_1-ON時の動作は前項の図12(b)と同じですが，S_1-OFF区間ではロー・サイドのS_4またはS_6もOFFであるため，インダクタンスの逆起電圧によりダイオードD_2, D_3またはD_2, D_5が導通します．S_1アクティブ区間の$V_{(u)}$振幅は$-V_F \sim V_{(vcc)}$です．

ロー・サイドS_2アクティブ区間では，図12(b)ではS_2が連続ONで$V_{(u)}=0$ Vでしたが，図14(b)ではS_2-PWM動作なので$V_{(u)}$はPWM周波数の矩形波となり，振幅は0 V～$V_{(vcc)}+V_F$です．

● コイル電流0A区間の波形

$V_{(a, n)}=180°$付近のS_3, S_6-PWM区間において，S_3, S_6-ONのときの動作は図11と同じであり，$V_{(u)}$電圧は式(7)で表されます．

S_3, S_6-OFFのときは，インダクタンスL_2, L_3の逆起電圧によりD_4, D_5が導通し，図15の経路に電流が流れ，ここでも式(1)が成り立つことがわかります．したがって，$V_{(u)}$も式(6)で表されます．図15においては，$V_{(v)}=-V_F$, $V_{(w)}=V_{(vcc)}+V_F$なので式(6)に

12.4 120°矩形波駆動の動作方式 145

代入して，$V_{(u)}$として次式が得られます．

$$V_{(u)} = \frac{3}{2}V_{(a,n)} + \frac{1}{2}\{-V_F + V_{(vcc)} + V_F\}$$
$$= \frac{3}{2}V_{(a,n)} + \frac{V_{(vcc)}}{2} \quad \cdots\cdots\cdots\cdots (9)$$

以上からS_3，S_6-ONとS_3，S_6-OFFのときの$V_{(u)}$はそれぞれ式(7)，式(9)であり同一式なので，図14(b)に示すようにON/OFFによる$V_{(u)}$波形の変化はありません．

したがって，本方式においても$V_{(u)}$が$V_{(vcc)}/2$と交差するタイミングを検出すれば，$V_{(a,n)}$のゼロ・クロス点を知ることができます．

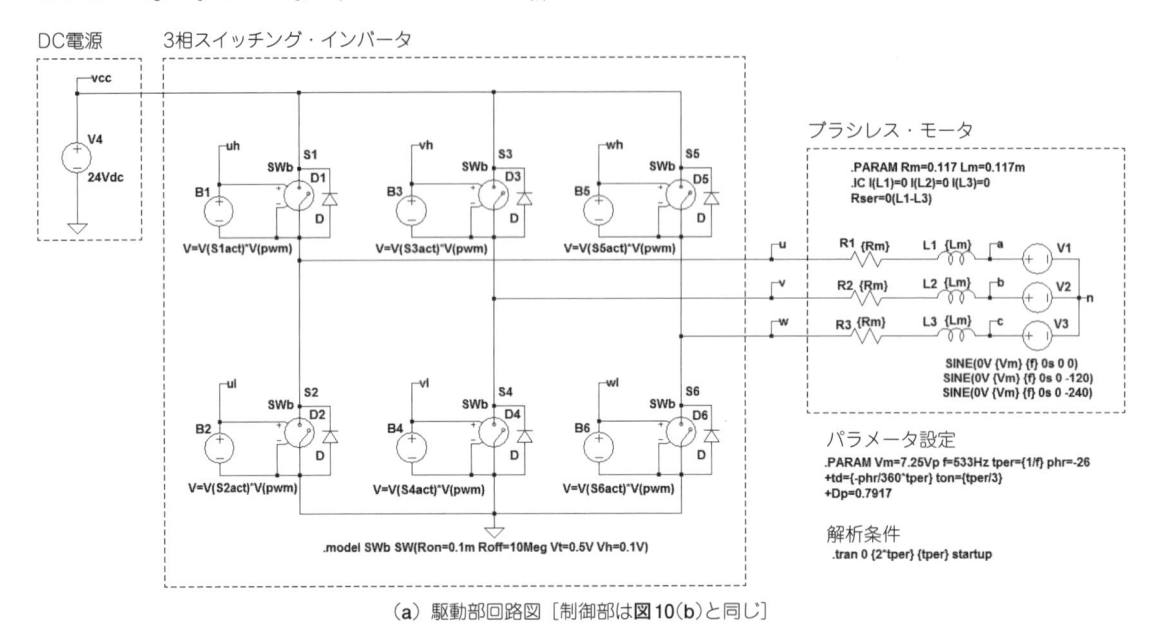

(a) 駆動部回路図［制御部は図10(b)と同じ］

(b) 波形

図14 ハイ/ロー個別PWM方式【LTspice 048】

12.4.4 ハイ/ロー同時PWM方式

この場合の回路図を図16(a)に,動作波形を図16(b)に示します.制御部回路図は図10(b)です.

● PWM動作

本方式では,ハイ・サイド・スイッチS_1, S_3, S_5およびロー・サイド・スイッチS_2, S_4, S_6がそれぞれのアクティブ区間において,PWMスイッチング動作を行うとともに,同一相のハイ/ロー・ペアの一方がアクティブ区間となると他方もON/OFF逆動作でPWM動作を行います.スイッチ素子がMOSFETなどのように双方向性であれば,ハイ/ロー・ペアが交互にONするため,それぞれのスイッチの並列ダイオードが導通することがなく,したがって図16(b)の$V_{(u)}$波形のPWM動作による矩形波振幅は0V～$V_{(vcc)}$の範囲にあります.ただし,PWM動作の直後にS_1, S_2がともにOFFとなるタイミングではダイオードが導通しV_Fだけ振幅が広がっています.

上記の動作においては,PWM動作中にダイオードが導通しないので,ダイオードの損失が発生しないという利点があります.しかし本方式では,ハイ/ロー・スイッチ・ペアのON/OFF遷移時間が重なるので,貫通電流が流れる恐れがあり,デッド・タイムを設けるなどの対策が必要になる場合があります.

● コイル電流0A区間の波形

$V_{(a, n)} = 180°$付近のS_3～S_6-PWM区間において,S_3, S_6-ON(S_4, S_5-OFF)のときの動作は図11と同じであり,$V_{(u)}$電圧は式(7)で表されます.

S_3, S_6-OFF(S_4, S_5-ON)のときは,インダクタンスL_2, L_3の逆起電圧により,図17の経路に電流が流れ,ここでも式(1)が成り立つことがわかります.したがって,$V_{(u)}$も式(6)で表されます.図17においては,$V_{(v)} = 0$V, $V_{(w)} = V_{(vcc)}$なので$V_{(u)}$として次式が得られます.

$$V_{(u)} = \frac{3}{2}V_{(a, n)} + \frac{1}{2}\{V_{(v)} + V_{(w)}\}$$
$$= \frac{3}{2}V_{(a, n)} + \frac{V_{(vcc)}}{2} \cdots\cdots\cdots\cdots (10)$$

以上からS_3, S_6-ONとS_3, S_6-OFFのときの$V_{(u)}$はそれぞれ式(7),式(10)であり同一式なので,図16(b)に示すようにON/OFFによる$V_{(u)}$波形の変化はありません.

したがって,本方式においても$V_{(u)}$が$V_{(vcc)}/2$と交差するタイミングを検出すれば,$V_{(a, n)}$のゼロ・クロス点を知ることができます.

12.4.5 ブートストラップ電源使用時の制約

「ハイまたはロー・サイド片側のみPWM方式」のインバータ駆動において,スイッチ素子としてハイ/ロー・サイドともNチャネルMOSFET(またはIGBT)を使用し,各相のハイ・サイド素子のゲート・ドライブ回路の電源としてブートストラップ電源と呼ばれる回路を使用する場合には,一般に次の対策を必要とすることがあります.

ゲート・ドライブにハーフ・ブリッジ・ドライバIC(またはHVICなどと呼ばれることもある)を使用する際に,ハイ・サイド回路用電源としてブートストラップ電源を採用する場合があります.

図18は,ハーフ・ブリッジ・ドライバICを使用した回路例です.図は3相インバータのU相のみを示しており,ハイ/ロー・スイッチS_1, S_2はNチャネルMOSFETであり,ブートストラップ電源を採用しています.

IC内部回路は,S_1ゲートをドライブするハイ・サイド回路と,S_2ゲートをドライブするロー・サイド回路とに分かれます.ロー・サイドからハイ・サイドへは,レベル・シフト回路を使用して信号を送っています.ロー・サイド回路用の電源は外部のDC電源V_LをV_c-com端子間に加えますが,ハイ・サイド回路の電源はV_b-V_s端子間に加える必要があります.

IC内部の制御回路用電源電圧は一般に12V程度の電圧ですが,インバータへの供給電源電圧$V_{(vcc)}$は数百V以上となることもあり,ドライバICは$V_{(vcc)}$電圧に応じた耐電圧が必要です.

ハイ・サイド回路の共通電位(V_s端子=$V_{(u)}$)の振幅範囲は0V-$V_{(vcc)}$間です.S_2がONすることにより$V_{(u)} = 0$Vとなると,ダイオードD_bが導通し図の実線矢印の経路に電流が流れコンデンサC_bが充電されます.その後,S_1のONにより$V_{(u)} = V_{(vcc)}$となりD_bがOFFしてもC_bに十分な電荷がある間は,ハイ・サイド回路を動作させることができます.このような回路

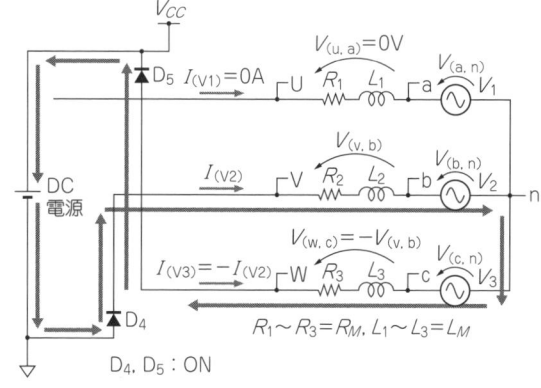

図15 $V_{(a, n)} = 180°$付近,S_3-OFF時の電流経路

12.4 120°矩形波駆動の動作方式 147

をブートストラップ電源と呼びます．

　S_2のONではなく，インダクタンスL_Mの逆起電圧によるS_2内蔵ダイオードの導通によっても$V_{(u)} = -V_F$となりD_bが導通し，点線経路に電流が流れてC_bの充電が行われます．ただし，この場合はC_bの充電電流はU相駆動電流を超えることはできませんので，駆動電流が小さければ充電時間が長くかかります．

　さて，このようなゲート・ドライブ回路を**図12**(a)の「ハイ・サイドのみPWM方式」のインバータ回路に使用した場合は，**図12**(b)のS_1-PWM区間でS_2は連続OFFですが，PWM周期ごとに$V_{(u)} = -V_F$となりC_bの充電が行われます．充放電時間，充放電電流，C_bの値，C_bの端子電圧などが適当であれば，ハイ・サイド回路は動作することができます．

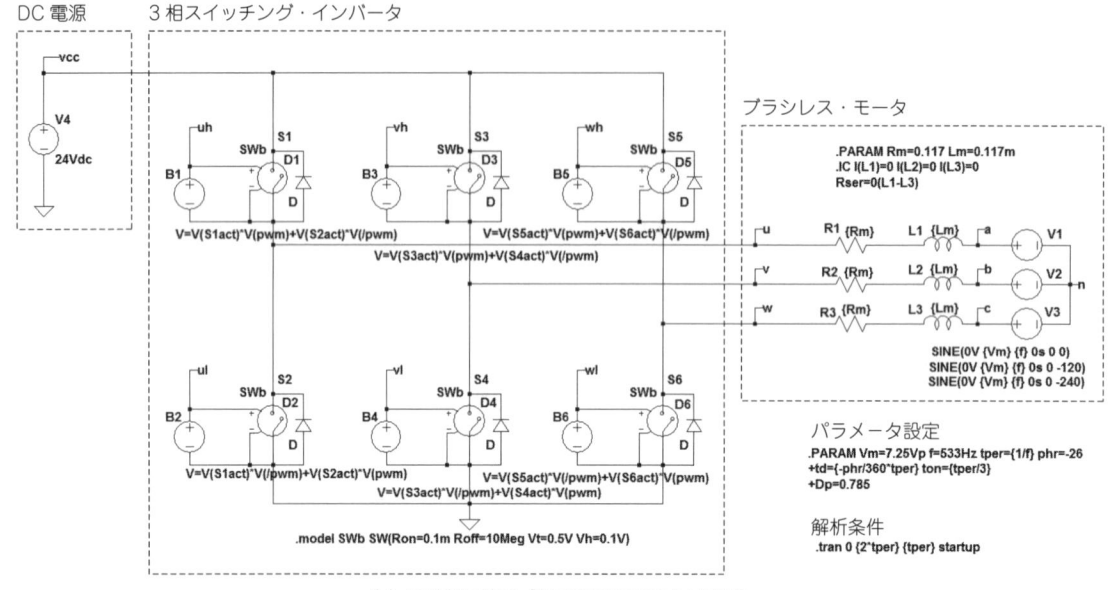

(a) 駆動部回路図 [制御部は**図10**(b)と同じ]

(b) 波形

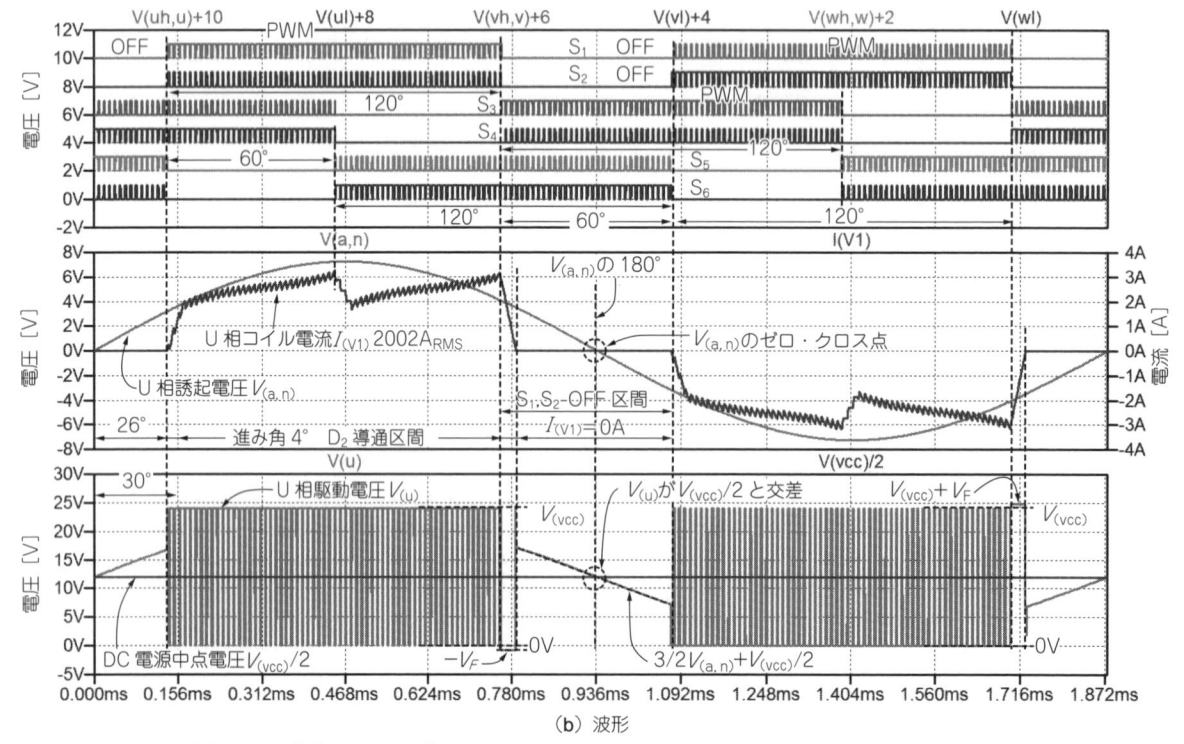

図16 ハイ／ロー同時PWM方式【LTspice 049】

次に，ハイ/ローを逆にして「ロー・サイドのみPWM方式」とした場合はどうでしょうか？ ハイ・サイドS_1が連続ONすべき区間ではロー・サイドS_2は連続OFFでありC_bの充電機会がありません．特に誘起電圧周期が長い場合はハイ・サイド回路が正常動作できない恐れがあります．

したがって，「ハイまたはロー・サイド片側のみPWM方式」では，一般に「ハイ・サイドPWM」とする例が多く見られます．図10(a)の「回転制御のみの場合」も，動作条件によってはハイ・サイド回路が正常動作できない恐れがあります．

また，モータ起動などの動作直前には各相C_bが十分に充電されている必要があり，ハイ・サイドS_1，S_3，S_5すべてをOFF，ロー・サイドS_2，S_4，S_6すべてをONに，短時間同時制御するなどの対策を行う場合があります．

12.5 120°矩形波駆動の電力効率とトルク効率

● 正弦波駆動の優位性

正弦波駆動の優位性を示すため，実験キットのブラシレス・モータを120°矩形波駆動させたときと比較してみます．

120°矩形波駆動方式は，誘起電圧の正および負の半周期において，それぞれ120°の区間にコイル電流を流すもので，矩形波に近いひずみ波電流となります．ひずみ波電流の場合は効率やトルクなどを計算で求めることが難しいので，シミュレーションにより，最適動作条件を求めます．

● シミュレーション回路を準備する

ここでは「ハイ/ロー個別PWM方式」を用いることにし，図14(a)にインバータ回路，図10(b)に制御回路を示します．各相の上下のスイッチは，一方の

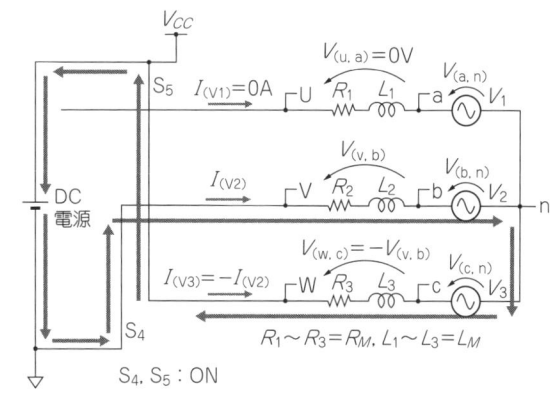

図17 $V_{(a, n)}=180°$付近，S_3-OFF時の電流経路

PWMスイッチング区間では，他方は連続的にOFFです．上下のスイッチはコイル電流の正負極性に対応する区間でPWMスイッチングを行います．PWMスイッチングのデューティは電流導通区間内で一定です．

本駆動方式においては，矩形近似電流が正方向へ立ち上がるタイミングを0°とし，誘起電圧の0°に対する位相をθ_R（シミュレーション上はphr）としています．

■ θ_{VI}と3相合計電力のトルク・リプルと電力効率

● $\theta_R=-26°$のとき

▶コイル電流の立ち上がりを基準に考える

各部波形を図19(a)に示します．

-26°というのは，誘起電圧$V_{(A, N)}$の0°位相に対してコイル電流I_Aが正方向に立ち上がるタイミングが26°遅れていることを示します．実は$\theta_R=-26°$のときに効率が最大になります．

コイル電流I_Aは矩形近似波形で電流導通区間の幅は約120°です．コイル・インダクタンスがあるため，導通直後は電流立ち上がりにPWM数周期かかり，導通終了直後は電流立ち下がりに，インダクタンスの充

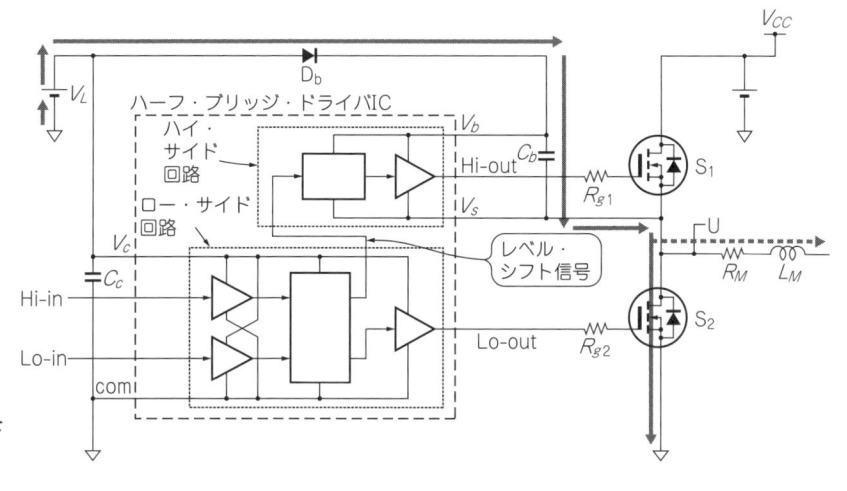

図18 ブートストラップ電源を使用した駆動回路例

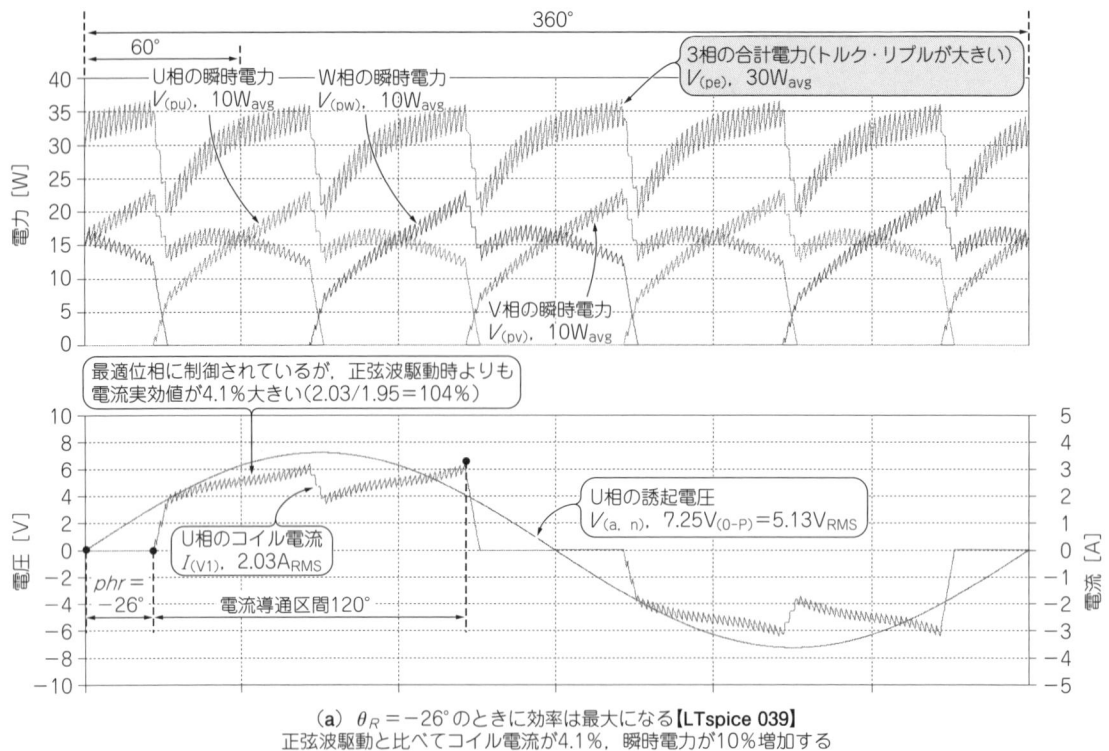

(a) $\theta_R = -26°$ のときに効率は最大になる【LTspice 039】
正弦波駆動と比べてコイル電流が4.1％，瞬時電力が10％増加する

図19 120°矩形波駆動では，3相の合計電力にトルク・リプルが生じる

電エネルギ放出時間を要しています．

▶正弦波駆動時に比べてコイル電流が4.1％増加

LTspiceには各波形の実効値や平均値を読み取る機能があり，コイル電流I_Aの実効値は2.03 A_{RMS}であることがわかります．正弦波駆動時の最大効率時（$\theta_{VI}=0°$）のコイル電流I_Aは1.95 A_{RMS}だったので，コイル電流が正弦波駆動時に比べ4.1％増加しています．すなわち，矩形波駆動はこの増加分だけ損失が増えます．コイル抵抗をはじめとする電流経路の抵抗損失はその2乗，つまり8.4％増大します．

▶正弦波駆動に比べて瞬時電力が10％増加．

次に，画面上側の電力波形を見てみます．各相の瞬時電力P_U, P_V, P_W [V(pu), V(pv), V(pw)] の振幅は約0～22 Wです．正弦波駆動に比べて約10％増えていますが，負になることはありません．その平均値（有効電力）はそれぞれ10 W_{avg}です．各相の合計電力P_E [V(pe)] の平均値（有効電力）は30 W_{avg}ですが，振幅が約15 W_{P-P}あります．

▶正弦波駆動にはなかったトルク・リプルが生じる

トルクと電力は同波形なので，正弦波駆動と異なり矩形波駆動では3相合計でもトルク・リプルが生じます．

● $\theta_R = -50°$ のとき

▶ $\theta_R = -26°$ からずれるとコイル電流が増える

各部波形を図19(b)に示します．コイル電流I_A[I(V1)] 波形が誘起電圧$V_{(A, N)}$ [V(a, n)] 波形の右方向（遅れ方向）へずれて，120°区間の後半では両者の積である瞬時電力P_U [V(pu)] が小さな値になっています．ここでも各相有効電力が10 W，3相合計では30 Wとなるようにデューティを設定しています．各相の電力リプルは$\theta_R = -26°$に比べ増加していますが，3相電力P_E [V(pe)] のリプルは逆に1/2程度に減少しています．

12.6 駆動波形による効率比較

正弦波駆動で誘起電圧に対するコイル電流の位相を－60°～60°の範囲で変化させてシミュレーションを行った結果を図20(a)に，120°矩形波駆動の電流立ち上がり位相θ_Rを－60°～10°で変化させた結果を図20(b)に示します．いずれも回転速度は$N=8000$ r/min，3相有効電力は$P_E=30$ W各一定です．

正弦波駆動では位相$\theta_{VI}=0°$のときにコイル電流は最小の1.95 A_{RMS}，皮相電力P_Aも最小の30 VAで，力率は最大の1.0です．

矩形波駆動では$\theta_R = -26°$のときにコイル電流は最小の2.03 A_{RMS}，皮相電力P_Aも最小の31.2 VAと

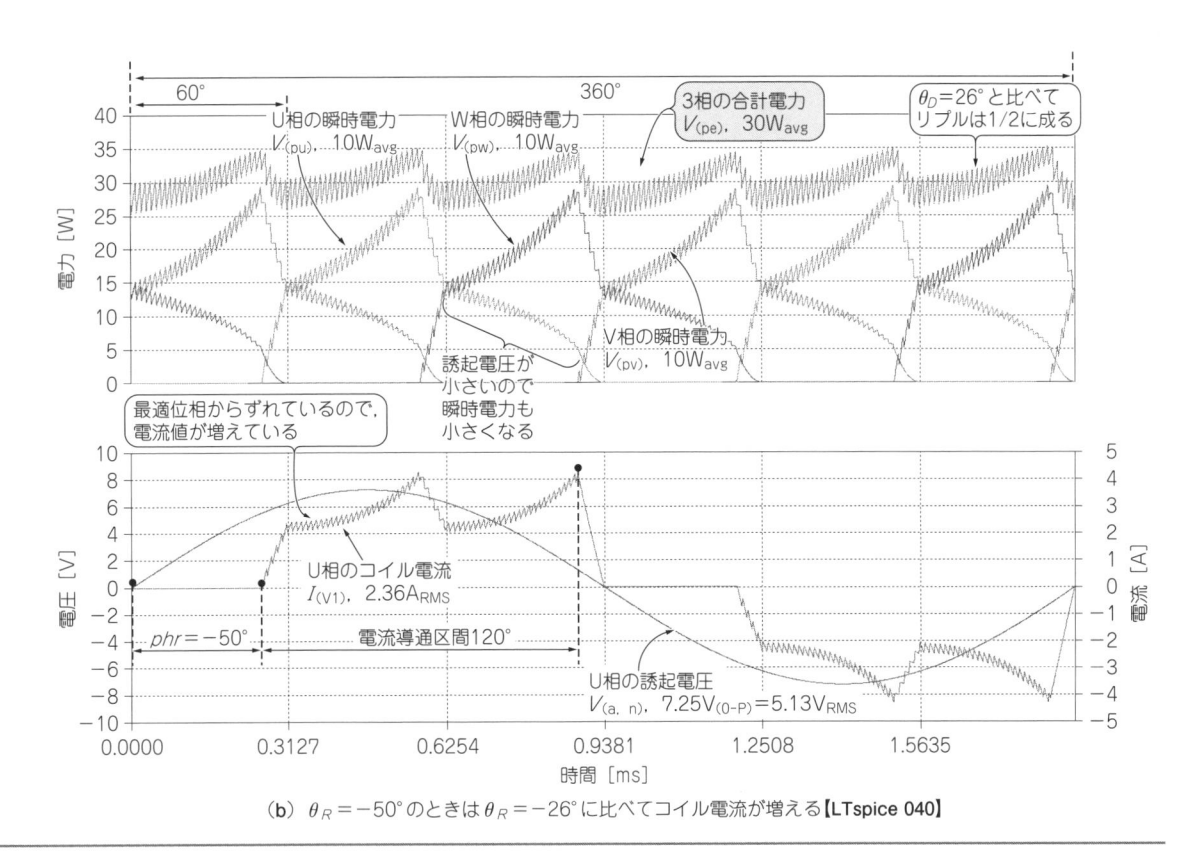

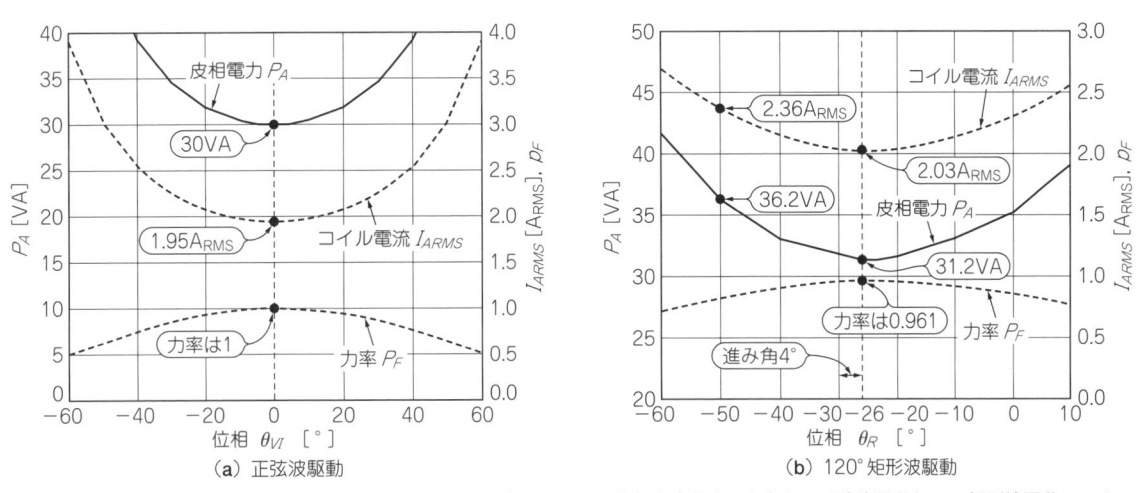

(b) $\theta_R = -50°$のときは$\theta_R = -26°$に比べてコイル電流が増える【LTspice 040】

図20 モータの回転速度を8000 r/min，有効電力を30 Wに保ったまま，位相を変化させたときの正弦波駆動と120°矩形波駆動のコイル電流の大きさを比較
①最大効率となる位相が異なる．②正弦波駆動では力率は1になるが，120°矩形波駆動では0.961にしかならない

なっていますが，力率P_Fは最大で0.961で，1.0にはなりません．

正弦波駆動に比べ矩形波駆動は，最良点でもコイル電流は4.1％多く，トルク・リプルも発生することがわかりました．

12.7 モータ・コイル電流の検出

ブラシレス・モータのトルク制御やベクトル制御においては，モータの各相コイル電流をフィードバックするために，何らかの方法でコイル電流を検出する必要があります．前節までにおいては，シミュレータ機

能を利用してコイル電流を検出しましたが，本節では，具体的な検出回路によって電流を観測します．

そのための一つの手段として，モータ駆動用3相スイッチング・インバータのロー・サイド電流を，com電位側に挿入したシャント抵抗で検出し，コイル電流に変換する方法があります．各相に1個，合計3個のシャント抵抗を使う「3シャント法」と，3相合計電流を1個のシャント抵抗で検出する「1シャント法」があり，それぞれについて以下に述べます．まず正弦波電流波形について求めますが，そのあとで120°矩形波駆動時の3シャント法で求めた検出波形も示します．

● ブロック図

ブロック図は駆動部が図21，制御部は本章の図1(b)であり，両図は3シャント法と1シャント法の両方式に共通です．

▶駆動部(図21)

図1(a)のブロック図に図21に示すようにシャント抵抗を追加したものです．シャント抵抗R_{3SH}の3本は3シャント法，R_{1SH}の1本は1シャント法用です．

▶制御部［図1(b)］

制御部動作は図1(b)の説明を参照ください．

● 検出回路

図22は，「実験キット」のブラシレス・モータを定格条件で運転する3相インバータのシミュレーション回路図です．ハイ・サイド・スイッチS_1，S_3，S_5とロー・サイド・スイッチS_2，S_4，S_6の状態は，各相ごとにハイ/ロー・スイッチのON/OFFが逆になります．

U，V，W各相ロー・サイドの電圧源V_4，V_5，V_6を流れる電流i_{ul}，i_{vl}，i_{wl}が3シャント法におけるシャント抵抗の検出信号に相当します．DC電源V_8からの供給電流i_{cc}が流れる電圧源V_7の検出信号は1シャント法における検出信号に相当します．電流検出用の電圧源V_4〜V_7は電圧設定値が0Vであり，回路動作には影響を与えません．

U，V，W各相の誘起電圧V_1，V_2，V_3を流れる電流$I_{(V1)}$，$I_{(V2)}$，$I_{(V3)}$（i_a，i_b，i_c）がコイル電流です．

上記の電圧源V_1〜V_7の＋から－端子に向かう方向が検出電流の＋極性です．したがって，各相ともそれぞれの誘起電圧とロー・サイド電圧源間を流れる電流の検出極性は，どちらの方向に流れる場合も互いに逆極性となります．

PWMキャリアcar波形は三角波やのこぎり波などが使われ，それぞれに長短がありますが，以下においては三角波を使用します．

■ 3シャント法

● シャント抵抗端子電圧とコイル電流

図23(a)は各相電流波形です．U相コイル電流i_aとU相ロー・サイド電流i_{ul}を比較すると，各時刻におけるパルス波形i_{ul}の波高値の絶対値とi_aが一致しています．

シャント検出信号i_{ul}，i_{vl}，i_{wl}は正負に振れているので，A-D変換などのために正極性信号とする場合は適当な値の正極性DCを検出信号に加算します．

● 電流検出極性

時間軸を拡大してU相電流とPWMキャリア信号carおよび各相PWM信号upwm($V_{(uh, u)}$)，vpwm($V_{(vh, v)}$)，wpwm($V_{(wh, w)}$)を図23(b)に示します．図からは，三角波であるcarのピーク点時刻付近におけるi_{ul}の極性反転値がi_aに等しいことがわかります．

U相PWM波upwmがハイ・レベルの区間ではハイ・サイド・スイッチS_1がONかつロー・サイド・スイッチS_2がOFFなのでS_2電流i_{ul}は0であり，コイル電流i_aはS_1を通じて流れ極性は＋です．

upwmがハイからローに変化し，S_1がONからOFFに，同時にS_2がOFFからONに切り替わると，コイルL_1のインダクタンスが発生する逆起電圧により，端子Uの電位は－極性に励振されてコイル電流i_aが流れ続けるので，V_4からV_1を通じて電流が流れます．この電流の検出極性はV_1においては＋，V_4においては－であり，前述のように逆極性となります．なお，upwmがロー・レベルにおいて仮にロー・サイド・ス

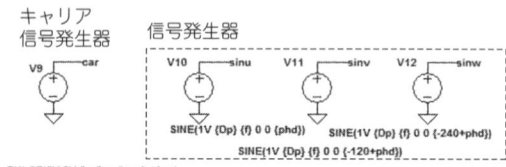

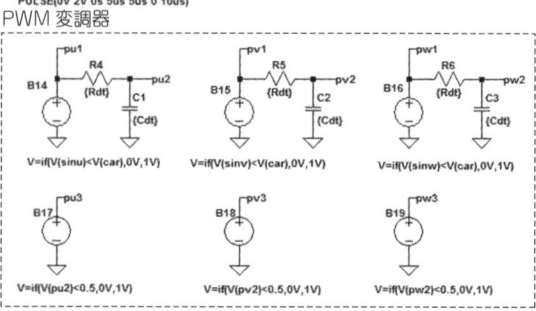

図22　3相インバータ回路図(3シャント法，1シャント法共通)
【LTspice 050】

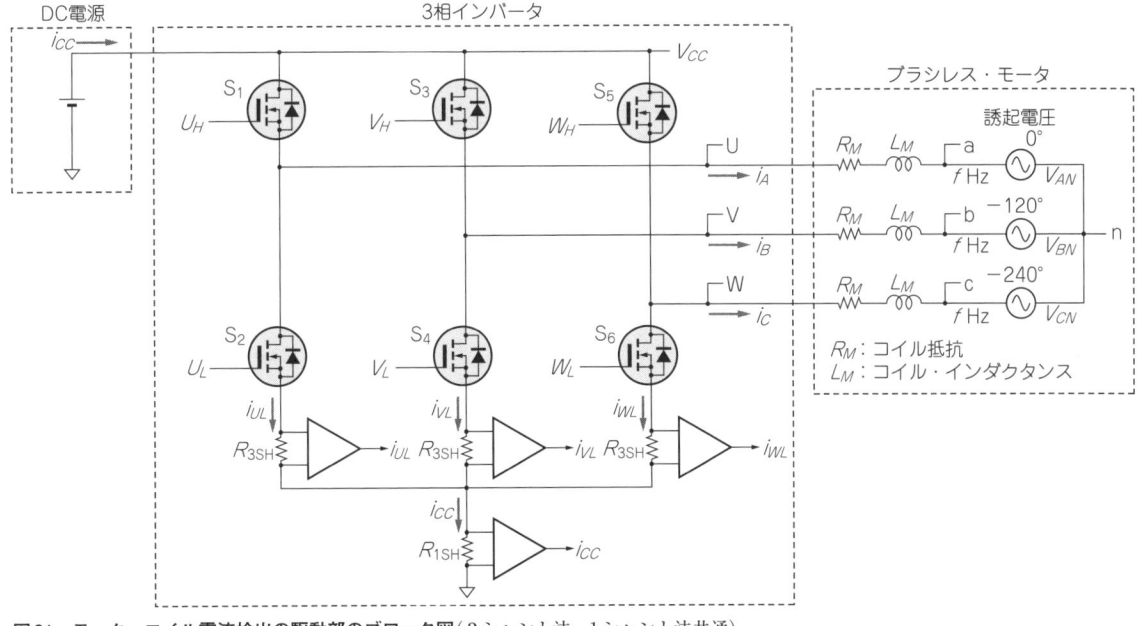

図21 モータ・コイル電流検出の駆動部のブロック図(3シャント法,1シャント法共通)

イッチS_2がOFFであってもロー・サイド・ダイオードD_2が導通するので同様の電流が流れます．

● 3シャント法のコイル電流の検出回路
▶3シャント法電流検出部ブロック図［図24］

クロック発生器は図のタイムチャートに示すように，PWMキャリア信号のピーク点直後のパルス信号を発生します．

後述のように，各相ともこのタイミングで各シャント検出信号をサンプル・ホールドすれば，コイル電流の反転信号が得られます．

サンプル・ホールドはクロック信号ハイのタイミングで入力検出信号をコンデンサに蓄え，次のクロック・ハイのタイミングまでその値を保持し，値の正負を反転して出力します．

以上から，三角波carのピーク付近の短時間内にi_{ul}を検出(サンプル)し，その値を次のサンプルまで保持(ホールド)することを繰り返し，得られた信号極性を

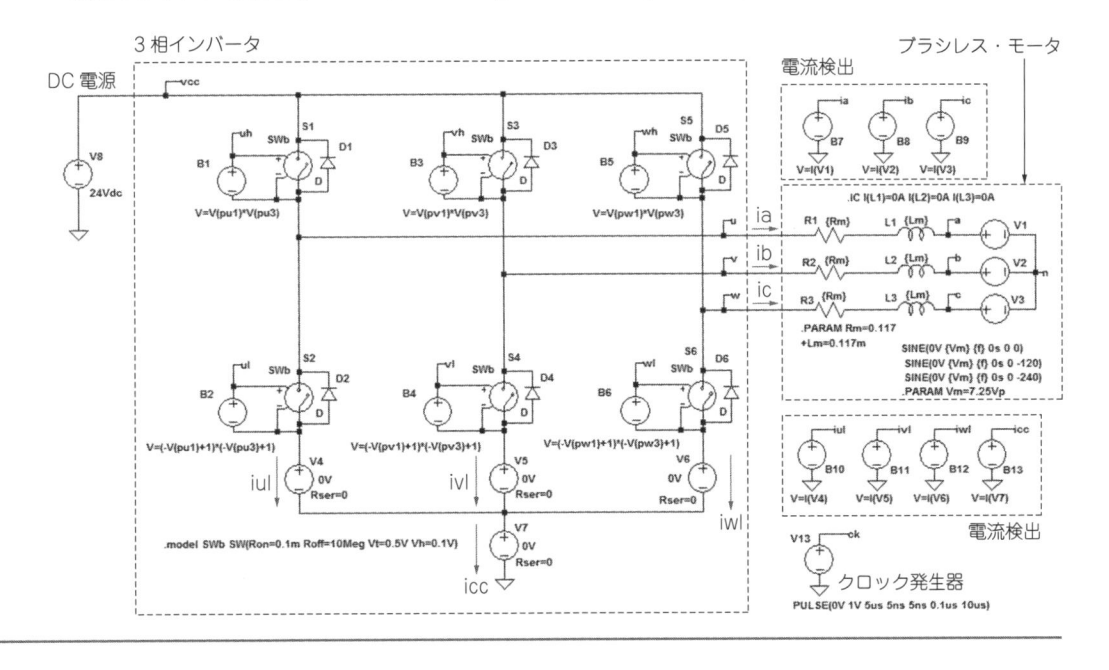

12.7 モータ・コイル電流の検出

反転すればコイル電流i_a信号が得られることがわかります．このような検出回路を「サンプル・ホールド」と呼びます．

図23(b)からわかるように，三角波carのピーク付近においてはPWM信号upwm，vpwm，wpwmは3相ともロー・レベルであり，ロー・サイド・スイッチS_2，S_4，S_6はすべてONなので，上記のU相と同様にV，W相もコイル電流信号が得られます．ただし，upwm，

(a) 各相電流波形【LTspice 050】

(b) U相電流波形【LTspice 051】

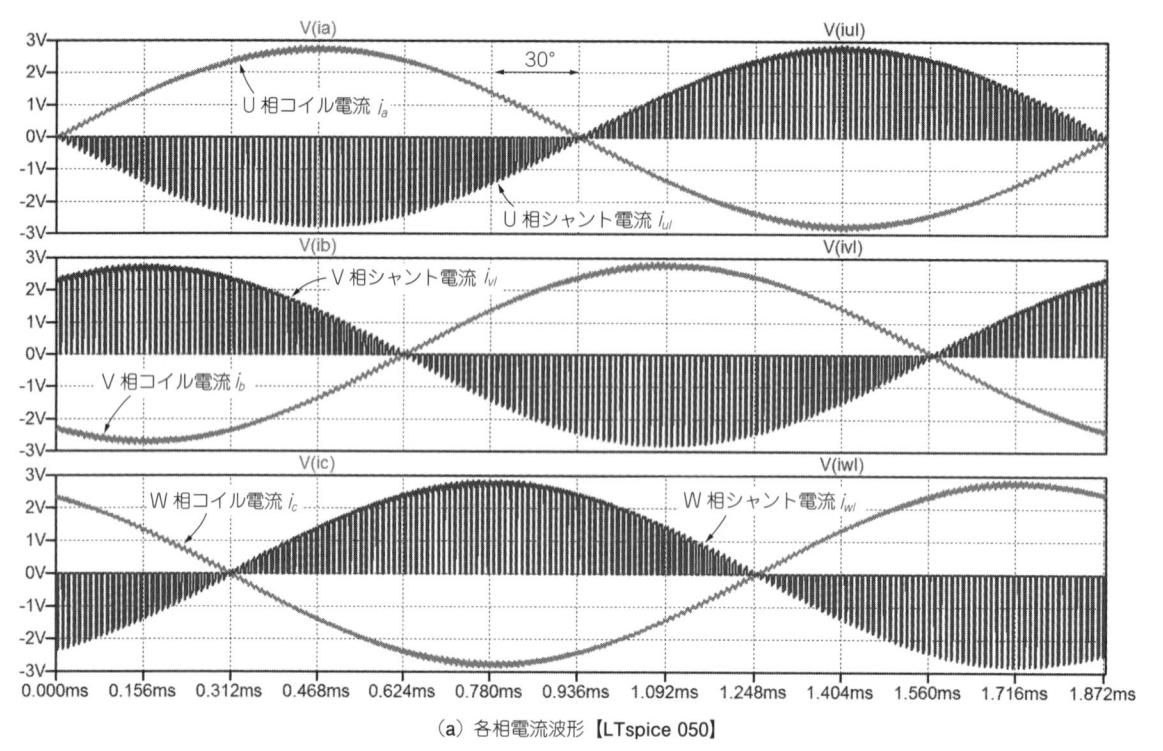

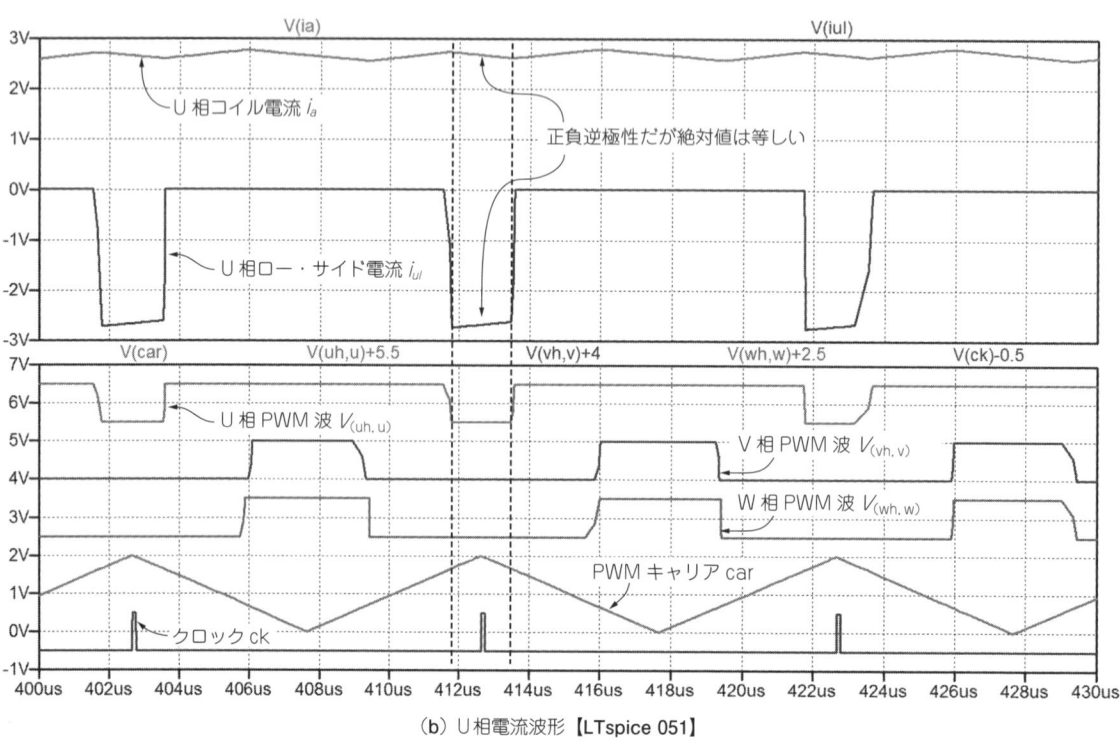

図23 3シャント法の電流波形

vpwm, wpwmのロー・レベル時間が上記のサンプル時間もしくはA-D変換時間より短くなる場合にはPWMデューティの制限などが必要になります.

図25がロー・サイド電流i_{ul}, i_{vl}, i_{wl}を入力とするサンプル・ホールド回路です. ckはサンプル・クロック信号であり, ハイ・レベルにおいてサンプルを行い, ロー・レベルにおいてサンプル値をホールドします. サンプル・ホールドされた信号は-1倍アンプにより極性反転され出力信号i_{as}, i_{bs}, i_{cs}となり, これらが各相の検出コイル電流です.

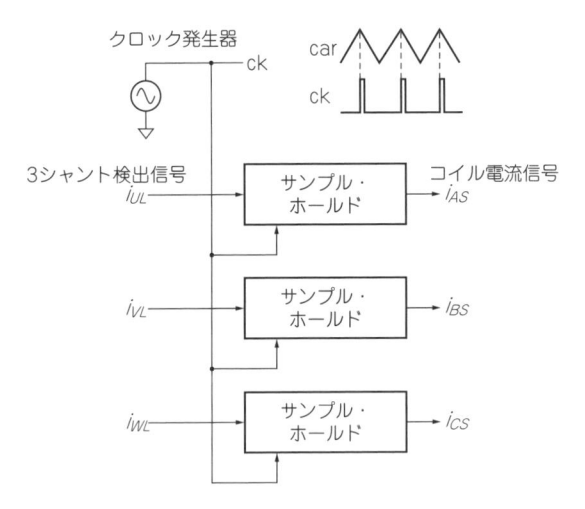

図24 3シャント法電流検出部のブロック図

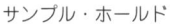

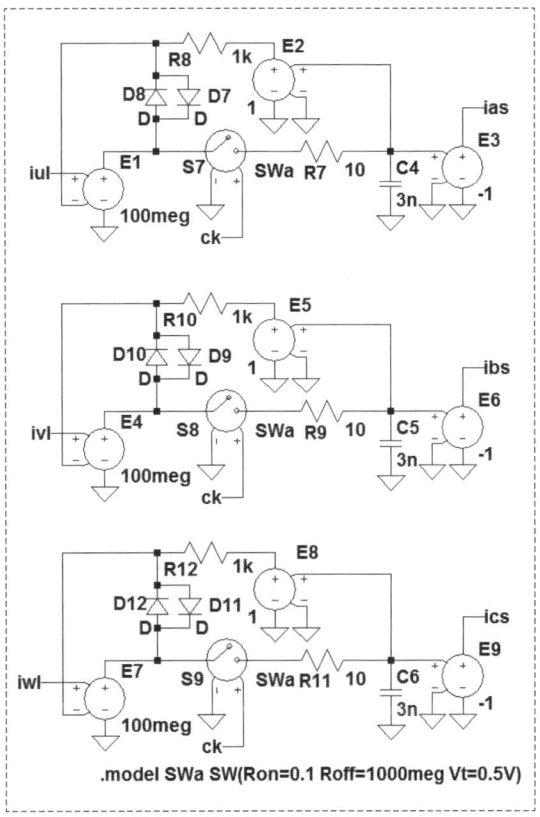

図25 3シャント法におけるサンプル・ホールド回路【LTspice 052】

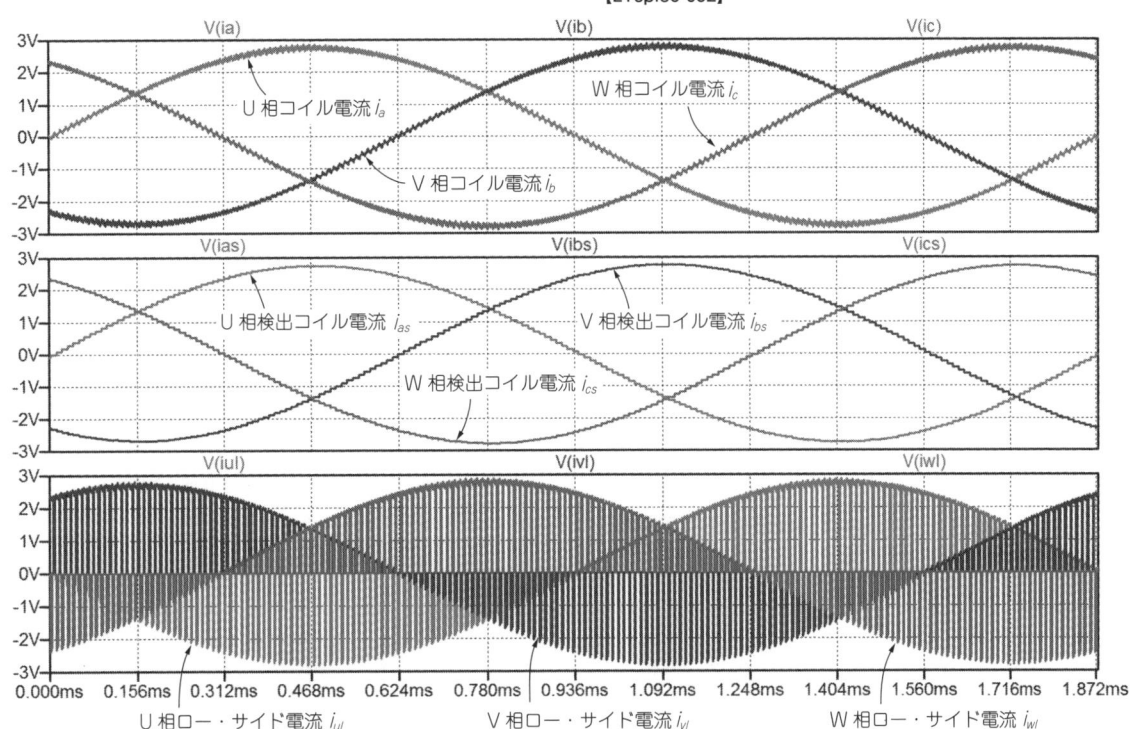

図26 3シャント法, 検出コイル電流波形【LTspice 052】

12.7 モータ・コイル電流の検出

図25によるシミュレーション波形を図26に示しますが，検出コイル電流i_{as}，i_{bs}，i_{cs}がコイル電流i_a，i_b，i_cと各相それぞれ一致していることがわかります．以上から，各相ロー・サイドの3個のシャント電流をそれぞれ各相コイル電流に変換できることが確認できました．

(a) 1シャント法，シャント検出電流【LTspice 053】

(b) 1シャント法，シャント検出電流（t軸拡大）【LTspice 054】

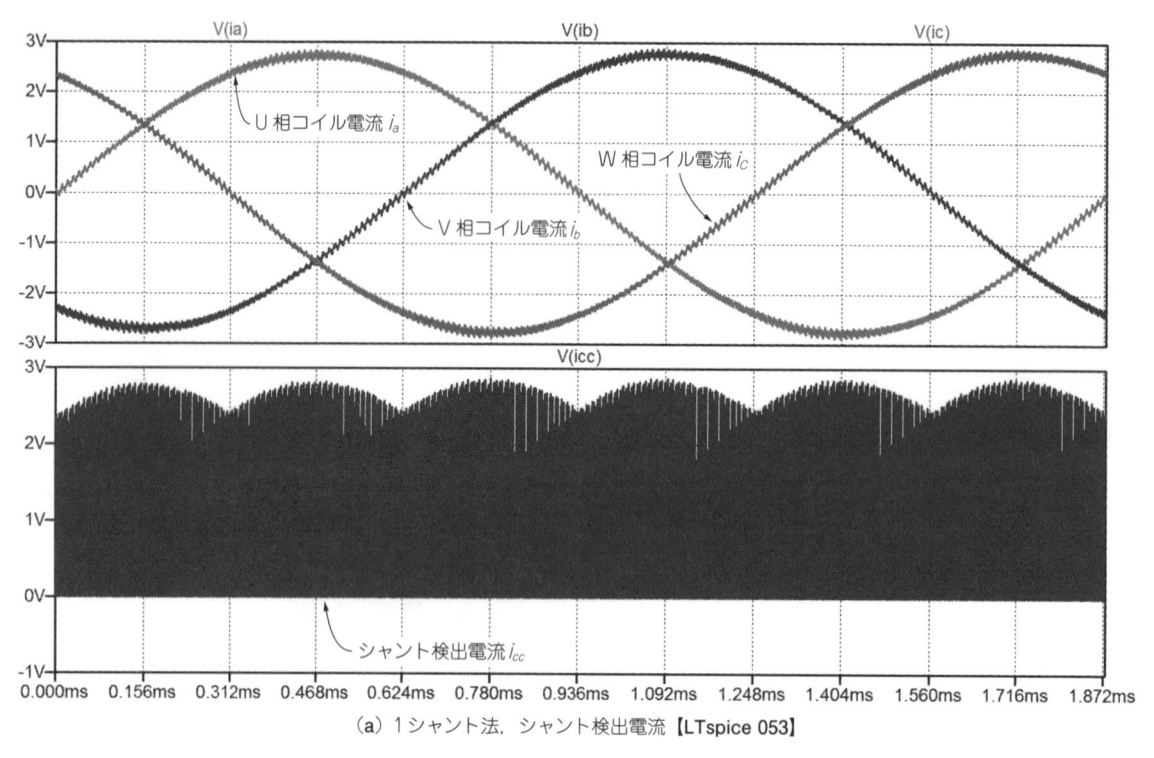

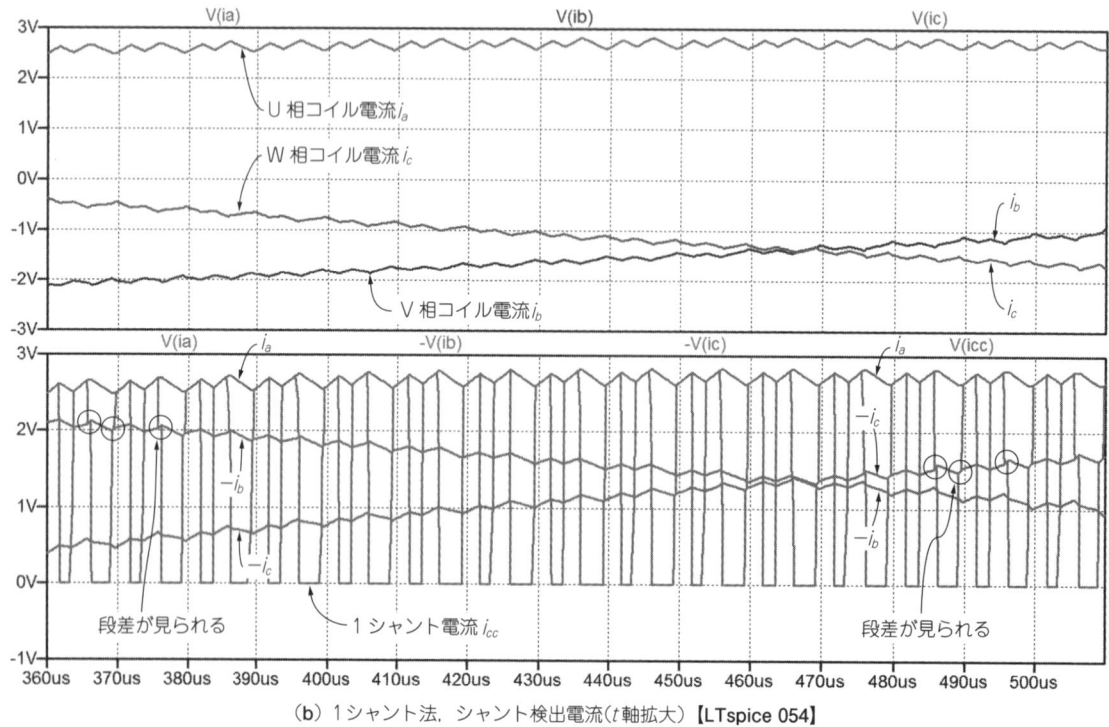

図27 1シャント法電流波形

■ 1シャント法

● シャント抵抗検出電圧とコイル電流

図22の回路のコイル電流i_a, i_b, i_cと，1シャント検出電流i_{cc}の各波形を図27(a)に示します．図からパルス波形i_{cc}の波高値がi_a, i_b, i_cの正負ピーク部分の絶対値と一致していることがわかります．i_{cc}の波高値以外にもコイル電流を示すと思われる部分が見えます．また，i_{cc}の振幅は正極性のみであることがわかります．

図27(a)の時間軸を拡大して図27(b)に示します．この表示時間区間では，i_{cc}の波高値がi_aと一致し，i_{cc}

表1 3相インバータのスイッチ状態と検出コイル電流相

No.	ハイ・サイド・スイッチの状態 0：OFF，1：ON			i_{cc}の検出	コイル電流相
	U相(S_1)	V相(S_3)	W相(S_5)		
0	0	0	0	0	0
1	0	0	1	i_c	$-i_a - i_b$
2	0	1	0	i_b	$-i_a - i_c$
3	0	1	1	$-i_a$	$i_b + i_c$
4	1	0	0	i_a	$-i_b - i_c$
5	1	0	1	$-i_b$	$i_a + i_c$
6	1	1	0	$-i_c$	$i_a + i_b$
7	1	1	1	0	0

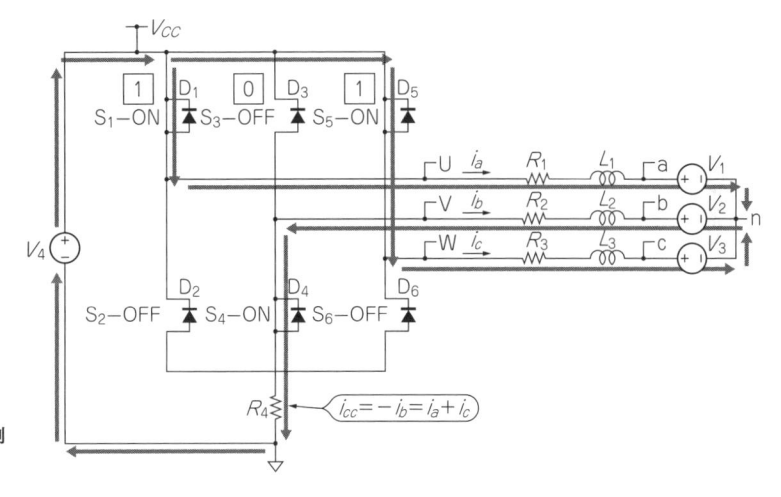

図28 1シャント法，電流経路例
（表1のNo.5「101」のとき）

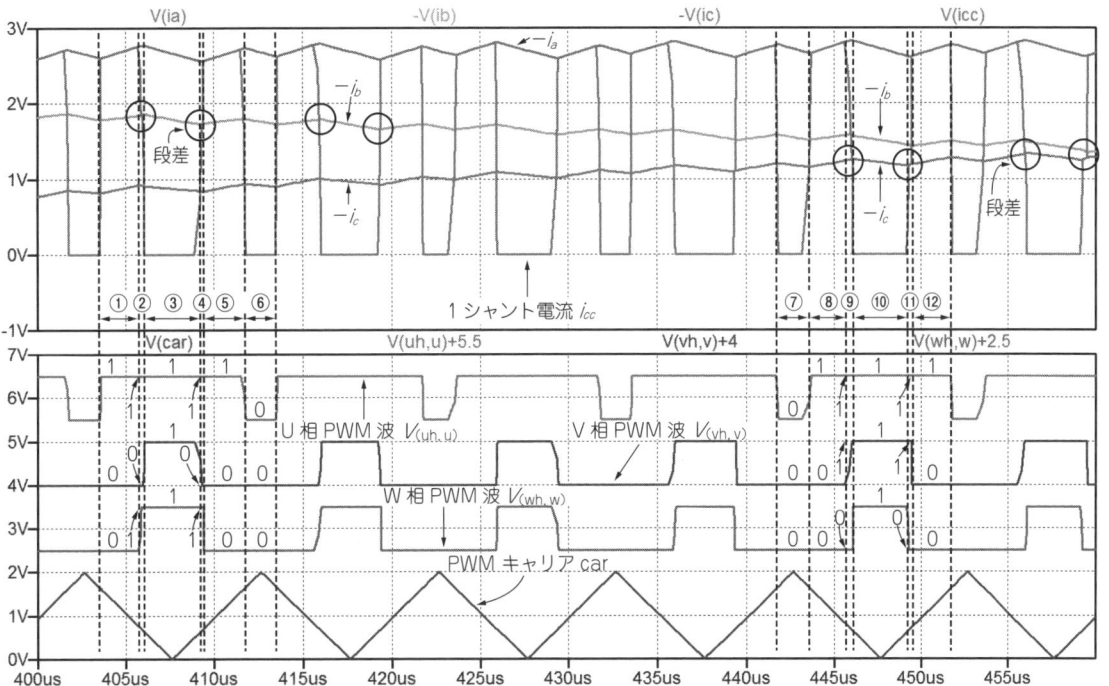

図29 1シャント法，検出波形とPWM変調波形【LTspice 055】

12.7 モータ・コイル電流の検出

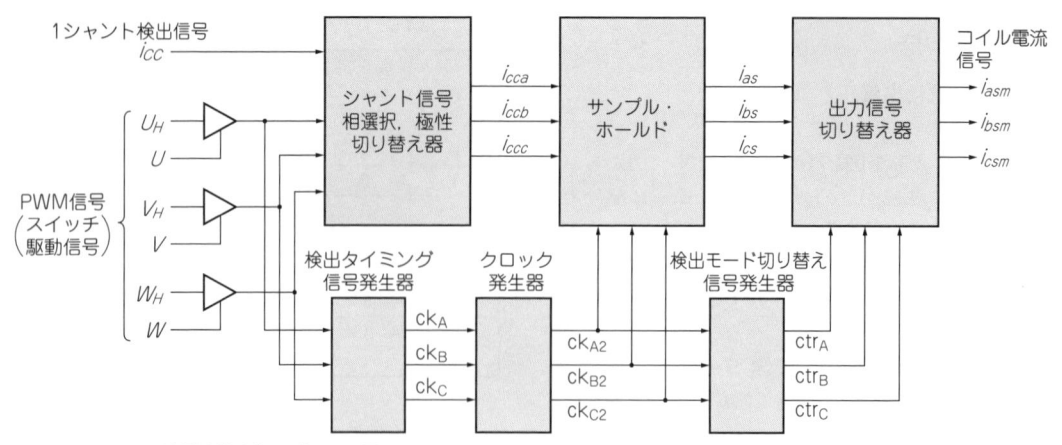

図30 1シャント法電流検出部のブロック図

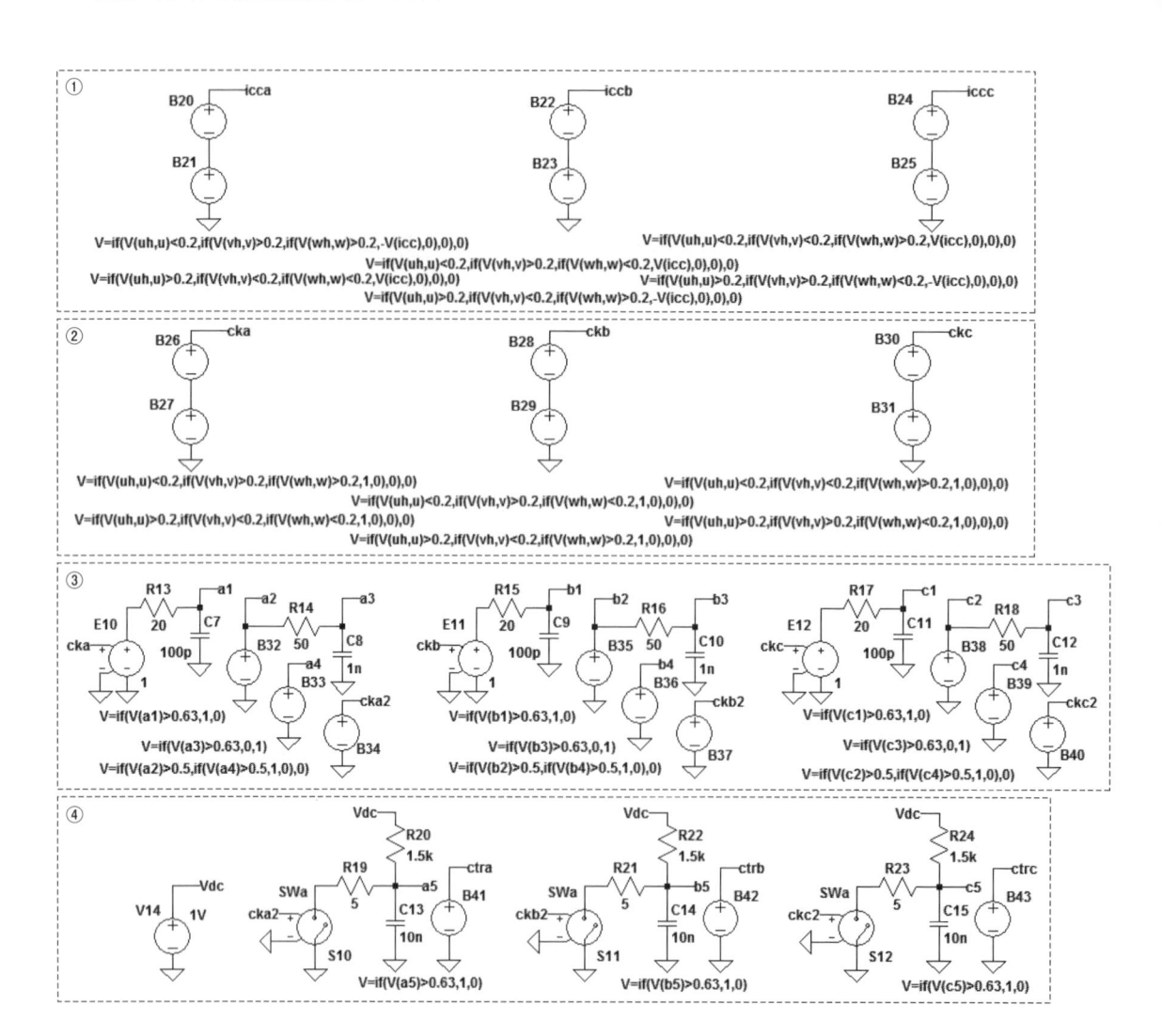

.model SWa SW(Ron=0.1 Roff=1000meg Vt=0.5V)

①icc信号整形，②クロック発生器，③クロック整形，④コントロール信号，⑤サンプル・ホールド，⑥出力信号選択

図31 1シャント法における電流検出回路【LTspice 056】

表2 図29の区間のスイッチ状態と検出コイル電流相

図29の区間	ハイ・サイド・スイッチの状態 0：OFF，1：ON			i_{cc}の検出コイル電流相
	U相(S_1)	V相(S_3)	W相(S_5)	
①	1	0	0	i_a
②	1	0	1	$-i_b$
③	1	1	1	0
④	1	0	1	$-i_b$
⑤	1	0	0	i_a
⑥	0	0	0	0
⑦	0	0	0	0
⑧	1	0	0	i_a
⑨	1	1	0	$-i_c$
⑩	1	1	1	0
⑪	1	1	0	$-i_c$
⑫	1	0	0	i_a

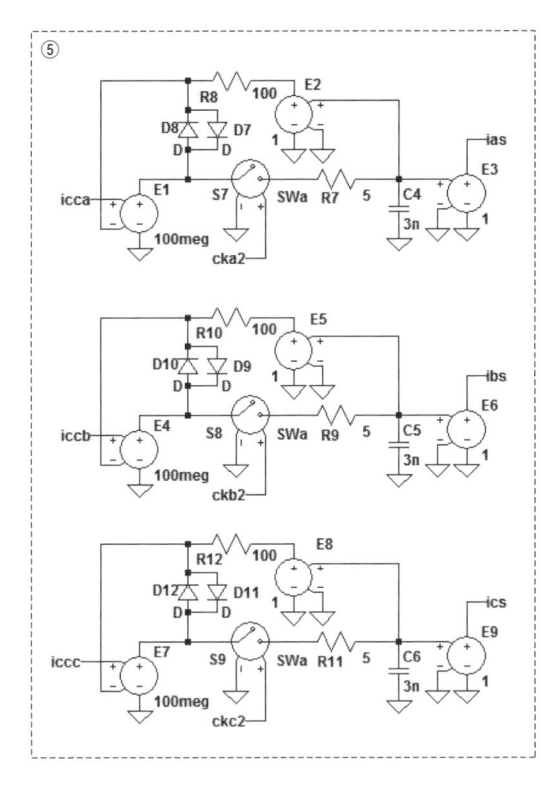

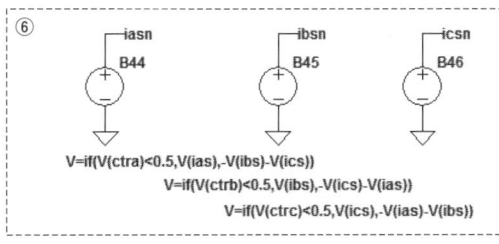

波形に段差があることがわかります．さらに，i_b，i_cの正負反転波形$-i_b$，$-i_c$を重ねて描くと，段差が$-i_b$または$-i_c$と一致していることがわかります．段差の値を検出できれば波高値と合わせて2相ぶんのコイル電流値が得られます．

● 1シャント電流の段差の値

図28は3相インバータのスイッチ状態とそれに対応する電流経路を示しています．各相のスイッチのON/OFFはハイ/ローが互いに逆状態になるので，6個のON/OFF状態は表1に示す8種のみです．表1のNo.0～7はハイ・サイド・スイッチS_1，S_3，S_5の状態を，

  0：OFF，1：ON

として示しています．たとえば図28に示すように，表1 No.5の「101」は，ハイ・サイド・スイッチが「S_1：ON，S_3：OFF，S_5：ON」，ロー・サイド・スイッチが「S_2：OFF，S_4：ON，S_6：OFF」であることを意味します．このスイッチ状態のときは，S_1の電流はコイル電流i_aに，S_5の電流はi_cに等しく極性は＋です．S_4の電流は極性を含めて1シャント電流i_{cc}に等しく，i_bとは逆極性で振幅は等しくなります．したがって，検出コイル電流としては「$-i_b = i_a + i_c$」です．

同様にしてNo.0～7についてコイル電流の検出相を求めて表1に示します．「000」および「111」はハイ・サイドまたはロー・サイド・スイッチが3個ともOFFなのでi_{cc}は0です．

以上から，i_{cc}波形のピークおよび段差におけるスイッチの状態から，対応するコイル電流相を判別できることがわかりました．

● コイル電流相の判別

図29は各相PWM波形と電流波形を示しています．例として①～⑫の区間を図29のように決めると，PWM波upwm，vpwm，wpwmのレベルに対応するハイ・サイド・スイッチ状態とi_{cc}として検出されるコイル電流相は表2のようになることが同図からわかります．たとえば区間②，④は「101」であり，図28および表1の結果と一致します．表2の他の区間も表1と一致しています．したがって，PWM波から判別したスイッチ状態に応じて，i_{cc}波形を検出すればコイル電流2相分が検出できることがわかりました．ただし図29が示すように，段差が$-i_b$から$-i_c$に切り替わる付近では段差幅が短くなり，ハードまたはソフトで行う検出機能の応答速度によっては段差の値を検出できない恐れがあります．

12.7 モータ・コイル電流の検出

● コイル電流3相分を得る方法

上記のようにコイル電流2相分が得られることがわかりましたが，残りの1相分は次のようにして得ることができます．モータ電圧，電流が平衡3相であるとすれば，各相のコイル電流には，

$$i_a + i_b + i_c = 0$$

の関係があります．したがって表1に示すように，コイル電流は他の2相の和の反転として求めることができますので，得られない1相は得られた他の2相から求めることができます．

● 1シャント法のコイル電流の検出回路

1シャント法のブロック図のうち「駆動部」，「制御部」は前述の3シャント法と共通です［図1(b)，図21］．

1シャント法電流検出部のブロック図を図30に示します．

1シャント法においては，インバータ部の各相スイッチの状態が表1に示すように8種類あり，そのうちのNo.1〜6の6種類の状態が表に示す1シャント電流検出相に対応します．

そこで，各スイッチの駆動PWM信号から上記6種類の状態に対応するタイミング信号を検出し，さらにサンプル用クロック信号を得ます．

1シャント電流信号i_{cc}を表1にしたがって極性切り換え後，サンプル・ホールドによってコイル電流に変換します．

1シャント法ではコイル電流が常に2相分しか得られないので，得られないタイミングでは他の2相の和の反転となるように出力信号切り換え器を通して各相コイル電流を得ます．

1シャント法による電流検出用シミュレーション回路を図31に示します．

回路①はi_{cc}波形から各相成分i_{cca}, i_{ccb}, i_{ccc}を切り出すための信号整形を行います．

回路②はi_{cca}, i_{ccb}, i_{ccc}と同期した各相のクロック信号cka, ckb, ckcを発生します．

回路③はcka, ckb, ckcよりわずかに遅延した一定幅の整形クロックcka2, ckb2, ckc2を発生します．この遅延によりi_{cca}, i_{ccb}, i_{ccc}信号が急変後整定してからサンプル動作を行うことができます．

回路④はコイル電流相を検出相か，他の2相の和の反転とするかの切り替えコントロール信号ctra, ctrb, ctrcを発生します．

回路⑤はサンプル・ホールドです．回路⑥はサンプル・ホールド出力をctra, ctrb, ctrcによって切り替え，コイル電流の検出信号i_{asn}, i_{bsn}, i_{csn}を出力します．

● 1シャント法のサンプル・ホールド出力波形

図32(a)にサンプル・ホールド出力などのU相信号

(a) U相サンプル・ホールド出力波形【LTspice 056】

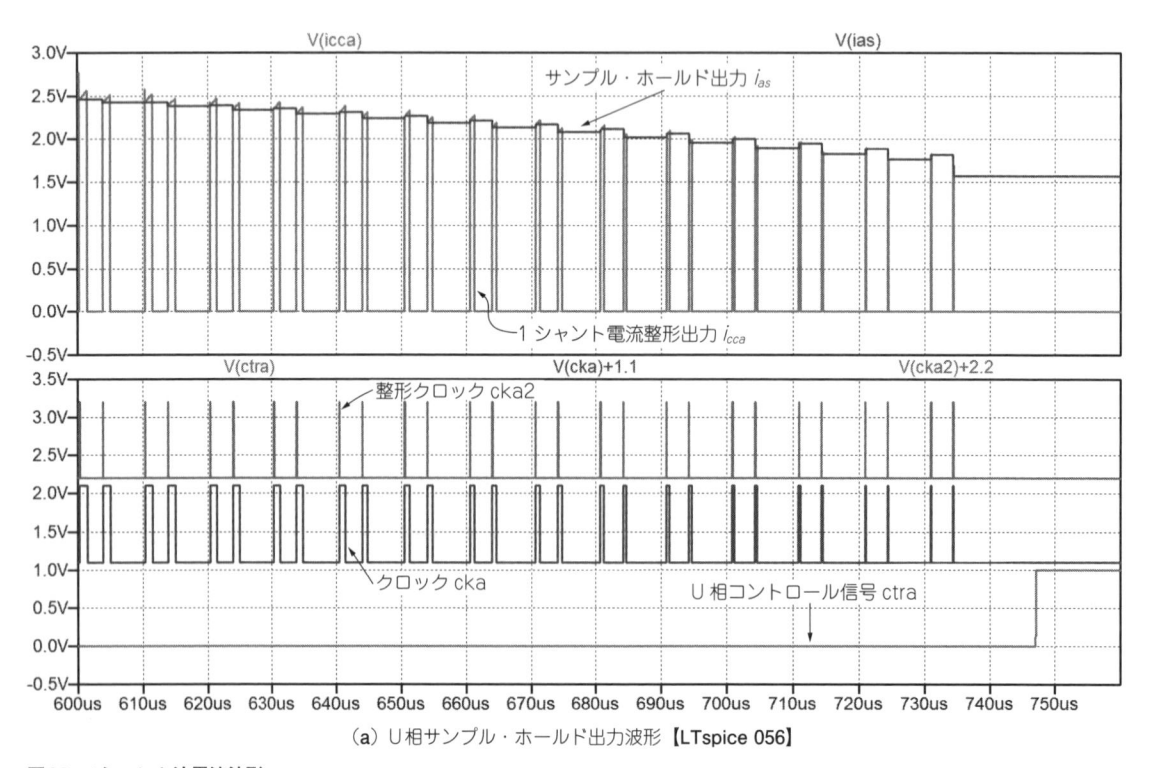

図32 1シャント法電流波形

を示します．U相サンプル・ホールド回路は，1シャント電流i_{cc}からi_a相当部分を切り出したi_{cca}信号を入力とし，クロックckaを遅延させ一定幅とした整形クロックcak2をサンプル制御入力とします．サンプル・ホールド出力iasはcak2がハイ・レベルのときにi_{cca}を検出し，ロー・レベルのときには検出値を保持しています．

図32(a)にはクロックcka，cka2が停止し，その直後にコントロール信号ctraがローからハイ・レベルに変化する様子が示されています．ctraがハイ・レベルにおいては，U相コイル電流i_aが直接は得られないため，他の2相の和の極性反転値$-i_b-i_c$から求めます．

● 1シャント法によるコイル電流検出波形

このようにして求めた検出コイル電流波形i_{asn}，i_{bsn}，i_{csn}を図32(b)に示します．これらの波形がi_a，i_b，i_cと一致していることがわかります．

各相のコントロール信号ctra，ctrb，ctrcは，コイル電流1周期の間にハイ・レベルが60°×2＝120°あり，レベル変化のタイミングが他の相のレベル変化と近接しているため，タイミングのずれが検出コイル電流波形に影響する恐れがあります．ある相のコントロール信号がハイ・レベルとなって直接その相のコイル電流が検出できなくなっても，他の2相のコントロール信号がロー・レベルであれば，その2相から電流値が得られます．

i_{asn}，i_{bsn}，i_{csn}波形にもコントロール信号のレベル変化のタイミング付近に乱れが見られますが，1シャント法においても各相のコイル電流が検出できることは確認できました．

■ 120°矩形波駆動時の電流検出（3シャント法）

● ハイ／ロー同時PWM方式

次に120°矩形波駆動時のコイル電流検出波形を求めます．

120°矩形波駆動のブロック図のうち駆動部，制御部は，それぞれ図21，図8(b)と共通です．

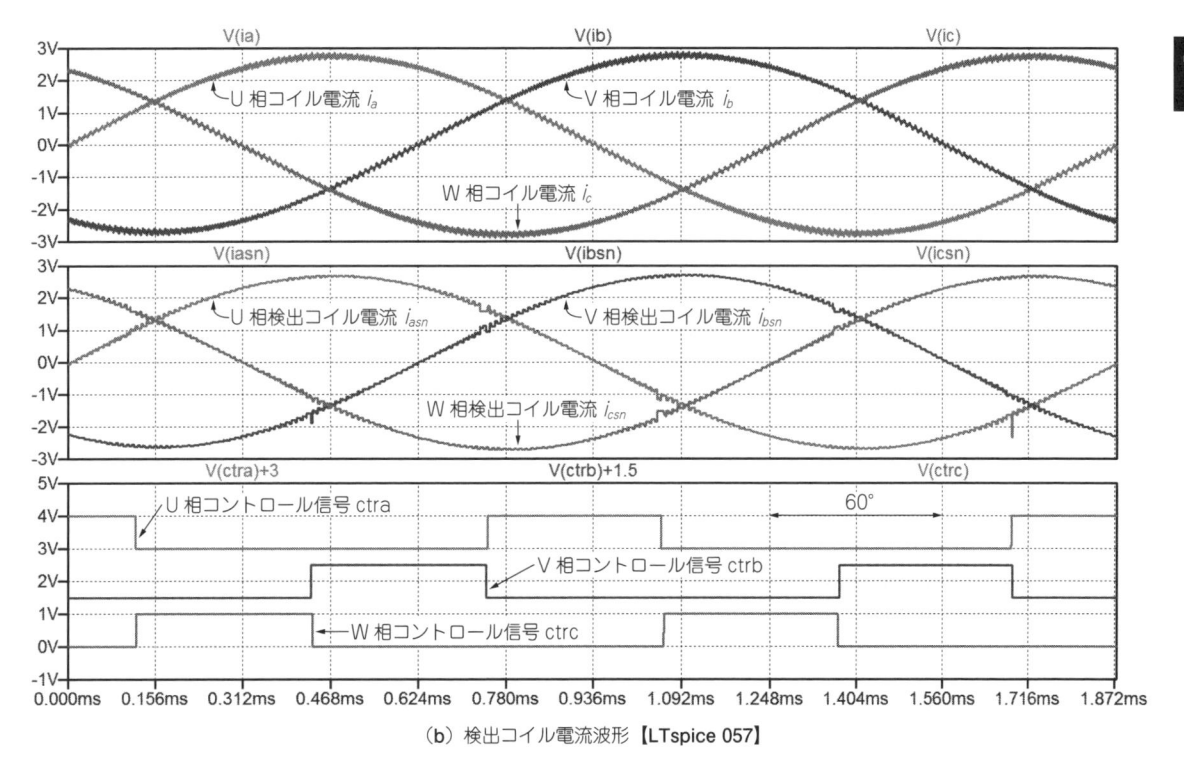

スイッチ駆動部のブロック図は，「ハイ／ロー同時PWM方式」が図9(d)，「ハイ・サイドのみPWM方式」が図9(b)にそれぞれ対応します．

図33は120°矩形波駆動電流検出部のブロック図です．図33のタイムチャートに示すように，ハイ・サイドおよびロー・サイド各スイッチ・アクティブ区間に対応するそれぞれのクロック信号ck_H，ck_Lによりサンプル動作を行い，各相コイル電流信号を得ています．

図34(a)は上下スイッチ同時PWM方式の3相インバータの回路図です．PWMデューティは矩形波1周期を通じて一定です．PWM区間は誘起電圧$V_{(a, n)}$の

(b) 検出コイル電流波形【LTspice 057】

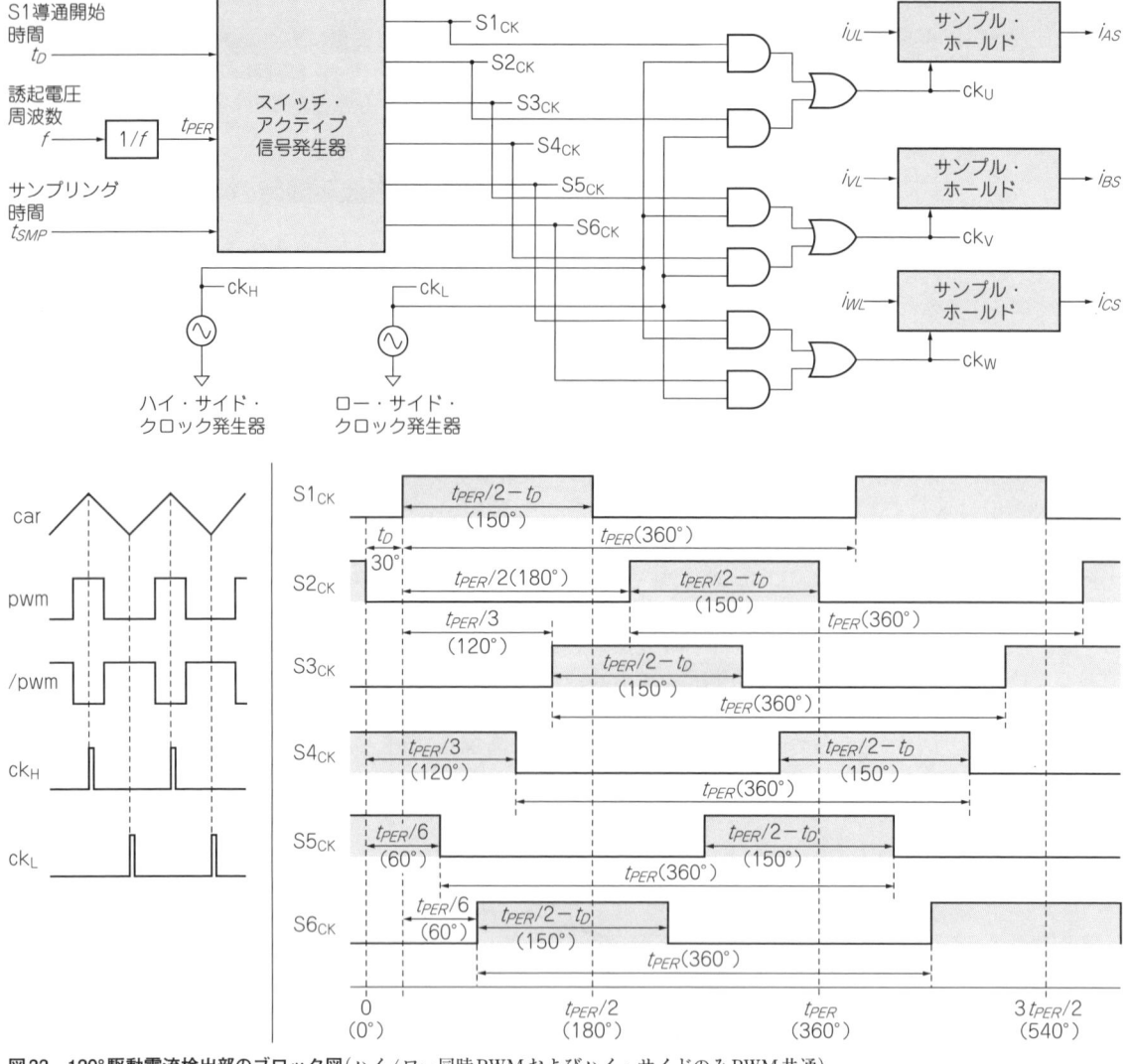

図33 120°駆動電流検出部のブロック図(ハイ/ロー同時PWMおよびハイ・サイドのみPWM共通)

正負のピークを中心とする120°区間であり，ここでは進み角を0としています．

図34(b) はロー・サイドの3シャント検出信号 i_{ul}, i_{vl}, i_{wl} から各相検出コイル電流 i_{as}, i_{bs}, i_{cs} を求める検出回路です．

正弦波3シャント検出回路(図22，図25)との相違点は以下のとおりです．
(1) サンプル・ホールドの制御信号 ck_U, ck_V, ck_W をコイル電流の正区間と負区間で別信号としている．正区間ではハイ・サイド・スイッチがOFFのタイミング信号 ck_H，負区間ではロー・サイド・スイッチがONのタイミング信号 ck_L としている．
(2) スイッチ・アクティブ区間を延長したクロック・アクティブS1ck～S6ck区間を設けている．これにより，サンプル・ホールド回路がPWM区間終了後に0をホールドすることができる．

120°矩形波駆動においては，検出波形と実際のコイル電流波形とに一部相違が生じます．図35の点線で示す部分がその相違箇所であり，発生理由は以下のとおりです．

点線箇所について各波形を比較すると，実際のコイル電流 $I_{(V1)}$ には負側電流区間の最後にコイル L_1 の充電エネルギ放出に伴う0に向かう減衰電流が見られます．これに対し，シャント検出信号 i_{ul} および検出コイル電流 i_{as} は上記区間終了時に直ちに0に復帰しています．すなわち，検出回路の動作上の理由で相違が発生しているわけではなく，シャント電流 i_{ul} がコイル電流 $I_{(V1)}$ と相違していることを意味します．

上記区間の終了直前において，U相コイル電流 $I_{(V1)}$ は誘起電圧 V_1 を負方向に，U相ロー・サイド電圧源 V_4 を正方向に流れています．区間終了と同時にロー・サイド・スイッチ S_2 が連続OFFとなるので，コイル

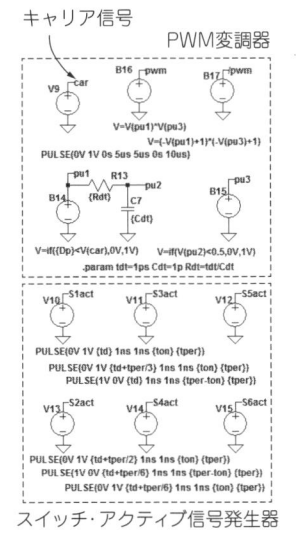

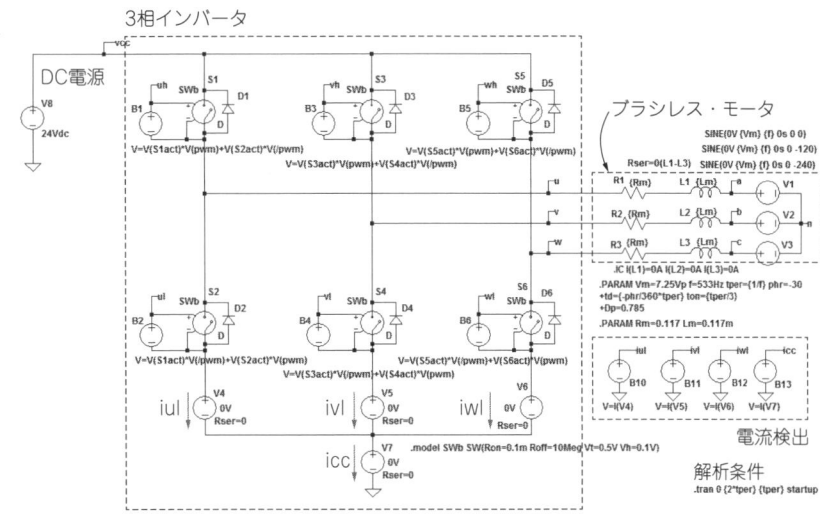

(a) 駆動部回路図(120°駆動, 上下同時PWM)

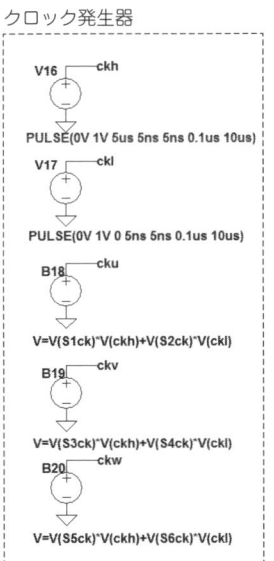

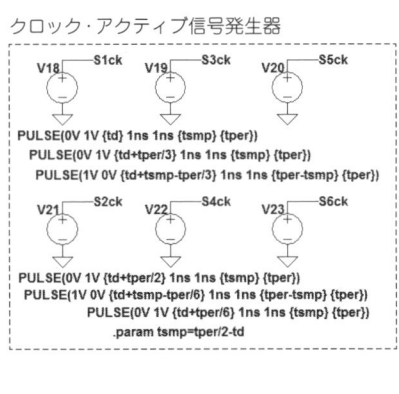

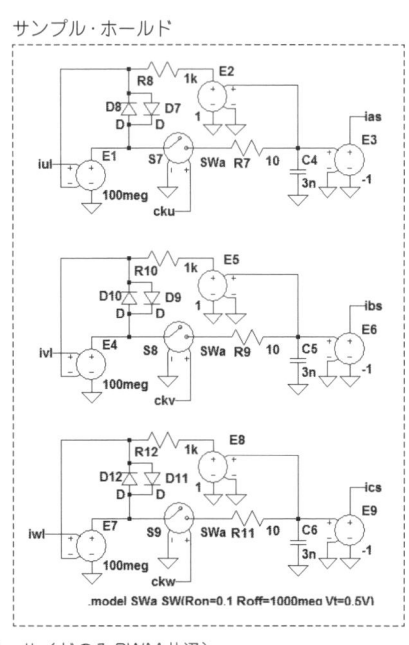

(b) 電流検出回路(120°駆動, 上下同時PWMおよびハイ・サイドのみPWM共通)

図34 120°駆動3シャント法電流検出回路【LTspice 058】

L_1の逆起電圧によりU相ハイ・サイドのダイオードD_1がONとなり, エネルギ放出電流はハイ・サイドに流れます. その結果, ロー・サイド電流は直ちに0Aとなります.

コイル電流$I_{(V1)}$の正側電流区間の最後にも減衰電流が見られますが, この電流は上記とは逆にダイオードD_2がONとなりロー・サイドに流れるので, 検出されています.

● ハイ・サイド・スイッチのみPWM方式

本方式の3相インバータ回路, 制御回路, 電流検出回路は図34(a), (b)と共通です.

電流波形を図36に示します. コイル電流$I_{(V1)}$の負側区間のシャント検出電流i_{ul}は, ロー・サイド・スイッチS_2が連続ONであるため, 図35とは異なり連続波となっています.

点線部分は前項と同様の理由で各波形に相違が生じています.

◆参考文献◆
(1) 渋谷 道雄;回路シミュレータLTspiceで学ぶ電子回路, 2011年7月, ㈱オーム社.

12.7 モータ・コイル電流の検出　163

図35 検出コイル電流波形（120°駆動, ハイ／ロー同時PWM）【LTspice 058】

図36 検出コイル電流波形（120°駆動, ハイ・サイドのみPWM）【LTspice 059】

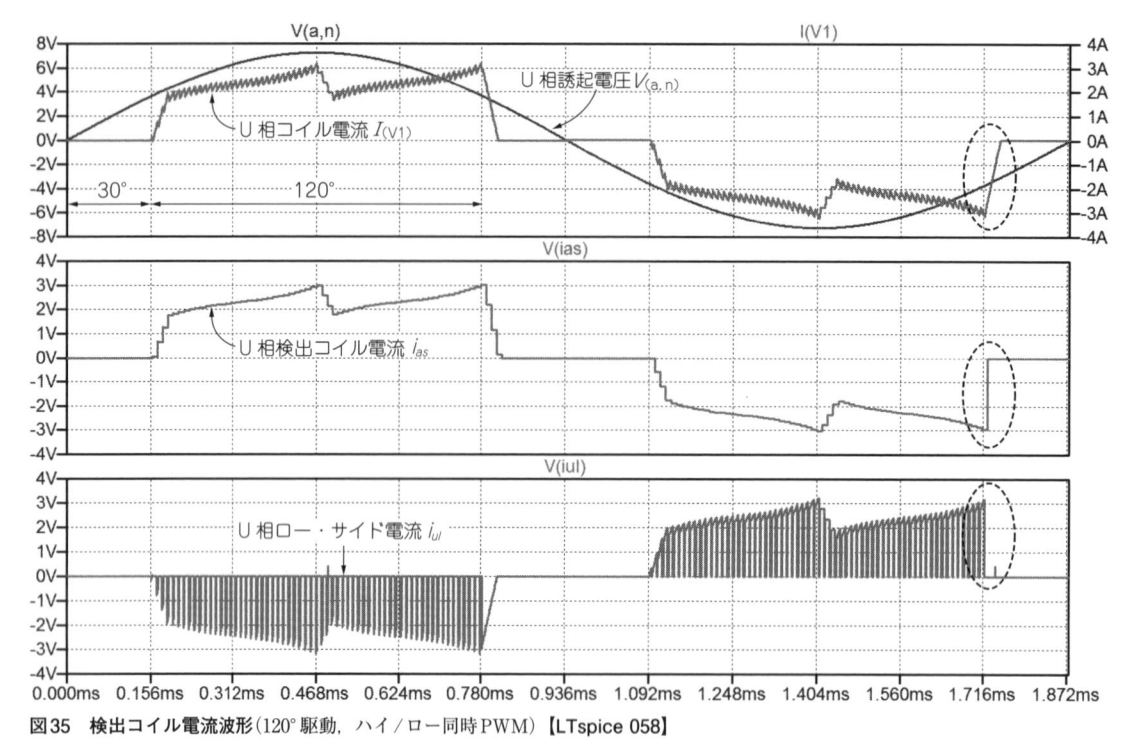

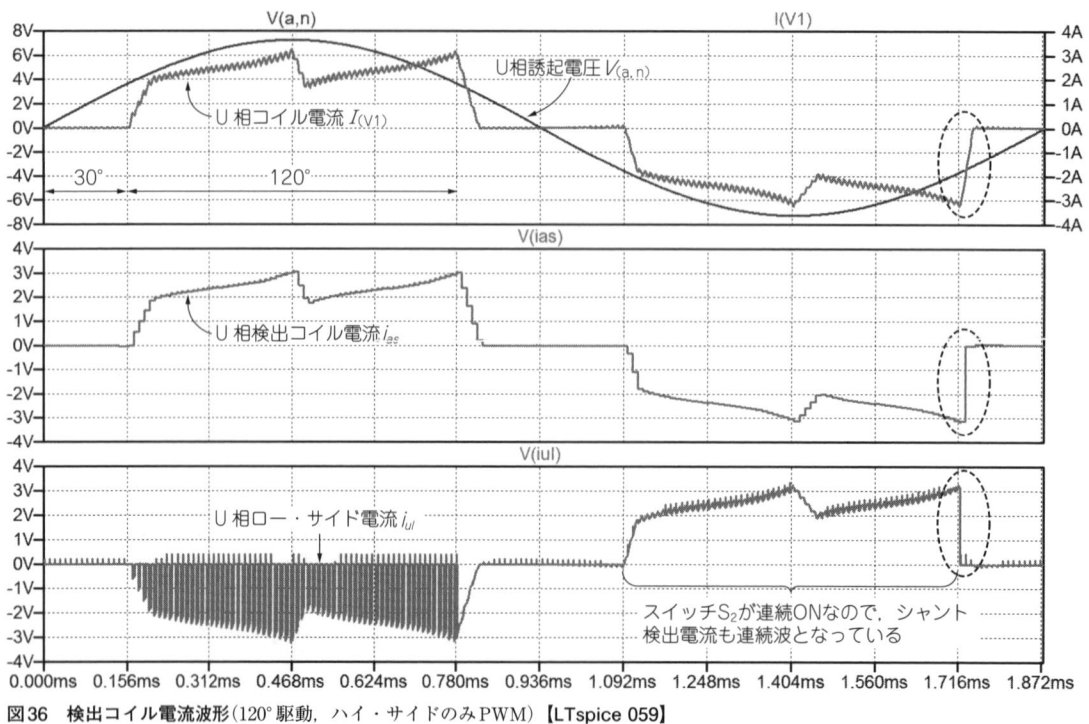

(2) 遠坂 俊昭；電子回路シミュレータLTspice実践入門, 2012年1月, CQ出版社.
(3) 世界初のベクトル制御インバータ, 東芝未来科学館Webページ, http://toshiba-mirai-kagakukan.jp/learn/history/ichigoki/1979inverter/index_j.htm
(4) ハーフブリッジ・ドライバIC製品一覧表, IR（infineon）社のWebページ.
http://www.irf.com/product/_/N~1nje1s#tab-tab1
(5) HVIC製品一覧表, 三菱電機㈱のWebページ.
http://www.mitsubishielectric.co.jp/semiconductors/php/eSearch.php?FOLDER = /product/icsensor/hvic/hvic_lv3

第3部 ベクトル制御サーボ・システムの設計

第13章 機械部もまとめて等価回路に！モータ負荷条件が変化したときも解析する

ブラシレス・モータの伝達特性を求める

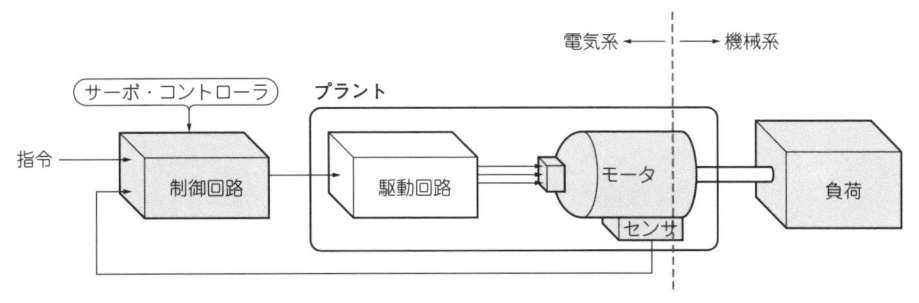

図1 モータ・サーボ・システムは電気系と機械系の組み合わせで動いている
本章では，機械系の部分も含めたモータの電気的回路モデルを作成する

　サーボ設計とは，最適なサーボ・コントローラの周波数特性を求めることです．モータ制御サーボにおいては，制御対象（プラント）であるモータの周波数特性が必要です．本章では，モータの周波数特性を求める方法を解説します．

● モータの機械系も電気回路に置き換えて解析する

　モータは，入力が電圧や電流なのに，出力は回転速度やトルクです．つまり，電気信号ではありません（図1）．
　前章までに，制御対象（プラント）の周波数特性を把握し，それに応じた制御回路を作ればよいと述べてきました．しかし，制御対象となるモータや負荷は電気回路ではありません．そこで，本章ではモータの機械的な回転速度やトルクなどをすべて電気的な等価回路で表します．
　モータを等価回路で表せば，制御を含めた全体を電気回路で表現できるため，機械系による位相遅れなどを含めた解析やシミュレーションをすることができます．
　本章で作成したモータの電気的モデルは，モータや負荷のパラメータを任意の値に設定できます．

【本章の流れ】
(1) モータ各部のパラメータの関係を示す微分方程式とモータの電気回路モデルを求める
(2) 微分方程式をラプラス変換して，モータの伝達特性式とブロック線図を求める
(3) モータの電気回路モデルをLTspiceでシミュレーションして，モータを電圧駆動したときの周波数特性と過渡応答特性を求める．モータ定数や動作条件は，トラ技3相インバータ実験キット INV-1TGKIT-A（以下，実験キット）のブラシレス・モータの値を使う
(4) (3)の周波数特性の折れ点周波数を決めているモータ・パラメータを求める
(5) シミュレーションした結果と計算で求めた値を比較して，(1)の電気回路モデルがブラシレス・モータの等価回路として使用できることを確認する
(6) (2)の伝達特性式からモータの静特性を求める
(7) モータ負荷条件変化時の特性変化を求める
(8) 上記(3)の各特性を電流駆動において求める

13.1　ブラシレス・モータの等価回路

● モータの特性を表す「運動方程式」と「回路方程式」を関連付ける

　モータは電気系と機械系が合わさったものです．モータの電気系を等価回路に置き換えると，図2(a)になります．モータの機械系を等価回路に置き換えると，図2(b)になります．これまでは，図2(a)に示した電気系の部分だけで検討をし，機械的な遅れは考慮していませんでした．本章では機械系も含めて考えます．

(a) 電気系

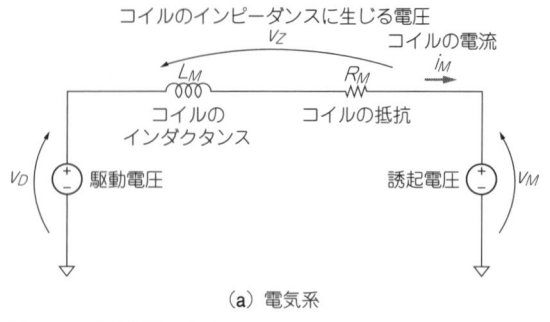

(b) 機械系

図2 モータを回路で表す

図2(a), (b)からそれぞれ, 式(1)に示す回路方程式と式(2)に示す運動方程式が得られます. ここでは時間の関数を小文字で表します.

【回路方程式】

$$v_D = L_M \frac{d}{dt} i_M + R_M i_M + v_M \cdots\cdots (1)$$

ただし, v_D：駆動電圧 [V],
L_M：コイル・インダクタンス [H],
i_M：コイル電流 [A],
R_M：コイルの抵抗 [Ω],
v_M：誘起電圧 [V]

【運動方程式】

$$t_M = J_M \frac{d}{dt} \omega_M + D_M \omega_M + t_L \cdots\cdots (2)$$

ただし, t_M：発生トルク [N・m],
J_M：回転モーメント [kg・m^2],
ω_M：誘起電圧角周波数 [rad/s],
D_M：粘性摩擦係数 [N・m/(rad/s)],
t_L：負荷トルク [N・m]

図2の(a)と(b)を結ぶのがモータがもつ二つの定数, 誘起電圧定数K_Eとトルク定数K_Tです.

誘起電圧定数K_Eは, 機械系の回転角周波数ω_R [rad/s] から電気系の誘起電圧v_Mが求まる定数です.

$$v_M = K_E \omega_R \cdots\cdots (3)$$

トルク定数K_Tは, 電気系のコイル電流i_Mから機械系の発生トルクt_Mが求まる定数です.

$$t_M = K_T i_M \cdots\cdots (4)$$

この二つの定数を使って, 電気系と機械系をつなぐと, 図3に示すモータ全体を表す等価回路が得られま

表1 電気回路と回転運動のパラメータ対応

電気回路	回転運動
電圧 [V]	トルク [N・m]
電流 [A]	回転角周波数 [rad/s]
電荷 [C]	回転角度 [rad]
抵抗 [Ω]	粘性摩擦係数 [N・m/(rad/s)]
インダクタンス [H]	回転モーメント [kg・m^2]

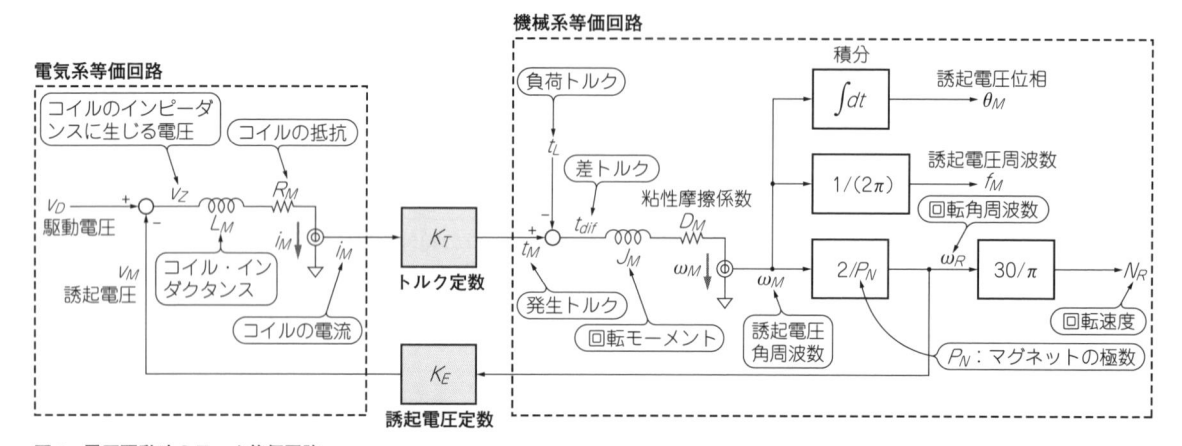

図3 電圧駆動時のモータ等価回路
図2の(a)と(b)の回路は, トルク定数と誘起電圧定数の二つの定数を介してつながる

す. 図3に示すようにω_Rは$(2/\text{マグネット極数}P_N) \times \omega_M$から求められます.

表1に，電気回路と回転運動のパラメータの対応を示します.

● ロータ回転角周波数$\Omega_R(s)$を出力したときの伝達特性

式(1)～(4)の変数v_D, v_M, i_M, t_M, ω_Rなどは，時間tの関数です．式(1)～(4)をそれぞれラプラス変換して周波数領域の関数にすると，式(5)～(8)が得られます．ただし，$t=0$におけるすべての変数を0とします．

$$V_D(s) = sL_M I_M(s) + R_M I_M(s) + V_M(s) \cdots (5)$$
$$T_M(s) = sJ_M \Omega_M(s) + D_M \Omega_M(s) + T_L(s) \cdots (6)$$
$$V_M(s) = K_E \Omega_R(s) \cdots (7)$$
$$T_M(s) = K_T I_M(s) \cdots (8)$$

式(5)～(8)を変形し整理すると，式(9)になります．

【伝達特性】
$$\Omega_R(s) = \frac{1}{\frac{P_N}{2}(sJ_M + D_M) + \frac{K_E K_T}{sL_M + R_M}} \left(\frac{K_T}{sL_M + R_M} V_D(s) - T_L(s) \right)$$
$$\cdots (9)$$

この式は，モータ駆動電圧$V_D(s)$と負荷トルク$T_L(s)$を入力とし，ロータ回転角周波数$\Omega_R(s)$を出力としたときの伝達特性を表しています．

式(9)は，本章の後半で静特性を求める際に使用します．

また，式(5)～(8)から，図4のように等価ブロック線図が得られます．

13.2 特性解析に使うモータ・パラメータ

● 実験キットのモータ定数を使ってシミュレーションする

図3に示すモータの等価回路モデルを使って特性を解析します．実験キットのブラシレス・モータのモータ定数を代入して，シミュレーションします．

類似モータの動作を検討するときは，値を置き換えるだけで，モータの周波数特性をシミュレーションできます．作成したシミュレーション・モデルは，マグネット・トルクだけを使用する($d=0$)表面磁石タイプのものです．

表2(a)に，使用するブラシレス・モータの定数を示します．粘性摩擦係数D_Mはモータのカタログに規定されていません．今回は比較的小さな値を設定しています．誘起電圧定数K_Eは，カタログ値を定義にしたがって換算しています．

表2(b)は，使用するブラシレス・モータを定格で動作させたときの値です．はじめは，定格負荷時を想定してシミュレーションします．回転出力電力P_Mのカタログ定格値は26 Wですが，ここでは誘起電圧において消費される有効電力P_Eと同じ30 Wとします．

表2(c)は，第11章の表2に示した誘起電圧で消費される電力P_Eを30 Wとして計算した値です．

誘起電圧で消費される電力P_E(3相分)は，誘起電圧とコイル電流を正弦波，位相差θ_Iを0°とし，それぞれのピーク値v_M [V], i_M [A]から求めます．

$$P_E = \frac{v_M i_M}{2} \times 3 \cos \theta_I \text{ [W]}$$

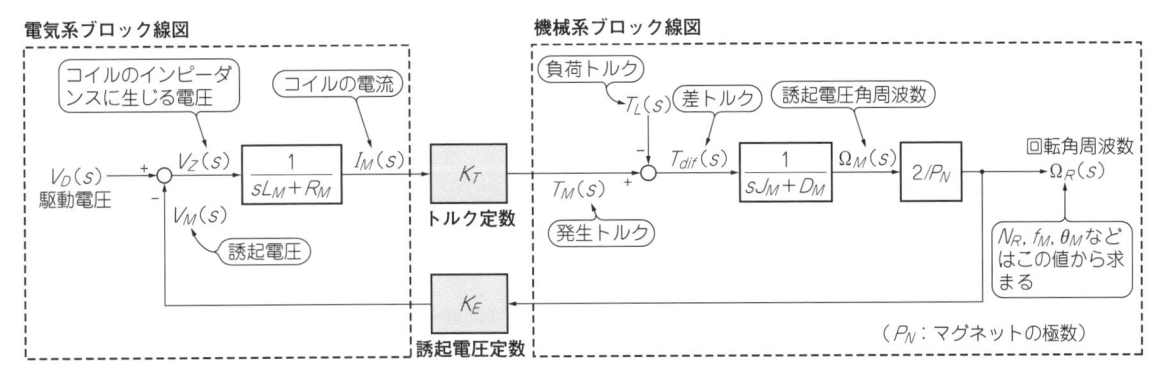

図4 図3のブロック線図

表2 モータの特性を決めているパラメータ

No.	パラメータ	記号	値	単位	備考
1	コイル・インダクタンス	L_M	0.117×10^{-3}	H	Y結線1相分に換算
2	コイル抵抗	R_M	0.117	Ω	Y結線1相分に換算
3	回転モーメント	J_M	2.4×10^{-6}	kg·m²	
4	粘性摩擦係数	D_M	1×10^{-6}	N·m/(rad/s)	
5	誘起電圧定数	K_E	8.66×10^{-3}	V/(rad/s)	誘起電圧(相電圧)/回転角周波数
6	トルク定数	K_T	14×10^{-3}	N·m/A	発生トルク/コイル電流(相電流)
7	マグネット極数	P_N	8	極	

(a) 実験キットのブラシレス・モータの定数

No.	パラメータ	記号	値	単位	備考
8	回転出力電力	P_M	30	W	$= t_L \times \omega_R$
9	回転速度	N_R	8000	r/min	$= \omega_R \times 30/\pi$
10	負荷トルク	t_L	35.8×10^{-3}	N·m	
11	回転角周波数	ω_R	838	rad/s	$= (\pi/30) \times N_R$
12	誘起電圧角周波数	ω_M	3351	rad/s	$= (P_N/2) \times \omega_R$

(b) 定格で動作させた時の値

No.	パラメータ	記号	値	単位	備考
13	誘起電圧で消費される電力	P_E	30	W	3相分 $= (v_M \times i_M)/2 \times 3 \times \cos\theta_I$
14	誘起電圧振幅	v_M	7.25	V	正弦波(ピーク値)
15	誘起電圧周波数	f_M	533	Hz	$= \omega_M/(2\pi)$
16	誘起電圧位相	θ_M	0	°	基準位相とする
17	コイル電流振幅	i_M	2.76	A	正弦波(ピーク値)
18	コイル電流位相	θ_I	0	°	θ_Mに対して
19	駆動電圧振幅	v_D	7.65	V	正弦波(ピーク値)
20	駆動電圧位相	θ_D	8.1	°	θ_Mに対して

(c) 誘起電圧で消費される電力を30Wとして計算した結果

No.	パラメータ	記号	値	単位	備考
21	コイル・インピーダンス電圧	v_Z	---	V	$= v_D - v_M$
22	発生トルク	t_M	---	N·m	
23	差トルク	t_{dif}	---	N·m	$= t_M - t_L$

(d) その他のパラメータ

(a) 回路【LTspice 060】

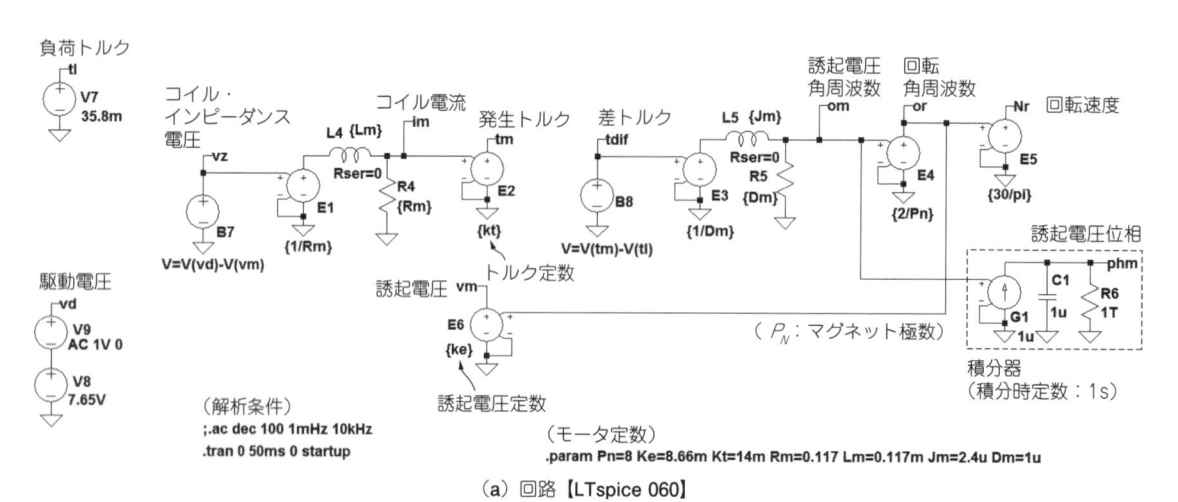

図5 モータを電圧駆動したときの応答特性

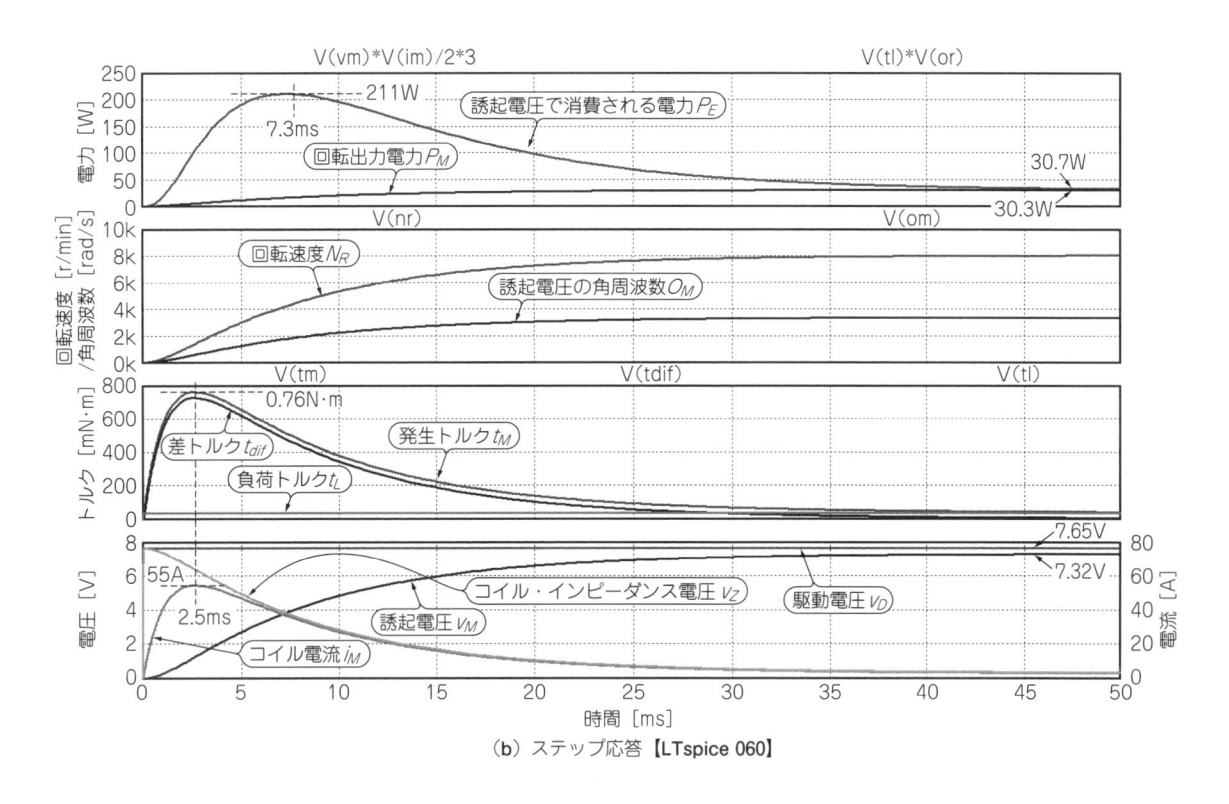

(b) ステップ応答【LTspice 060】

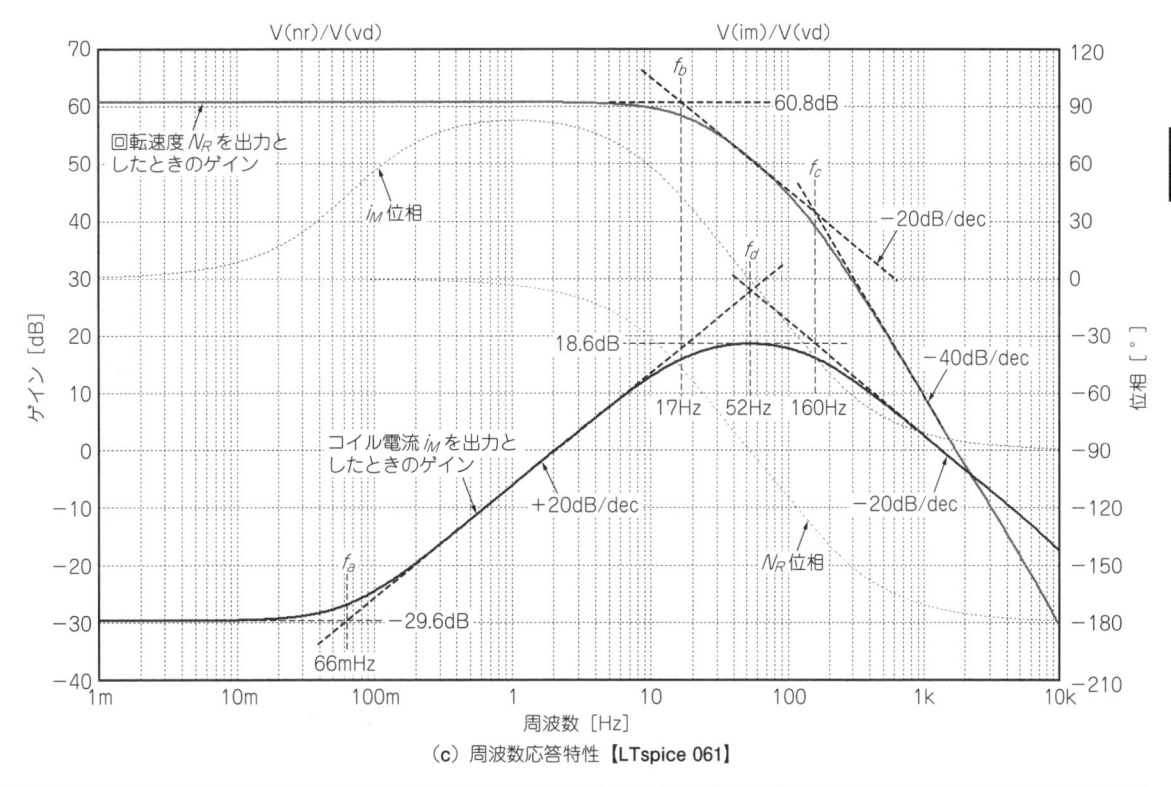

(c) 周波数応答特性【LTspice 061】

13.2 特性解析に使うモータ・パラメータ

13.3 電圧駆動時の特性をシミュレーションする

● モータを電圧駆動する

モータの駆動方法には，モータ端子に電圧を加える「電圧駆動」と，モータ端子に電流を流し込む「電流駆動」があります．

最初に，一般によく使われる電圧駆動の場合を考えます．電流駆動については，13.7節で求めます．

● 使用する回路

図3と図4をもとにしたシミュレーション用の回路を図5(a)に示します．LTspiceではラプラス演算子sの関数(伝達関数)を直接伝達要素として設定しAC解析ができますが，トランジェント解析の解析時間を短縮するため，図5(a)に示すような回路にしています．

動作パラメータは表2(a)〜(c)の値を設定しています．ただし，LTspiceではギリシャ文字が使えないので，$\omega_M \to$ om，$\omega_R \to$ or，$\theta_M \to$ phm に変えています．また，大文字，小文字の区別もできません．LTspiceにおいてはインダクタンスLの内部直列抵抗Rserはデフォルト値が1 mΩとなっており，L_M，J_Mの「Rser = 0」表記は，これを0Ωに設定したことを示しています．

● 過渡応答

トランジェント解析したステップ応答波形を図5(b)に示します．駆動電圧v_Dを$t = 0$ sにおいて0 Vから，表2(c)の誘起電圧振幅の計算値である7.65 Vに立ち上げています．

起動直後にコイル電流i_Mが急速に増大し$t = 2.5$ msで最大55 Aに達しています．この電流に比例して発生トルクt_Mも最大0.76 N・mとなり，停止していたロータの回転速度N_Rは次第に増大し，約50 ms後には最終値の8076 r/minになります．

コイルに発生する誘起電圧v_Mは，回転速度N_Rに比例して増大します．その結果，誘起電圧v_Mにおいて消費される電力P_Eは最大211 Wになり，その後減衰し定常値30.7 Wになります．

回転出力電力P_Mは負荷トルクt_Lが過渡状態においても一定であるとの条件のもとで，次第に増大し定常値30.3 Wに達します．過渡状態におけるP_EとP_Mの差電力は停止していたロータの回転エネルギに変換されたと考えられます．

起動から時間が十分に経過し，定常状態に達した後の各パラメータの読み取り値を表3に示します．定常値の計算値に対する偏差は，シミュレーション結果が計算値とほぼ一致しています．

モータ起動時の電流は最大55 Aに達し，短時間とはいえ定格電流(2.76 A)の約20倍にもなっています．過大な起動電流に対する対策は，次章で検討します．

図5(a)は，実際のモータで生じる鉄損や磁気的な損失・非線形性，一部の機械損などを考慮していません．そのため，P_EとP_Mの定常値はともにほぼ30 Wとなり，この間の効率が100 %になっています．

● 周波数応答

AC解析によりシミュレーションした結果を図5(c)に示します．駆動電圧v_Dに対するロータ回転速度N_Rとコイル電流i_Mのゲイン，位相の周波数特性(ボーデ線図)を示しています．図5(c)にはゲイン特性曲線の折れ線近似直線を重ねて描いています．

N_Rのゲインは遮断周波数17 Hzと160 Hzの1次遅れ要素2段の直列結合特性であり，位相遅れは最大180°です．

i_Mゲインは66 mHz以上で傾斜20 dB/decで増大し，52 Hzで最大値18.6 dBとなり，この周波数以上では傾斜-20 dB/decで減衰に転じます．増大，減衰いずれにおいても位相変化は±90°以内です．

図5(b)において，回転速度N_Rは，指令に対して遅れて立ち上がる積分系の過渡応答を示しています．コイル電流i_Mは，指令変化直後に大きく増大し，その後減衰する微分系の過渡応答を示しています．図5(c)においても，それぞれ積分系，微分系の周波数特性となっています．

このモータを電圧駆動し，速度制御や電流(トルク)制御するときには，図5(c)の周波数特性をもとにサーボ・ループを設計します．

13.4 周波数特性とモータ・パラメータとの関係

図5(c)に示す周波数特性上の各コーナ周波数$f_a \sim f_d$は何によって決まるのでしょうか．本節では，この点について調べます．図3に示したモータの等価回路モデルは，駆動電圧v_Dを指令入力，誘起電圧v_Mをフィードバック信号とするサーボ・システムと見ることができます．図3をもとに，モータをサーボ・システムとしてシミュレーションしてみます．

表3 図5(b)から読み取った電圧駆動応答波形の定常値

No.	パラメータ	記号	値	単位	表2(b), (c)に対する偏差
1	回転速度	N_R	8076	r/min	1 %
2	駆動電圧振幅	v_D	7.65	V	0 %
3	誘起電圧振幅	v_M	7.32	V	1 %
4	コイル電流振幅	i_M	2.79	A	1 %
5	誘起電圧消費電力	P_E	30.7	W	2.3 %
6	回転出力電力	P_M	30.3	W	1 %

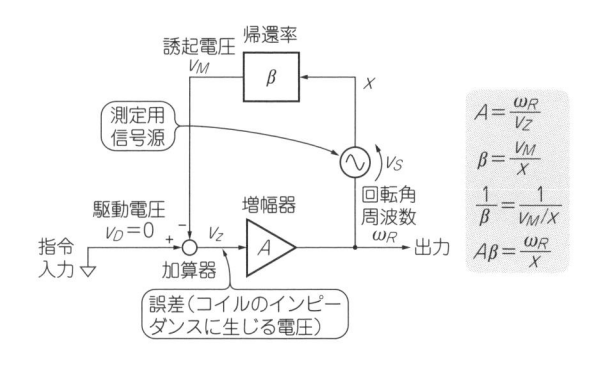

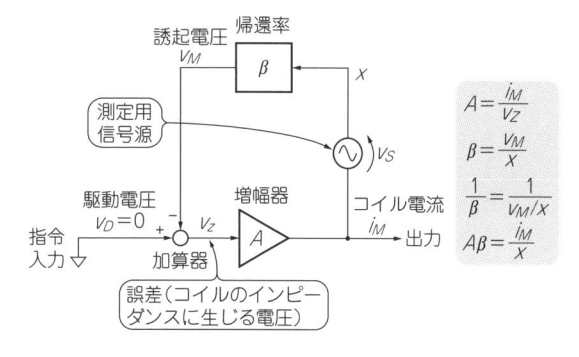

(a) 回転角周波数 ω_R 出力としたとき

(b) コイル電流 i_M 出力としたとき

図6 モータのループ・ゲインを測定する二つの回路(A の出力インピーダンスは0, β の入力インピーダンスは∞とする)
モータのどのパラメータがどのように周波数特性に影響を与えているのかを調べる

● ロータ回転角周波数 ω_R を出力としたときの周波数特性

図6(a)に駆動電圧 v_D を入力, ロータ回転角周波数 ω_R(シミュレーション上は or)を出力としたときのブロック図を示します. 図5(c)ではロータ回転速度 N_R を出力としていますが, 図3に示すように N_R は ω_R を $30/\pi$ 倍(19.6 dB)することによって求めることができるので, ω_R と N_R はゲイン特性を縦軸方向に平行移動した点を除き同特性です.

モータの回転速度を制御するときは, モータに加える駆動電圧 v_D を入力, 角周波数 ω_R を出力として, 周波数特性を考えてみます.

指令入力 $v_D = 0$ として, 図6(a)のように測定用信号 v_S を挿入します. アンプ・ゲイン A, 帰還率 β, ループ・ゲイン $A\beta$ などは図中の式から求めます. AC解析結果を図7(a)に示します.

▶ アンプ・ゲイン A

図7(a)の $A = \omega_R/v_Z$ のゲイン特性は, 遮断周波数 $f_a = 66$ mHz と $f_c = 160$ Hz の二つの1次遅れ要素の直列結合特性です. これに対応する図3の v_Z から ω_R の部分には, 1次遅れ要素 $1/(sL_M + R_M)$ および $1/(sJ_M + D_M)$ があります.

それぞれの遮断周波数 f_c, f_a は, 次式により計算できます.

$$f_c = \frac{1}{2\pi \dfrac{L_M}{R_M}} = \frac{1}{2\pi \dfrac{0.117\text{ m}}{0.117}} \simeq 160 \text{ Hz} \cdots\cdots (10)$$

$$f_a = \frac{1}{2\pi \dfrac{J_M}{D_M}} = \frac{1}{2\pi \dfrac{2.4\ \mu}{1\ \mu}} \simeq 66 \text{ mHz} \cdots\cdots (11)$$

式(10)と式(11)は, 図7(a)のシミュレーション結果と一致します.

▶ ループ・ゲイン $A\beta$, 帰還率 β

$A\beta$ は, アンプ・ゲイン A と誘起電圧定数 K_E の積であり, アンプ・ゲイン A とループ・ゲイン $A\beta$ は縦軸方向に平行移動した関係です. この場合は誘起電圧定数 K_E が β ゲインであり, 周波数によらず一定です.

$A\beta$ ゲインは $f_b = 17$ Hz において 0 dB と交差し, この周波数でループが切れます. $f_b = 17$ Hz における $A\beta$ 位相は 84° です. これは位相余裕でもあるので十分に安定していることがわかります.

$A\beta$ が十分に大きい領域では, $1/\beta$ が回転角周波数 ω_R の理論値ですが, $1/\beta$ ゲインも f_b においてゲイン A と交差するので, f_b 以上の周波数においては ω_R はゲイン A に漸近し重なります.

前述したとおり, N_R は ω_R の $30/\pi$ 倍(19.6 dB)です. 図7(a)から $1/\beta = 41.2$ dB と読み取れるので, N_R ゲインは 60.8 dB(= 41.2 + 19.6)です. 図5(c)からも N_R ゲインとして同じ値が読み取れます.

図5(c)に示される N_R ゲインの二つの遮断周波数, f_b = ループの切れる周波数($|A\beta|$ = 0 dB となる周波数), f_c = ループ・ゲイン $A\beta$ 特性上の遮断周波数であることがわかりました.

● コイル電流 i_M を出力としたときの周波数特性

図6(b)に駆動電圧 v_D を入力, コイル電流 i_M を出力としたときのブロック図を示します.

モータが発生しているトルクを制御したいときは, コイル電流を検出してフィードバックします. この場合, 制御対象のモータから出力されるのはコイル電流 i_M と考えて, サーボをかけることになります.

コイル電流を制御するときは, モータに加える電圧を入力, コイル電流を出力としたときの周波数特性を把握しておく必要があります.

この場合, 図6(b)のブロック図と計算式で表せます. AC解析結果を図7(b)に示します.

▶ ループ・ゲイン $A\beta$

$A\beta$ はどの信号を出力とするかに関わらず前項の ω_R を出力したときと同特性なので, ループが切れる周波

13.3 電圧駆動時の特性をシミュレーションする 171

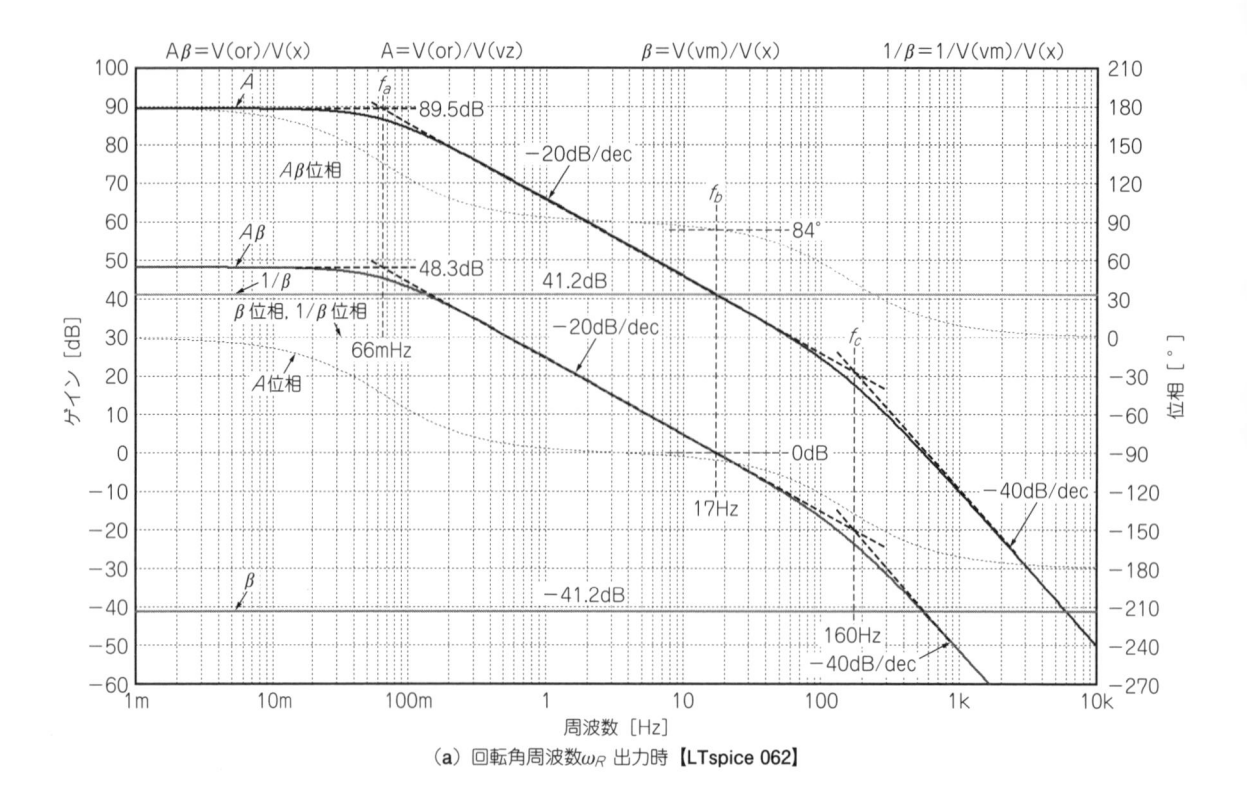

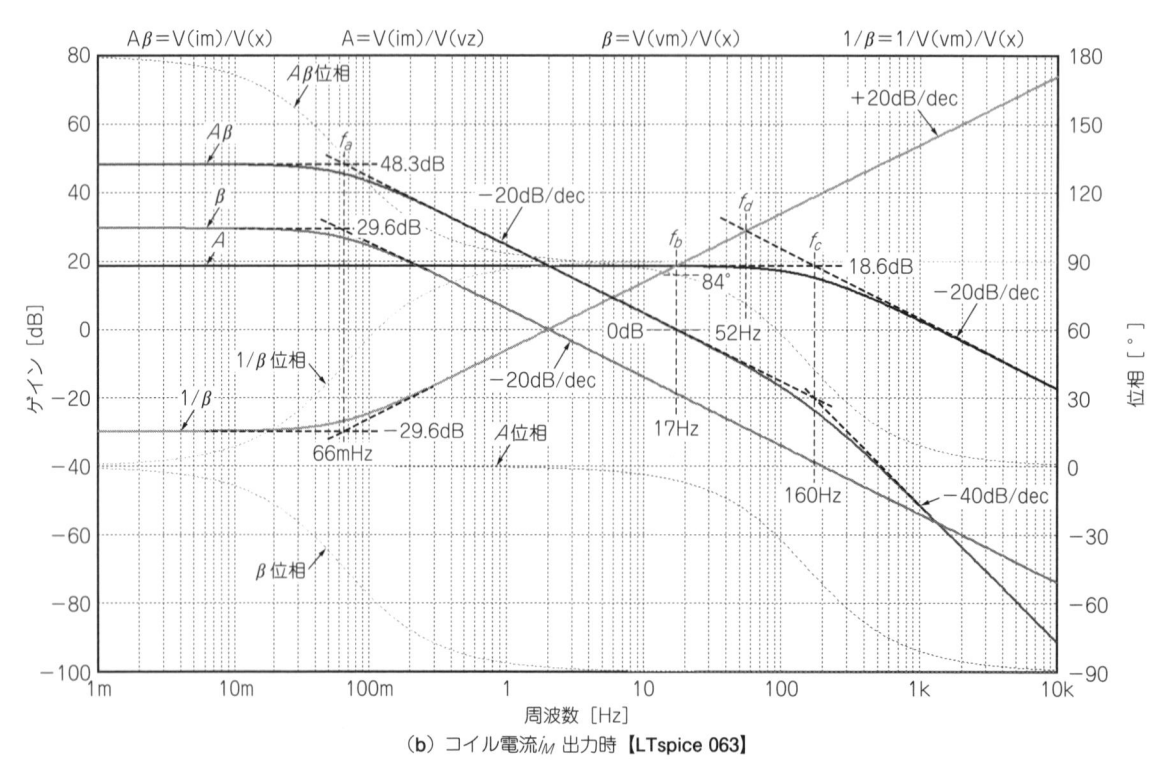

(a) 回転角周波数 ω_R 出力時【LTspice 062】

(b) コイル電流 i_M 出力時【LTspice 063】

図7 モータをサーボ・システムと見たときのループ特性（電圧駆動時）

数や位相余裕も同じです．

▶アンプ・ゲインA

図7(b)の$A = i_M/v_Z$のゲインは，遮断周波数$f_c = 160\,\mathrm{Hz}$の1次遅れ要素の特性になります．これに対応する図3のv_Zからi_Mの部分には，1次遅れ要素$1/(sL_M + R_M)$があります．この遮断周波数f_cは式(10)に示したとおり$160\,\mathrm{Hz}$であり，図7(b)のシミュレーション結果のf_cと一致します．

▶帰還率β

図7(b)の$\beta = v_M/x$のゲインは，遮断周波数$f_a = 66\,\mathrm{mHz}$の1次遅れ要素の特性になります．これに対応する図3のi_Mからv_Mの部分には，1次遅れ要素$1/(sJ_M + D_M)$があります．この遮断周波数f_aは式(11)に示したとおり$66\,\mathrm{mHz}$であり，図7(b)のシミュレーション結果のβゲイン特性上のf_aと一致しています．

コイル電流i_Mゲインの理論値は$1/\beta$ですが，$1/\beta$とβは逆システムなので，0 dBに関して対称特性となります（第6章の「逆システム」参照）．$1/\beta$ゲイン特性はループが切れる周波数$f_b = 17\,\mathrm{Hz}$においてAゲイン特性と交差するので，$1/\beta$すなわちコイル電流i_M特性はf_b以上の周波数においてはAに漸近し重なります．$1/\beta$の20 dB/dec部分とAの-20 dB/dec部分の漸近線の交差周波数は，次のようになります．

$$f_d = \sqrt{f_b f_c} = \sqrt{17 \times 160} \fallingdotseq 52\,\mathrm{Hz}$$

これらのことから，図5(c)のi_Mゲイン特性と折れ線を描けます．

*

以上により，モータ・パラメータと図5(c)のモータ周波数特性の関係が明らかになりました．

13.5 電圧駆動時の静特性を求める

モータの定常状態における動作値の特性を静特性と言います．

● シミュレーションする

図5(a)の電圧駆動回路において，駆動電圧v_Dを一定に保ち，負荷トルクt_Lを0からモータの回転が停止するまで増加させたときの静特性をシミュレーションします．

図5(a)においてt_Lを変化させ，図5(b)の定常値を読み取り，結果をグラフ化したのが図8(a)です．

縦軸にロータ回転速度N_R [r/min]，横軸に負荷トルクt_L [N·m]をとり，負荷トルクt_L変化に対するN_Rの定常値をプロットすると，N_Rが直線的に変化します．

負荷トルク$t_L = 0$のときのN_Rを「無負荷回転速度N_{R0}」と呼びます．また，t_Lを増加させN_Rが0となったときのt_Lを「拘束トルクt_{L0}」または「起動トルクt_{L0}」と呼びます（図9参照）．

コイル電流i_M [A]と回転出力電力P_M [W]も右縦軸にとり，t_L変化に対してプロットしています．

コイル電流i_Mは，モータの発生トルクに比例するので，v_Dによらずほぼ同じ直線に重なります．図ではわかりにくいのですが，$t_L = 0$においてもi_Mは0ではなく，ロータを無負荷回転速度で回転させるために必要となる小さなi_Mが流れています．例えば図8(a)の$v_D = 7.65\,\mathrm{V}$，$t_L = 0$におけるコイル電流i_Mは0.24 Aです．

表2(b)では，このモータの負荷トルクt_Lの定格値

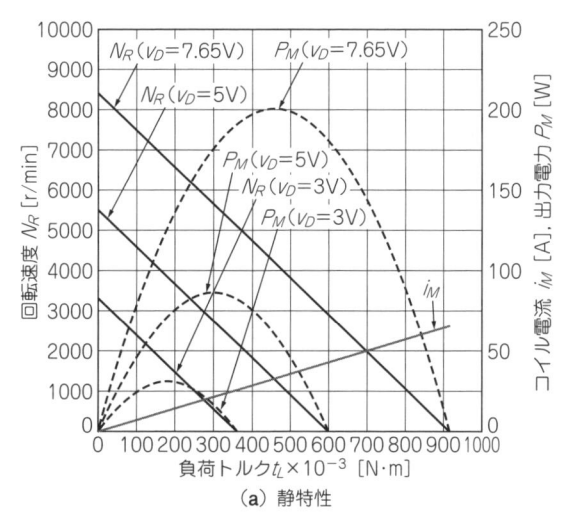

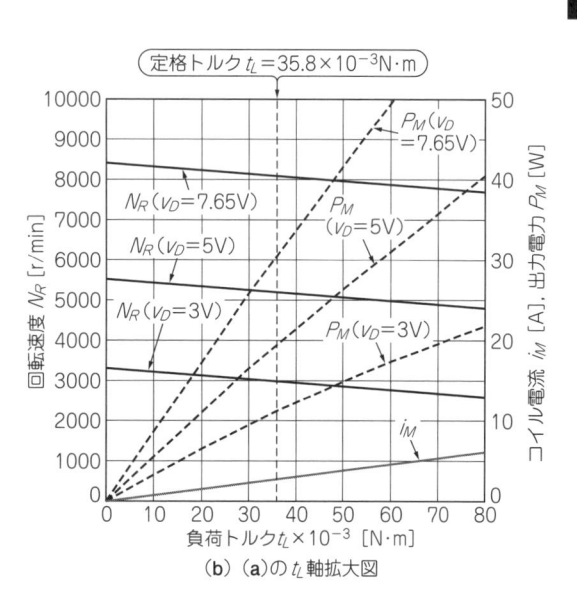

図8 駆動電圧v_Dが一定のときの静特性

(a) 静特性

(b) (a)のt_L軸拡大図

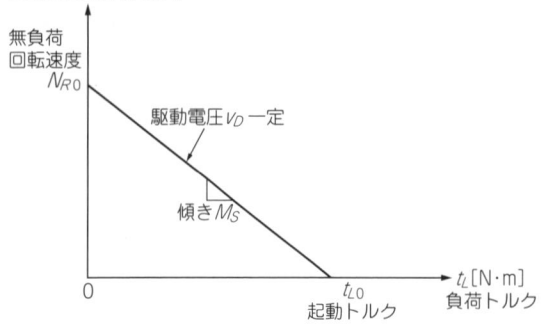

図9 モータの静特性のパラメータ

表4 モータ静特性パラメータを計算した結果

駆動電圧 v_D [V]	無負荷回転速度 N_{R0} [r/min]	起動トルク t_{L0} [N・m]	直線傾き m [r/(min・N・m)]
7.65	8,403	0.92	-9,180
5	5,492	0.6	-9,180
3	3,295	0.36	-9,180

を 35.8×10^{-3} N・m, 回転出力電力 P_M の定格値を30 W としています．これらに対して静特性上の t_L の最大値は，915×10^{-3} N・m, P_M は 200 W と大幅に大きな値となっています．

図5(a)は，実際に発生する損失や磁気的な非直線性を考慮していませんが，モータの理論特性はこのようになります．

● 定格値は発熱などを考慮して制限された値

図8(b)は(a)の横軸を拡大したものです．上記の定格トルクを図に直線で示しています．定格値以上の負荷トルクを供給する必要がなければ，この直線の右側近傍でコイル電流 i_M に制限をかけることで，発生トルクを制限できます．

図8(b)の静特性は「$N-T$ 特性」などの名称でモータ・メーカのカタログなどにも載っていますが，出力可能な P_M は，モータに対する放熱条件などによっても，また連続もしくは短時間などの条件によっても変わります．駆動電圧 v_D は駆動装置（ドライバ回路）の出力電圧として制限され，コイル電流 i_M は駆動装置の供給電流であり上限を電流リミッタなどで制限する場合もあります．

● 計算で求める

上記モータ静特性の無負荷回転速度 N_{R0}, 起動トルク t_{L0}, 直線の傾き M_S を計算で求めてみます．これらのパラメータを図9に示します．

式(9)を定常状態を表す式とするためにラプラス演算子 s の係数をすべて0とし，変数を時間の関数に戻すと次式が得られます．

$$\omega_R = \frac{1}{\frac{P_N D_M}{2} + \frac{K_E K_T}{R_M}} \left(\frac{K_T}{R_M} v_D - t_L \right) = \frac{\pi}{30} N_R$$

ただし，$L_M = 0, J_M = 0$

・・・・・・・・・・・・・・・・・・・(12)

式(12)を回転速度 N_R について整理すると，静特性直線を表す式(13)が得られます．

$$N_R = \frac{60}{\pi} \frac{K_T v_D - R_M t_L}{P_N R_M D_M + 2 K_E K_T} \text{ [r/min]} \cdots (13)$$

式(13)において $t_L = 0$ とすると無負荷回転速度 N_{R0} が得られます．

【無負荷回転速度】

$$N_{R0} = \frac{60}{\pi} \frac{K_T}{P_N R_M D_M + 2 K_E K_T} v_D \text{ [r/min]}$$

・・・・・・・・・・・・・・・・・・・(14)

式(13)を $N_R = 0$ とおいて t_L について解くと，起動トルク t_{L0} が得られます．

【起動トルク】

$$t_{L0} = \frac{K_T}{R_M} v_D \text{ [N・m]} \cdots\cdots\cdots\cdots (15)$$

トルク-回転速度直線の傾き M_S は次式で求まります．

【直線の傾き】

$$M_S = -\frac{N_{R0}}{t_{L0}}$$

$$= -\frac{60}{\pi} \frac{R_M}{P_N R_M D_M + 2 K_E K_T} \text{ [r/(min・N・m)]}$$

・・・・・・・・・・・・・・・・・・・(16)

以上により N_{R0}, t_{L0}, M_S の算出式が求められました．式(14)，(15)，(16)に表2(a)の値を代入して計算した結果を表4に示します．表4の値は図8(a)と一致しています．

● 回転角周波数の周波数応答の近似計算

駆動電圧 v_D に対する回転角周波数 ω_R の周波数特性を近似計算で求めてみます．モータの粘性摩擦係数 D_M が小さくコイル・インダクタンス L_M もコイル抵抗 R_M に比べて小さいとみなせるときの，近似条件を式(17)とします．

$$D_M = 0, \ L_M = 0 \text{（近似条件）} \cdots\cdots\cdots (17)$$

式(9)に式(17)を代入して整理します．

$$\Omega_R(s) = \cfrac{1}{s\cfrac{P_N R_M J_M}{2 K_E K_T} + 1}\left(\cfrac{1}{K_E} V_D(s) - \cfrac{R_M}{K_E K_T} T_L(s)\right)$$
......................(18)

式(18)は応答が1次遅れ特性であることを示しています．その時定数を τ_b とおけば，次のように書き直せます．

$$\Omega_R(s) = \cfrac{1}{s\tau_b + 1}\left(\cfrac{1}{K_E} V_D(s) - \cfrac{R_M}{K_E K_T} T_L(s)\right) \cdots (19)$$

$$\tau_b = \cfrac{P_N R_M J_M}{2 K_E K_T} \ [\mathrm{s}] \ \cdots\cdots\cdots\cdots\cdots(20)$$

式(20)に表2(a)の値を代入して τ_b が求まります．

$$\tau_b = \cfrac{8 \times 0.117 \times 2.4\,\mu}{2 \times 8.66\,\mathrm{m} \times 14\,\mathrm{m}} \fallingdotseq 9.3\,\mathrm{ms} \cdots\cdots\cdots(21)$$

遮断周波数 f_b が，次式から求められます．

【遮断周波数】
$$f_b = \cfrac{1}{2\pi\tau_b} = \cfrac{K_E K_T}{\pi P_N R_M J_M}$$
$$= \cfrac{1}{2\times\pi\times 9.3\,\mathrm{m}} \fallingdotseq 17\,\mathrm{Hz} \cdots\cdots\cdots\cdots(22)$$

図5(c)で示した駆動電圧 v_D に対する回転速度 N_R ゲインの周波数特性の遮断周波数 f_b は式(22)と一致しています．式(22)は回転角周波数 ω_R の特性ですが，図3に示すように $N_R = (30/\pi)\omega_R$ の関係にあるので両者の遮断周波数は同じ値になります．

図5(c)の N_R 特性は $f_c = 160\,\mathrm{Hz}$ 以上において傾斜が $-40\,\mathrm{dB/dec}$ に変化していますが，式(17)の近似により式(18)にこの傾斜の変化は含まれません．しかし，遮断周波数 f_b を知るうえでは式(22)は有用です．

● 静特性の近似計算

前出の式(14)，(16)に式(17)の近似条件から $D_M = 0$ を代入すると，次のようになります．

$$N_{R0} = \cfrac{30}{\pi K_E} v_D \ [\mathrm{r/min}] \cdots\cdots\cdots\cdots\cdots(23)$$

$$M_S = -\cfrac{30 R_M}{\pi K_E K_T} \ [\mathrm{r/(min\cdot N\cdot m)}] \cdots\cdots(24)$$

これらの近似式(23)，(24)で計算した値は，$v_D = 7.65\,\mathrm{V}$ のときは次の値になります．

$$N_{R0} = \cfrac{30 \times 7.65}{\pi \times 8.66\,\mathrm{m}} = 8.436\,\mathrm{r/min} \cdots\cdots\cdots(25)$$

$$M_S = -\cfrac{30 \times 0.117}{\pi \times 8.66\,\mathrm{m} \times 14\,\mathrm{m}} = -9.215\,\mathrm{r/(min\cdot N\cdot m)}$$
......................(26)

近似を適用しない式(14)，(16)の計算値，すなわち表4の値に対する偏差は，それぞれ $+3.9\,\%$，$+3.8\,\%$ です．概略値を求める際の近似式として式(23)，(24)が十分に有用であることがわかります．

13.6 負荷条件変化時のモータ特性

前節までは，ブラシレス・モータの電圧駆動における周波数特性を求める際に，負荷トルク t_L，回転モーメント J_M，粘性摩擦係数 D_M の3パラメータを定格値または規定値に固定して求めました．しかし，これらのパラメータはモータ負荷条件によって変化する可能性があり，周波数特性に影響を与える可能性もあります．周波数特性が変化すれば，モータ制御を目的とするサーボ特性も変化するので，サーボ・ループ設計にあたり，その影響を知っておく必要があります．

本節では，上記の3パラメータを1パラメータずつ変化させ，電圧駆動において使用されることの多い下記の二つの特性について，周波数特性や応答波形に与える影響を調べます．

(1) ω_R/v_D 特性(回転角周波数/駆動電圧)，または N_R/v_D 特性(回転速度/駆動電圧)：速度制御サーボ
(2) i_M/v_D 特性(コイル電流/駆動電圧)：ベクトル制御などの電流制御サーボ

モータをプラント(制御対象)とするサーボ・システムにおいて，これら3パラメータの負荷条件変化に対してブラシレス・モータの応答特性が変化するのであれば，想定される条件変化範囲内で求められる安定性が得られるようなサーボ設計を行う必要があります．

■ 負荷トルク t_L を変化させる

● 周波数特性

(1) ω_R/v_D 特性

駆動電圧 v_D を入力，回転角周波数 ω_R を出力としたときのブロック図［図6(a)］によれば，増幅器ゲイン A は ω_R/v_Z であることが示されています．さらに図3によれば，t_L が変化すれば ω_R の値は変化するもののゲイン ω_R/v_Z は変化しないことがわかります．

帰還率 β である v_M/ω_R は t_L とは無関係です．

したがって，t_L 変化に対して ω_R/v_D 特性は変化しません．

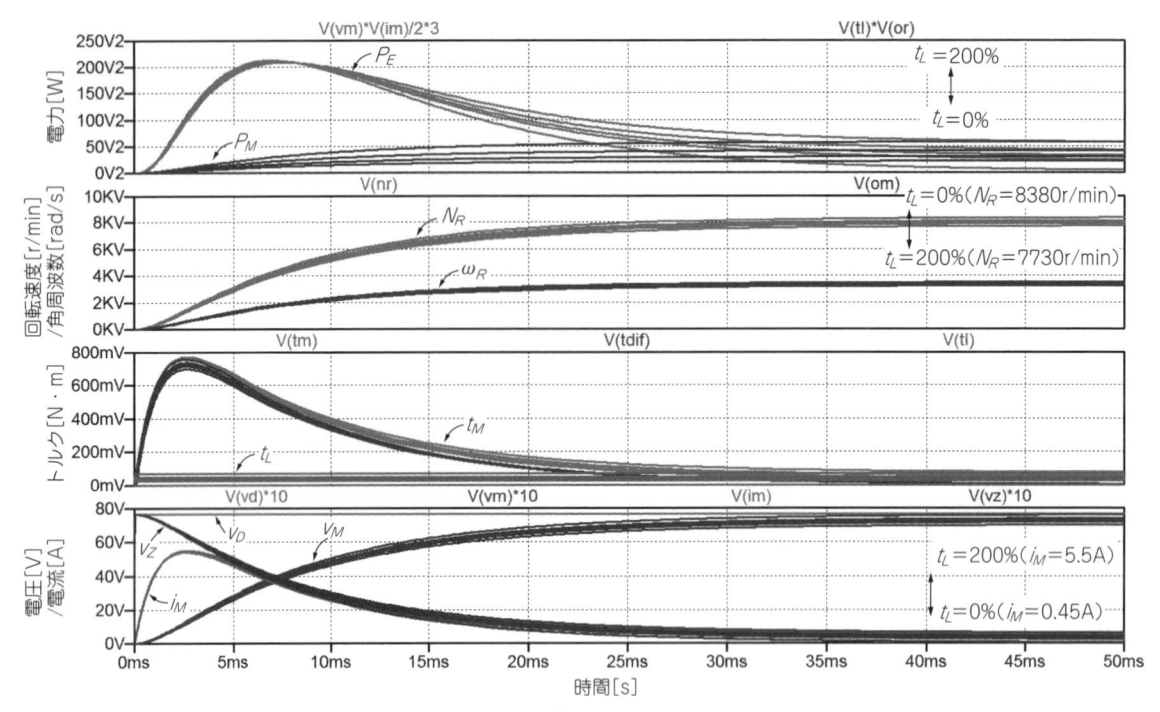

図10 負荷トルク t_L 変化時の応答波形（電圧駆動）【LTspice 064】

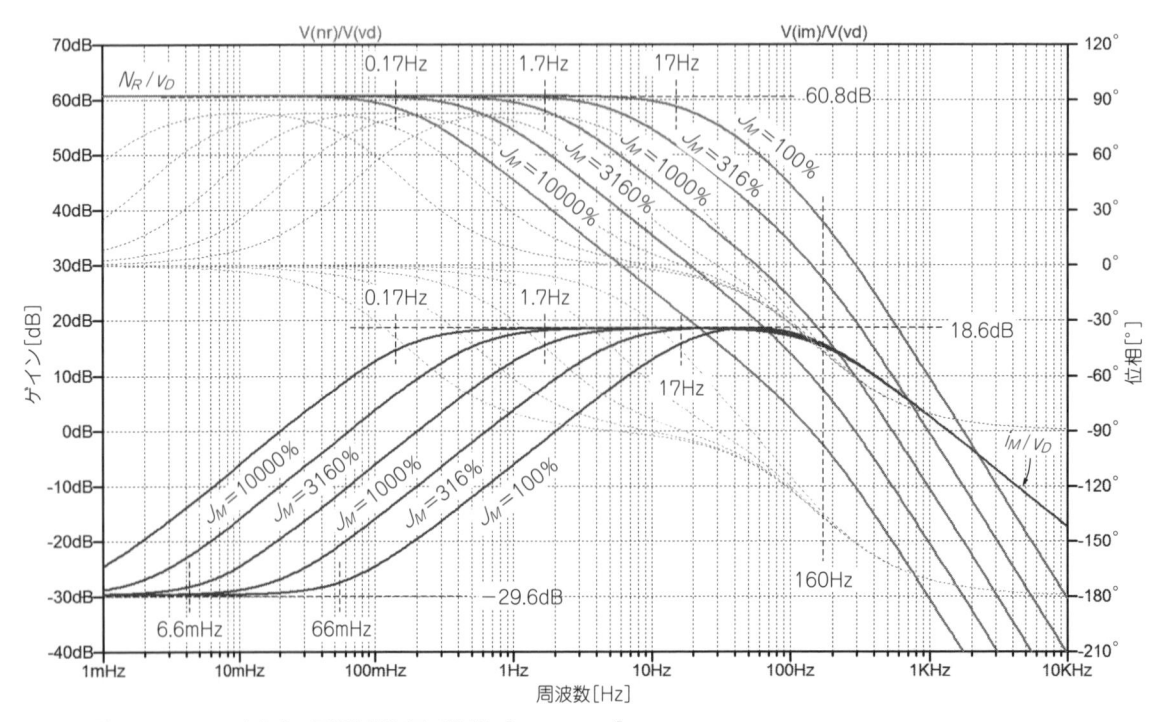

図11 回転モーメント J_M 変化時の周波数特性（電圧駆動）【LTspice 065】

(2) i_M/v_D 特性

コイル電流 i_M を出力としたときのブロック図［図6(b)］からは，増幅器ゲイン A は i_M/v_Z であり，図3から A は t_L とは無関係であることがわかります．

帰還率 β である v_M/i_M も図3から，t_L が変化すれば v_M の値は変化するもののゲイン v_M/i_M は変化しないことがわかります．

したがって，t_L 変化に対して i_M/v_D 特性は変化しないことがわかります．

● 過渡応答波形

図5(b)と同様に，駆動電圧 v_D 変化($t=0$ において，$v_D = 0 \to$定格値)に対する各部応答波形を図10に示します．図10においては，t_L を 100 % = 35.8 × 10^{-3} N・m とし，0 %，70.7 %，100 %，141 %，200 %に順次変化させています．これに対して各波形は図のように変化し，定常値は回転速度 N_R が約 8380 〜 約 7730 r/min，コイル電流 i_M が約 0.45 〜 約 5.5 A の範囲で変化しています．

このように各パラメータの値は変化するものの，図10が示すとおり起動時の応答時間は変わっておらず，周波数特性が不変であることと整合します．

■ 回転モーメント J_M を変化させる

● 周波数特性

回転モーメント J_M を順次変化させ，図5(c)と同様に周波数特性を求めたものを図11に示します．図11においては，J_M を 100 % = 2.4 × 10^{-6} kg・m^2 とし，100 %，316 %，1000 %，3160 %，10000 %と100倍変化させています．

図11によれば，ゲイン曲線 N_R/v_D，i_M/v_D の各コーナ周波数は J_M に反比例して変化しており，J_M が10倍になればコーナ周波数は1/10に低下することがわかります．ただし，N_R/v_D ゲインの減衰傾斜が −20 dB/dec から −40 dB/dec へ変化する周波数(160 Hz)は，J_M が変化しても変わりません．

● 過渡応答波形

図5(b)と同様に，駆動電圧 v_D 変化($t=0$ において，$v_D = 0 \to$定格値)に対する各部応答波形を図12に示します．図12においては，J_M を 100 %，316 %，1000 %に順次変化させています．これに対して，各波形は J_M の増大に伴って起動時の応答は遅くなりますが，定常値は同じ値に収束しています．

負荷の回転モーメント J_M が大きいほど起動時にモータが供給するエネルギ量は大きくなり，起動時間が長くなりますが，ひとたび定常状態に到達すれば J_M の値によらず回転速度 N_R やコイル電流 i_M など各パラメータは一定値に収束します．

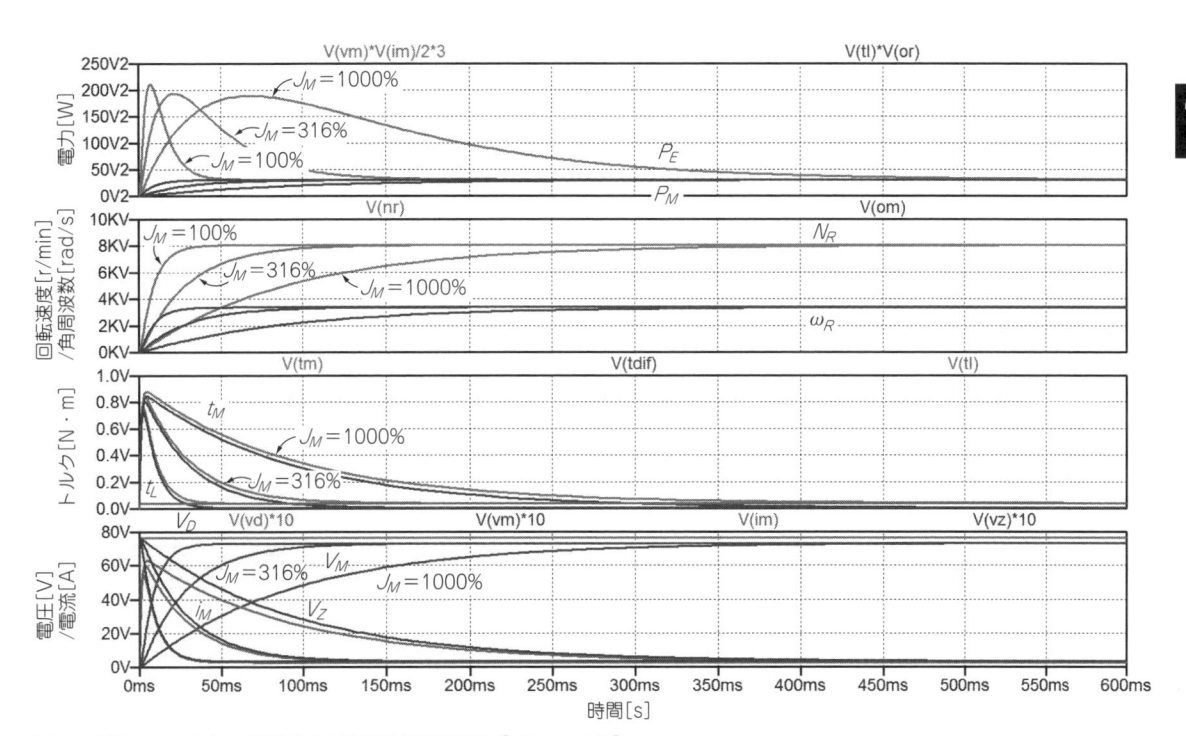

図12 回転モーメント J_M 変化時の応答波形(電圧駆動)【LTspice 066】

13.6 負荷条件変化時のモータ特性

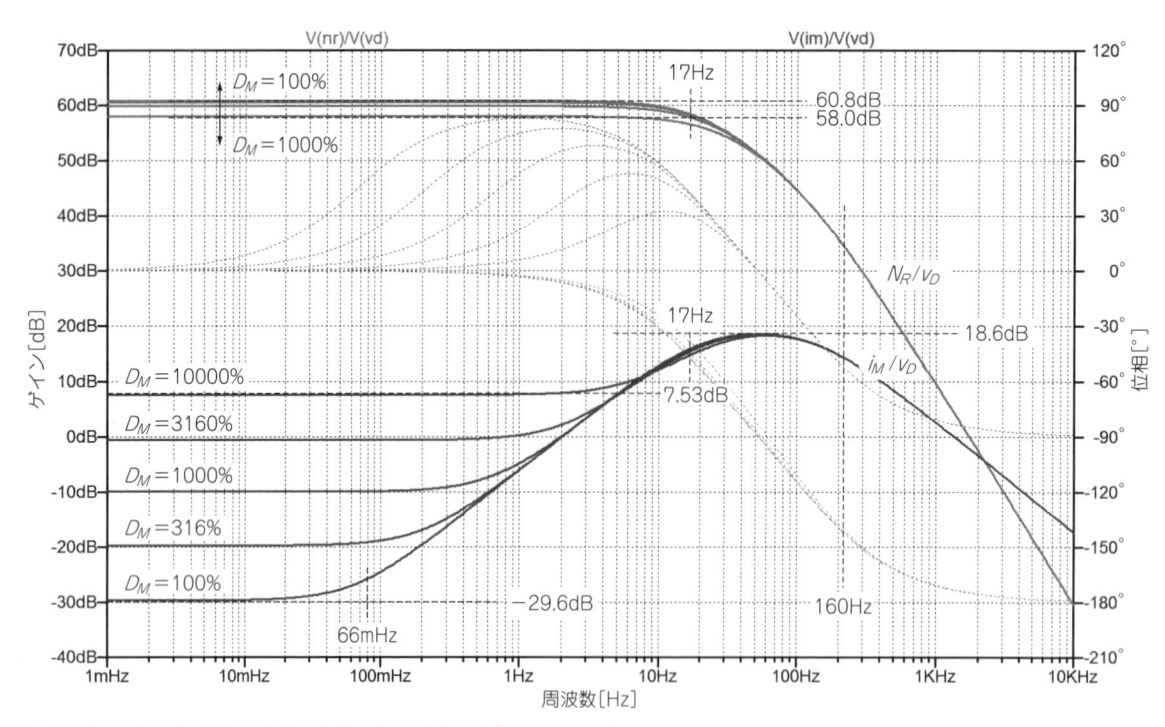

図13 粘性摩擦係数D_M変化時の周波数特性（電圧駆動）【LTspice 067】

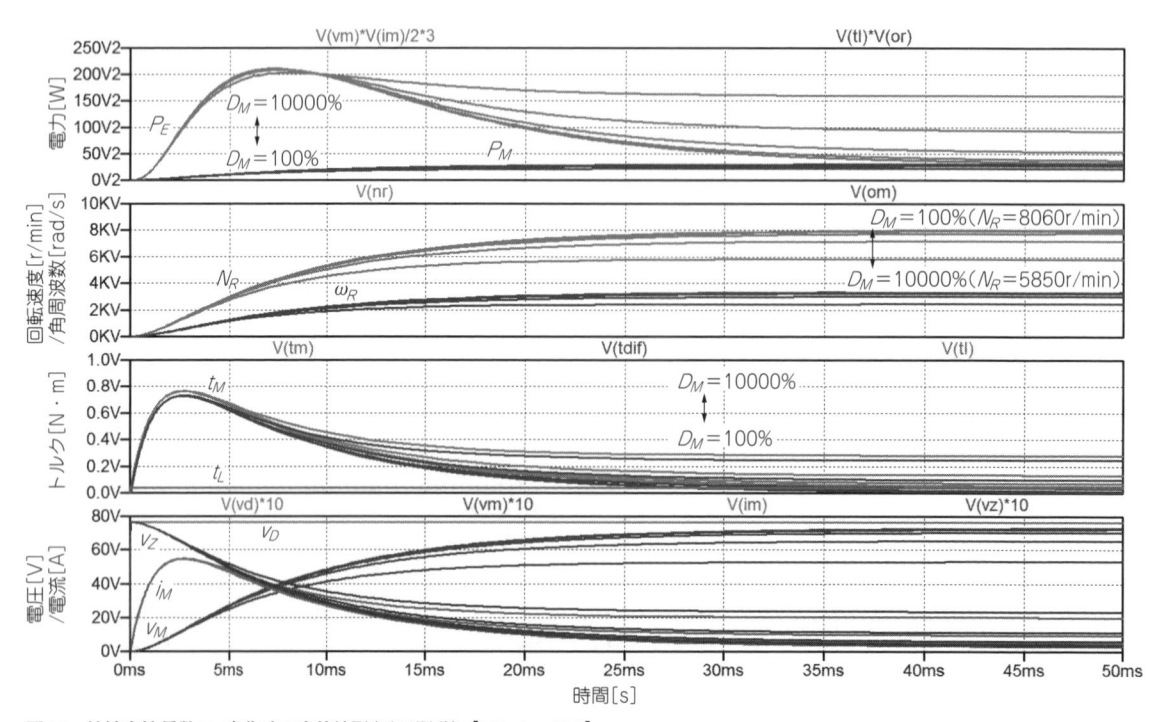

図14 粘性摩擦係数D_M変化時の応答波形（電圧駆動）【LTspice 068】

■ 粘性摩擦係数D_Mを変化させる

● 周波数特性

粘性摩擦係数D_Mを順次変化させ，図5(c)と同様に周波数特性を求めたものを図13に示します．図13においては，D_Mを100% = 1×10^{-6} N・m/(rad/s)とし，100%，316%，1000%，3160%，10000%と100倍変化させています．

図13によれば，ゲイン曲線N_R/v_DはD_Mの100倍変化に対して平坦部ゲインが2.8 dB程度減少するだけで大きな変化はありません．これに対して，ゲイン曲線i_M/v_Dのピーク周波数以上の減衰特性には変化がありませんが，ピーク周波数以下の減衰域ではD_Mの100倍変化に対して平坦部ゲインが37.1 dB増大し，大きく変化しています．

● 過渡応答波形

図5(b)と同様に，駆動電圧v_D変化($t = 0$において，$v_D = 0 \to$定格値)に対する各部の応答波形を図14に示します．図14においても前項と同様にD_Mを100倍順

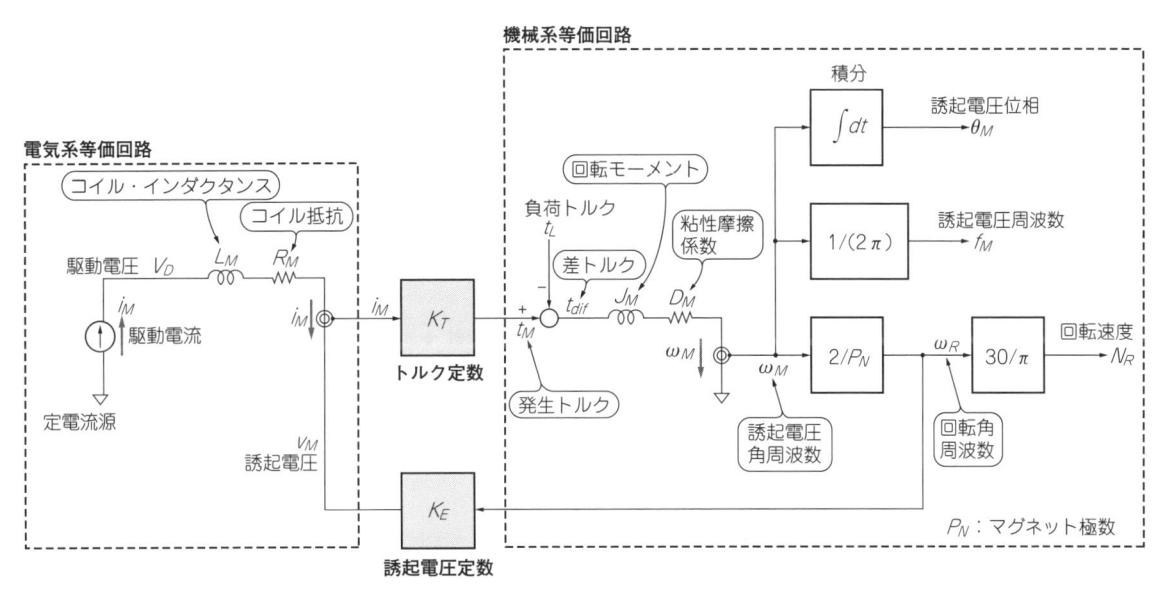

図15 電流駆動時のモータ等価回路のブロック図

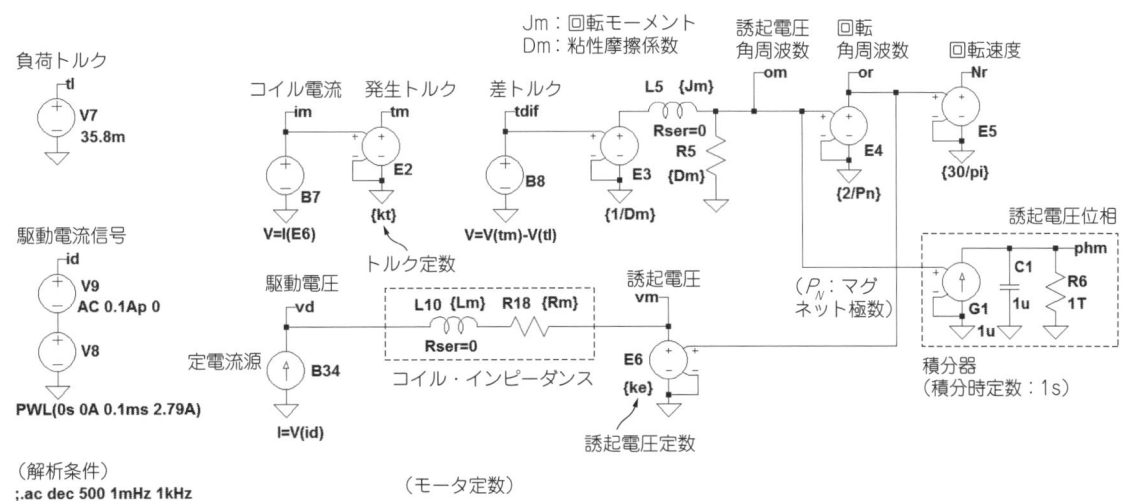

(a) 回路【LTspice 069】

図16 モータを電流駆動したときの応答特性

(b) ステップ応答【LTspice 069】

(c) 周波数応答特性【LTspice 070】

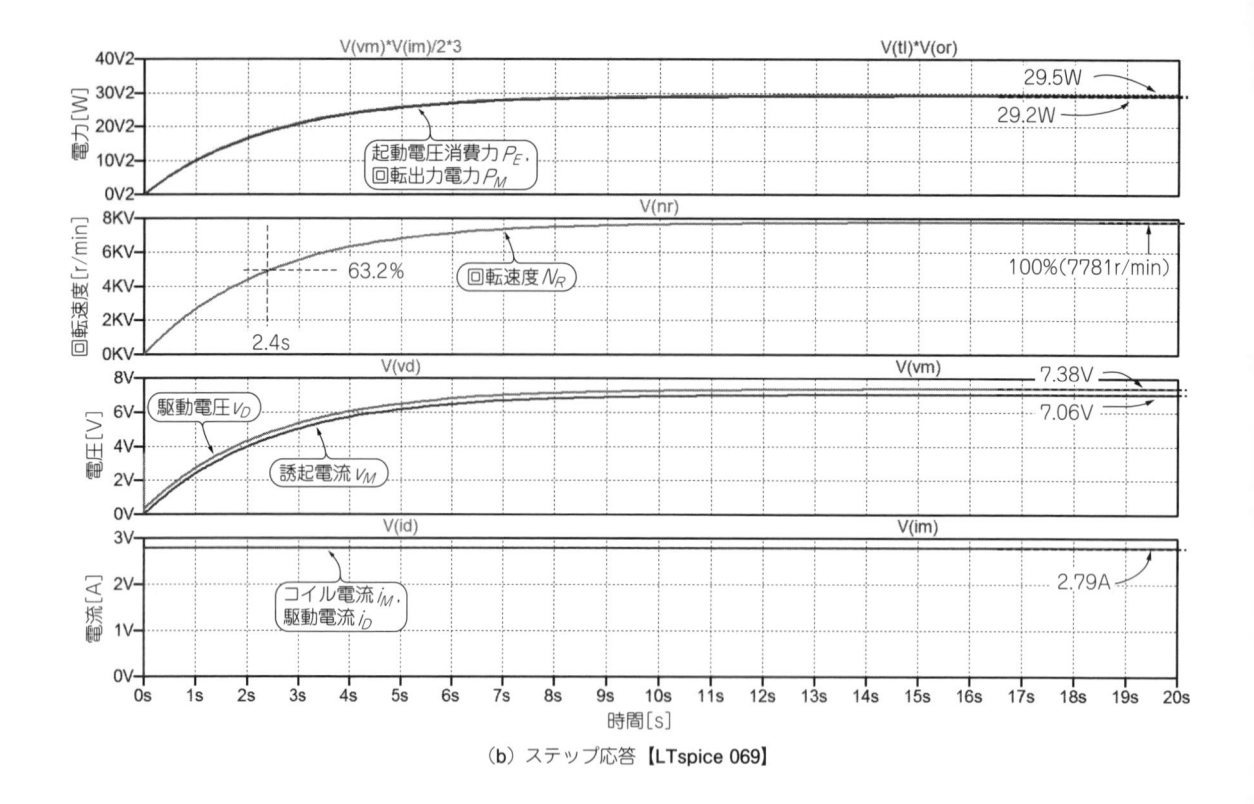

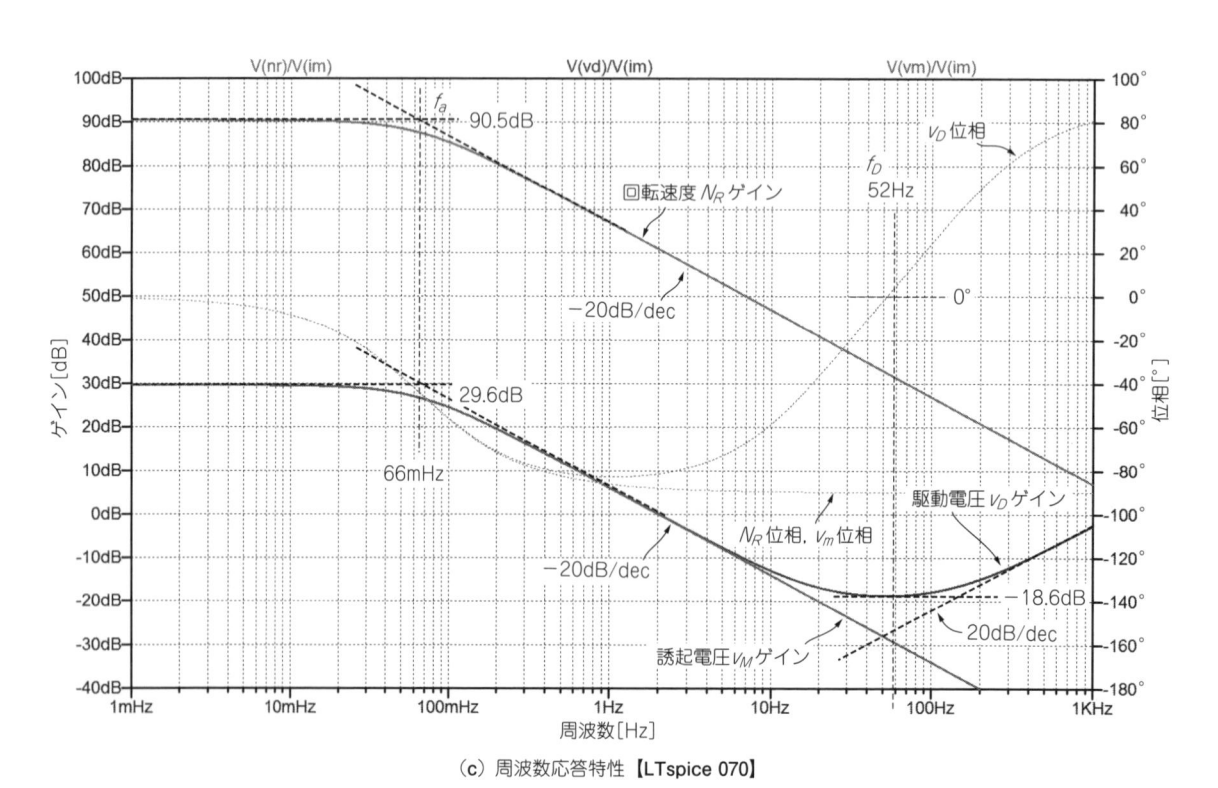

図16 モータを電流駆動したときの応答特性(つづき)

次変化させています．これに対して，各波形は起動直後はほぼ同波形ですが，異なる定常値に収束しています．

定常値はD_Mの増加に対して，回転速度N_Rが約8060〜約5850 r/minに減少し，コイル電流i_Mが約3〜約20 Aに増加します．また，誘起電圧における消費電力P_Eが30〜約160 Wまで増大しています．

13.7 電流駆動時のモータ特性

前節までは，すべてモータを電圧駆動した場合の特性について述べてきましたが，本節では，モータを電流駆動したときの特性について調べます．

モータ・コイルを定電流源によって電流駆動する場合のモータ等価回路を図15に示します．モータ・コイルに定電流源から駆動電流i_Mを流し込んでいます．コイルの先には電圧源である誘起電圧v_Mがあり，電流注入端子電圧が駆動電圧v_Dです．そのほかは図3の電圧駆動時と同じです．

シミュレーション回路図を図16(a)に示します．誘起電圧v_Mを発生する電圧源E6の内部を＋から−端子方向へ流れる電流が駆動電流i_D（コイル電流i_M）であり，電圧源B7の表示V = I(E6)はB7がi_M信号電圧を発生していることを示しています．

● 電流駆動時の過渡応答波形

図16(a)のトランジェント解析結果であるステップ応答波形を図16(b)に示します．コイル電流i_Mは，$t=0$において0 Aから定常値である2.79 Aに立ち上がるステップ波です．コイル電流i_Mは駆動電流i_Dと一致しています．

この条件においては，図5(b)と比べるとロータの回転速度N_Rは極めてゆっくりと立ち上がり，最終値に達するのに15 s程度かかっています．また，誘起電圧の消費電力P_Eと回転出力電力P_Mはともに回転速度N_Rに比例してゆっくりと立ち上がっており，図5(b)のようにP_EがP_Mを大きく上回ることはありません．図16(b)の各波形には微分系の応答を示すものはありません．停止しているロータを起動させるための瞬間的な大きなエネルギの供給が行われないことが，回転速度N_Rの立ち上がりが遅い理由だと考えられます．

図16(b)において起動から時間が十分に経過し，各パラメータが定常状態に達した後の読み取り値を表5に示します．シミュレーション結果は計算値に対して2〜3%程度の誤差範囲内にあります．

図16(b)の回転速度N_Rの立ち上がり波形が，第6章の図D(c)に示した1次遅れ要素のステップ応答に近いと見られるので，その時定数を読み取ると約2.4 sであることがわかります．

表5 電流駆動の応答波形［図16(b)］の読み値（定常値）

No	パラメータ	記号	値	単位	表2(b), (c)に対する偏差 [%]
1	回転速度	N_R	7781	r/min	−2.7
2	駆動電圧振幅	v_D	7.38	V	−3.5
3	誘起電圧振幅	v_M	7.06	V	−2.6
4	コイル電流振幅	i_M	2.79	A	＋1
5	誘起電圧消費電力	P_E	29.5	W	−1.6
6	回転出力電力	P_M	29.2	W	−2.7

● 電流駆動時の周波数応答特性

次に，図16(a)をAC解析によってシミュレーションした結果を図16(c)に示します．コイル電流i_Mを基準とする回転速度N_Rゲインは遮断周波数が66 mHz，減衰傾斜が−20 dB/dec，最大位相遅れが−90°であり，1次遅れ要素の特性です．この特性の時定数は$1/(2\pi \times 66\text{m}) = 2.4$ sであり，図16(b)の過渡応答から得られた値と一致します．また，この時定数は回転モーメントJ_Mと粘性摩擦係数D_Mによる時定数$J_M/D_M = 2.4\mu/1\mu = 2.4$ sと一致します．すなわち，モータを電流駆動したときのN_Rゲイン応答はJ_M, D_Mによる時定数の立ち上がり応答時間になることがわかります．

図16(c)のコイル電流i_M基準の駆動電圧v_D特性v_D/i_Mは，ゲインが約52 Hzで下降から上昇に転じていますが，図5(c)のi_M/v_D特性とは逆システムの関係なので，ゲイン，位相とも上下対象になっています．

● 電圧駆動と電流駆動による特性の違い

以上から，モータの電圧駆動と電流駆動を比較すると，回転速度N_Rへの伝達特性は電圧駆動においては図5(c)のように1次遅れ2段直列結合特性，電流駆動時は図16(c)のように1次遅れ特性となることがわかります．

また上記の例では，応答時間は，電圧駆動よりも電流駆動のほうが大幅に長くなっていますが，特性の問題とは別に駆動方式に関わらず，回転速度N_Rが急変すべきときに流すことのできる駆動電流の大きさにかかっているともいえます．

13.8 まとめ

モータ等価回路各部の微分方程式(1)〜(4)からラプラス変換を経て式(9)の伝達特性式を求めました．

これとは別に，図3の等価回路から直接シミュレーションにより伝達特性を求めました．シミュレーションは容易にさまざまな特性を得ることができますが，得られた結果とモータ定数や動作条件との関係がつかみにくいことは否めません．

そこで，伝達関数から静特性を求めたり，さらに式(17)の近似を用いて特性値の近似値を求めることも行いました．その結果概略的に次のようなことがわかりました．

> (1) 回転速度N_Rの周波数応答の遮断周波数f_bは式(22)から，誘起電圧定数K_E，トルク定数K_Tに比例し，コイル抵抗R_Mとロータ回転モーメントJ_Mに反比例します．この中で回転モーメントJ_Mはモータ負荷によって変化することがあり，その場合は負荷の回転モーメントによってモータの周波数特性が変わることを意味しています．
> (2) 無負荷回転速度N_{R0}は式(23)から，駆動電圧v_Dに比例し，誘起電圧定数K_Eに反比例します．これはコイルの巻き回数を増やしたり磁力の大きいマグネットに変えればK_Eは大きくなり，無負荷回転速度N_{R0}は低下することを意味します（直感とは逆かもしれません）．
> (3) N-T直線の傾きM_Sは式(24)から，コイル抵抗R_Mに比例し，K_E，K_Tに反比例します．これは負荷トルクt_Lの増加に対して回転速度N_Rの低下幅を小さくしたい，すなわちM_Sを小さくしたいときには，R_Mを減らし巻き回数を増やす（この両者は相反します）または，磁力のより大きなマグネットを使用するなどが有効であることがわかります．
> (4) 起動トルクt_{L0}は式(15)から，駆動電圧v_D，トルク定数K_Tに比例し，コイル抵抗R_Mに反比例することがわかります．

ブラシレス・モータの負荷条件を変化させたときの，駆動電圧に対する出力パラメータ特性も調べました．

負荷トルクt_L変化に対しては，各モータ・パラメータの値そのものは変化するものの，周波数特性は変化しませんが，t_Lの値に見合った駆動電流i_Mを供給する必要があります．

回転モーメントJ_Mの変化に対しては，周波数特性上のコーナ周波数がJ_Mに反比例して変化するので，サーボ設計においてはJ_M変化範囲で安定性を維持できるようにする必要があります．モータ起動時はJ_Mの値に応じたエネルギ供給が必要ですが，定常状態においては各パラメータは一定値に収束します．

粘性摩擦係数D_Mの変化に対しては，i_M/v_D特性が大きく変化するので設計上の考慮が必要です．モータ起動時はD_Mの影響は少なくほぼ同じ応答を示しますが，異なる定常値に収束します．

電圧駆動とは別に，電流駆動時の特性も求めました．駆動電流i_Mに対する回転速度N_Rの周波数特性は，1次遅れ特性です．

電圧駆動に比べると，電流駆動は応答時間が長くなりますが，単に特性の違いだけでなく，N_Rの変化に必要な電流を供給できることが求められます．

以上のすべての結果を誤りなく演算によって求めることは，日常的に数式を扱っていなければ容易ではありません．そこで，全体のシミュレーションと一部の演算の双方を適当に組み合わせることが，特性を簡便に得ることと，その特性とパラメータの関係を知るために効果的かつ効率的だと思います．もちろん，シミュレーションや計算値と実特性の差を確認しつつ進める必要はあります．

◆参考文献◆
(1) 荻野 弘司；ブラシレスDCモータの使い方，㈱オーム社，2003/7/10．
(2) 新中 新二；永久磁石同期モータのベクトル制御〈上巻〉，㈱電波新聞社，2008/12/15．

第14章 多重ループ・サーボでトルク/速度/位置を制御する

モータ・サーボ・システムを設計する

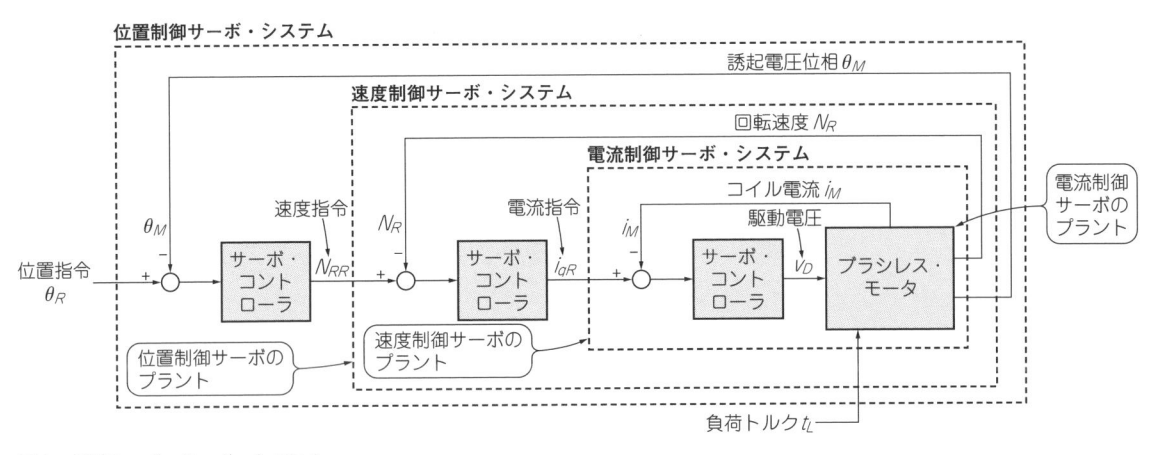

図1 多重ループ・サーボ・システム
制御対象(プラント)はブラシレス・モータ．電流サーボ，速度サーボ，位置サーボにより，トルクと速度と位置が制御できる

　本章ではベクトル制御のもととなる多重ループ・サーボ・システムを設計します．プラントとしては前章で特性を求めた「実験キットのブラシレス・モータ」を使用し，多重ループを内側から順に設計して，各特性を確認します．

14.1 多重ループ・サーボ・システムの設計

● 全体の構成

　図1は，ブラシレス・モータを駆動する多重ループ・サーボ・システムです．次に示す三つのサーボがかかっていて，トルク，速度，位置の制御ができます．

- 電流制御サーボ(トルク制御サーボ)
- 速度制御サーボ
- 位置制御サーボ

● 設計の手順

　基本となる電流制御サーボ・システムから設計します．電流制御サーボ・システムの制御対象(プラント)は，ブラシレス・モータです．ブラシレス・モータの周波数特性はモータのメカ部分も電子回路で表した第13章の図3と図5(a)の「特性解析用等価回路」からわかります．その周波数特性に合わせて，サーボ・コントローラを設計して，電流制御サーボ・ループがサーボ効果と安定性を得られるようにします．

　次に設計するのは，モータの回転速度を制御する速度制御サーボ・システムです．このサーボ・システムのプラントは，上記の電流制御サーボ・システムです．電流制御サーボ・ループの周波数特性に合わせて，サーボ・コントローラを設計して，速度制御サーボ・ループがサーボ効果と安定性を得られるようにします．

　最後に設計するのは，回転角度(位置)を制御するための位置制御サーボ・システムです．このサーボ・システムのプラントは，上記の速度制御サーボ・システムです．速度制御サーボ・ループの周波数特性に合わせて，サーボ・コントローラを設計して，位置制御サーボ・ループがサーボ効果と安定性を得られるようにします．

　一般に，フィードバック・ループの周波数帯域(ループの切れる周波数)は，内側のループをより広くしておく必要があります．外側のループが必要とする帯域が決まっている場合は，それに応じて内側ループ帯域を設定します．

このように，順にサーボを設計することにより，電流，速度，位置を制御する多重サーボ・システムが設計できます．使用目的が速度または電流制御の場合は，それらより外側のサーボ・ループを省略します．

● 設計と評価を繰り返してサーボは設計される

電流制御サーボ，速度制御サーボ，位置制御サーボの各サーボ・コントローラは，第4章の図2に示したように設計と評価を繰り返してチューニングされます．

例えば，電流制御サーボ・システムを設計する場合を考えてみます．始めに，サーボ・システム全体から求められる電流制御サーボ特性の要求事項を明確にします．次に，プラントであるブラシレス・モータの周波数特性を求めます．モータの周波数特性に合わせて，サーボ・コントローラの周波数特性をチューニングして，目的のサーボ・ループを設計します．

設計できたら，サーボ・ループの特性が要求事項を満たしているか否かを，シミュレーションもしくは実機で特性を評価します．制御特性上の評価は，サーボ・ループの周波数特性で行います．多くの場合，実用上の評価は時間軸上の過渡応答で行います．

それらの評価結果に応じて，サーボ・コントローラの周波数特性をさらにチューニングしていきます．最終的に実機評価は欠かせません．単に，指令入力の変化だけではなく，負荷変動や電源変動，その他の環境条件変化に対する応答が安定であることを確認します．

14.2 電流制御サーボ・ループの設計

● 電流制御サーボ・ループの構成

初めに電流制御サーボ・コントローラから設計します．電流制御サーボ・システムのブロック図を図2に示します．

ここで設計するのは，モータのコイル電流を制御するサーボ・ループのサーボ・コントローラです．サーボ・コントローラの出力電圧v_Dをプラントの駆動電圧端子に加え，コイル電流信号i_Mをフィードバックします．モータの発生トルクt_Mはコイル電流i_Mに比例するので，電流制御サーボ・システムによりモータのトルクが制御できます．

用途としては，フィルム材料などの巻き取り装置などがあります．モータ・トルクを一定に制御すれば，運転条件に応じて回転速度が変化しても材料に加わる張力が一定に保たれ，必要以上の力は加わりません．

電流制御サーボ・システムのプラントは，ブラシレス・モータです．ここではモータの周波数特性に合わせて，サーボ・コントローラを設計します．

プラント(モータ)のゲインG_{pl}は，v_Dからi_Mへの周波数特性i_M/v_Dになります[第13章の図5(c)を参照]．プラントのゲイン特性$|G_{pl}|$の折れ線近似を図3(a)に示します．プラントのゲイン$|G_{pl}|$は，減衰傾斜が$-m(-20\,\mathrm{dB/dec})$であり，プラントにおける最大位相遅れは$-90°$です．周波数f_Aは66 mHz，f_Bは17 Hz，f_Cは160 Hzです．

● サーボ・コントローラを設計する

プラントの最大位相遅れが90°であることから，サーボ・コントローラは，PIコントローラを使用します．平坦部をプラントの減衰傾斜$-m$部分と合わせれば，ループ・ゲインの減衰傾斜も$-m$となり，位相遅れを$-90°$以内にできます．設計するのは，PIコントローラの次の二つの値です．

- P-I交差周波数
- P要素のゲイン

▶P-I交差周波数

P-I交差周波数を，プラント・ゲインの傾斜が平坦から減衰に変化する周波数$f_C(=160\,\mathrm{Hz})$と一致させます．

ループ・ゲイン$|G_L|$は，プラントとPIコントローラのゲインの周波数特性を足し合わせたものなので，図3(c)のようになります．ループ・ゲイン$|G_L|$の傾斜は，周波数$f_B(=17\,\mathrm{Hz})$以上において$-20\,\mathrm{dB/dec}$です．また，図3(d)に示すように，位相θ_Lは85 Hz($=17\,\mathrm{Hz}\times 5$)以上で$-90°$一定です．

▶P要素のゲイン

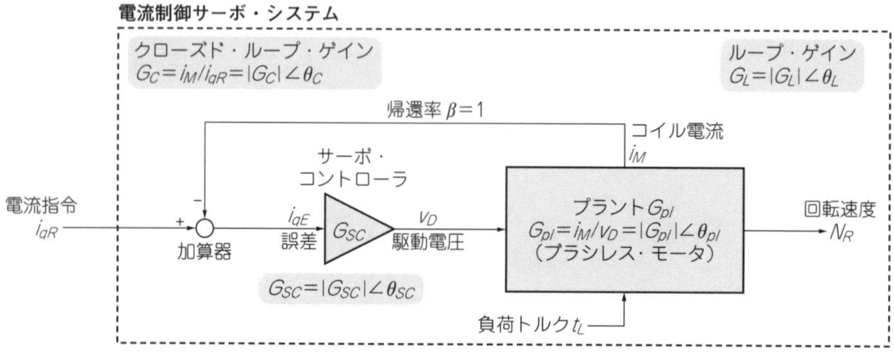

図2 電流サーボ・システムのブロック図
このシステムのプラント(制御対象)は，ブラシレス・モータ

電流制御サーボ・システム
クローズド・ループ・ゲイン $G_C=i_M/i_{qR}=|G_C|\angle\theta_C$
帰還率 $\beta=1$
コイル電流 i_M
電流指令 i_{qR}
加算器
i_{qE} 誤差
サーボ・コントローラ G_{SC}
$G_{SC}=|G_{SC}|\angle\theta_{SC}$
v_D 駆動電圧
プラント G_{pl}
$G_{pl}=i_M/v_D=|G_{pl}|\angle\theta_{pl}$
(ブラシレス・モータ)
負荷トルク t_L
ループ・ゲイン $G_L=|G_L|\angle\theta_L$
回転速度 N_R

(a) プラント・ゲイン $|G_{pl}|$
($G_{pl}=i_M/v_D$)

＋

(b) PIコントローラ・ゲイン $|G_{SC}|$

⬇

(c) ループ・ゲイン $|G_L|$
($|G_L|=|G_{pl}|+|G_{SC}|$)

(d) ループ・ゲイン位相 θ_L
($\theta_L=\theta_{pl}+\theta_{SC}$)

モータの周波数特性
第13章で解析した結果

プラントに合わせて，最適なループ・ゲインになるようにサーボ・コントローラを設計する
- PとIの交差周波数：160Hz
- P要素のゲイン：24.1dB

プラント・ゲインとPIコントローラ・ゲインを足し合わせるとループ・ゲインになる
- ループが切れる周波数：21.8kHz
- 位相余裕：90°

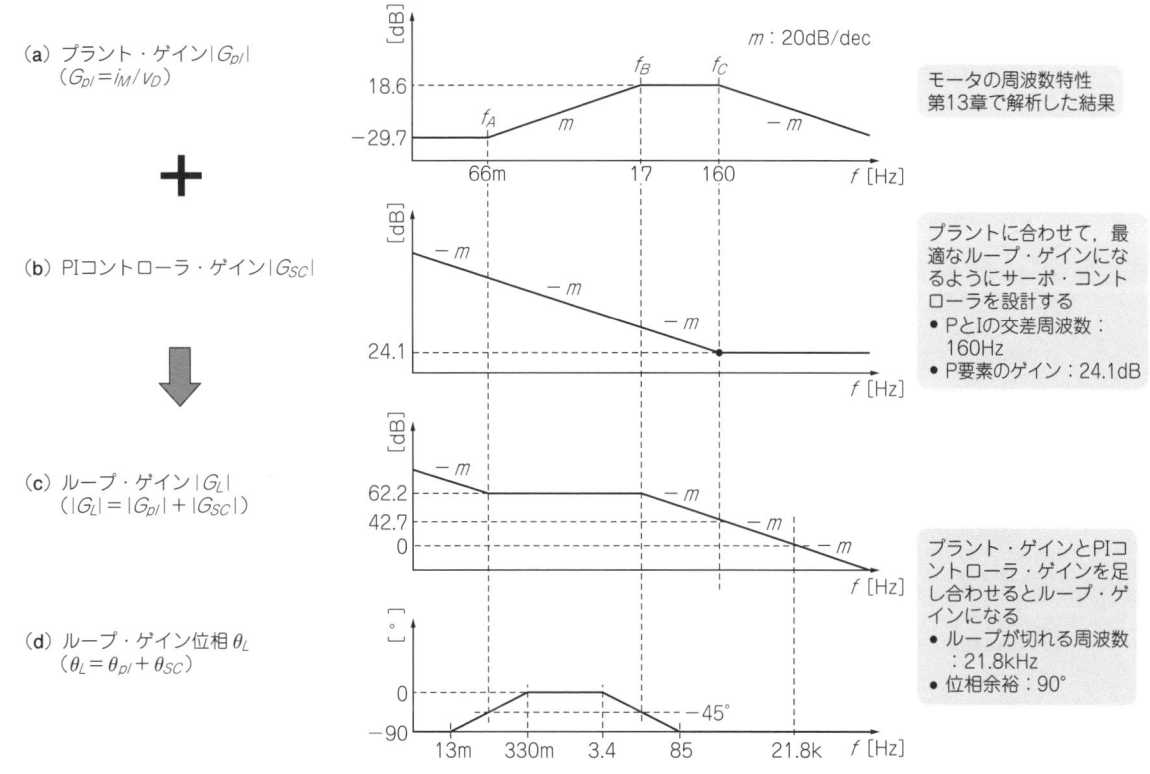

図3　電流制御サーボ・ループが最適になるように，折れ線近似を使ってPIコントローラの周波数特性を設計する
位相の近似折れ線としてはループ・ゲイン位相 θ_L のみを示してあるが，位相余裕は θ_L 特性から求めることができる

160 Hzのときのループ・ゲインは，PIコントローラのP要素のゲイン（平坦部ゲイン）を24.1 dB（約16倍）とすれば，プラント・ゲイン $|G_{pl}|$（= 18.6 dB）との和になります．

【160 Hzのときのループ・ゲイン】
$|G_L|$ = 24.1 + 18.6 = 42.7 dB（136倍）

したがって，ループ・ゲイン $|G_L|$ が0 dBとなるのは，160 Hzを136倍した21.8 kHzです．ループの切れる周波数（$|G_L|$ = 0 dB）は21.8 kHzとなり，位相余裕90°が得られると考えられます．

● サーボ・ループを評価する

設計したサーボ・コントローラの値を，図4(a)のシミュレーション回路（LTspice）に代入して，周波数応答と過渡応答を確認します．
▶周波数特性…ループ特性を確認する

図5に電流サーボ・ループの周波数特性を示します．ループ・ゲイン $|G_L|$ とループ位相 θ_L の周波数特性は，図3(c)と(d)に示した折れ線近似特性と一致しています．位相余裕は90°です．クローズド・ループ・ゲイン $|G_C|$ の周波数帯域は，設計どおり21.8 kHzです．
▶過渡応答波形

図6に電流制御サーボ・システムの各部の過渡応答波形を示します．

図6の下段のように，電流指令 i_{qR} は，起動から79 msの間は10 A，79 ms以降は定格値2.8 Aとしました．この79 msという時間は，コイル電流 i_M = 10 Aにおいて回転速度 N_R が定格値に達するまでの時間です．

負荷トルク t_L は，定格値(35.8 mN・m)，定格値の200 %(71.6 mN・m)，0の間をステップ状に変化させています．

コイル電流 i_M は全域で電流指令値 i_{qR} と重なっており，追従安定性と偏差とも良好であり，位相余裕90°の効果が得られています．

図6の上段のように，回転速度 N_R は，起動電流10 A区間では直線的に増大し，ほぼ定格値(8,027 r/min)に達します．その後の負荷トルク t_L 変化に応じて，回転速度 N_R も変化します．t_L が150 msにおいて100 %から200 %に急変すると，コイル電流 i_M が定格値一定であるため，負荷トルク t_L は発生トルク t_M を上回りロータを逆方向回転させるトルクとなり，回転速度 N_R が低下します．時間が150 m～200 ms間の50 msと短いため，回転停止や逆回転には至りません．

ブラシレス・モータの等価回路によれば，コイル電流 i_M または負荷トルク t_L が急変すると，そのステッ

14.2　電流制御サーボ・ループの設計

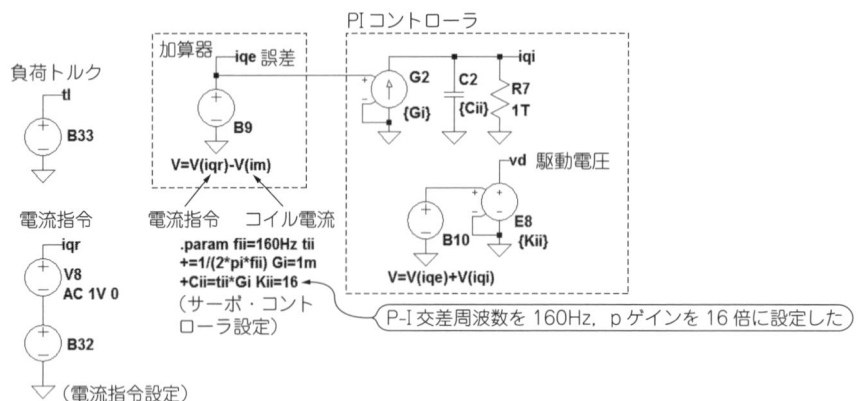

図4 電流制御サーボ・システムの回路【LTspice 071】
LTspiceではギリシャ文字を使用できないため，位相 θ_M → phm とした

プ変化は時定数 $J_M/D_M = 2.4$ s（J_M：回転モーメント，D_M：粘性摩擦係数）の1次遅れ要素を経て，回転速度 N_R に変換されます．$t_L = 200$ % を保持する時間が 50 ms と時定数 2.4 s に比べ短いので，回転速度 N_R の変化は緩慢な直線変化に見えます．$t = 200$ ms においては負荷トルク t_L が 200 % から 100 % に急変し，回転速度は増加傾向になりますが，やはり短時間であるためほぼ一定に見えます．

図6の中段のように，誘起電圧 v_M は，上段の回転速度 N_R に比例するので両波形は相似です．駆動電圧 v_D と誘起電圧 v_M の差がコイル・インピーダンスに印加される電圧であり，全区間で $v_D > v_M$ となっています．コイル・インピーダンス電圧に応じたコイル電流 i_M が流れます．v_D はPIコントローラの出力であり，誤差信号 i_{qE} のステップ変化時にパルス信号が重畳します．

14.3 速度制御サーボ・ループの設計

● 速度制御サーボ・ループの構成

次は，速度制御サーボ・コントローラを設計します．

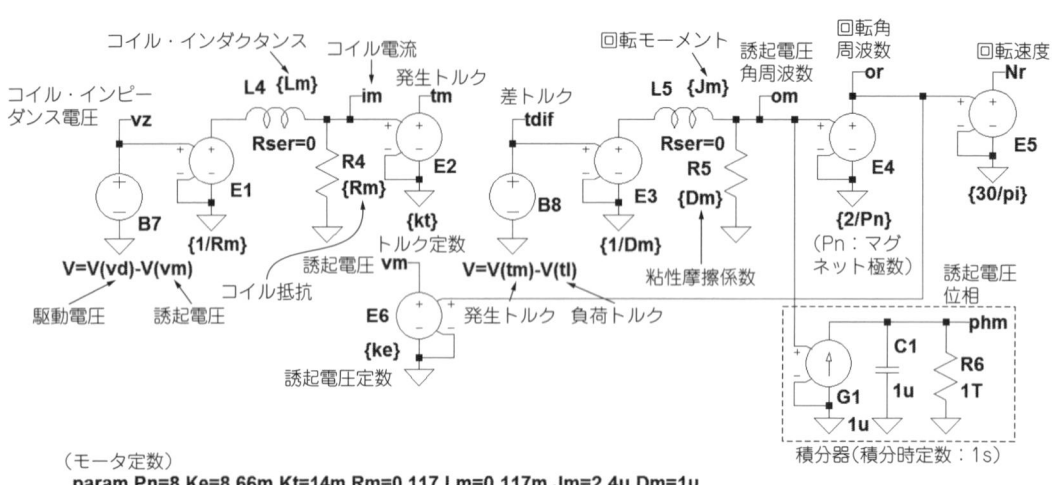

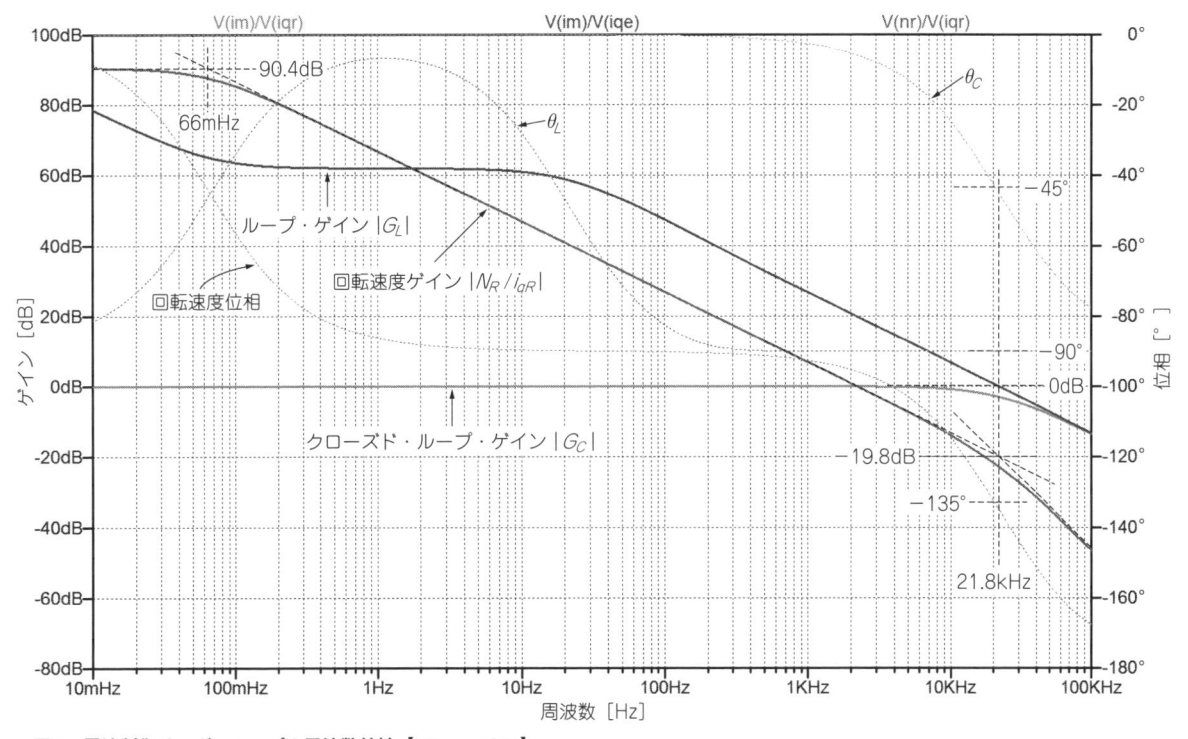

図5 電流制御サーボ・ループの周波数特性【LTspice 071】
折れ線近似で設計した図3(c)と(d)と同じ特性になっている．位相余裕は90°，クローズド・ループ・ゲイン $|G_C|$ の周波数帯域は21.8kHz

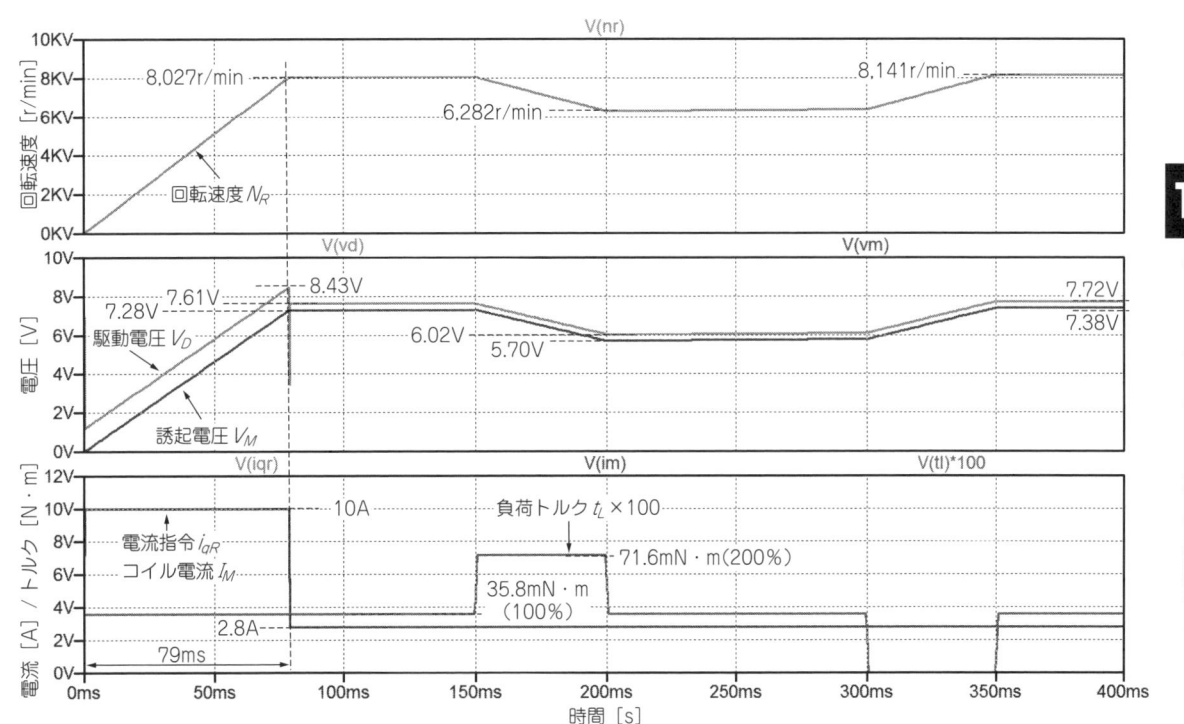

図6 電流制御サーボ・システムの過渡応答【LTspice 072】

14.3 速度制御サーボ・ループの設計

図7 速度制御サーボ・システムのブロック図
このシステムのプラント（制御対象）は，図2に示した電流制御サーボ・システムになる

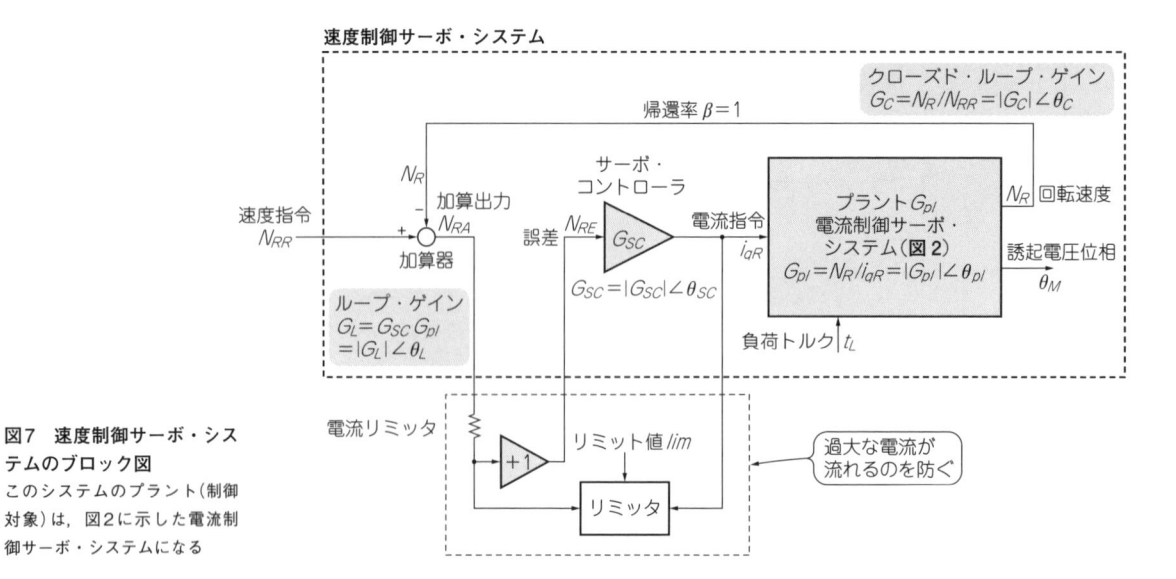

　図7に速度制御サーボ・システムのブロック図を示します．速度制御サーボ・システムのプラントは，モータではなく，図2の電流制御サーボ・システムです．電流制御サーボ・システムを制御対象として，速度制御サーボ・コントローラを設計します．

　速度制御サーボ・ループは回転速度N_Rを制御しますが，速度制御サーボ・ループの内側には前項の電流制御サーボ・ループがある多重サーボ・システムです．回転速度N_Rを制御するために電流制御サーボの入力に与える信号は，電流指令i_{qR}の機能をもちます．

　速度指令N_{RR}が急変すれば，回転速度N_Rを急変させるためにi_{qR}は大振幅のパルス状の波形となります．回転速度N_Rを急変させるためには短時間に大きなエネルギが必要だからです．

　実機においてはこの過大な電流に対する対策が必要になります．対策の一例としては，図7に示す「電流リミッタ」を追加します．

　電流リミッタは電流指令i_{qR}を監視し，あらかじめ設定されたリミット値limと比較し，i_{qR}の振幅が$±lim$を超えないようにサーボ・コントローラ入力の誤差信号N_{RE}を制限し，その結果コイル電流i_Mを制限します．電流リミッタが制限動作をしている間は，サーボ・コントローラ出力i_{qR}は振幅制限を受けサーボ・ループは飽和し本来の制御機能が損なわれるため，回転速度N_Rは速度指令N_{RR}と一致しません．

　なお，速度急変時に過大電流が流れるのは，多重サーボ・システムだけではなく単一速度制御サーボ・システムにおいても同じです．

　本システムのプラント（電流制御サーボ・システム）のゲインG_{pl}は電流指令i_{qR}から回転速度N_RへのN_R/i_{qR}であり，図5のようになります．このゲインの周波数特性$|G_{pl}|$を折れ線近似で図8(a)に示します．

周波数f_Aは66 mHz，f_Eは21.8 kHzです．

● サーボ・コントローラを設計する
　プラント（電流制御サーボ・システム）のゲイン$|G_{pl}|$は，図8(a)に示すように最大傾斜が$-2m$（-40 dB/dec）であり，プラントにおける最大位相遅れは$-180°$です．

　サーボ・コントローラは実用微分型PIDコントローラを選択しました．その増加傾斜mの部分とプラントの$-2m$部分を合わせれば，ループ・ゲインの傾斜をより高い周波数まで$-m$とし，位相余裕をより大きくすることができます．

　図8(b)に実用微分型PIDコントローラのゲイン特性の折れ線近似を示します．設計するのは次の三つの値です．

- P-I交差周波数
- P-D交差周波数
- P要素のゲイン

▶P-I交差周波数，P-D交差周波数
　図8(b)のようにP-I交差周波数をf_A(66 mHz)，P-D交差周波数をf_E(21.8 kHz)にそれぞれ一致させます．実用微分要素の1次遅れ遮断周波数kf_Eを218 kHz（$= 10 × 21.8$ kHz）とすると，ループ・ゲイン$|G_L|$の傾斜は，図8(c)，(d)のように218 kHz以下において-20 dB/decとなり，ループ・ゲイン位相θ_Lは43.6 kHz（$= 21.8$ kHz/5）以下で$-90°$一定となります．

▶P要素のゲイン
　サーボ・コントローラのP要素のゲイン（平坦部ゲイン）を7 dB(2.24倍)とすれば，21.8 kHzにおけるループ・ゲインは次のようになります．

(a) プラント・ゲイン $|G_{pl}|$
($G_{pl} = N_R/i_{qR}$)

＋

(b) 実用微分型PIDコントローラ・ゲイン $|G_{SC}|$

⇓

(c) サーボのループ・ゲイン $|G_L|$
($|G_L| = |G_{pl}| + |G_{SC}|$)

(d) サーボのループ・ゲイン位相 θ_L
($\theta_L = \theta_{pl} + \theta_{SC}$)

図8 速度制御サーボ・ループが最適になるように，折れ線近似を使って実用微分型PIDコントローラの周波数特性を設計する

【21.8 kHzにおけるループ・ゲイン】
$|G_L| = -19.8 + 7 = -12.8$ dB（= 1/4.37倍）

ループの切れる（$|G_L| = 0$ dB）周波数は，21.8 kHzを1/4.37倍した5 kHzになり，位相余裕90°が得られます．

● サーボ・ループを評価する

設計したサーボ・コントローラの値を代入して，周波数応答と過渡応答を確認します．**図9**に速度制御サーボ・システムの回路（LTspice）を示します．プラントである電流制御サーボ・システムは**図4**を使用しています．

図9の実用微分型PIDコントローラ初段のCRフィルタ（C_4, R_9）は，過渡解析上の都合で入れていますが，時定数が100 nsと小さいので結果に与える影響は無視できます．

▶ 周波数特性…ループ特性を確認する

図10に速度制御サーボ・ループの周波数特性を示します．**図10**のループ・ゲイン特性は**図8**(c)と(d)の折れ線近似設計値とほぼ一致しています．

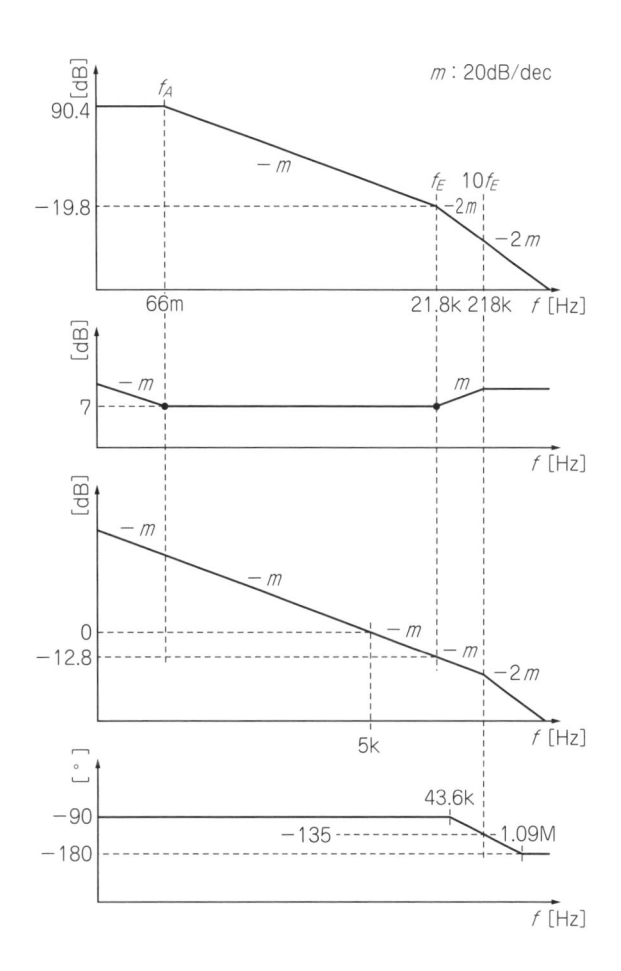

▶ 過渡応答波形

図11に速度制御サーボ・ループの各部の過渡応答波形を示します．

図11の上段のように，速度指令N_{RR}は，$t = 0$ sにおいて0から8,000 r/min（定格値）に立ち上がり，回転速度N_Rは0〜79 ms間では，電流リミッタが動作しコイル電流を制限しているため，N_{RR}と一致せず直線的に増大し定格値に達します．この区間を除き回転速度N_RはN_{RR}に一致し，追従安定性および精度ともに良好です．この区間では回転速度N_Rを直ちにN_{RR}に一致させるべく大きな加算器出力N_{RA}が発生しますが，電流リミッタにより電流指令i_{qR}が10 Aに制限されます．一定値であるi_{qR}に対する回転速度N_Rの応答はほぼ直線変化となります．

図5に示すように回転速度ゲイン（N_R/i_{qR}）特性は66 m〜21.8 kHzの広い周波数範囲で積分器特性を示し，積分器のステップ応答がランプ波であることから回転速度N_Rのステップ応答が直線波になるともいえます．

仮に電流リミッタがなければ，N_{RR}立ち上がり時にi_{qR}が増大し過大なi_Mが流れ，実機においては駆動回路素子が破損するなどの恐れがあります．

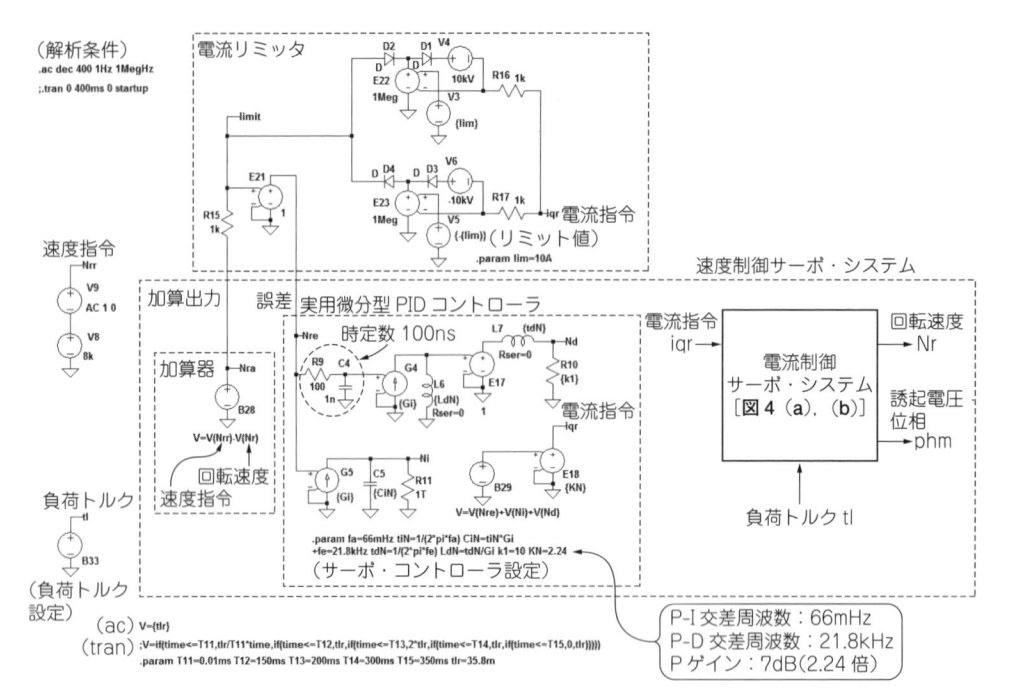

図9 速度制御サーボ・システムの回路【LTspice 073】
LTspiceはギリシャ文字を使用できないため，角周波数 $\omega_M \to$ om，位相 $\theta_E \to$ phe，$\theta_R \to$ phr，$\theta_M \to$ phm とした

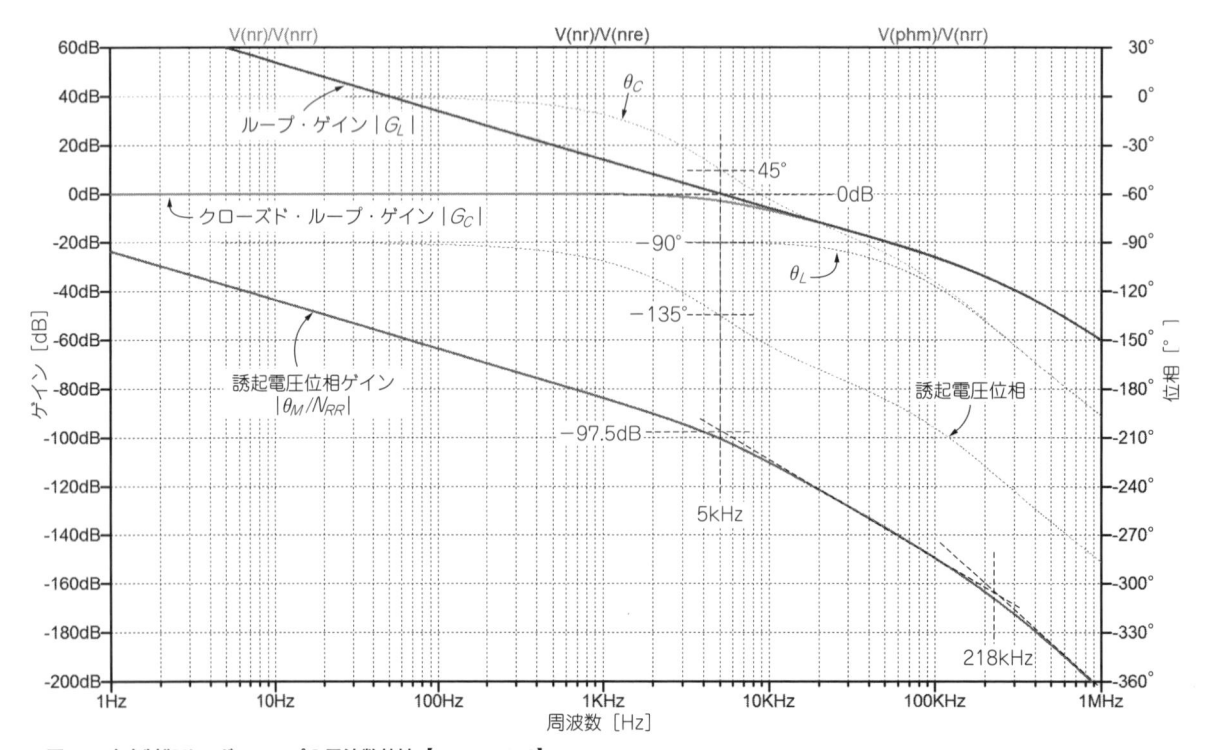

図10 速度制御サーボ・ループの周波数特性【LTspice 073】
折れ線近似で設計した図8(c)と(d)と同じ特性になっている．位相余裕は90°，クローズド・ループ・ゲイン $|G_C|$ の周波数帯域は5kHz

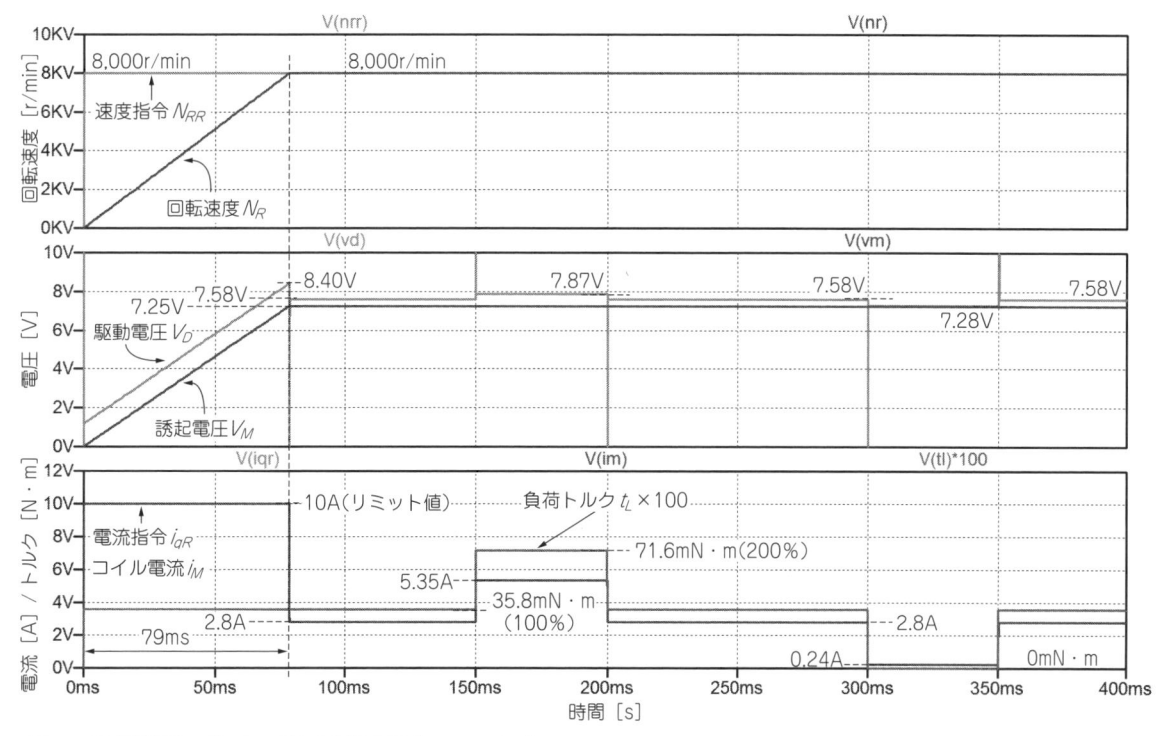

図11 速度制御サーボ・システムの過渡応答【LTspice 074】

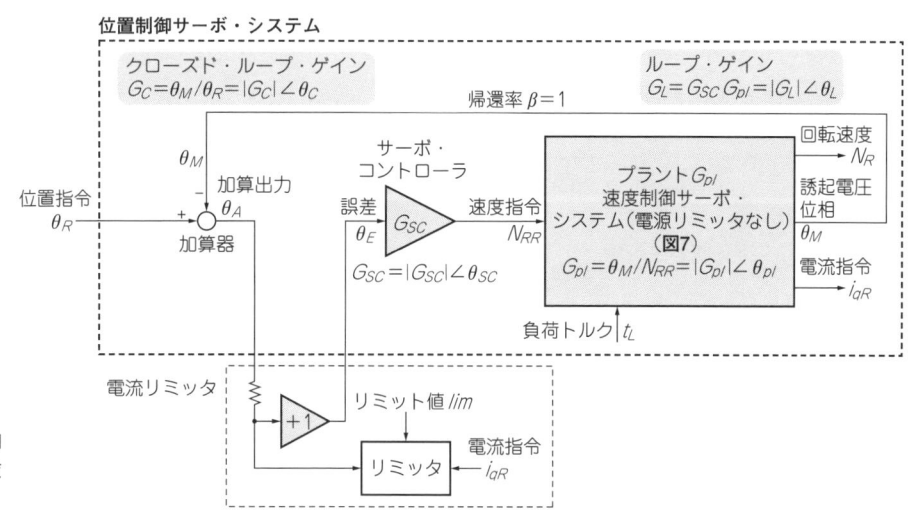

図12 位置制御サーボ・システムのブロック図
このシステムのプラント(制御対象)は,図7に示した速度制御サーボ・システムになる

速度制御の場合は,負荷トルクt_Lの急変に対して,図11の下段のように自動的にコイル電流が増減し,回転速度N_Rは速度指令N_{RR}に追従制御されます.

14.4 位置制御サーボ・ループの設計

● 位置制御サーボ・ループの構成

最後に,位置制御サーボ・システムを設計します.図12にブロック図を示します.

位置制御サーボはロータの回転角度(位相角)を制御します.例えばロータの回転動作を直線動作に変換する機構をもつシステムに適用し,回転角度を制御すると結果的に直線移動距離(位置)を決定することになります.回転角度だけでなく,時間tに対する回転角度変化(回転速度変化)も制御できます.位置制御サーボはロボット・システムにも数多く使用されています.

位置制御サーボ・システムのプラントは,図7の速度制御サーボ・システムです.速度制御サーボ・ループの電流リミッタは外して,位置制御サーボ・ループ内に設置します.

電流リミッタの監視対象は電流指令i_{qR}であり，位置制御の誤差信号θ_Eを制限します．ただし，本章で示す二つの動作例（後の図16，図17）では過大電流が流れないため電流リミッタは動作しません．実機で出力軸のロックなどに対する保護が必要な場合には，電流リミッタを設けます．

ロータ回転速度N_Rは誘起電圧の角周波数ω_Mに比例し，角周波数ω_Mは誘起電圧位相θ_Mの微分値に比例します．逆に誘起電圧位相θ_Mは角周波数ω_Mまたは回転速度N_Rを積分することにより得ることができます．本システムでは，誘起電圧位相θ_Mを制御して位置を制御します．

サーボ・コントローラの出力信号をプラントの速度指令N_{RR}端子に加え，誘起電圧位相θ_Mをフィードバックします．この場合のプラント（速度制御サーボ・システム）のゲインG_{pl}は，図10に示すθ_M/N_{RR}の周波数特性です．θ_Mは回転速度N_Rの積分に比例するので，N_R/N_{RR}ゲイン特性（クローズド・ループ・ゲイン$|G_C|$特性）の傾斜に－20 dB/decの傾斜を加えた特性になっています．プラント（速度制御サーボ・システム）のゲイン$|G_{pl}|$の周波数特性を，折れ線近似で図13(a)に示します．

● サーボ・コントローラを設計する
プラント（速度制御サーボ・システム）のゲイン$|G_{pl}|$は，図13(a)に示すように最大減衰傾斜が$-3m$（－60 dB/dec）の部分があり，この傾斜における最大位相遅れは－270°です．

サーボ・コントローラとして実用微分型PIDコントローラを採用します．その増加傾斜mの部分とプラントの$-2m$部分を合わせれば，ループ・ゲインの傾斜をより高い周波数まで$-m$とし，位相余裕をより大きくできます．

図13(b)に実用微分型PIDコントローラのゲイン特性の折れ線近似を示します．設計するのは次の三つの値です．

- P-I交差周波数
- P-D交差周波数
- P要素のゲイン

▶ P-I交差周波数，P-D交差周波数
P-I交差周波数を0.1 Hz，P-D交差周波数を5 kHz，実用微分要素の1次遅れ遮断周波数を50 kHz（＝5 kHz×10）とします．

ループ・ゲイン$|G_L|$の傾斜は0.1 Hz～50 kHzにお

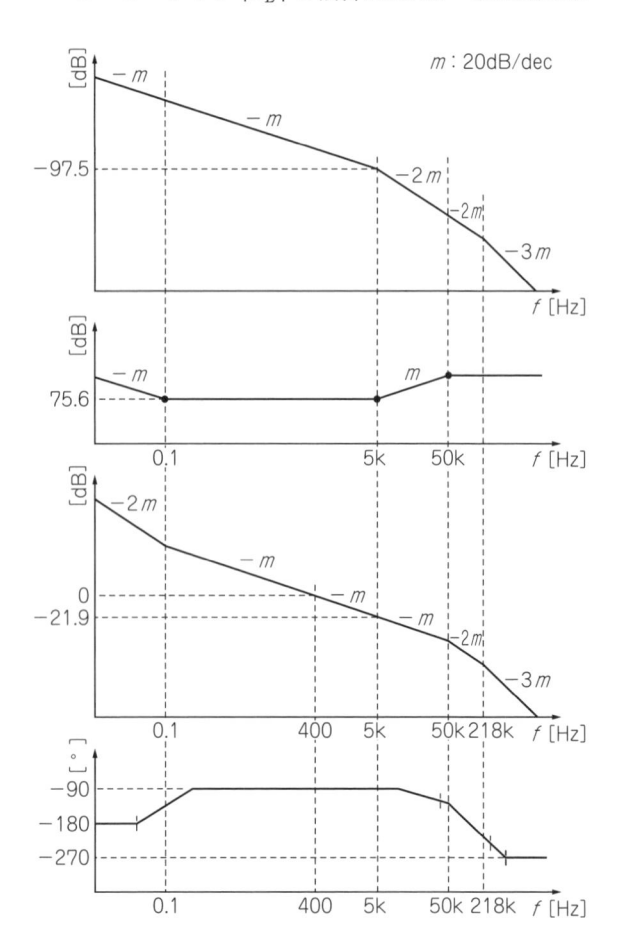

図13　位置制御サーボ・ループが最適になるように，折れ線近似を使って実用微分型PIDコントローラの周波数特性を設計する

(a) プラント・ゲイン$|G_{pl}|$
　　（$G_{pl}=\theta_M/N_{RR}$）

(b) 実用微分型PIDコントローラ・ゲイン$|G_{SC}|$

(c) ループ・ゲイン$|G_L|$
　　（$|G_L|=|G_{pl}|+|G_{SC}|$）

(d) ループ・ゲイン位相
　　（$\theta_L=\theta_{pl}+\theta_{SC}$）

いて-20 dB/decとなり，位相θ_Lは0.5 Hz（= 0.1 Hz ×5）〜10 kHz（= 50 kHz/5）において-90°一定となります．

サーボ・コントローラのPゲイン（平坦部ゲイン）を75.6 dB（6040倍）とすれば，5 kHzにおけるループ・ゲインは次のようになります．

$$|G_L| = -97.5 + 75.6 = -21.9 \text{ dB} (= 1/12.4 \text{倍})$$

ループの切れる（$|G_L|$ = 0 dB）周波数は400 Hz（= 5 kHz/12.4）となり，位相余裕90°が得られると考えられます．

● サーボ・ループを評価する

設計したサーボ・コントローラの値を代入して，周波数応答と過渡応答を確認します．図14に位置制御サーボ・システムの回路（LTspice）を示します．プラントである速度制御サーボ・システムは図9を使用しています．速度制御サーボ・システムから電流リミッタを除き図14に示す位置に電流リミッタを設置しています．負荷トルクt_Lは常に定格値（35.8 mN/m）としています．

▶周波数特性…ループ特性を確認する

図15に示す位置制御サーボ・ループの周波数特性は図13(c)と(d)の折れ線設計値と一致し，クローズド・ループ・ゲイン$|G_C|$の周波数帯域は400 Hzで，位相余裕90°が得られています．

▶過渡応答波形

位置指令θ_R信号波形によっては回転速度の急変が生じ，コイル電流が過大になる場合があります．次に過大電流とならない二つの例を示します．

● 位置指令θ_Rが2次曲線の場合

位置指令θ_Rが2次曲線のときの位置制御ループの各部の過渡応答波形を図16に示します．

図16のように，位置指令θ_R [rad]と誘起電圧位相θ_M [rad]は，2π [rad]で割った値で表します．単位は，[rad] / [rad]なので無名数です．2πで割ると誘起電圧の周期を表します．図の区間Ⅰでは$\theta_R/(2\pi)$および$\theta_M/(2\pi)$が0〜10まで変化しています．これは誘起電圧10周期分を意味します．これをロータ回転に換算すれば，10周期×$2/P_N$ = 2.5回転となります（P_N：マグネット極数 = 8）．

区間Ⅰにおいて，位置指令$\theta_R/(2\pi)$は0から10ま

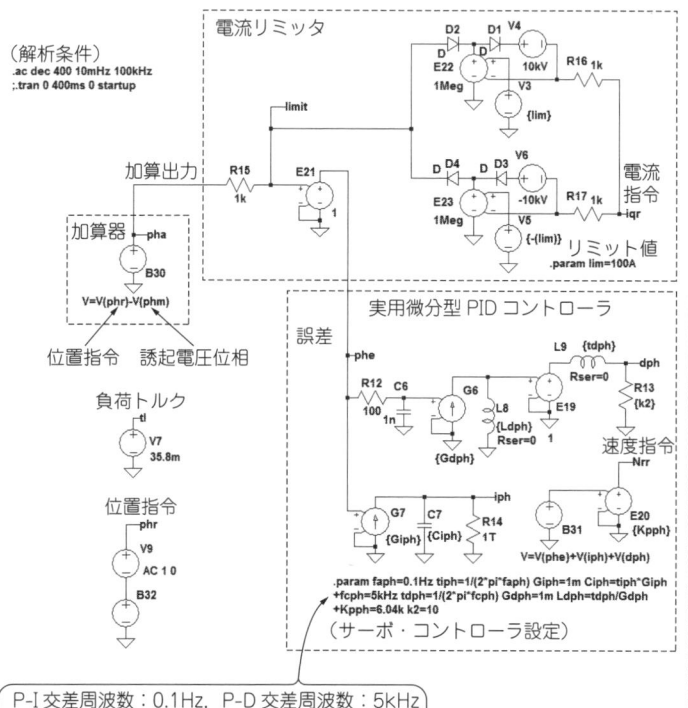

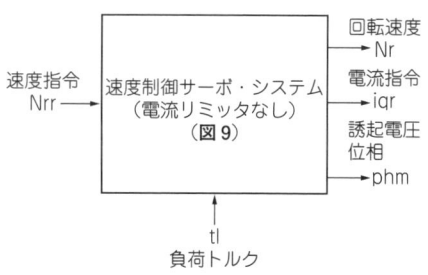

図14 位置制御サーボ・システムの回路【LTspice 075】
LTspiceはギリシャ文字を使用できないため，角周波数ω_M→om，位相θ_E→phe，θ_R→phr，θ_M→phmとした

14.4 位置制御サーボ・ループの設計

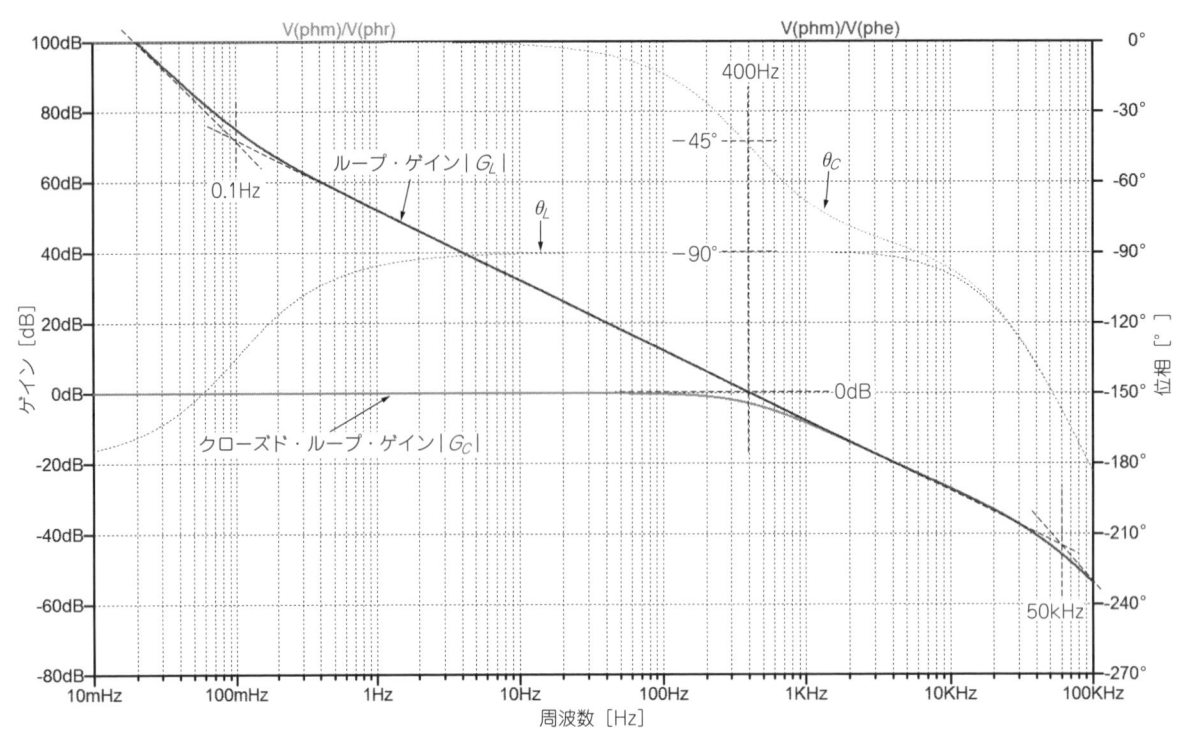

図15 位置制御サーボ・ループの周波数特性【LTspice 075】
折れ線近似で設計した図13(c)と(d)と同じ特性になっている

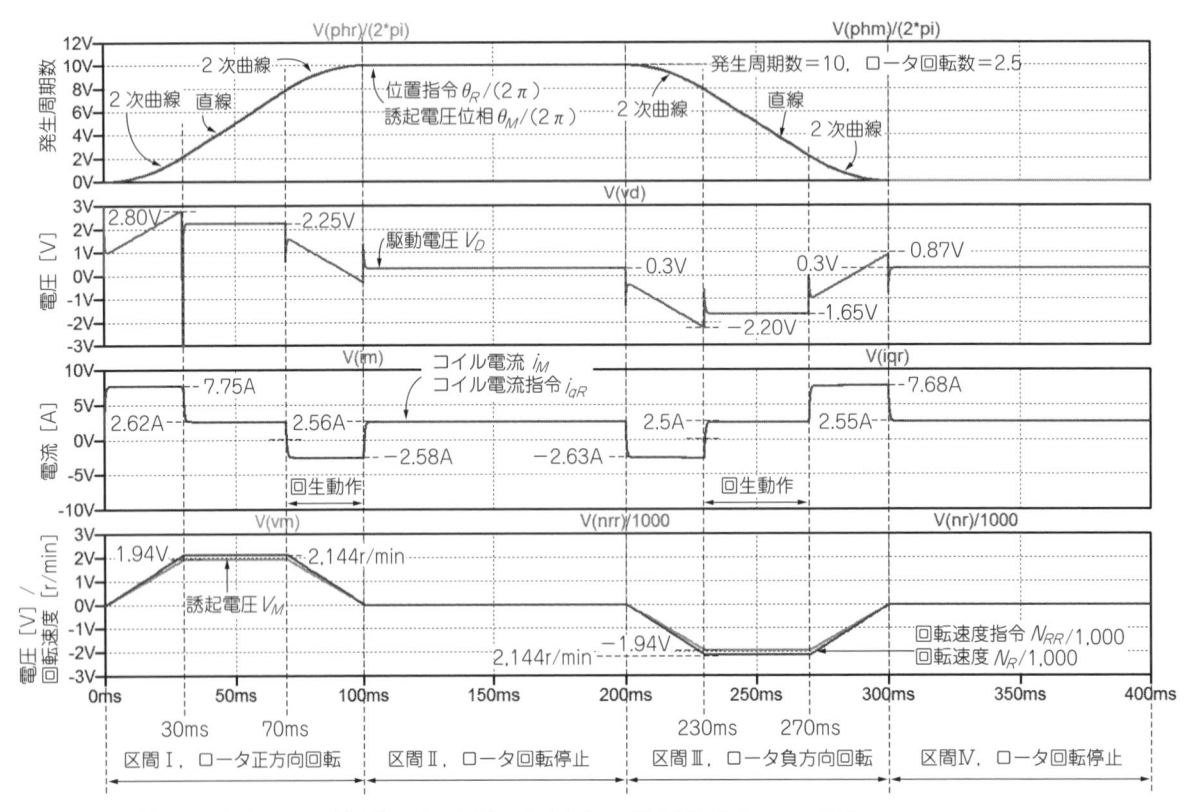

図16 位置制御サーボ・システムの指令値θ_Rを2次曲線にしたときの過渡応答波形【LTspice 076】

で増加します．このときロータは正方向回転するとします．

区間IIでは10［＝$\theta_R/(2\pi)$］一定なのでロータは回転停止します．

区間IIIでは$\theta_R/(2\pi)$が10から0に減少するので，ロータは区間Iとは逆方向（負方向）に回転し，$t=0$における回転位置に戻ります．

区間IVでは0°［＝$\theta_R/(2\pi)$］一定なのでロータは元の位置で回転停止を保持します．

区間I，IIIをそれぞれ3区間に分け，位置指令θ_Rを滑らかに変化させています．その結果，区間I～IVの全域でθ_Rの微分係数（波形の接線の傾き）が不連続に変化する点はありません．

(a) 0～30 ms，270 m～300 ms：下に凸の2次曲線
(b) 30 m～70 ms，230 m～270 ms：直線
(c) 70 m～100 ms，200 m～230 ms：上に凸の2次曲線

回転速度N_R，誘起電圧v_Mはともにθ_Mの微分に比例するので，図16のようになります．コイル電流i_Mは近似的に回転速度N_R，v_Mの微分に比例するので矩形波となります．ただし，回転速度N_R一定の区間においてi_Mは0ではなく，負荷トルクt_Lを供給するために必要な一定値となります．一部区間ではi_Mは定格値(2.8 A)を超えておりこれが問題となる場合は，区間I，IIIにおける位置指令θ_Rの変化幅を小さくするか，または変化時間を長くすることによりi_Mの最大値を低下できます．

区間I，IIIにおいてコイル電流i_Mの振幅が正負非対称となっている理由は，i_Mが正極性のときは負荷トルクt_L相当分を供給し，i_Mが負極性のときはt_Lが負方向回転トルクとして寄与するためです．

区間IIおよびIVは回転停止区間ですが，i_M振幅は0 Aではなく2.5～2.6 A流れています．これは回転停止でも負荷トルクt_Lは定格値であるので，これに相当する発生トルクt_Mを供給するためです．

回転速度N_Rは区間Iでは＋極性，区間IIIでは－極性であり，両区間で回転方向が反転していることがわかります．また，誘起電圧v_Mとコイル電流i_Mの極性が逆極性の区間が生じており，その積（誘起電圧における消費電力）が負となるため図示のように回生動作となります．

θ_M波形はθ_R指令波形と全区間で重なっており，追従安定性も偏差も良好に制御されています．

● 位置指令θ_Rをcos曲線波形とした場合

位置指令θ_Rがcos曲線波形のときの位置制御ループの各部の応答波形を図17に示します．

誘起電圧v_Mは誘起電圧位相θ_Mの微分に比例するので区間Iおよび区間IIIにおいては，sin曲線波形となります．同様に回転速度N_Rもsin波形であり，その結果全区間で回転速度N_Rの急変は起こりません．

回転速度N_Rが急変しないため，コイル電流i_Mが過大パルス波になることはありませんが，一部区間で定格値(2.8 A)を超えています．前項に述べたようにθ_Rの変化幅を小さくするか，または変化時間を長くすることによりi_Mの最大値を低下できます．

また，前項同様回転速度N_Rとコイル電流i_Mが逆極性となる回生動作区間が見られ，回転を減速し停止させるためのブレーキがかかることがわかります．

cos曲線指令においてもθ_M波形はθ_R指令波形と全区間で重なっており，追従安定性も偏差も良好に制御されています．

14.5 モータ負荷条件変化時のサーボ特性

前節までに，電流，速度，位置の各サーボ・システムを設計／評価しました．周波数特性の評価においては，ブラシレス・モータの負荷条件は定格値または規格値一定としました．しかし，第13章の13.6節で調べたように負荷条件が変化すると，モータ単体の周波数特性も変化する場合があります．モータ特性が変化すればモータ・サーボ・システムの特性も変化し，安定性などに影響を及ぼすと考えられます．

本節では，モータの動作条件である負荷トルクt_L，回転モーメントJ_M，粘性摩擦係数D_Mの3パラメータを1パラメータずつ変化させたうえで，本章で検討した各サーボ・システムの周波数特性や応答波形を求めて，サーボ特性に与える影響について調べます．

■ 電流制御サーボ・システム

● 負荷トルクt_Lを変化させる
▶周波数特性

13.6節に述べたように，負荷トルクt_Lを変化させてもブラシレス・モータの周波数特性は変化しません．したがって，モータをプラント（制御対象）とした電流制御サーボ・システムの周波数特性も変化せず，ループ・ゲインG_Lおよびクローズド・ループ・ゲインG_Cは図5と同じです．

▶過渡応答波形

負荷トルクt_Lの変化に対して，駆動電圧v_Dに対するモータの各部応答波形が変化することは13.6節で確認しました．

電流サーボ・システムにおけるt_L変化に対するコイル電流i_Mの応答は，すでに図6で調べたとおりです．図6においては，t_Lが100 %，200 %，0 %の3値間を急変していますが，i_Mの変化は見られず，電流サーボが十分に安定に機能していることがわかります．ただし，t_Lの増／減に対してi_Mが不変であるため，図のよ

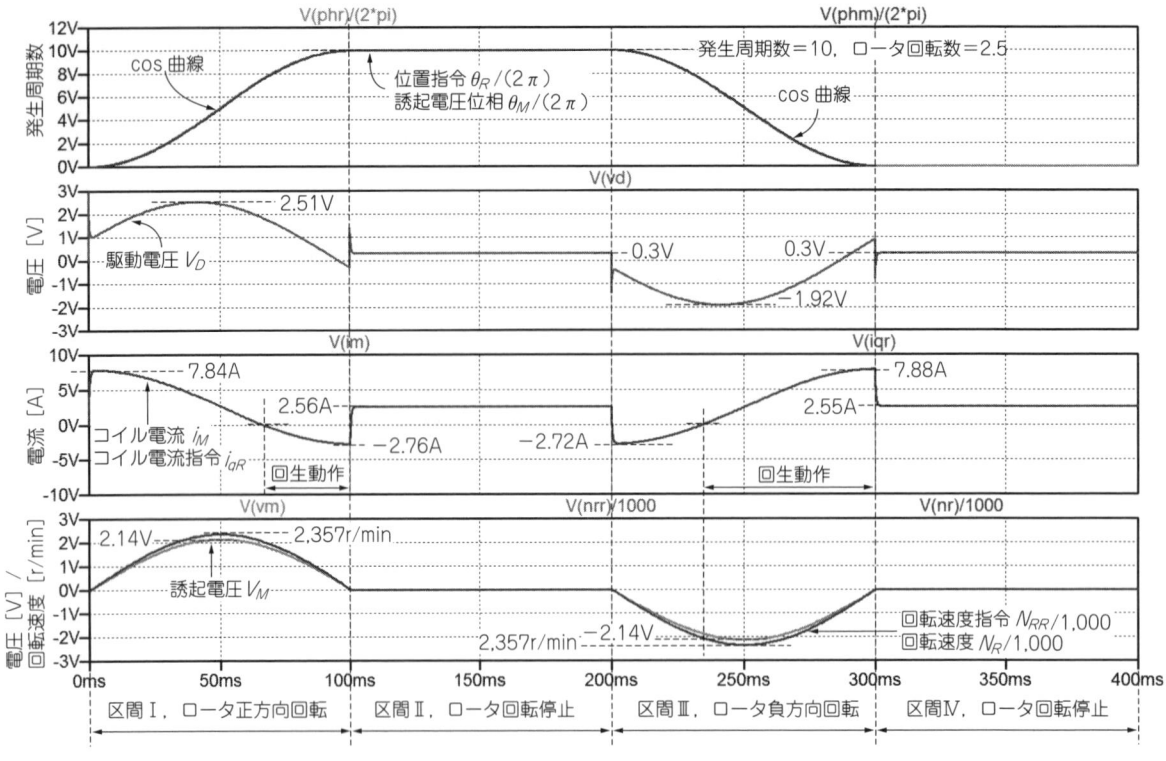

図17 位置制御サーボ・システムの指令値 θ_R を cos 曲線にしたときの過渡応答波形【LTspice 077】

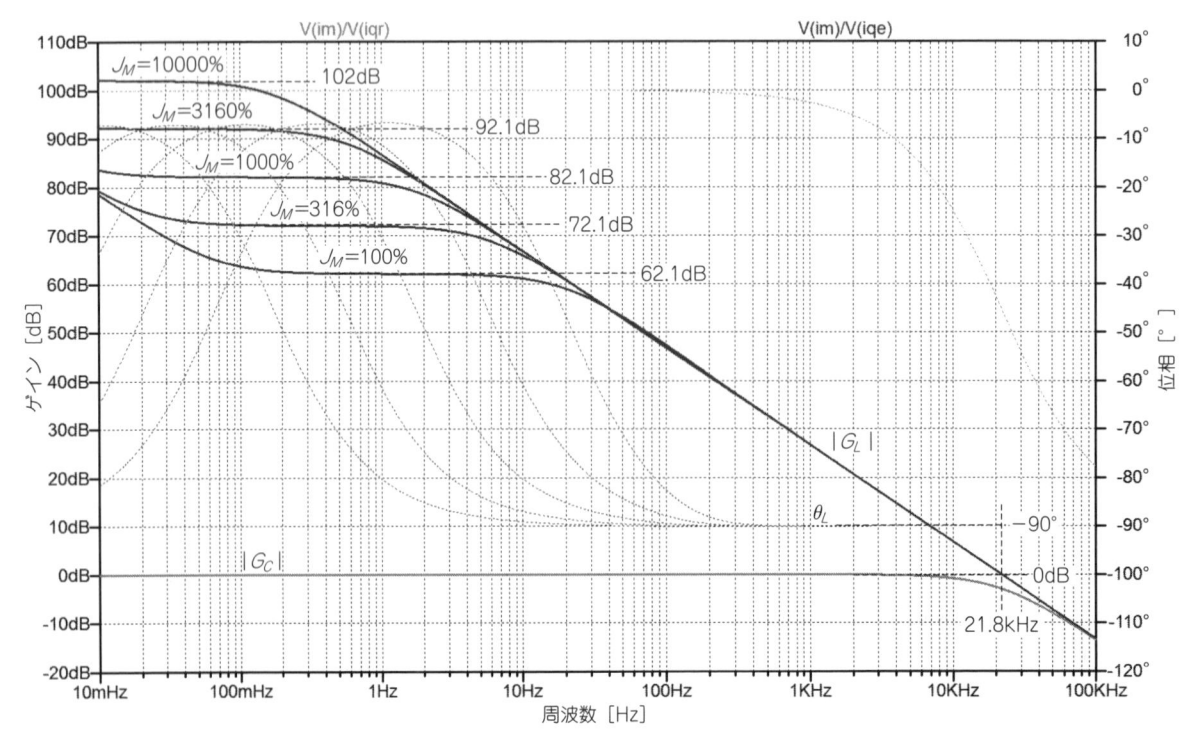

図18 回転モーメント J_M 変化時の電流制御サーボ特性【LTspice 078】

うに回転速度N_Rは逆にそれぞれ減/増しています．

● **回転モーメントJ_Mを変化させる**
▶周波数特性

回転モーメントJ_Mを順次変化させ，**図5**と同様に周波数特性を求めたものを**図18**に示します．回路図は**図4**と同じです．ただし**図18**においては，J_Mを100 % $= 2.4 \times 10^{-6}$ kg·m^{2}とし，100 %，316 %，1000 %，3160 %，10000 %と順次100倍変化させています．

図18によれば，ループ・ゲイン$|G_L|$の平坦部ゲインはJ_M増加に比例して増加していますが，減衰傾斜部には変化がなく，同一周波数(21.8 kHz)でループが切れており，位相余裕も90°が確保されています．J_M変化に対する$|G_L|$変化は60 dB以上における変化であり，したがって，クローズド・ループ・ゲイン$|G_C|$にもJ_M変化による影響はほとんど現れません．

▶過渡応答波形

図6と同様に，コイル電流i_Mの変化に対する各部応答波形を**図19**に示します．**図19**においては，J_Mを100 %，316 %，1000 %に順次変化させています．これに対して，回転速度N_R，駆動電圧v_D，誘起電圧v_MはJ_M変化に応じて値は変化しますが，応答波形にはいずれもオーバーシュートなどは見られません．

コイル電流i_Mも電流指令にしたがっており，値は変わらず応答にも変化はなく，J_M変化によるサーボ特性への影響はほとんどないと言えます．

● **粘性摩擦係数D_Mを変化させる**
▶周波数特性

粘性摩擦係数D_Mを順次変化させ，**図5**と同様に周波数特性を求めたものを**図20**に示します．**図20**においては，D_Mを100 % $[= 1 \times 10^{-6}$ N/m/(rad/s)]とし，100 %，316 %，1000 %，3160 %，10000 %と順次100倍変化させています．

図20によれば，ループ・ゲイン$|G_L|$の低域減衰傾斜部のゲインがD_M増加に比例して増加していますが，高域減衰傾斜部には変化がなく，同一周波数(21.8 kHz)でループが切れており，位相余裕も90°が確保されています．D_M変化に対する$|G_L|$変化は60 dB以上における変化であり，したがって，クローズド・ループ・ゲイン$|G_C|$にはD_M変化による影響はほとんどありません．

▶過渡応答波形

図6と同様に，コイル電流i_M変化に対する各部応答波形を**図21**に示します．**図21**においては，D_Mを100 %，316 %，1000 %に順次変化させています．これに対して，回転速度N_R，駆動電圧v_D，誘起電圧v_MはD_M変化に応じて値は変化しますが，応答波形にはいずれもオーバーシュートなどは見られません．

コイル電流i_Mも電流指令にしたがっており，値は変わらず応答にも変化はなく，D_M変化によるサーボ特性への影響はほとんどないと言えます．

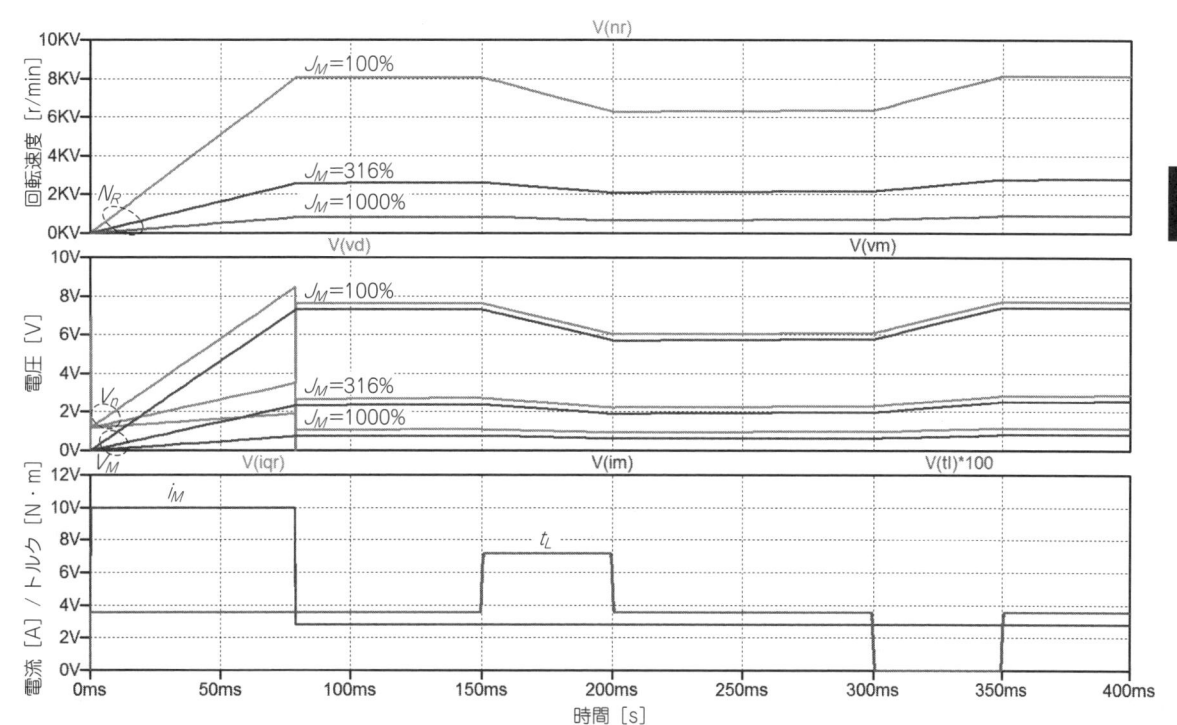

図19 回転モーメントJ_M変化時の電流サーボ応答波形【LTspice 079】

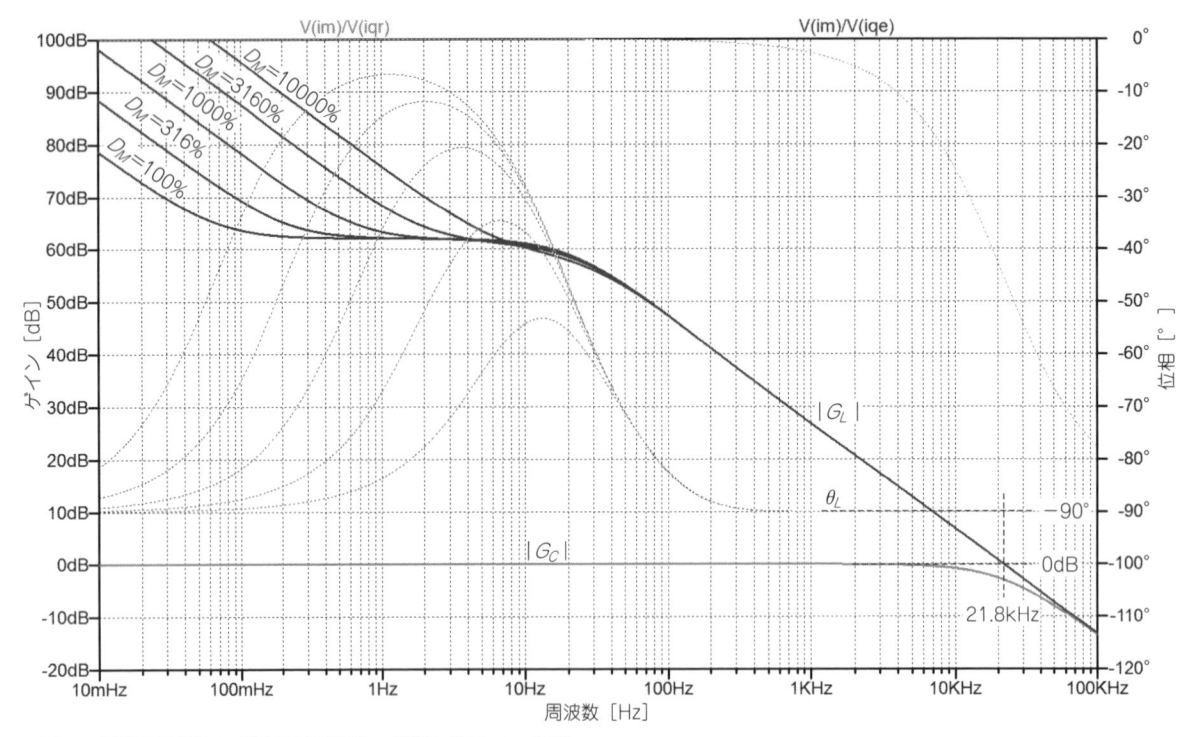

図20 粘性摩擦係数D_M変化時の電流サーボ特性【LTspice 080】

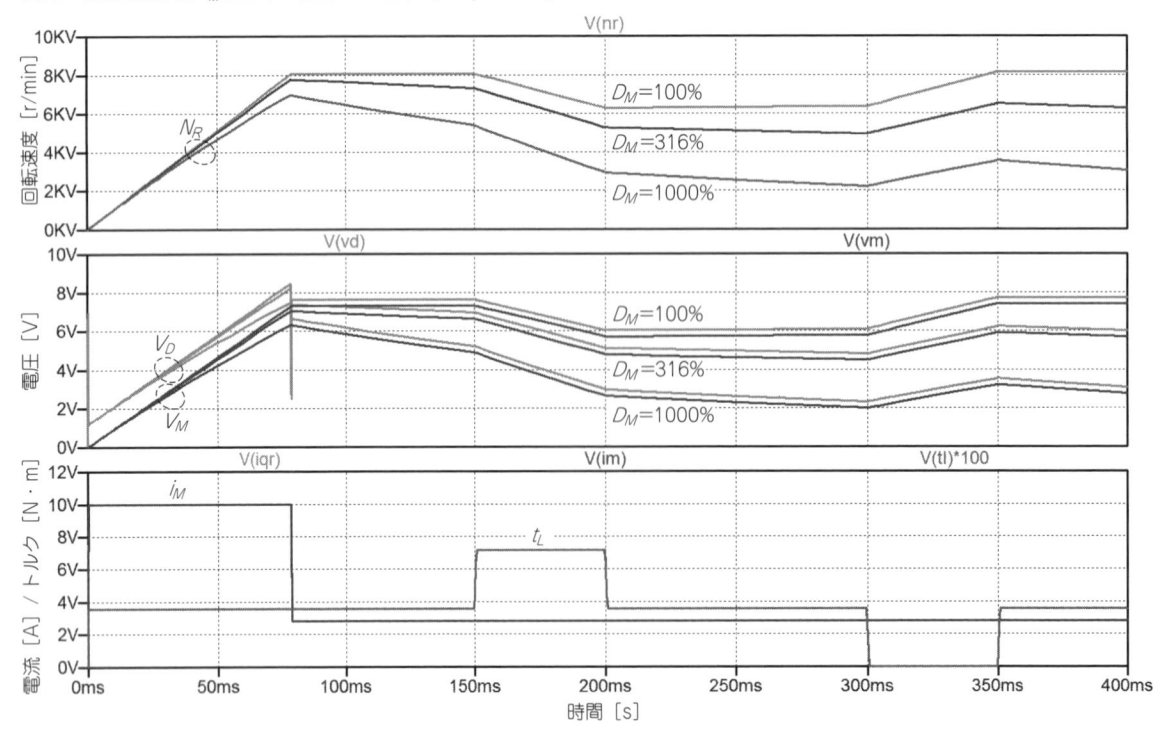

図21 粘性摩擦係数D_M変化時の電流サーボ応答波形【LTspice 081】

■ 速度制御サーボ・システム

● 負荷トルクt_Lを変化させる
▶周波数特性

13.6節に述べたように，負荷トルクt_Lを変化させてもブラシレス・モータの周波数特性は変化しません．したがって，モータをプラント(制御対象)とした速度制御サーボ・システムの周波数特性も変化せず，ルー

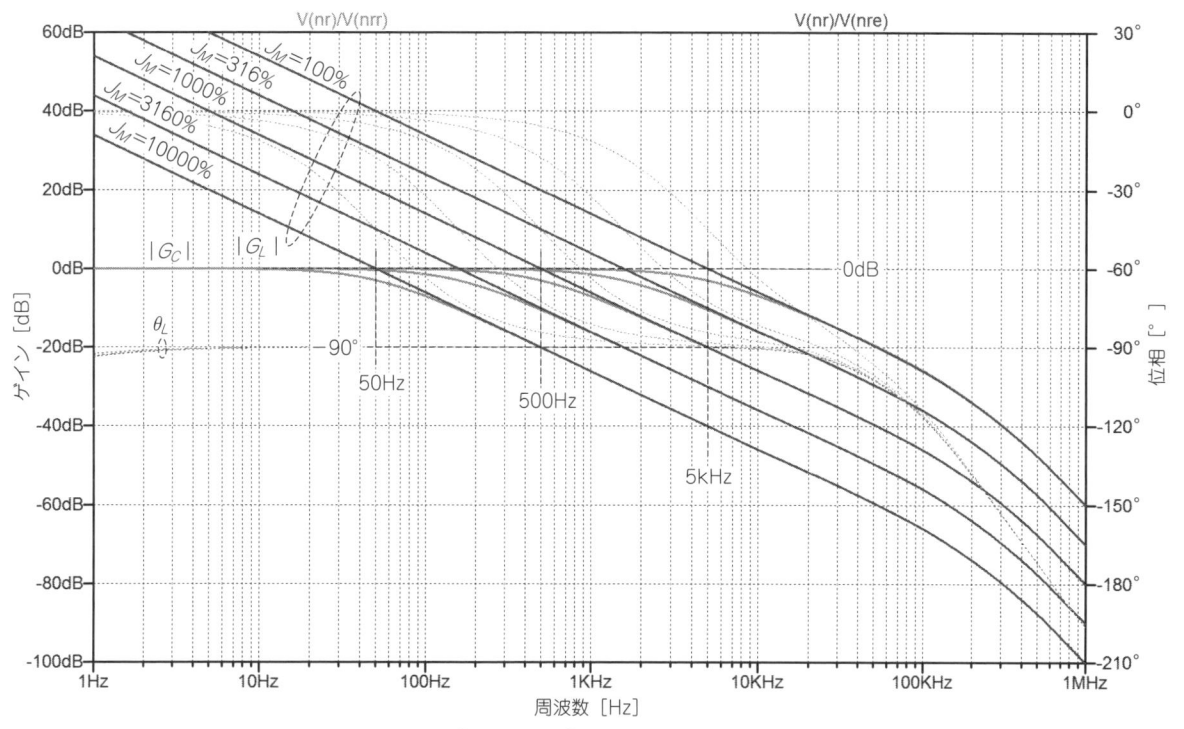

図22 回転モーメント J_M 変化時の速度サーボ特性【LTspice 082】

プ・ゲイン G_L およびクローズド・ループ・ゲイン G_C は図9と同じです．

▶過渡応答波形

負荷トルク t_L の変化に対して，駆動電圧 v_D に対するモータの各部応答波形が変化することは13.6節で確認しました．

速度サーボ・システムにおける t_L 変化に対する回転トルク N_R の応答はすでに図11で調べたとおりです．図11においては，t_L が100 %，200 %，0 %の3値間を急変していますが，N_R の変化は見られず，速度サーボが十分に安定に機能していることがわかります．ただし，t_L の増減に対して N_R を一定に保つため，図のように i_M が変化しています．

● 回転モーメント J_M を変化させる

▶周波数特性

回転モーメント J_M を順次変化させ，図10と同様に周波数特性を求めたものを図22に示します．図22においては，J_M を100 %，316 %，1000 %，3160 %，10000 %と100倍変化させています．

図22によれば，ループ・ゲイン $|G_L|$ は J_M 増加に反比例して平行移動し，ループの切れる周波数も反比例して5 kHz～50 Hzに低下しています．しかし，ループ・ゲイン位相 θ_L は J_M 増加に対して変化しないので，上記周波数範囲において－90°を維持しています．

したがって，J_M 増加に対してクローズド・ループ・

ゲイン $|G_C|$ の帯域は低下しますが，位相余裕は90°が確保されサーボの安定性は変化しません．

▶過渡応答波形

図11と同様に，速度指令 N_{RR} 変化に対する各部応答波形を図23に示します．図23においては，回転モーメント J_M を100 %，316 %，1000 %に順次変化させています．これに対して，コイル電流 i_M や駆動電圧 v_D は J_M 変化に応じて変化しますが，回転速度 N_R は J_M 変化によりコイル電流リミットによる遅延時間相当分は変化しますが，それ以外は速度指令 N_{RR} に従い，J_M 変化による影響は見られません．

また，負荷トルク t_L も100 %，200 %，0 %と変化していますが，N_R 波形に影響は見られません．

● 粘性摩擦係数 D_M を変化させる

▶周波数特性

粘性摩擦係数 D_M を順次変化させ，図10と同様に周波数特性を求めたものを図24に示します．図24においては，D_M を100 %，316 %，1000 %と10倍変化させています．

図24によれば，ループ・ゲイン $|G_L|$ の低域減衰傾斜部の一部のゲインが D_M 増加に反比例して減少していますが，高域減衰傾斜部には変化がなく，同一周波数(5 kHz)でループが切れており，位相余裕も90°が確保されています．D_M 変化に対する $|G_L|$ 変化は70 dB以上における変化であり，したがって，クロー

14.5 モータ負荷条件変化時のサーボ特性　199

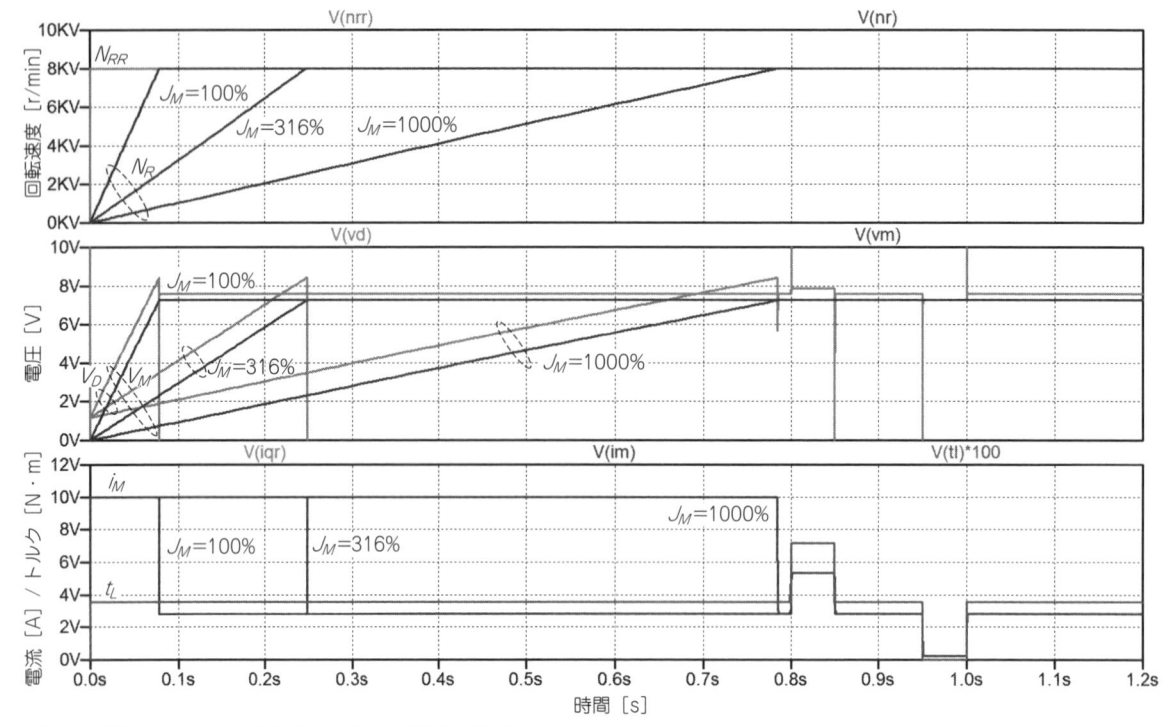

図23 回転モーメントJ_M変化時の速度サーボ応答波形【LTspice 083】

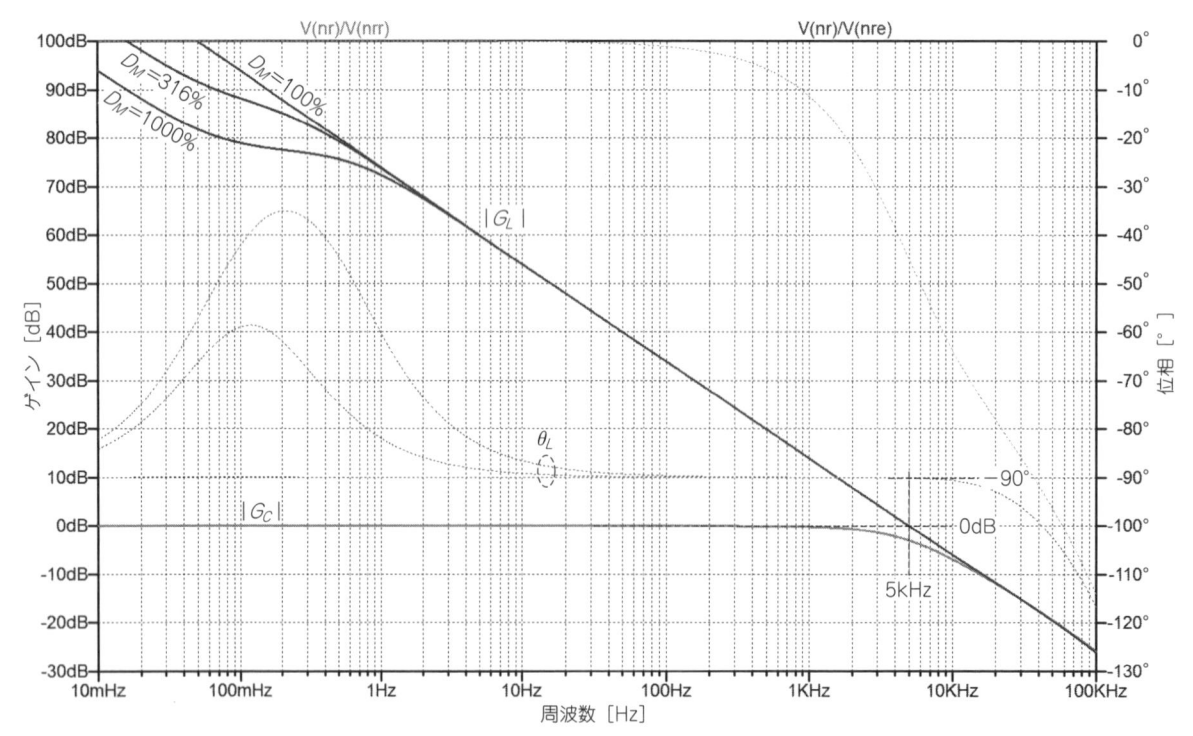

図24 粘性摩擦係数D_M変化時の速度サーボ特性【LTspice 084】

ズド・ループ・ゲイン$|G_C|$にはD_M変化による影響はほとんどありません．
▶過渡応答波形

図11と同様に，速度指令N_{RR}変化に対する各部応答波形を図25に示します．図25においては，D_Mを100 %，316 %，1000 %に順次変化させています．こ

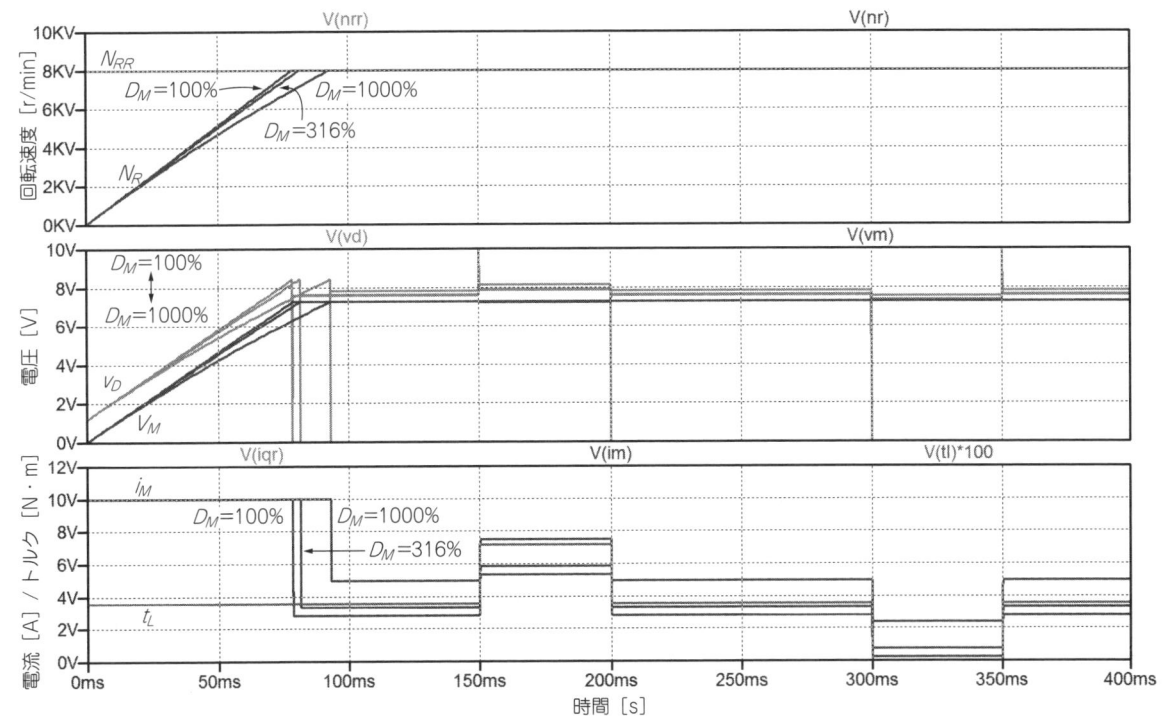

図25 粘性摩擦係数D_M変化時の速度サーボ応答波形【LTspice 085】

れに対して，コイル電流i_M，駆動電圧v_DはD_M変化に応じて変化しますが，回転速度N_RはD_M変化によりコイル電流リミットによる遅延時間相当分は変化しますが，それ以外は速度指令N_{RR}に従い，D_M変化による影響は見られません．

また，負荷トルクt_Lも100％，200％，0％と変化していますが，N_R波形に変化は見られません．

■ 位置制御サーボ・システム

● 負荷トルクt_Lを変化させる
▶周波数特性

前項「速度制御サーボ・システム」に述べたように，負荷トルクt_Lを変化させても速度制御サーボ・システムの周波数特性は変化しません．位置制御サーボのフィードバック信号は誘起電圧位相θ_Mですが，θ_Mは回転速度N_Rの積分に比例します．t_L変化に対して速度制御サーボのN_Rゲインが変化しないのであれば，その積分に比例するθ_Mゲインも変化しません．

したがって，t_L変化に対して位置制御サーボの周波数特性は変化しないことがわかります．位置制御サーボのループ・ゲインG_L，およびクローズド・ループ・ゲインG_C特性は図15と同じです．

▶過渡応答波形

図16と同様に，2次曲線位置指令θ_Rの変化に対する各部応答波形を図26に示します．図26においては，負荷トルクt_Lを0％，100％，200％に順次変化させています．

t_L変化に応じてコイル電流i_Mは変化していますが，回転速度N_R，誘起電圧位相θ_Mは変化していません．

t_Lがさらに増大し，i_Mがリミット値（図26では100 Aに設定）に到達して非線形動作となれば，N_R，θ_Mも変化することになります．したがって，実機においては，i_Mが許容範囲に収まるように位置指令θ_Rを決める必要があります．

図26においては，θ_Mをはじめ各波形にオーバーシュートなどの不安定の兆候は見られず，位置サーボが十分安定に機能していることがわかります．

● 回転モーメントJ_Mを変化させる
▶周波数特性

回転モーメントJ_Mを順次変化させ，図15と同様に周波数特性を求めたものを図27に示します．図27においては，J_Mを100％，316％，1000％，3160％，10000％と順次100倍変化させています．

J_M増大にともなってループ・ゲイン$|G_L|$は高周波域で図のように減少し，ループの切れる周波数（$|G_L|$ = 0 dB周波数）は403 Hz～137 Hzまで低下し，位相余裕も90°～21°まで減少します．

J_Mが1000％以上ではクローズド・ループ・ゲイン$|G_C|$に0.4～8.6 dBのピークが発生しています．

以上のように，J_Mの大幅な増大に対しては位置制御サーボは不安定方向に変化します．

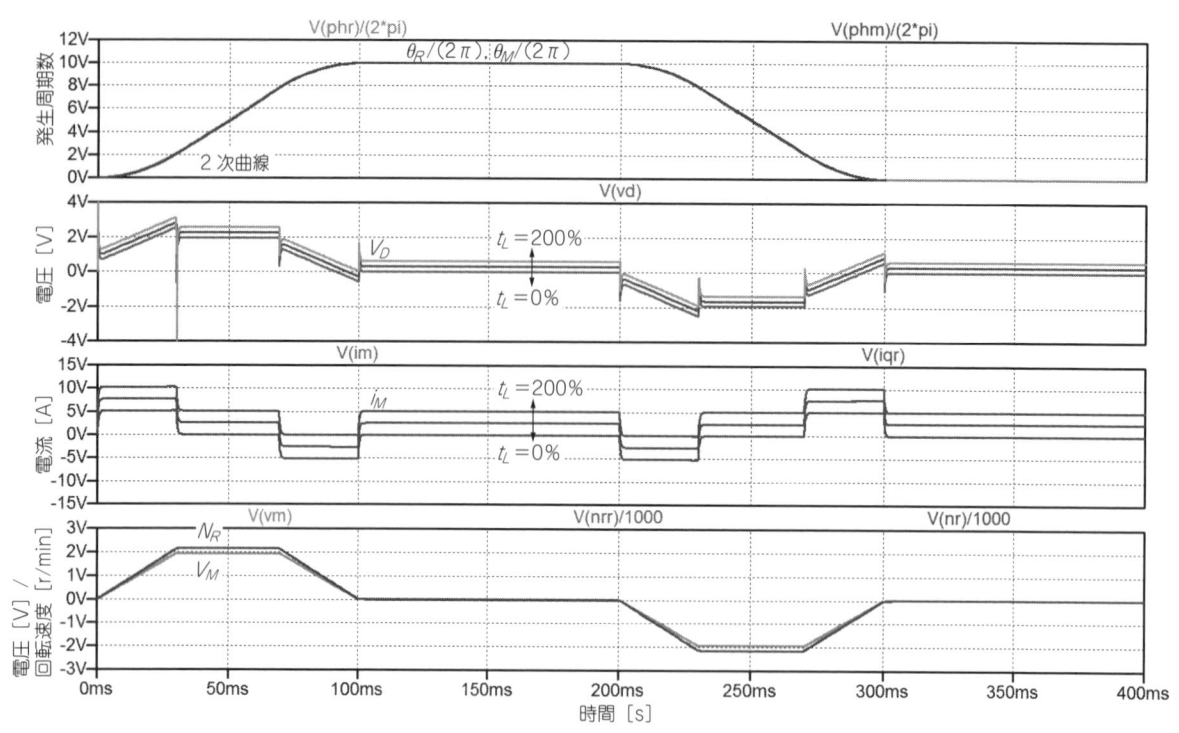

図26 負荷トルクt_L変化時の位置制御サーボ応答波形【LTspice 086】

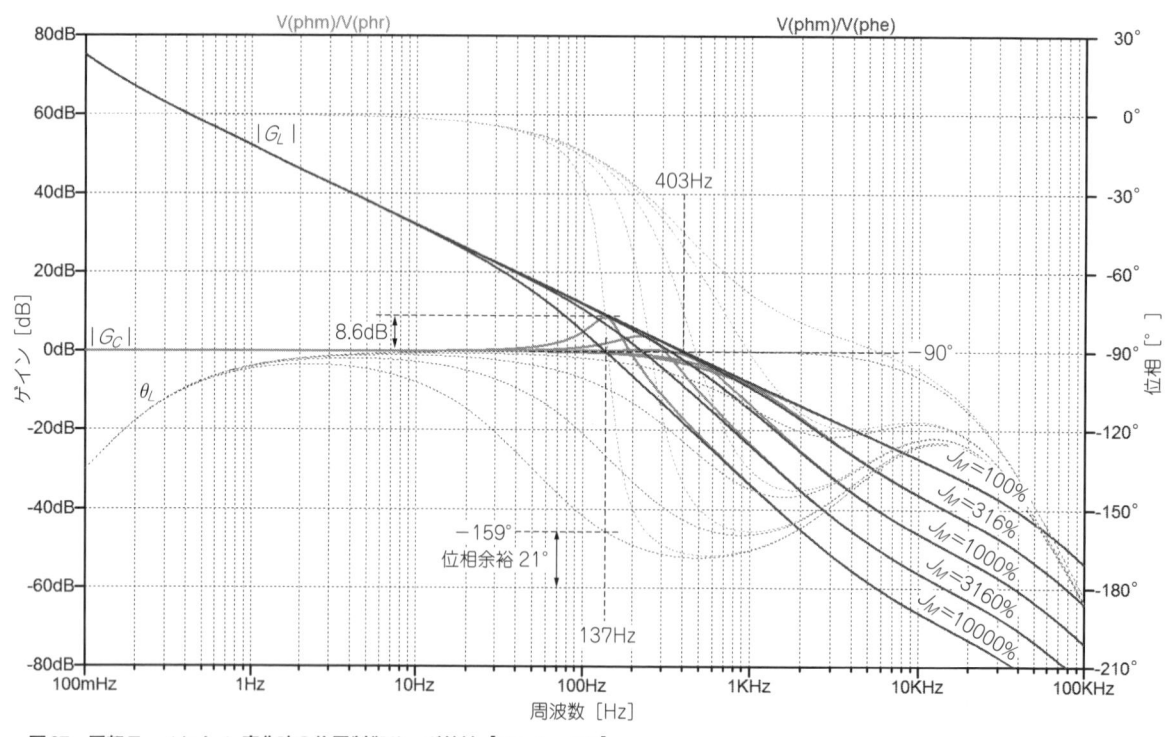

図27 回転モーメントJ_M変化時の位置制御サーボ特性【LTspice 087】

▶過渡応答波形

図16と同様に，2次曲線位置指令θ_Rの変化に対する各部応答波形を図28に示します．図28においては，回転モーメントJ_Mを100 %，316 %，1000 %に順次変化させています．これに対して，コイル電流i_Mや駆動電圧v_DはJ_M変化に応じて変化しますが，回転速

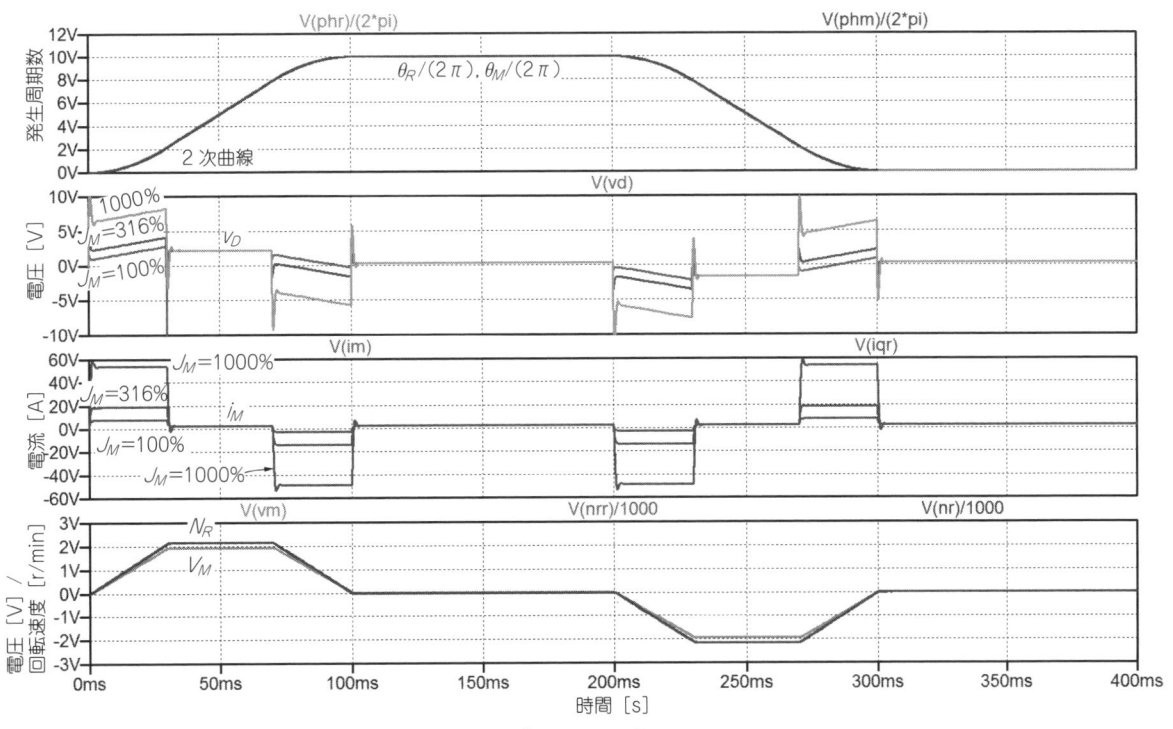

図28 回転モーメントJ_M変化時の位置制御サーボ応答波形【LTspice 088】

度N_R，誘起電圧位相θ_Mは変化していません．

図27の周波数特性から，$J_M = 1000$ %における位相余裕は60°に低下し，$|G_C|$には0.4 dBのピークがあります．そのため，**図28**においてもi_M波形の立ち上がり／立ち下がりにオーバーシュートが見られます．しかし，θ_R指令変化が緩やかでピーク周波数（200 Hz～300 Hz）成分をほとんど含まないので，θ_M波形にオーバーシュートは見られません．

また，$J_M = 1000$ %においてはi_Mは50 Aを超えており（定格値の20倍程度），実機上では駆動回路がこの電流値を許容できない可能性があり，許容範囲内に収まるように位置指令θ_Rを決める必要があります．

● **粘性摩擦係数D_Mを変化させる**
▶**周波数特性**

粘性摩擦係数D_Mを順次変化させたときの速度制御サーボの周波数特性である**図24**は，クローズド・ループ・ゲイン（N_R/N_{RR}）がD_M変化の影響をほとんど受けないことを示しています．位置制御サーボ・ループのプラント（速度制御サーボ）はθ_M/N_{RR}であり，フィードバック信号θ_MはN_Rの積分に比例するので，位置制御サーボの周波数特性もD_M変化の影響をほとんど受けないことがわかります．

したがって，**図24**と同じ範囲のD_M変化に対する，位置制御サーボの周波数特性は**図15**と同じです．
▶**過渡応答波形**

図16と同様に，2次曲線位置指令θ_R変化に対する各部応答波形を**図29**に示します．**図29**においては，D_Mを100 %，316 %，1000 %に順次変化させています．これに対して，コイル電流i_Mや駆動電圧v_DがD_M変化に対してわずかに変化しますが，回転速度N_R，誘起電圧位相θ_Mは変化していません．

図29からは，位置制御サーボの応答波形は上記範囲のDM変化に対して影響を受けないことがわかります．

■ **まとめ**

負荷トルクt_L，回転モーメントJ_M，粘性摩擦係数D_Mの3パラメータ変化が，各サーボ・システムに与える影響は下記のとおりです．
▶**電流制御サーボ**

回転速度などの動作値は変化するものの，定常偏差や応答時間などのサーボ特性は，上記範囲内変化に対してはほとんど影響を受けない．
▶**速度制御サーボ**

コイル電流などの動作値の変化や応答時間が変化する場合はあるものの，定常偏差や安定性などのサーボ特性は，上記範囲内変化であればほとんど影響を受けない．
▶**位置制御サーボ**

J_M増大に対してはクローズド・ループ帯域が低下し，増大の程度によってはサーボ安定性が低下し，応答にオーバーシュートが発生する恐れがある．

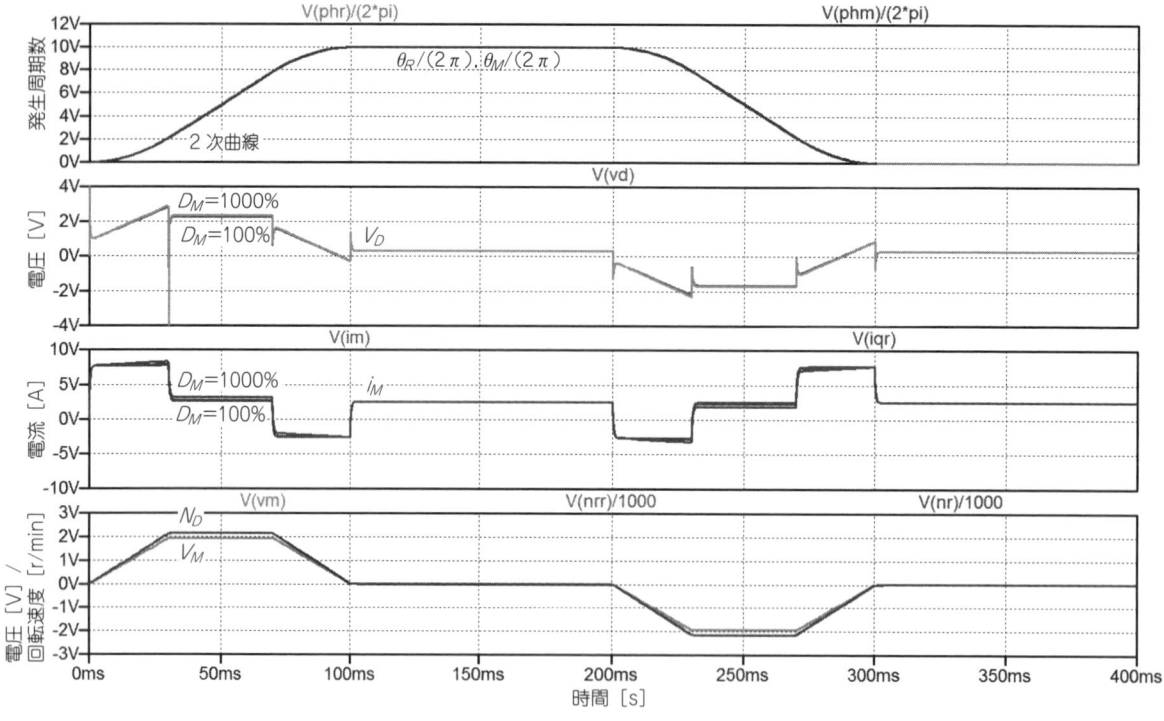

図29 粘性摩擦係数D_M変化時の位置制御サーボ応答波形【LTspice 089】

t_L, D_Mの変化に対しては，上記範囲内変化に対してはサーボ特性にほとんど影響を受けない．ただし，コイル電流i_Lが過大になる場合は，指令値などの見直しが必要．

14.6　単一ループの速度制御

ベクトル制御におけるサーボ・ループは，電流（トルク），速度，位置の順に内側からサーボ制御される多重フィードバックです．これは，まず電流制御によってコイル電流位相を適切な値に管理するためでもあります．

ベクトル制御を適用しない場合では，使用頻度の高い速度制御は必ずしも多重フィードバックとせず，単一フィードバックで回転速度を制御することも行われます．

本節では，単一ループの速度制御サーボを設計し，特性を調べます．ここでも制御対象は実験キットのブラシレス・モータとし，第13章において求めた周波数特性をもとにサーボ・ループを設計します．

■ サーボ設計

● 制御対象の周波数特性

単一ループの速度制御サーボ・システムのブロック図を図30に示します．プラント（制御対象）から得られる回転速度信号N_Rをフィードバックし，サーボ・コントローラ出力信号をブラシレス・モータの駆動電圧v_Dとし，コイル電流信号i_Mはサーボ・システムには与えていません．ただし，後述のように，i_Mを電流リミッタが監視して電流を制限します．

このサーボ・システムを設計するためには，プラントの周波数特性N_R/v_Dが必要ですが，すでに第13章の図5(c)として得られており，折れ線近似で図31(a)に示します．

● サーボ・コントローラの設計

プラントのN_R/v_Dゲイン特性が周波数f_C(160 Hz)以上で-40 dB/decの傾斜となっているため，実用微分型PIDコントローラを採用することにします．I-PおよびP-Dの各交差周波数を図31(b)のようにそれぞれf_B(17 Hz)，f_C(160 Hz)とし，また，実用微分Dコントローラの1次遅れ周波数を10f_C(1.6 kHz)とします．

その結果，図31(c)，(d)のように，ループ・ゲイン$|G_L|$は10f_C(1.6 kHz)以下において-20 dB/decの傾斜であり，位相θ_Lは2f_C(10f_C/5 = 320 Hz)以下において-90°となります．

位相余裕を約90°とするために，f_C(160 Hz)でループを切る，すなわち$|G_L|$=0 dBとすることにします．f_C(160 Hz)におけるプラント・ゲイン$|G_{pl}|$が41.3 dBなので，サーボ・コントローラのPゲインを-41.3 dB(= 8.61×10^{-3}倍)にします．

以上により，クローズド・ループの周波数帯域はほ

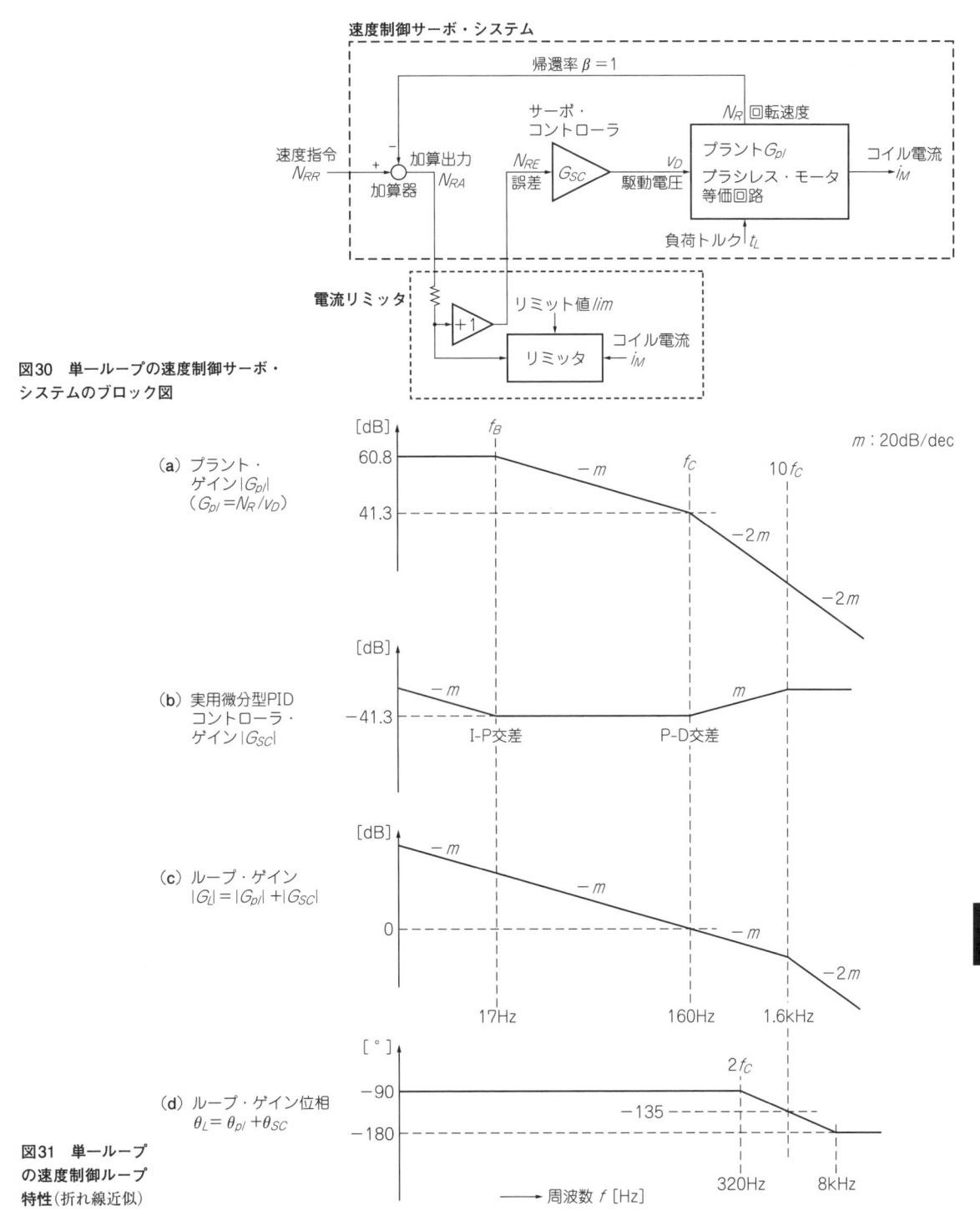

図30 単一ループの速度制御サーボ・システムのブロック図

図31 単一ループの速度制御ループ特性（折れ線近似）

(a) プラント・ゲイン $|G_{pl}|$（$G_{pl} = N_R / v_D$）

(b) 実用微分型PIDコントローラ・ゲイン $|G_{SC}|$

(c) ループ・ゲイン $|G_L| = |G_{pl}| + |G_{SC}|$

(d) ループ・ゲイン位相 $\theta_L = \theta_{pl} + \theta_{SC}$

ぼ160 Hzで，位相余裕90°程度が確保できると考えられます．

■ 特性の確認

● シミュレーション回路

前項の設計結果を適用したシミュレーション回路図を**図32**に示します．

単一ループ速度制御サーボにおいては，速度指令N_{RR}の急変に対して回転速度N_Rを追従させるために大きなコイル電流i_Mが流れるので，電流リミッタにより制限しています．電流リミット値は10 Aです．

N_{RR}を急変させず，ロー・パス・フィルタなどを通

14.6 単一ループの速度制御

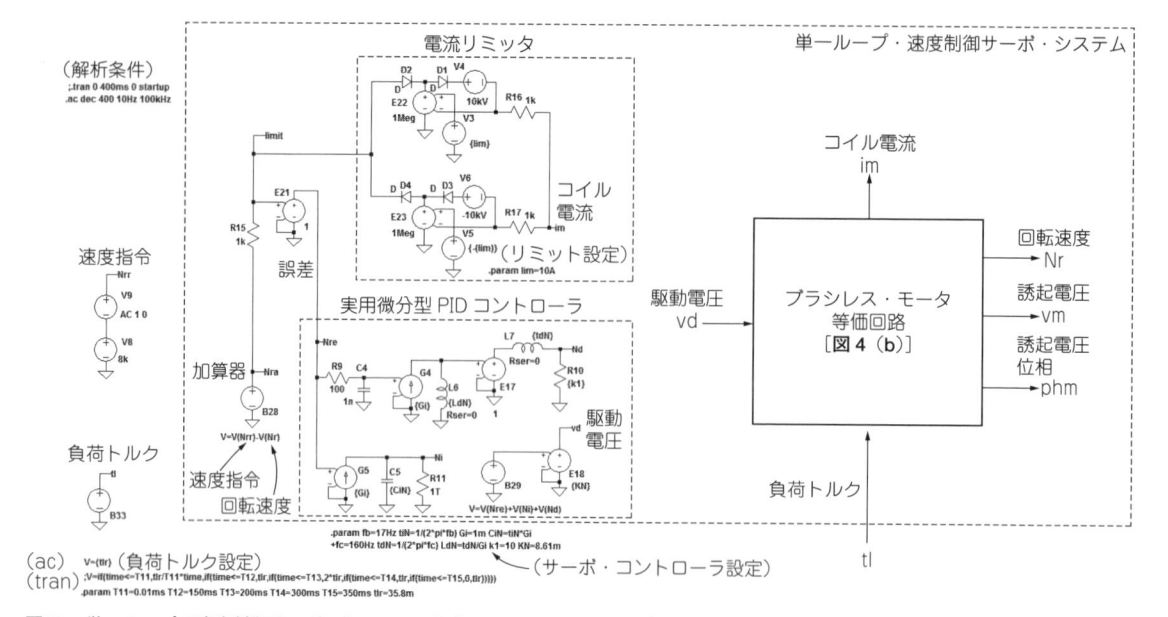

図32 単一ループの速度制御サーボ・システムのシミュレーション回路図【LTspice 090】

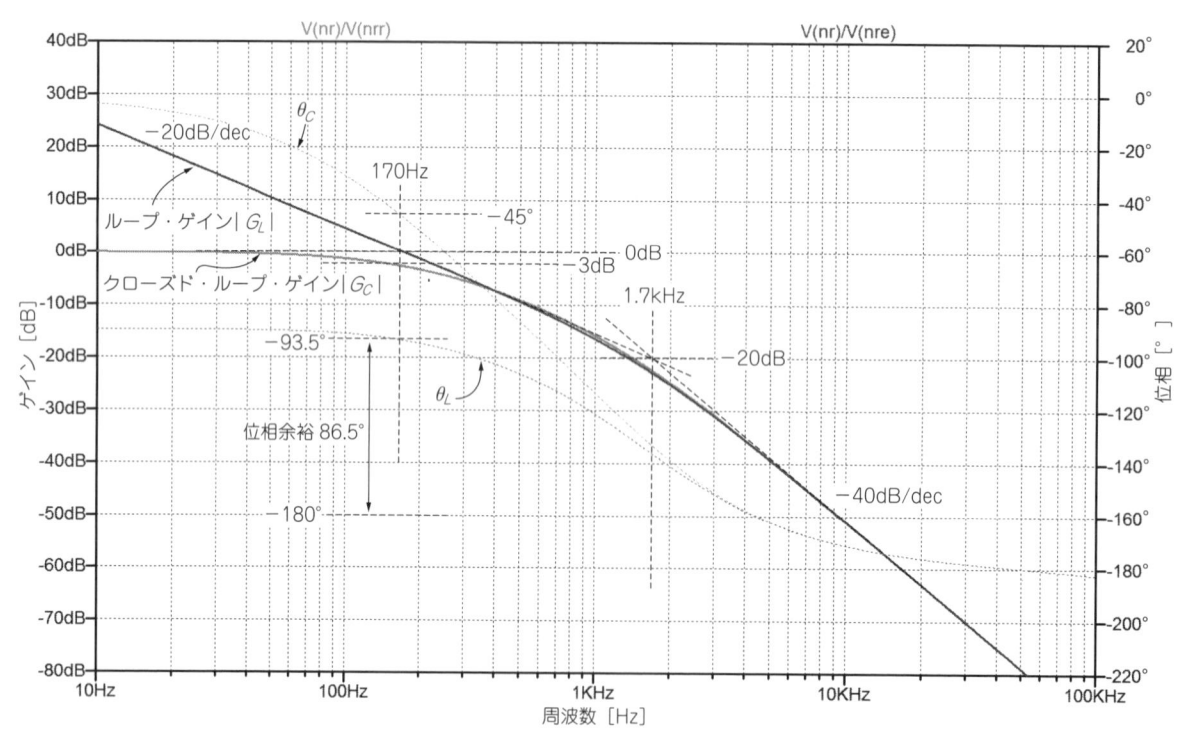

図33 単一ループの速度制御サーボ・システムのボーデ線図【LTspice 090】

すことによって緩慢な変化にすれば，電流リミッタなしでも過大な i_M を流さずに済みますが，負荷トルクの増大，急変などではやはり大きな i_M が流れる恐れがあり，何らかの対策が必要です．

なお，実用微分Dコントローラの前段に置かれた CR ($C_4=1$ nF, $R_9=100$ Ω) は過渡解析時のシミュレーション時間短縮などのためですが，その時定数は100 ns であり，結果には影響しません．

● 周波数特性

図33に，定格負荷トルクにおけるボーデ線図を示します．ループ・ゲイン $|G_L|$ は 170 Hz で 0 dB であり，1.7 kHz 以上で傾斜が -40 dB/dec，位相余裕 86.5° が得られており，これらの値は図31の設計値とほぼ一

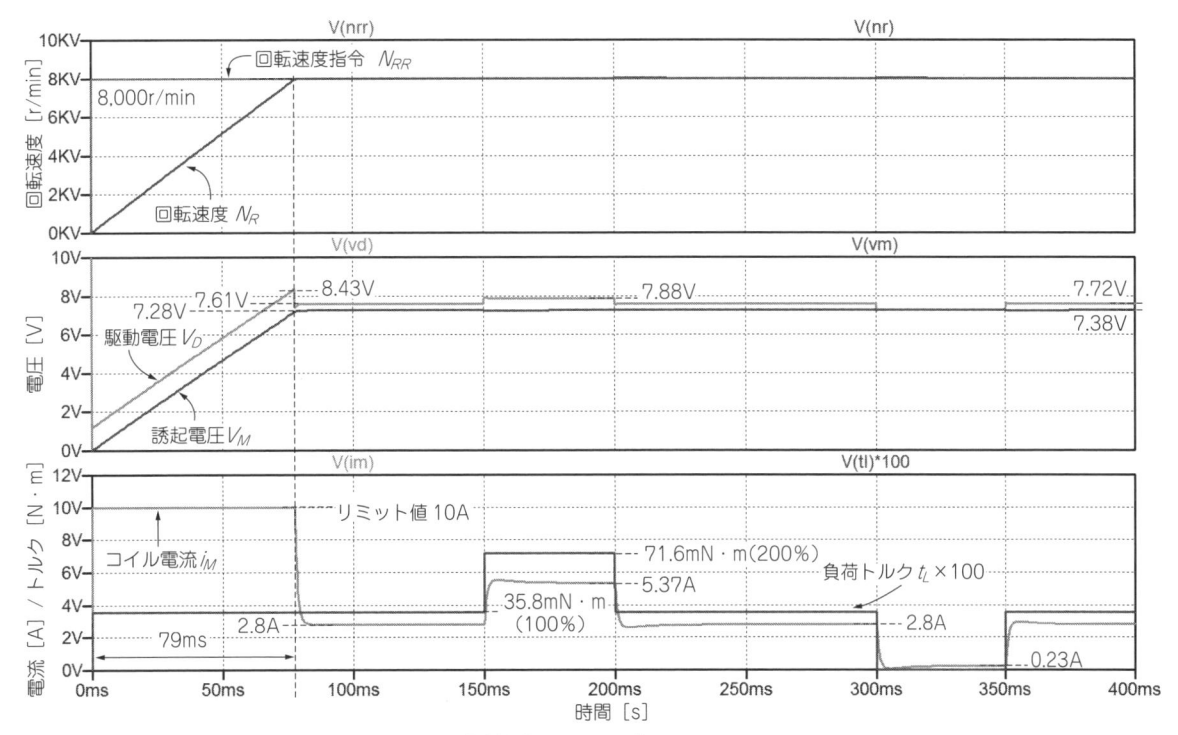

図34 単一ループの速度制御サーボ・システムの過渡応答【LTspice 091】

致しています．

● 過渡応答波形

図34は，速度指令N_{RR}が$t=0$において$N_{RR}=0 \rightarrow 8,000$ r/minに急変したときのモータ各部の動作波形です．

起動直後はコイル電流i_Mがリミット値10 Aに制限され，制限区間では回転速度N_Rが直線的に増加し，約79 ms後に指令値に到達し，電流i_Mは定格値2.8 Aに減少します．

負荷トルクは定格値(100 %)，200 %，0の3値間を図のように変化し，それに応じてi_Mは増減しますが，回転速度N_Rは一定値を保持し，速度サーボが有効に機能していることが確認できます．

動作波形にはオーバーシュートやリンギングが見られず，位相余裕が十分であることがわかります．

■ 電圧電流位相

以上のシミュレーションにおいては，モータの電圧電流位相の確認はできませんが，サーボ・システムは電流リミッタを除きコイル電流を検出しておらず，その位相を直接管理することはできません．

● 正弦波駆動

モータの回転制御を行うためには，ロータ回転位置検出を行い，これに同期した駆動を行うことが前提なので，誘起電圧v_Mと一定の位相関係にあるコイル電流i_Mを供給することはできます．しかし，正弦波駆動においては，電力，トルク効率に関する位相の最適値が，回転速度や負荷トルクなどの動作条件に応じて変化するため，単一ループ速度制御サーボにおいては，自動的に位相を最適値に追従させる制御はできません．

いずれにせよ図32においては，コイル電流信号を電流リミッタには与えているものの，サーボ・システムには与えていないため，コイル電流位相を制御することはできません．

ベクトル制御は適正位相への自動追尾が可能であり，これがベクトル制御の大きな利点です．

● 120°矩形波駆動

120°矩形波駆動においては，誘起電圧の正負のピーク(90°および270°)を中心とする各120°区間が基本電流通電位相であり，これは動作条件によっても変わりません．

本項で述べた単一ループ速度制御サーボにおいては，電流通電位相を常に一定値に制御することは可能であり，120°矩形波駆動との組み合わせによる良好な制御が期待できます．これをシミュレーションによって確認してみましょう．

120°矩形波駆動単一ループ速度制御サーボのブロック図のうち「駆動部」，「制御部」を図35(a)，(b)に示します．「制御部」から信号を受けて，「駆動部」のス

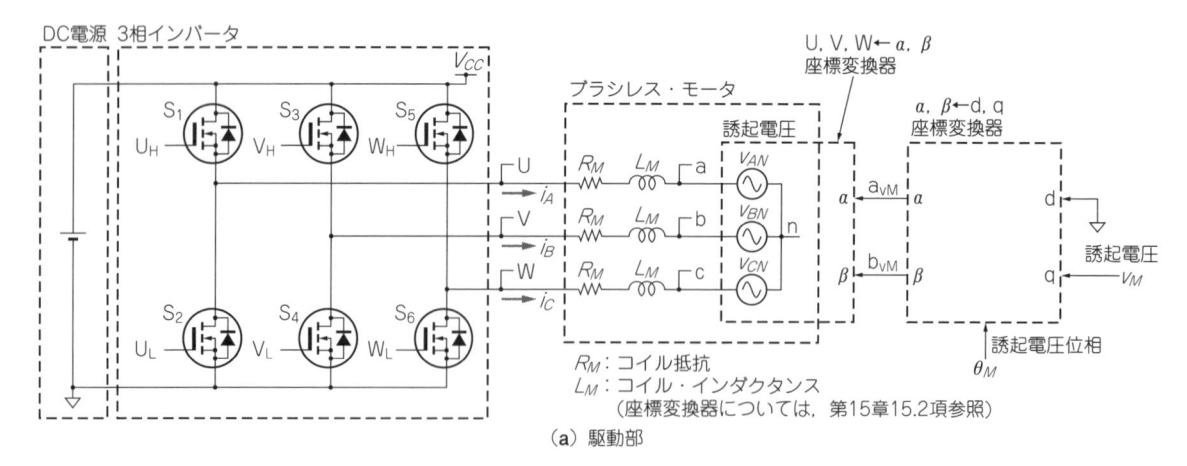

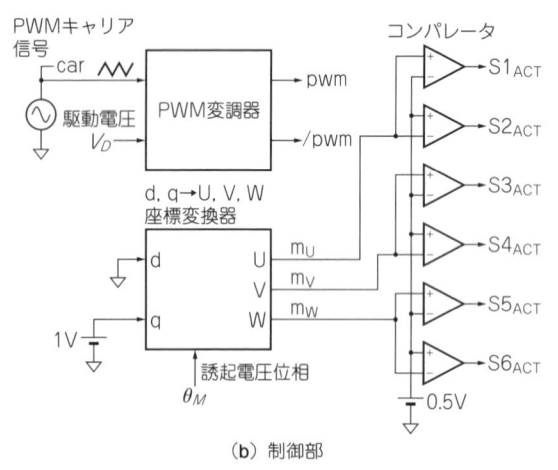

図35 120°駆動単一ループの速度制御のブロック図

イッチS_1〜S_6に制御信号を与える「スイッチ駆動部」のブロック図は第12章の図9(d)「ハイ/ロー同時PWM方式」と共通です．

図35(a)に示す駆動部は，誘起電圧v_{AN}，v_{BN}，v_{CN}をモータ等価回路の誘起電圧v_Mから図のように「座標変換器」により得ています．座標変換器については第15章15.2節で解説していますので参照してください．これにより，3相誘起電圧波形の周波数，振幅，位相は過渡状態を含みモータ動作に応じた値となります．

図35(b)に示す制御部は，スイッチ・アクティブ信号$S1_{ACT}$〜$S6_{ACT}$を上記と同様に「座標変換器」により得ています．これにより，各スイッチのアクティブ区間は，過渡状態を含めて各相誘起電圧の正負のピーク点を中心とした120°の区間となります．

PWM変調器の駆動電圧信号v_Dもモータ等価回路から得ているため，過渡状態においてもそれに応じたPWM信号pwm，/pwmとなります．

以上のブロック図に対応する回路図を**図36**(a)，(b)に示します．「速度制御サーボ」部も必要ですが，回路図は**図32**と同じです．

図37は起動波形です．電流が上記の基本通電位相となるような一定値に設定しています．負荷トルクは定格値一定，起動時間を速めるために電流リミット値は20Aとしています．**図37**，**図38**の電圧電流はすべてU相の波形です．

図37においては，回転速度NRは0〜8000 r/min，コイル電流は約3 Ap〜約20 Apの範囲で大幅に変化していますが，電流はt軸全域で誘起電圧の正負のピークを中心とする各120°区間に流れていることがわかります．

図37の$t=77$ ms付近において時間軸を拡大し，定常状態の1周期の波形を**図38**に示します．定常状態においても，コイル電流$I_{(B1)}$は上記の基本通電区間に流れていることがわかります．

■ まとめ

「単一ループの速度制御」は，ベクトル制御で採用する多重ループ制御に比べ，シンプルな構成で速度制御ができることがわかりました．

サーボ制御のためのコイル電流検出が不要であることもシンプルな構成のためには利点の一つですが，逆に正弦波駆動においては，コイル電流の位相管理が行えないため，あらかじめ必要とする各動作条件における最適位相を求めておき，動作条件ごとに駆動電圧位相管理を行う必要があります．

これに対して，120°矩形波駆動においては，誘起電圧の90°，270°を中心とする各120°区間に通電することが基本動作であるため，動作条件変化に対しても一定なコイル電流通電位相が確保できることから，単一ループの速度制御に適した駆動方式であると言えます．

速度制御においては制御方式のいかんに関わらず，

(a) 駆動部，スイッチ駆動部

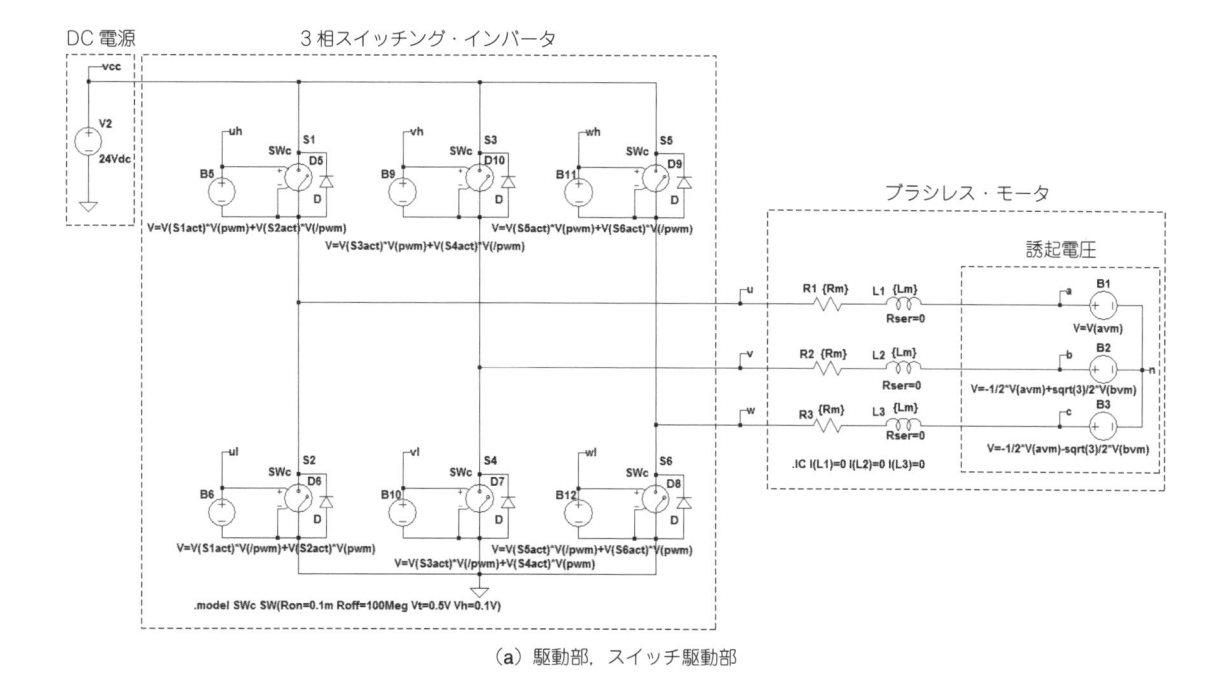

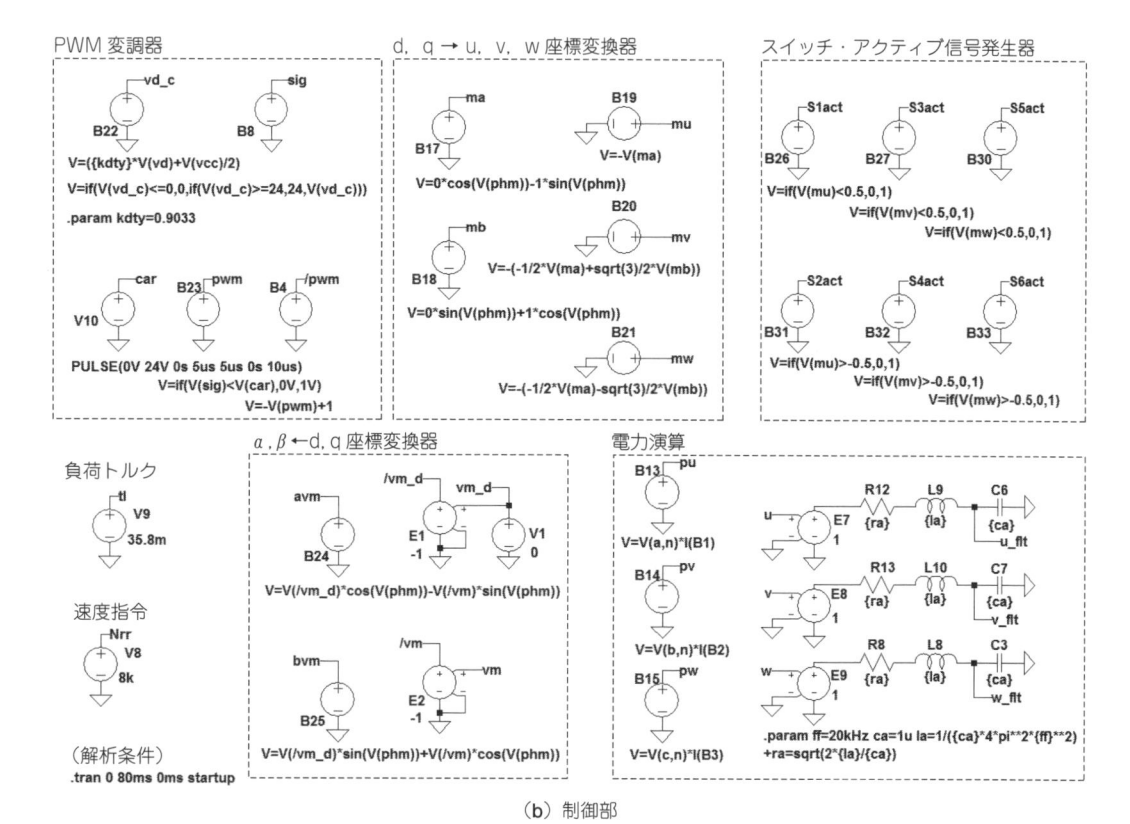

(b) 制御部

図36 120°駆動単一ループの速度制御のシミュレーション回路【LTspice 092】

14.6 単一ループの速度制御

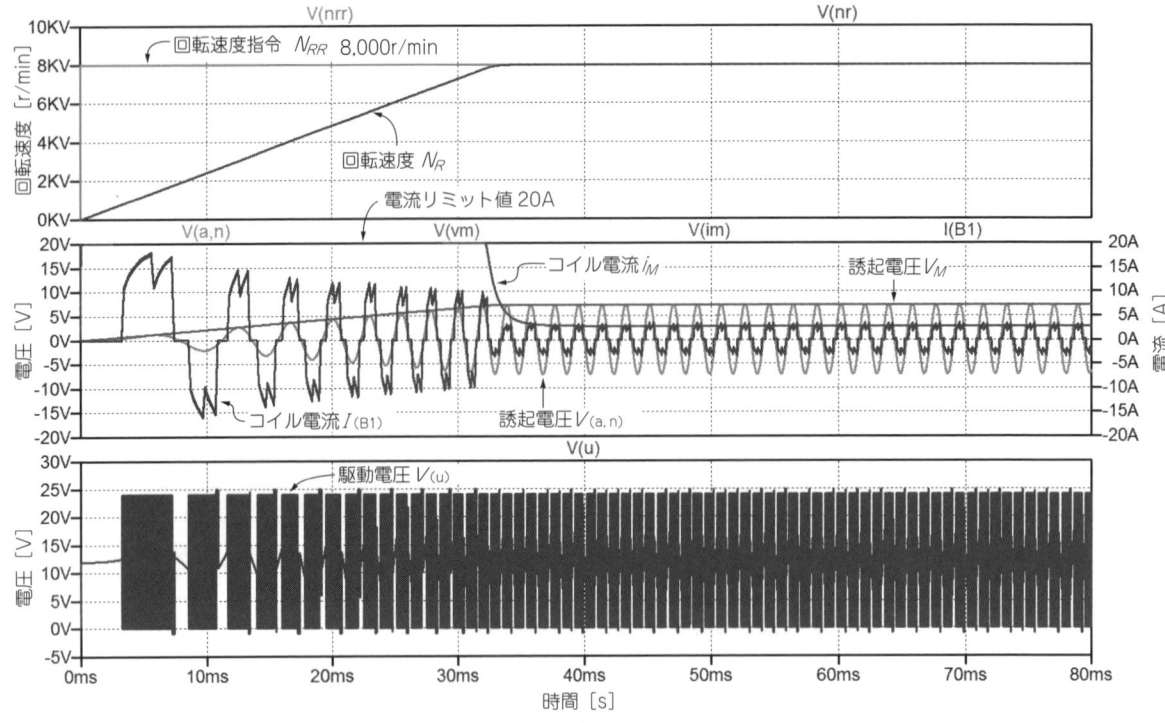

図37 120°駆動に単一ループの速度制御サーボを適用(起動波形)【LTspice 092】

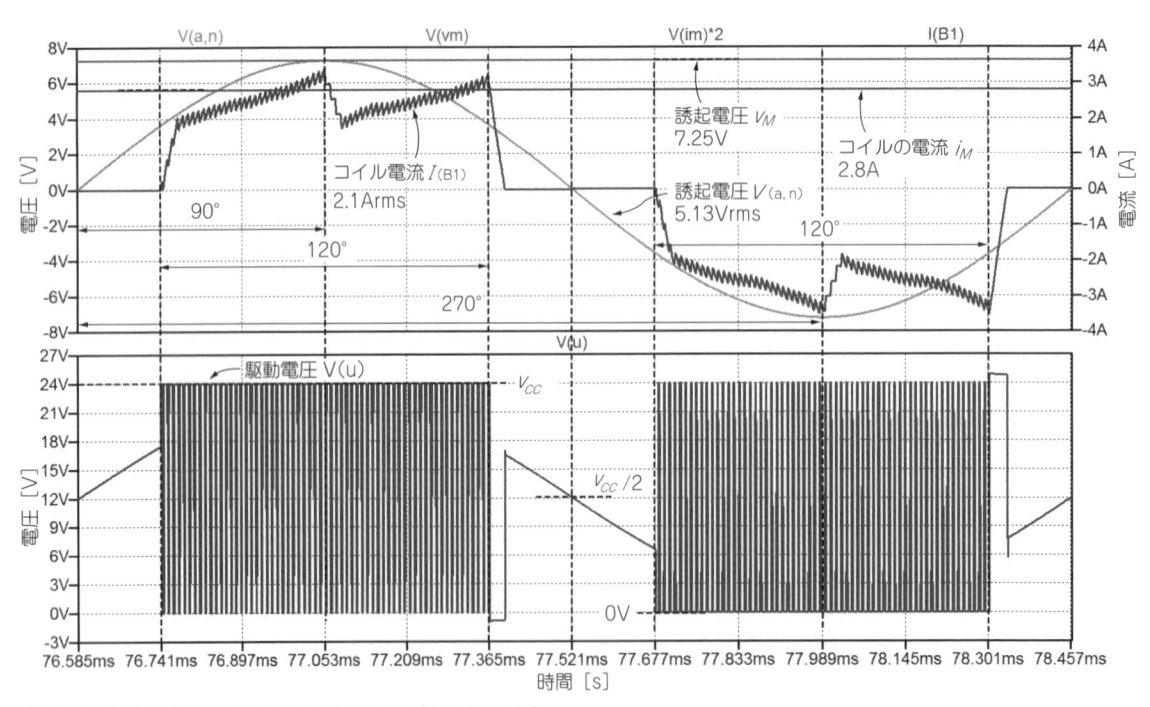

図38 図37のt＝77 ms付近を拡大(定常波形)【LTspice 093】

　モータ起動時などの速度急変時には一般に大きなコイル電流が流れようとします．この電流が駆動回路出力の定格上で問題となる場合は，電流制限用のリミッタが必要となり，そのための電流検出を行う場合があります．したがって，単一ループの速度制御においても何らかの電流検出が必要となることがあります．

　＊　　＊

　次章では，本章で設計したサーボ・システムに，ベクトル制御機能を加えます．

第15章 高効率制御を電圧・電流波形で確認する
サーボ・システムにベクトル制御を加える

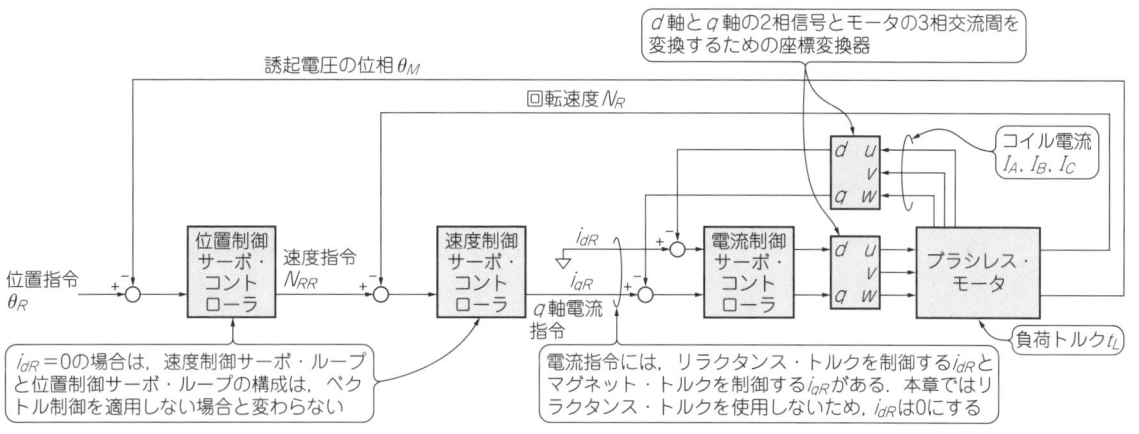

図1 ベクトル制御サーボ・システム
電流,速度,位置を制御できる多重サーボ・システムにベクトル制御を適用する

図中の注記:
- d軸とq軸の2相信号とモータの3相交流間を変換するための座標変換器
- 誘起電圧の位相 θ_M
- 回転速度 N_R
- コイル電流 I_A, I_B, I_C
- 位置指令 θ_R
- 位置制御サーボ・コントローラ
- 速度指令 N_{RR}
- 速度制御サーボ・コントローラ
- i_{dR}
- i_{qR} q軸電流指令
- 電流制御サーボ・コントローラ
- ブラシレス・モータ
- 負荷トルク t_L
- $i_{dR}=0$の場合は,速度制御サーボ・ループと位置制御サーボ・ループの構成は,ベクトル制御を適用しない場合と変わらない
- 電流指令には,リラクタンス・トルクを制御するi_{dR}とマグネット・トルクを制御するi_{qR}がある.本章ではリラクタンス・トルクを使用しないため,i_{dR}は0にする

　前章までに,ブラシレス・モータの等価回路を求め,これを制御対象とする電流制御,速度制御,位置制御の多重ループ・サーボ・システムを構築しました.そして,それぞれのサーボ・ループを設計し,ループ特性や過渡応答波形が良好であることを確認しました.

　本章では,前章で設計・評価したサーボ・システムにベクトル制御機能を加えます.そして,モータ各部の電圧,電流波形を観測して,それらの波形や位相関係などからベクトル制御が有効に機能していることを確かめます.

　最後に,スイッチング特性がループ特性に与える影響を調べるため,時間応答や周波数応答をシミュレーションで測定しました.

15.1 ベクトル制御サーボ・システムの構成

● 全体の構成

　図1に示すのは,ブラシレス・モータのベクトル制御サーボ・システムです.リラクタンス・トルクとマグネット・トルクを個別に制御するためのd軸とq軸の2相回転座標信号と,モータの3相静止座標信号間の相互変換などを行うための座標変換器が電流制御サーボ・システムに組み込まれています.

　その外側の速度制御サーボ・ループと位置制御サーボ・ループの構成は,マグネット・トルクのみを利用する場合であれば,前章の多重ループ・サーボ・システムと同じ構成です.

● ベクトル制御の機能

　ブラシレス・モータはそのロータ構造によって,マグネット・トルク(q軸)のみを利用する表面磁石型と,マグネット・トルクとリラクタンス・トルク(d軸)をともに利用できる埋め込み磁石型とに分けられます.

　ベクトル制御は,d軸とq軸のコイル電流(トルク)を個別に制御することのできる技術です.マグネット・トルクのみを制御する場合は,コイル電流の位相を誘起電圧と同相にすることにより,電力効率とトルク効率を最大にできます.変化する動作条件に追従してコイル電流の振幅と位相を自動的に最適値に調整するのが,ベクトル制御の機能です.

　コイルに発生する誘起電圧は,ロータの回転情報をもっています.誘起電圧の振幅と周波数は回転速度に比例し,誘起電圧の位相は回転角度(位相)と一致しています.これらの回転位置情報を何らかの方法で検出し,誘起電圧に同期したコイル電流を供給します.

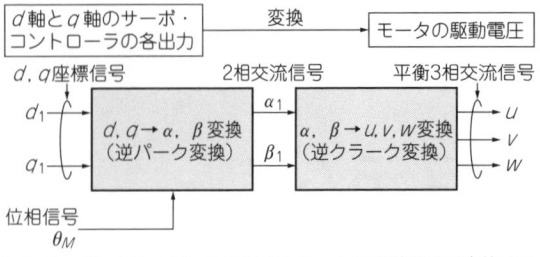

(a) サーボ・コントローラの出力をモータの駆動電圧に変換する

(b) 3相コイル電流を電流サーボのフィードバック信号に変換する

図2 ベクトル制御で必要な座標変換の例

15.2 座標変換器の機能

● なぜ座標変換が必要なのか

モータの回転トルクを制御するために必要な信号は，それぞれリラクタンス・トルクとマグネット・トルクに対応するd軸とq軸の2相信号ですが，ブラシレス・モータの電圧，電流は3相信号です．これらの信号を含むサーボ・システムを構成するためには，2相，3相信号を相互に変換する必要があり，これを「座標変換」と言います．3相信号は静止座標ですが，dとqの2相信号はロータと一緒に回転する回転座標です．この両者の間に，静止座標のαとβの2相信号変換があります．

ベクトル制御に使用される座標変換器の一例を図2に示します．

- 回転座標系のd軸とq軸信号から静止座標系α，βを得るための逆パーク変換
- 直交2相交流信号α，βを平衡3相交流信号u，v，wに変換する逆クラーク変換
- 平衡3相交流信号u，v，wを直交2相交流信号α，βに変換するクラーク変換
- 静止座標系α，βから回転座標系d，q軸信号を得るためのパーク変換

例えば図1に示したように，3相コイル電流をd軸とq軸の電流信号に変換し，電流サーボのフィードバック信号として使用します．また，d軸とq軸のサーボ・コントローラの各出力は平衡3相交流信号に変換され，モータ駆動電圧となります．

α，βおよびd，q信号相互間の座標変換では，誘起電圧の位相θ_Mを基準位相とするため，誘起電圧に同期した電流信号が得られます．ベクトル制御に限らず，ブラシレス・モータにおいては誘起電圧（ロータ回転）に同期した駆動を行う必要があります．

リラクタンス・トルクはd軸の電流指令に，マグネット・トルクはq軸の電流指令に比例するので，それぞれのトルクを個別に制御できます．マグネット・トルクのみを使用する場合（$d = 0$）は，q軸コイル電流が誘起電圧と同相（または逆相）に制御されることにより，電力およびトルクの最大効率が得られます．

d，q信号は，静止座標系であるu，v，w信号およびα，β信号とは異なり，ロータとともに回転する回転座標系の信号でありDC信号とみることができます．サーボ・コントローラが扱う信号はDCとなり，これがベクトル制御の大きな利点でもあります．

● 3相交流信号u，v，wを2相交流信号α，βに変換する（クラーク変換）

平衡3相ベクトルu，v，wと直交2相ベクトルα，βを図3(a)に示します．uとαの向きを一致させ，v，wをそれぞれα，β成分に分解すると，次式が成り立ちます．

$$\alpha = k_1 \left\{ u - \frac{1}{2}(v + w) \right\} \cdots\cdots (1)$$

$$\beta = k_1 \frac{\sqrt{3}}{2}(v - w) \cdots\cdots (2)$$

k_1は3相ベクトルと2相ベクトルの振幅比です．平衡3相であることから，次式が成り立ちます．

$$u + v + w = 0 \cdots\cdots (3)$$

式(1)に式(3)を代入すると，$\alpha = k_1(3/2)u$となります．

$$\alpha = u \cdots\cdots (4)$$

ここで，式(4)とおくと$k_1 = 2/3$であり，式(2)から次式が得られます．

$$\beta = \frac{1}{\sqrt{3}}(v - w) = \frac{1}{\sqrt{3}}(u + 2v) \cdots\cdots (5)$$

式(4)と式(5)がu，v，$w \to \alpha$，β変換式です．

● 2相交流信号α，βをd，q座標に変換する（パーク変換）

直交2相ベクトルα，βとd，q座標を図3(b)に示します．d軸のαに対する位相角をθ_M [rad]とします．θ_Mは誘起電圧位相でもあります．α，βをd，q成分にそれぞ

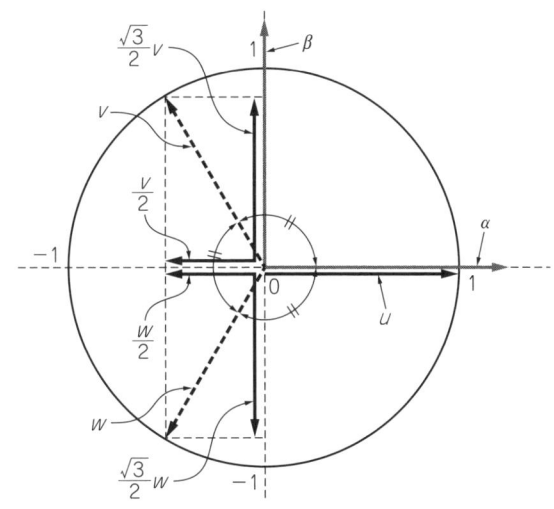

(a) 平衡3相ベクトルu, v, wを直交2相ベクトルα, βに変換する. uとαの向きを一致させ, v, wをそれぞれα, β成分に分解する(クラーク変換)

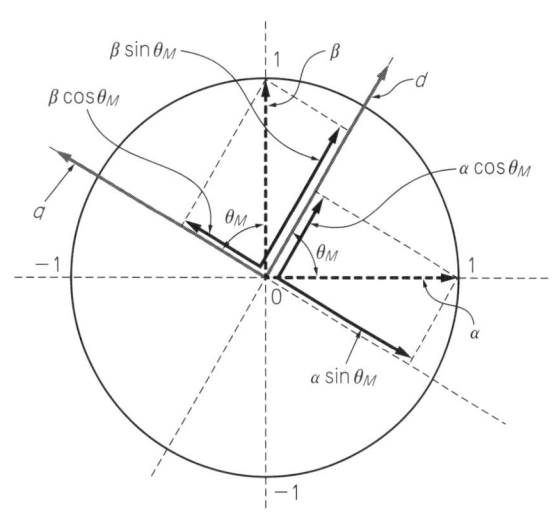

(b) 直交2相ベクトルα, βをd, q座標に変換する. d軸のαに対する位相角をθ_M[rad]としてα, βをd, q成分にそれぞれ分解する(パーク変換)

図3 クラーク変換とパーク変換

れ分解すると，次式が成り立ちます．

$$d = \alpha\cos\theta_M + \beta\sin\theta_M \quad\cdots\cdots(6)$$
$$q = -\alpha\sin\theta_M + \beta\cos\theta_M \quad\cdots\cdots(7)$$

式(6)と式(7)がα, $\beta \to d$, q変換式です．

＊

次に，変換式のみをまとめて示します．

【d, $q \to \alpha$, β変換(逆パーク変換)】
$$\alpha = d\cos\theta_M - q\sin\theta_M \quad\cdots\cdots(8)$$
$$\beta = d\sin\theta_M + q\cos\theta_M \quad\cdots\cdots(9)$$

【α, $\beta \to u$, v, w変換(逆クラーク変換)】
$$u = \alpha \quad\cdots\cdots(10)$$
$$v = -\frac{\alpha}{2} + \frac{\sqrt{3}}{2}\beta \quad\cdots\cdots(11)$$
$$w = -\frac{\alpha}{2} - \frac{\sqrt{3}}{2}\beta \quad\cdots\cdots(12)$$

● ロータの位置と座標変換回路の入出力波形の変化

▶システムの動作分析

　変換式を用いて，変換波形をLTspiceを使用して観測します．

　図4はd, q座標系信号d_1, q_1をα, β座標系信号α_1, β_1(LTspiceではa_1, b_1)に変換し，さらに平衡3相u, v, w信号に変換し，さらに逆変換によりα_2, β_2およびd_2, q_2各信号を得るための回路です．α, βおよびd, q相互変換部には位相信号θ_M(LTspiceではphm)[rad]を与えます．

　図5(a)のように，リラクタンス・トルクd_1は全域で0とします．q_1は，AC信号の位相を反転できることや振幅がq_1の値と一致することを確認するため，0, -1, 1の3値間を変化させます．

　位相信号θ_Mは区間Ⅰ～Ⅲ($t = 1\,\mathrm{m} \sim 19\,\mathrm{ms}$)において$0 \sim (2\pi \times 3)$ radまで直線的に増加します．θ_Mの直線変化は，ロータの定速回転に対応します．この区間を正方向回転区間とします．図の目盛りは$\theta_M/(2\pi)$なので，縦軸目盛りの3は誘起電圧3周期を意味します．1周期は6 msなので，横軸目盛りは120°/div(= 2 ms)に相当します．$\theta_M/(2\pi)$信号は区間Ⅳ($t = 19\,\mathrm{m} \sim 25\,\mathrm{ms}$)においては直線的に減少しており，負方向に回転しています．区間Ⅴ以降では一定値2となり，回転は停止します．

▶変換前後の信号のようす

　$d_1 = 0$, $q_1 = 1$, -1なので，図5(b)のように，d_1, q_1を座標変換したα_1, β_1は，振幅1で位相差90°の正弦波です．図5(c)のように，α_1, β_1を座標変換したu, v, wは，振幅1で位相差120°の平衡3相正弦波になります．図5(d)のように，u, v, wを座標変換したα_2, β_2は振幅1で位相差90°の正弦波になり，図5(e)のように，α_2, β_2を座標変換したd_2, q_2は，d_1, q_1と同一波形が得られます．

　各正弦波の振幅は，$d_1 = 0$の場合は指令信号q_1の絶対値に等しく，q_1の値の変化に応じて振幅が変化します．すなわち各正弦波形のエンベロープ(包絡線)はq_1と一致します．α_1, u, α_2の各正弦波位相はθ_Mに一致して$t = 1\,\mathrm{ms}$において0°です．式(8)に$d = 0$, $q = -1$を代入すると，$\alpha = u = \sin\theta_M$が得られます．

　位相信号θ_Mが増加する区間Ⅰ～Ⅲをロータが正方向に回転する区間とすれば，θ_Mが減少する区間Ⅳは負方向に回転する区間であり，各正弦波信号の位相回

転は次のようになります．

① θ_M増加（区間 I～III，正方向回転）：
　$\alpha_1 \to \beta_1$, $\alpha_2 \to \beta_2$, $u \to v \to w$の順に遅れ
② θ_M減少（区間IV，負方向回転）：
　$\alpha_1 \to \beta_1$, $\alpha_2 \to \beta_2$, $u \to v \to w$の順に進み
③ θ_M一定（区間V，回転停止）：
　α_1, β_1, α_2, β_2, u, v, wはθ_M値に対応した一定値

q_1が-1の区間 I における各正弦波信号に対し，q_1が+1の区間IIではそれぞれ正弦波信号位相が反転します．位相信号θ_Mは区間 I，区間IIを通じて，時間tに対して直線的に増加しています．

例えば，図5(c)のu, v, wをコイル電流とし，区間 I で回転出力を供給していたとすれば，区間IIではq_1極性が正に変化し，各相電流位相が反転し発生トルクも逆方向となるため，回生ブレーキ動作になります．区間 I，IIを通じて，誘起電圧位相が単調増加だとすれば，コイル電流と誘起電圧の積の極性が区間IIでは反転するため，電力回生が行われます．

区間 I～IIIにおいては，q_1極性が変化するため各電流信号位相の反転は起こりますが，θ_Mが増加しているので位相回転は上記①のように，$\alpha_1 \to \beta_1$, $\alpha_2 \to \beta_1$, $u \to v \to w$の順に遅れの状態を保持します．これをモータ動作でいえば，区間 I～IIIを通じてロータ回転方向に変化はありません．

$t = 19$ msにおいてθ_Mが増加から減少に転じるため，位相回転が上記①→②のように，遅れから進みに変化します．

区間III，IVではq_1極性は変化していないので位相の反転は起きていません．例えば，ロータ回転が反転するときにはu, v, wに相当する誘起電圧の位相回転が反転します．

区間Vはロータ回転が停止していますが，正弦波形はθ_M値に対応するDCとなります．図においては，$\theta_M/(2\pi) = 2$すなわち$\theta_M = 4\pi = 0$ radなので，次のようになります．

$$\alpha_1 = u = \alpha_2 = -\sin 0 = 0$$
$$\beta_1 = \beta_2 = -\cos 0 = -1$$
$$v = -\sin(0 + 2\pi/3) = -\frac{\sqrt{3}}{2}$$
$$w = -\sin(0 + 4\pi/3) = \frac{\sqrt{3}}{2}$$

d_1, q_1がともに0となると，全変換出力も0となります．

● 座標変換にかかる時間

図2(a)，(b)の座標変換部は，ベクトル制御サーボ・ループ内の構成要素となるので，その周波数特性がループ特性に影響を与える可能性があります．しかし，

（位相信号設定）
V=if(time<=Td,0,if(time<=Td+3*Tp,2*pi/Tp*(time-Td),if(time<=td+4*tp,-2*pi/tp*(time-6*tp-td),2*pi*2)))

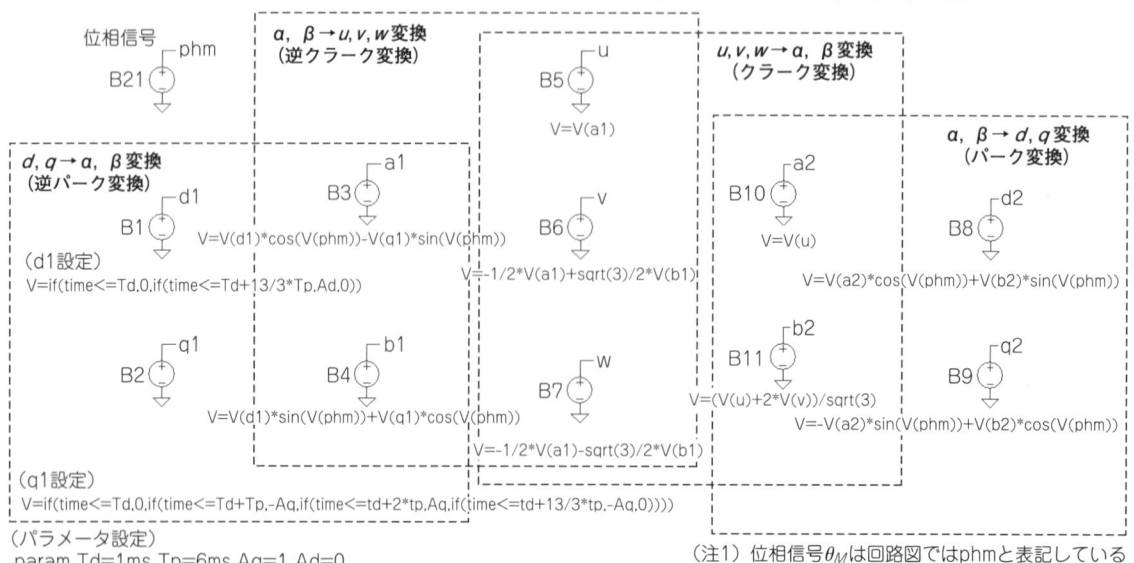

（d1設定）
V=if(time<=Td,0,if(time<=Td+13/3*Tp,Ad,0))

（q1設定）
V=if(time<=Td,0,if(time<=Td+Tp,-Aq,if(time<=td+2*tp,Aq,if(time<=td+13/3*tp,-Aq,0))))

（パラメータ設定）
.param Td=1ms Tp=6ms Aq=1 Ad=0
（解析条件）
.tran {td+14/3*Tp} startup

（注1）位相信号θ_Mは回路図ではphmと表記している

図4　座標変換式を使用して変換波形を観測するための回路【LTspice 094】
d, q座標系信号d_1, q_1をα, β座標系信号α_1, b_1に変換し，さらに平衡3相u, v, w信号に変換し，さらに逆変換によりa_2, b_2およびd_2, q_2各信号を得る

図5の各波形に変換遅れ時間は見られず，後述のように，第14章のサーボ・システムに適用したサーボ・コントローラ定数と同じ値をベクトル制御システムに適用し同等の応答特性が得られており，原理的には（シミュレーション上は）座標変換部の影響はありません．

実機においては，これらの変換演算時間をクローズド・ループ・ゲイン帯域から見て十分に小さくする必要があります．近年，ベクトル制御演算の高速性をうたったモータ制御用マイコンがメーカ各社から販売されています[(1),(2)]．

15.3 ベクトル制御を適用した電流サーボ・システム

● ベクトル制御機能と波形観測機能

電流制御サーボ・システムにベクトル制御機能と波形観測機能を付加したブロック図を図6に示します．波形観測用の機能は，単に観測のためでなく，制御にも必要です．

プラント内には平衡3相の誘起電圧 v_{An}, v_{Bn}, v_{Cn} と各相コイル・インピーダンス（抵抗成分 R_M，インダクタンス成分 L_M）を特性解析用等価回路とは別に設けています．

各相コイル電流 i_A, i_B, i_C を検出し，$i_{\alpha F}$, $i_{\beta F}$ に2相

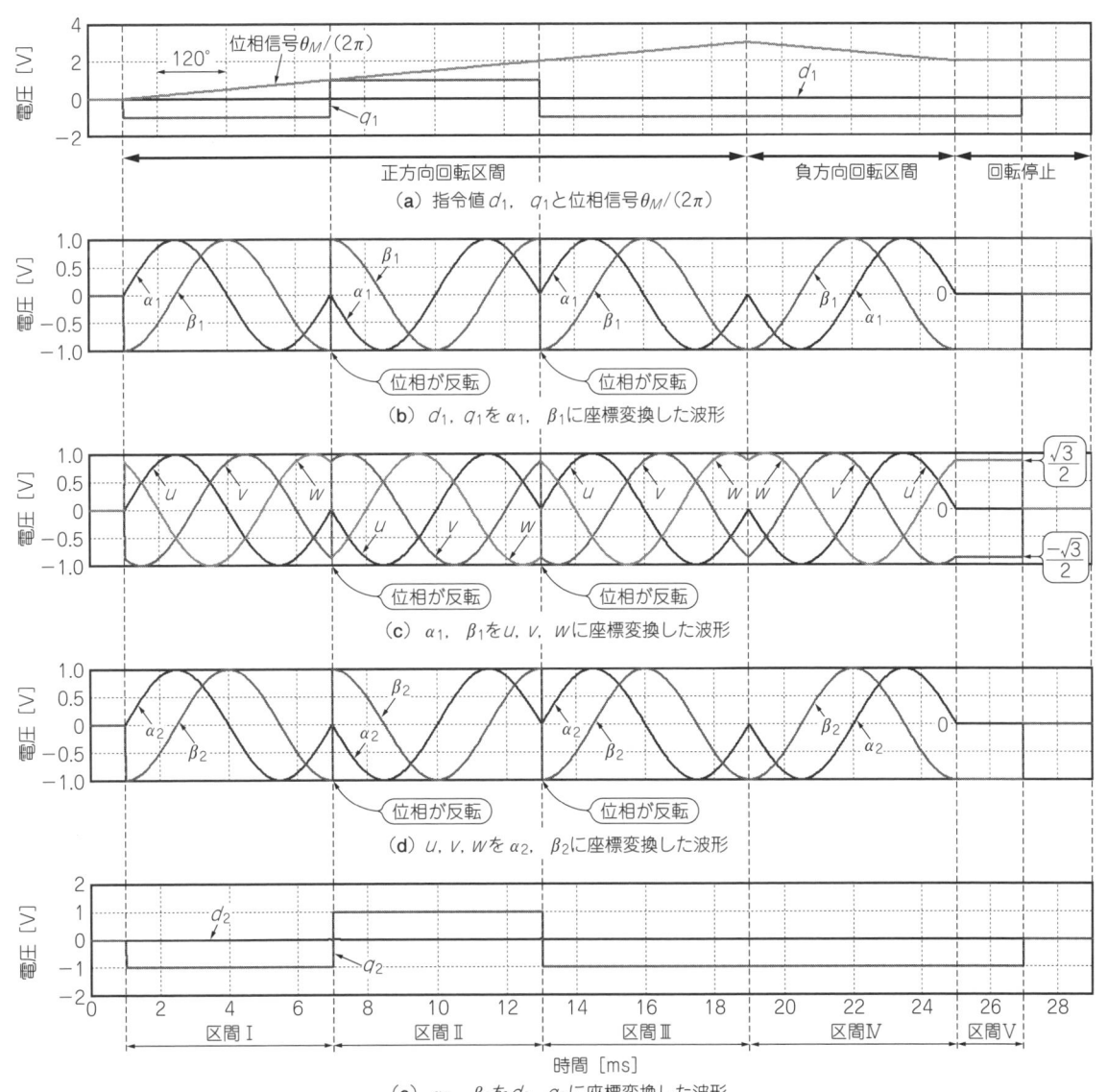

(a) 指令値 d_1, q_1 と位相信号 $\theta_M/(2\pi)$

(b) d_1, q_1 を α_1, β_1 に座標変換した波形

(c) α_1, β_1 を u, v, w に座標変換した波形

(d) u, v, w を α_2, β_2 に座標変換した波形

(e) α_2, β_2 を d_2, q_2 に座標変換した波形

図5 図4の回路にて観測した変換波形【LTspice 094】

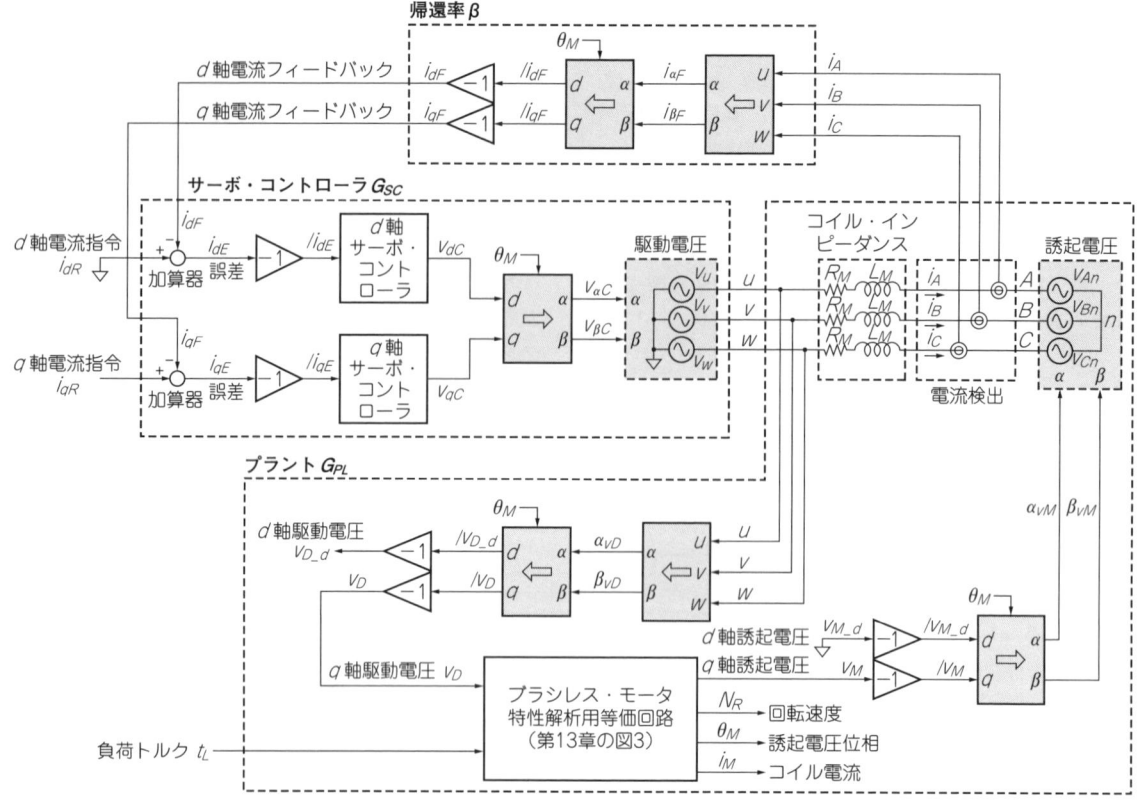

図6 ベクトル制御を追加した電流(トルク)制御サーボ・システムのブロック図
ブラシレス・モータに座標変換機能を加えたものをプラントとした

変換後，さらにd, q信号に変換し電流フィードバック信号i_{dF}, i_{qF}を得ます．このとき，電流を2相のみ検出し，$i_A + i_B + i_C = 0$からほかの1相を求めることも可能です．また，第12章の12.6節に述べたように，駆動用3相インバータ回路のcom電位側に挿入したシャント抵抗検出信号からコイル電流信号を得ることもできます．

加算器とサーボ・コントローラはd, q各信号ごとに用意し，本サーボ・システムの指令信号としてリラクタンス・トルク電流指令i_{dR}およびマグネット・トルク電流指令i_{qR}を与えます．「トラ技3相インバータ実験キット」(CQ出版社)のブラシレス・モータはリラクタンス・トルクを使用しないタイプなので$i_{dR} = 0$としています．

d, qサーボ・コントローラの各出力(v_{dC}, v_{qC})は$v_{\alpha C}$, $v_{\beta C}$の2相信号へ，さらに平衡3相駆動電圧v_u, v_v, v_wに変換し，モータ端子u, v, wに印加します．

u, v, w端子電圧は，プラント内の3相→2相→d, q変換を経て得られるq軸信号を駆動電圧v_Dとして，特性解析用等価回路に供給します．同等価回路の誘起電圧v_M出力をq軸信号として取り出し，d, q→2相→3相変換により3相誘起電圧v_{An}, v_{Bn}, v_{Cn}としています．

このように構成することによって，誘起電圧，駆動電圧，コイル電流の波形を観測できます．

● ベクトル制御の効果を確認するための回路

図6のブロック図をシミュレーション用の回路に書き直したものを，図7に示します．前章で設計したサーボ・システムにベクトル制御と波形観測機能を追加しています．d軸とq軸サーボ・コントローラはPIコントローラで，定数も第14章の図4(a)と同じ値を設定します．

d, q信号各部に-1倍の反転増幅器を挿入し，θ_Mが0から増加するときu相誘起電圧v_{An}が0からプラスに増加するようにしてあります．ループ1巡で2個所に入れることによりフィードバック極性が反転しないようにしています．

● 過渡応答波形からベクトル制御の有効性を確認する

図7の回路の各部の応答波形を図8に示します．観測結果を比較するため，電流指令i_{qR}および負荷トルクt_Lは，第14章での設計，評価時と同じ値にしています．図8からわかるように，誘起電圧，回転速度，駆動電圧，コイル電流の各波形は，ベクトル制御を適

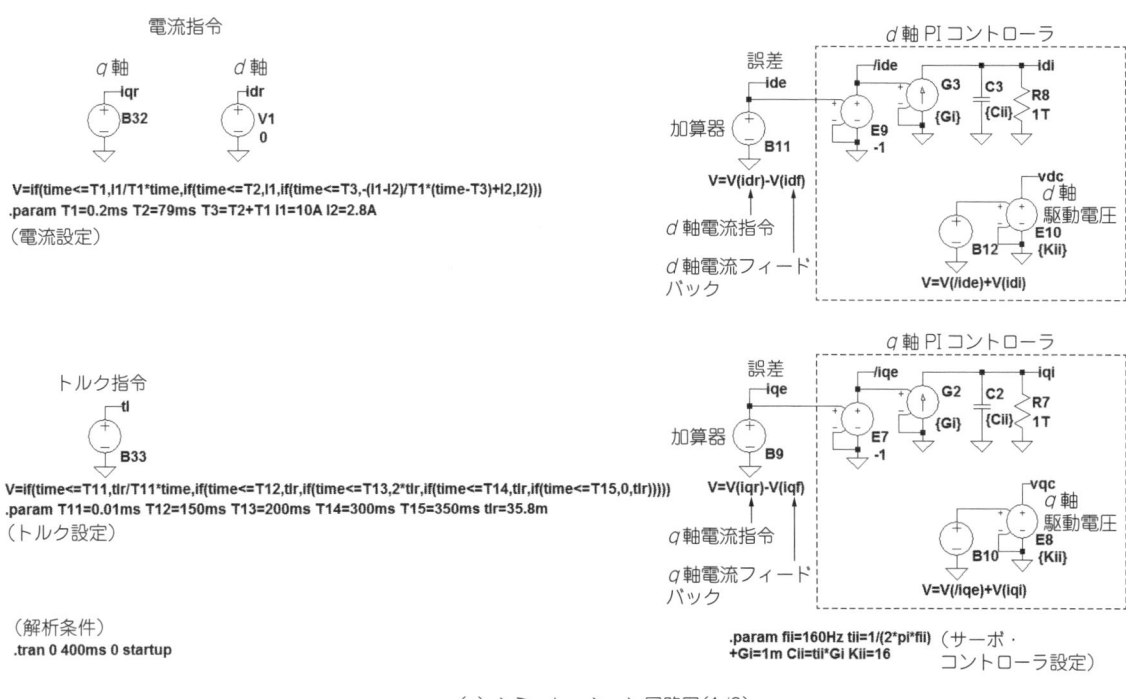

(a) シミュレーション回路図（1/3）

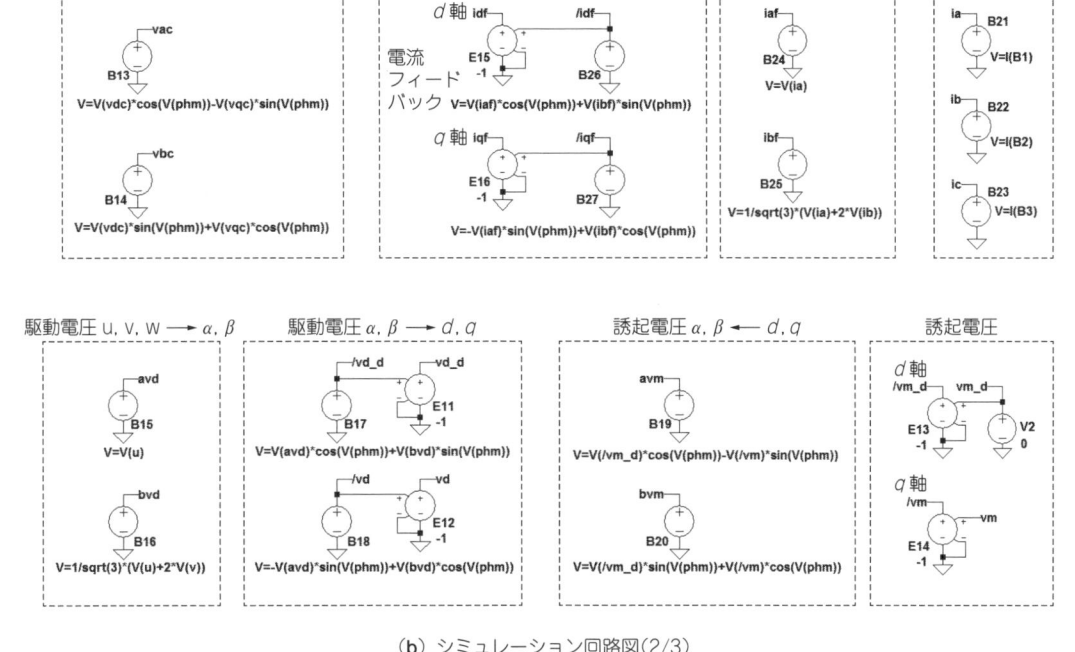

(b) シミュレーション回路図（2/3）

図7　ベクトル制御を追加した電流制御サーボ・システムの回路【LTspice 095】

15.3　ベクトル制御を適用した電流サーボ・システム

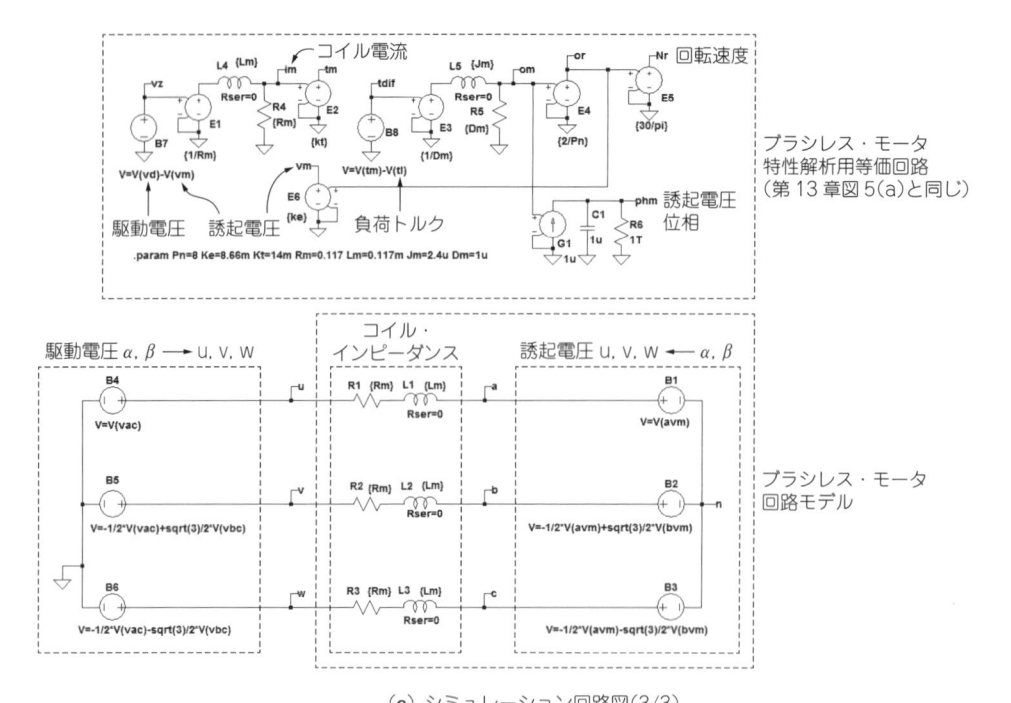

(c) シミュレーション回路図(3/3)

図7 ベクトル制御を追加した電流制御サーボ・システムの回路【LTspice 095】(つづき)

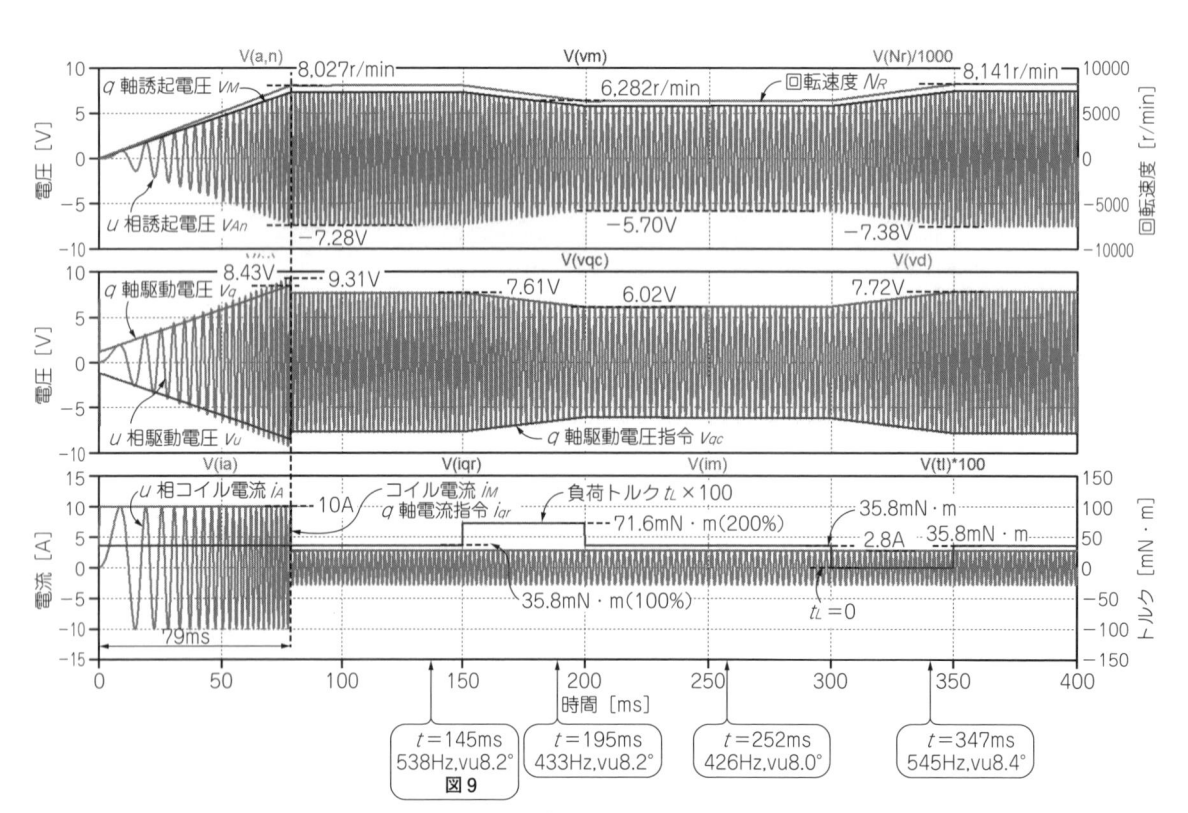

図8 図7の電流制御サーボ・システムの回路の過渡応答波形【LTspice 095】
コイル電流10 A,立ち上がり時間79 msで駆動したときの起動波形

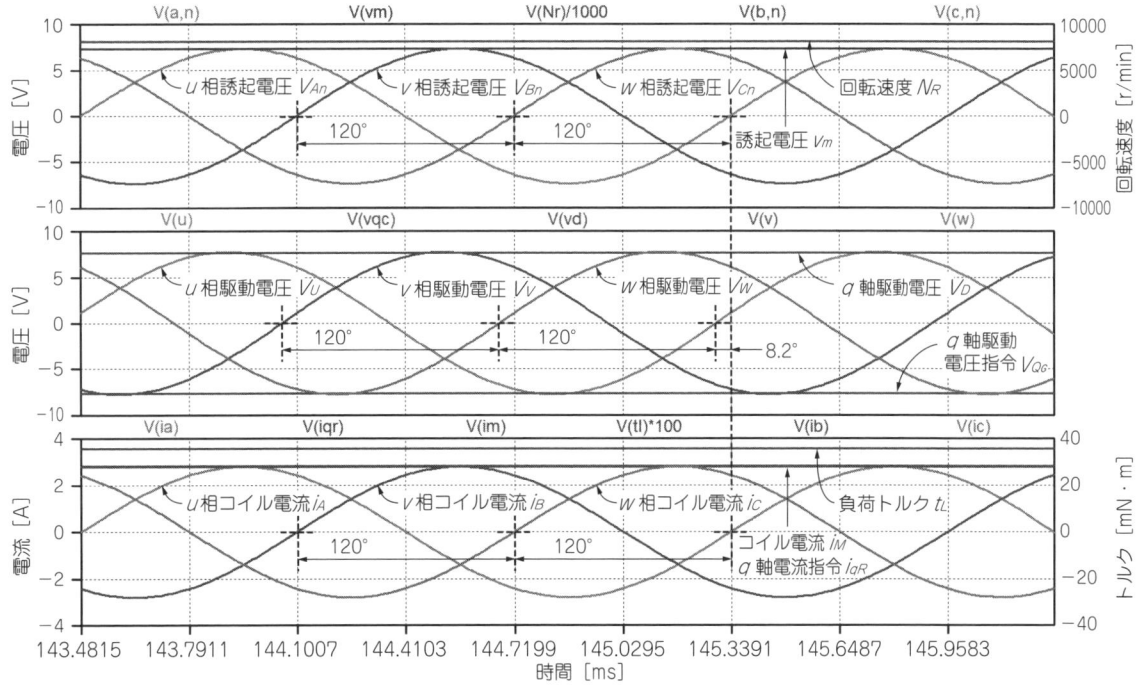

図9 図8の145 ms付近を拡大したときのu相, v相, w相の波形【LTspice 096】
定格定常動作時

用する前のサーボ・システムで観測した波形（第14章の図6）と同波形になっています．

図8には，u相の誘起電圧v_{An}，駆動電圧v_u，コイル電流i_Aの正弦波形も示しています．これら三つの波形のエンベロープは，対応する動作波形とほぼ一致しています．誘起電圧位相θ_M（非表示）は$t=0$において0 radから正極性に増加し，v_{An}, i_A各u相正弦波形も0から開始し，v_{An}は起動とともに振幅，周波数が直線的に増加しています．

各パラメータが定格値である$t=145$ ms付近のt軸を拡大し，v, w相の電圧，電流も加えた波形を，図9に示します．t軸は1目盛り60°の位相と見ることもできます．

誘起電圧v_{An}, v_{Bn}, v_{Cn}，駆動電圧v_u, v_v, v_w，コイル電流i_A, i_B, i_Cは，それぞれ15.2節の位相回転区間「①θ_M増加」の位相回転でu, v, w相の順に120°ずつ位相が遅れており，振幅はそれぞれ対応する動作波形と一致しています．

u相コイル電流i_Aはu相誘起電圧v_{An}と同相に制御され，電力，トルクともに最大効率で動作しており，ベクトル制御が有効に機能していることを示しています．

各正弦波周波数は538 Hzであり，u相駆動電圧v_uはu相誘起電圧v_{An}に対して8.2°進んでいます．これらの値は第13章の表2に示した定格運転時の計算値とほぼ一致しています．

図8の時間軸の下に示す他の動作条件においても，各相コイル電流が各相誘起電圧とそれぞれ同相に制御されていることを確認しました．各時刻における周波数とv_uのv_{An}に対する位相も示してあります．

以上から，t軸全域においてベクトル制御の効果が確認できました．

図6，図7のシステムに外部から与えているのは電流指令i_{dR}, i_{qR}と負荷トルクt_LのDC信号のみであり，モータ等価回路が発生する誘起電圧位相θ_M信号をフィードバックすることにより，各部信号波形，振幅，周波数，位相などはモータ等価回路やベクトル制御部の動作により得られたものです．

15.4 速度制御サーボを加える

● ベクトル制御の効果を確認するための回路

図6の電流制御サーボ・システムをプラントとして，速度フィードバックを付加した速度制御サーボ・システムのブロック図を図10に示します．第14章の図7に示したベクトル制御を加える前の速度サーボ・システムと構成は同じです．違いは，プラントがベクトル制御が加わった電流制御サーボ・システムになったことであり，d軸電流i_{dR}を0としています．図10に対応する回路図を図11に示します．各設定値はベクトル制御適用前の第14章の図9と同じ値を使用します．

図10 ベクトル制御・速度制御サーボ・システムのブロック図

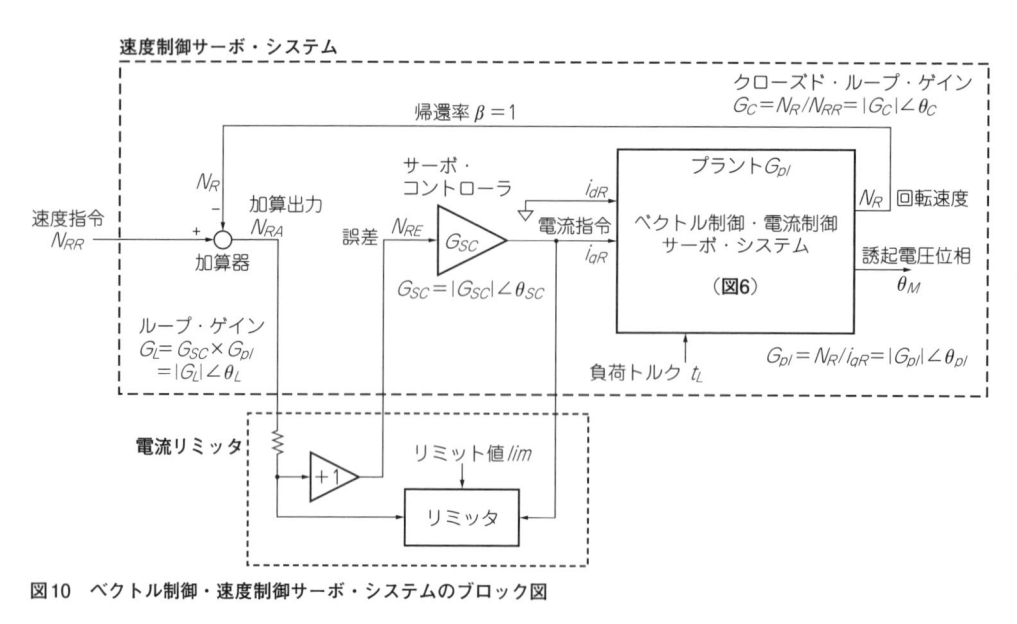

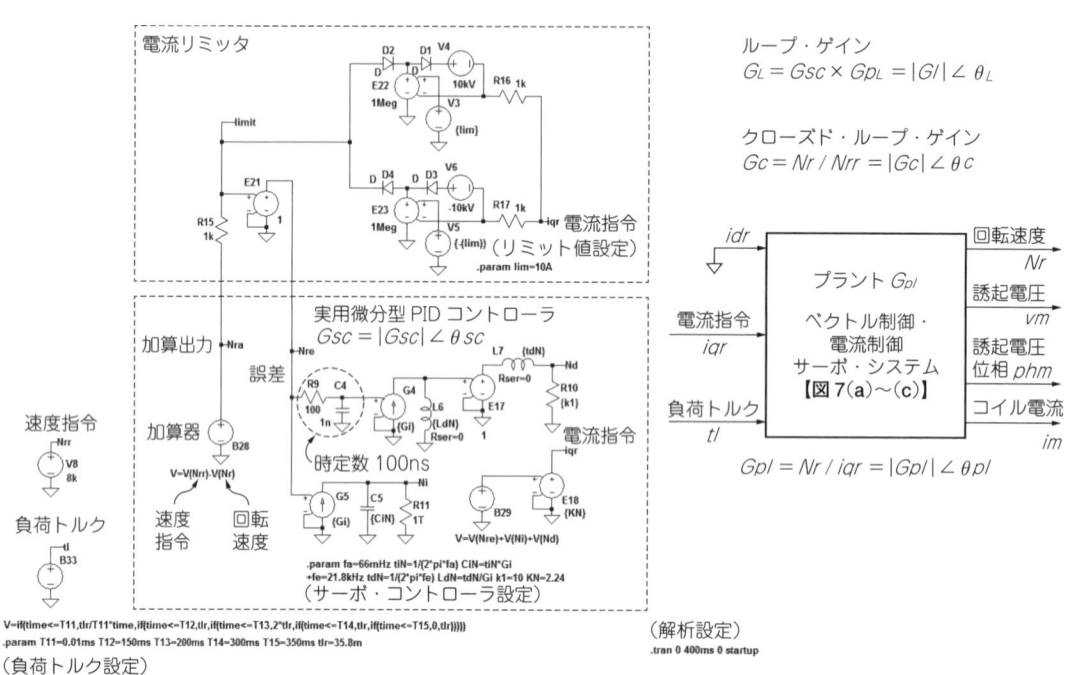

図11 図7の電流サーボ・システムをプラントとした速度制御サーボ・システムの回路【LTspice 097】

電流指令 i_{qR} に対する電流リミッタも同様に設けます．

● **過渡応答波形からベクトル制御の有効性を確認する**

各部応答波形を**図12**に示します．回転速度指令 N_{RR} および負荷トルク t_L は，第14章の図11と同じように設定します．誘起電圧や駆動電圧，コイル電流の波形は，ベクトル制御を加える前のサーボ・システムを観測した第14章の図11の波形と同じになっています．u相正弦波電圧と電流も示してあります．

0～79 msにおいて，**図8**と**図12**の各波形は同波形です．その理由を次に示します．

図8の指令入力はコイル電流指令 i_{qR} で，指令値は±10 Aです．**図12**では指令入力は回転速度指令 N_{RR} ですが，0～79 msにおいては電流リミッタがコイル電流 i_M を±10 Aに制限しています．そのため結果的にともに i_A は±10 Aであり同波形になります．**図12**の0～79 msにおいては速度制御ループが電流リミッタ動作によって飽和しているため，回転速度 N_R は同

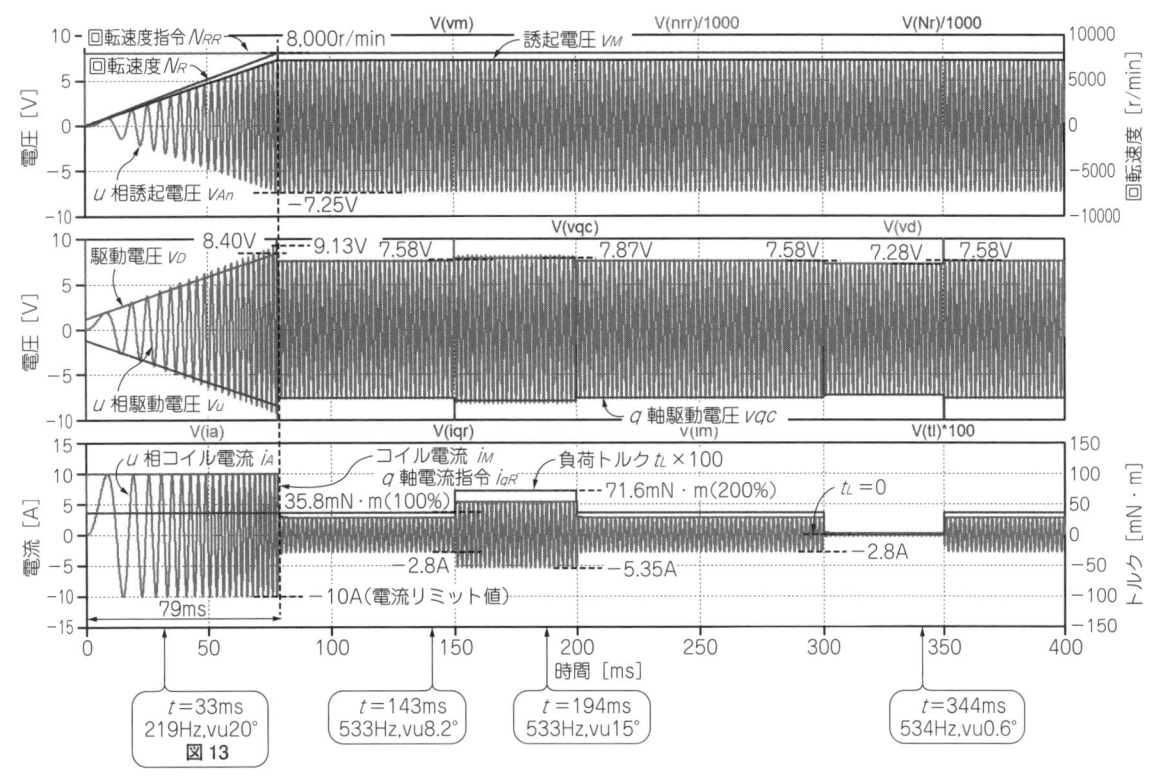

図12 図11の速度制御サーボ・システムの過渡応答波形【LTspice 097】
回転速度指令8000 r/min，電流リミット10 Aで駆動したときの起動波形

指令N_{RR}と一致していません．誘起電圧v_{An}の振幅および周波数は回転速度N_Rに比例して増加しています．

リミッタ動作中はi_Aがクリップ波形(台形波)になるように感じるかもしれませんが，リミッタは電流指令i_{qR}を制限しているのでリミット中も電流波形は正弦波のままです．

図12は回転速度制御であるため，負荷トルクt_Lの急変に対してコイル電流i_Mが自動的に増減し，$t = 79$ ms以降においては，回転速度N_Rは同指令N_{RR}と一致し一定値を保持しています．

起動直後の過度状態である$t = 33$ ms付近のt軸を拡大し，v，w相の電圧，電流も加えて**図13**に示します．u相コイル電流i_Aはu相誘起電圧v_{An}と同相に制御され，過渡状態においてもベクトル制御が有効に機能していることを示しています．この時点では周波数は219 Hz，u相駆動電圧v_uはv_{An}に対して20°進んでいます．ただし，この起動時間領域では回転速度に比例する周波数が時々刻々と変化しており，v_{An}の半周期が前半より後半が短いため，各相位相差も図中には120°と表記しましたが，1周期の1/3からはずれているように見えます．

図12のt軸下に示す他の動作条件においても，各相コイル電流が誘起電圧と同相に制御されていることを確認しました．各条件における周波数とv_uのv_{An}に対する位相も示してあります．

以上により，過渡状態，定常状態いずれにおいてもベクトル制御の効果が確認できました．

15.5 位置制御サーボを加える

● ベクトル制御の効果を確認するための回路

図10の速度制御サーボ・システムをプラントとみなし，このプラントに位置フィードバックを付加した位置制御サーボ・システムのブロック図を**図14**に示します．さらに，**図14**に対応する回路図を**図15**に示します．各設定値は，第14章の図14で設計したサーボ・システムと同じ値を適用しています．

速度サーボ・システムの電流リミッタは削除し，プラント内の電流指令i_{qR}に対する電流リミッタを設け，位置指令誤差信号θ_Eを制限しています．リミット値limは100 Aとしていますが，次に示す二つの動作例においては電流リミッタは動作しません．

● 過渡応答波形からベクトル制御の有効性を確認する
▶位置指令θ_Rが2次曲線の場合
位置指令θ_Rを2次曲線とした場合の各部応答波形

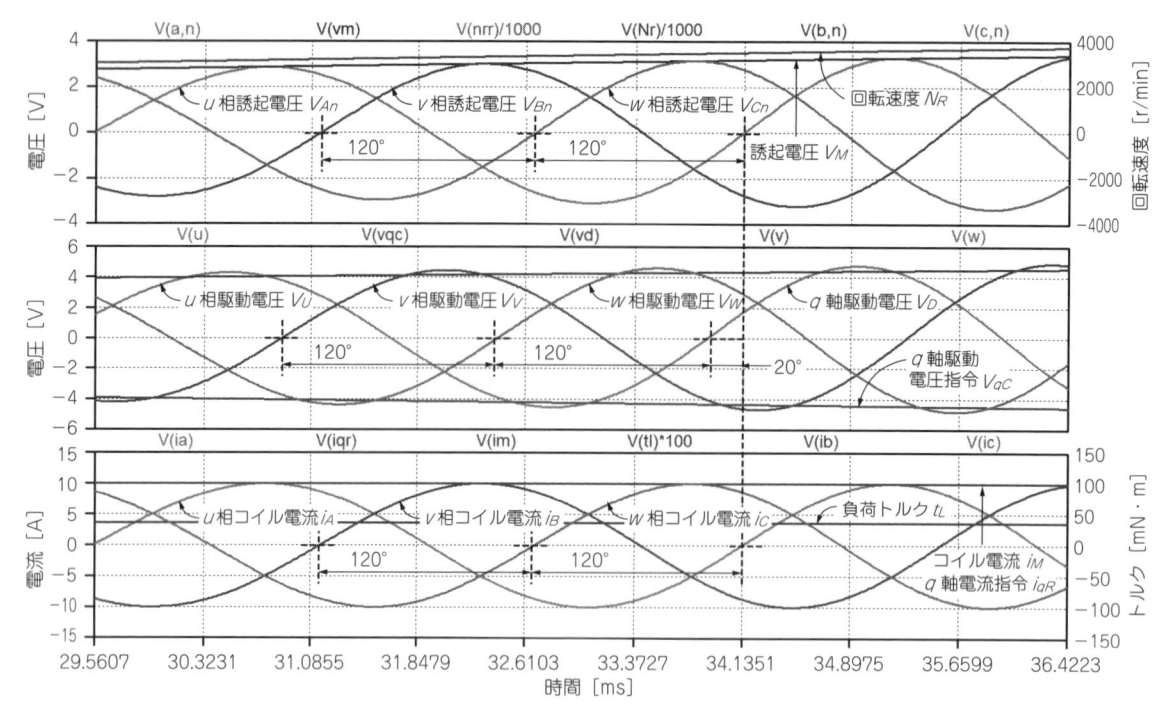

図13 図12の33 ms付近を拡大したときのu相, v相, w相の波形【LTspice 098】
過渡状態

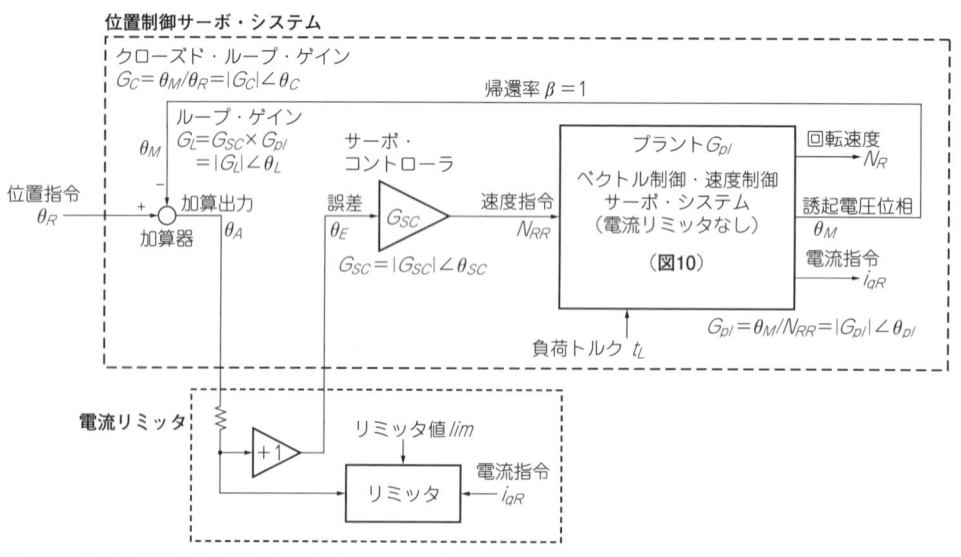

図14 ベクトル制御・位置制御サーボ・システムのブロック図

を図16に示します．負荷トルクは全区間でt_L = 35.8 mN/m（100%）です．各応答波形は，ベクトル制御を加える前の波形（第14章の図16）と同波形です．u相正弦波電圧と電流波形も示してあります．

位置指令$\theta_R/(2\pi)$ = 10は誘起電圧v_{An}の10周期に相当しますが，区間Ⅰ，Ⅲにおけるv_{An}波形の周期を数えると，確かに10周期です．またv_{An}波形は，区間Ⅰ，Ⅲの2次曲線区間では振幅，周波数が直線的に変化していますが，直線区間では定振幅，定周波数となっています．

回転速度N_Rは全区間で滑らかに変化し，コイル電流i_Mが過大になることはありません．

● 回生動作

区間Ⅰ，Ⅲにおいてコイル電流i_Mの＋，－極性変化と同時にu相コイル電流i_A位相が反転しています．区間Ⅰの$i_M > 0$の領域ではi_Aはu相誘起電圧v_{An}と同

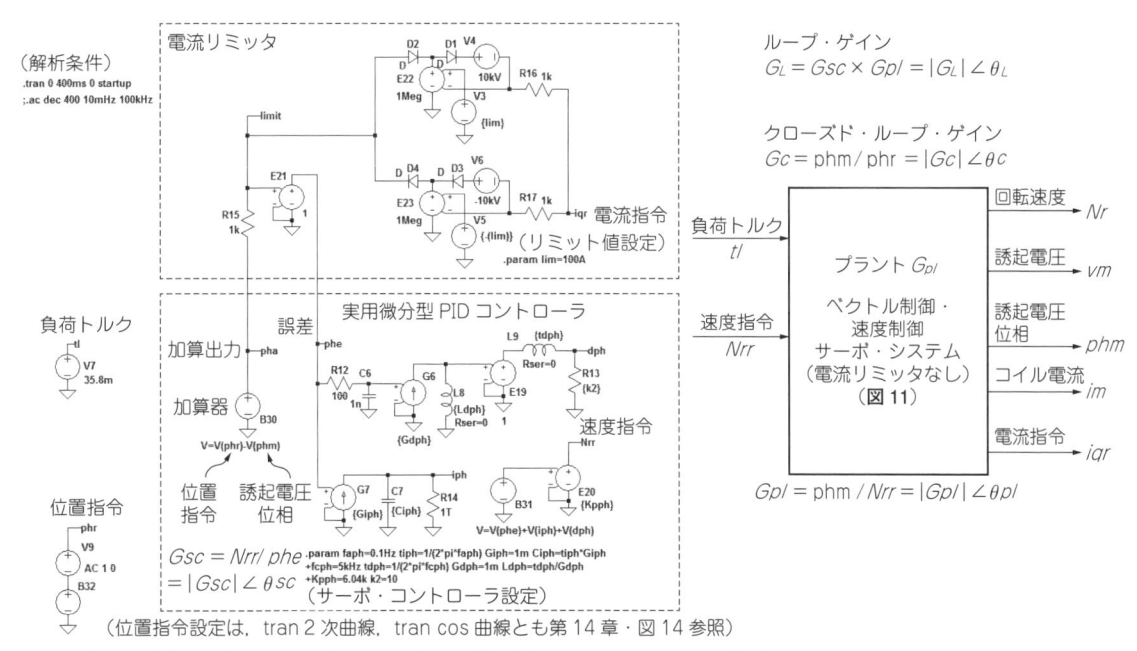

図15 図11の速度サーボ・システムをプラントとした位置制御サーボ・システムの回路【LTspice 099】
図11の電流リミッタ回路を，位置制御サーボ・ループの加算器出力に移動している

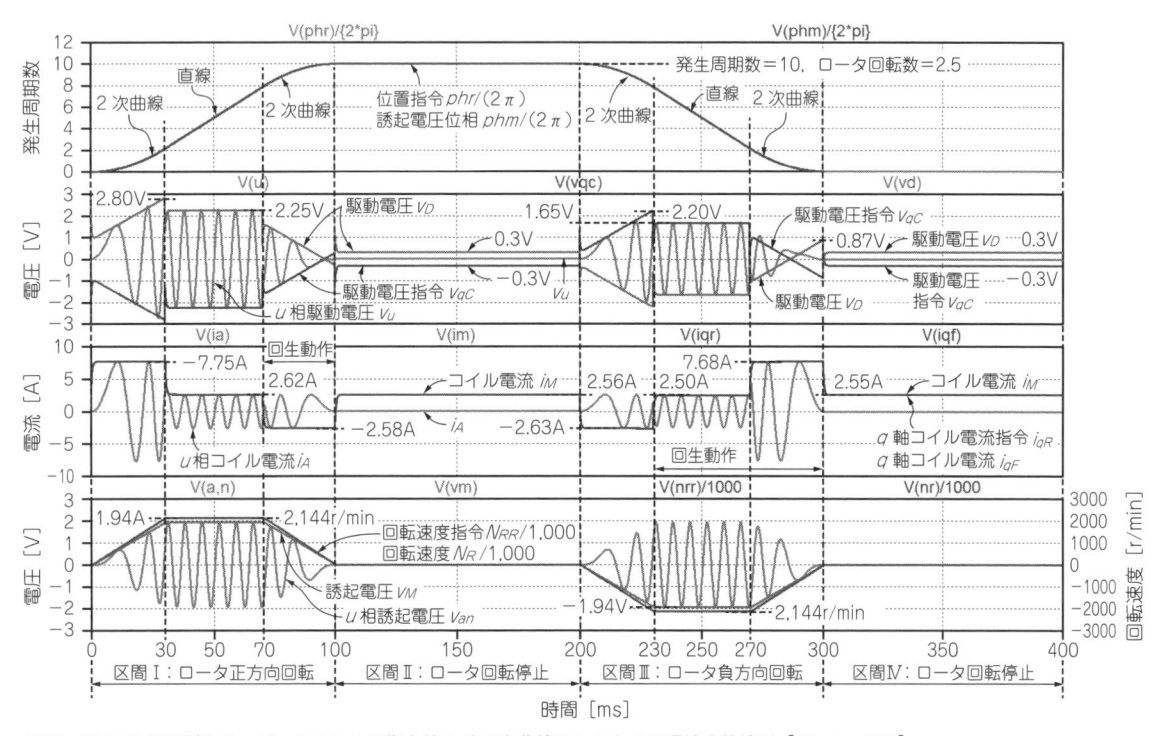

図16 図15の位置制御サーボ・システムの指令値 θ_R を2次曲線にしたときの過渡応答波形【LTspice 099】

相なので v_{An} における消費電力は+ですが，$i_M<0$ の領域では i_A は v_{An} と逆相なので v_{An} における消費電力はマイナスとなり回生動作となっています．区間Ⅲでは $i_M>0$ の領域で i_A は v_{An} と逆相なので回生動作です．

消費電力の+，-いずれにおいても位相差は0°または180°なので消費電力の力率は1または-1で最大効率を示し，これがベクトル制御の効果です．

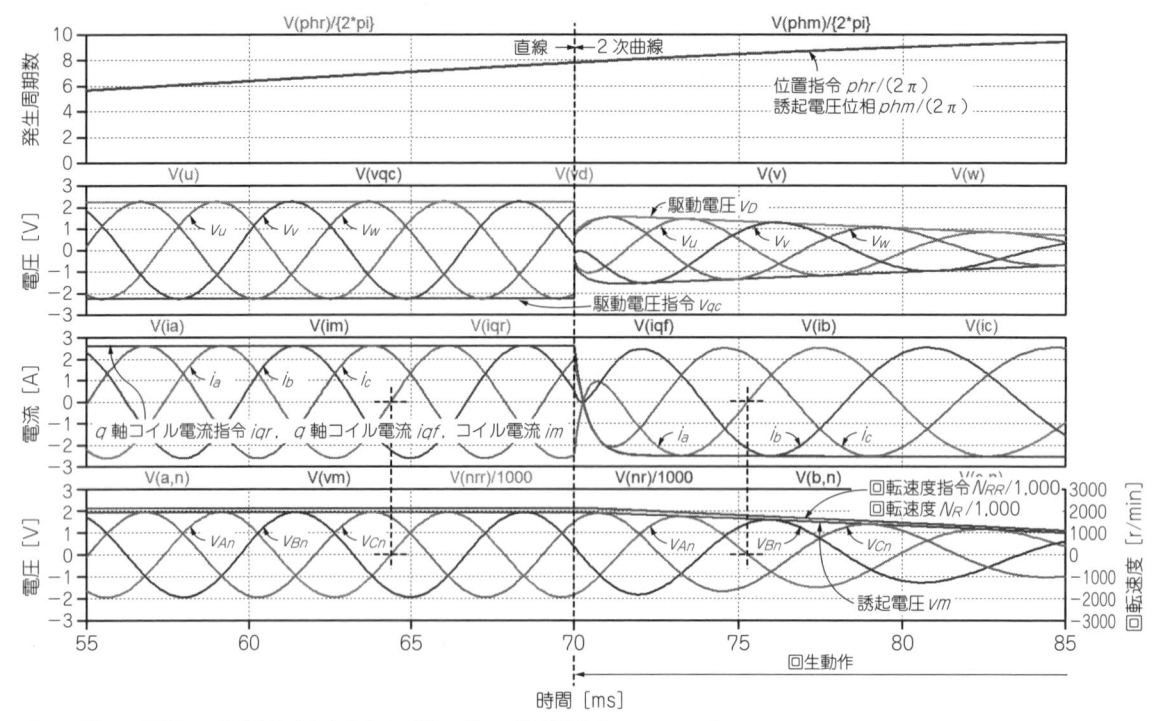

図17 図16の区間Ⅰの部分を拡大したときのu相，v相，w相の波形【LTspice 100】

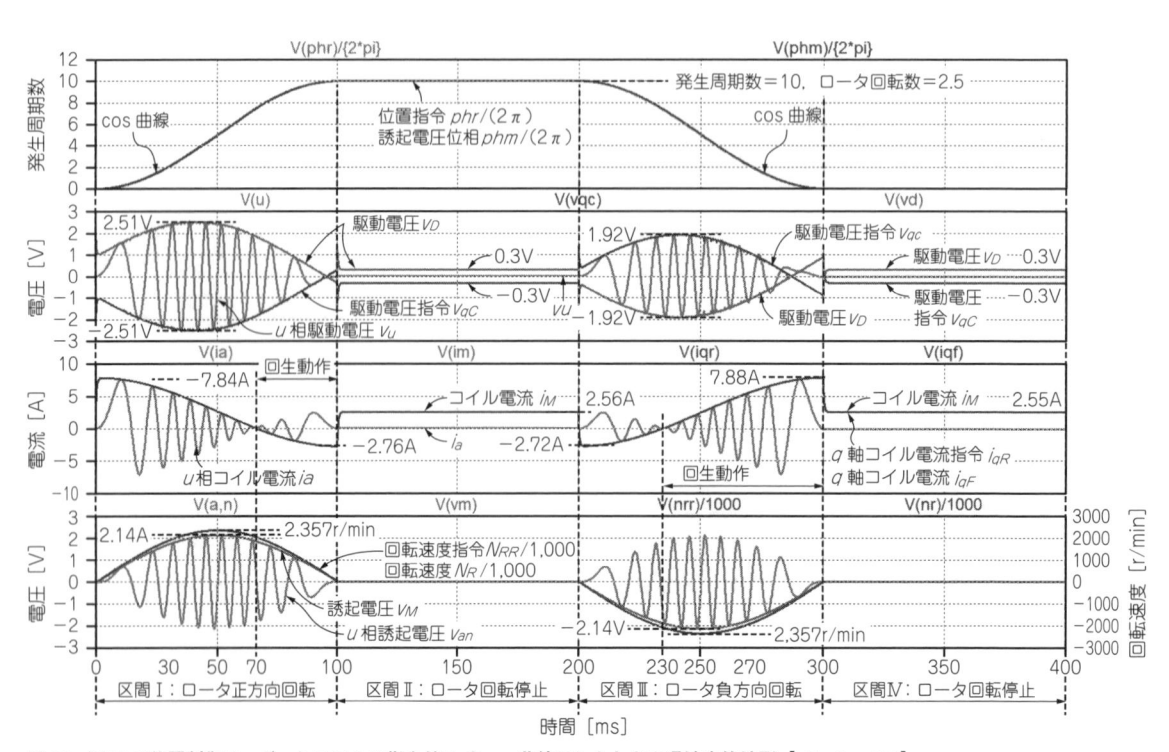

図18 図15の位置制御サーボ・システムの指令値θ_Rをcos曲線にしたときの過渡応答波形【LTspice 101】

● 区間Ⅱ，Ⅳで$v_u = 0$ V，$i_A = 0$ Aになる理由

区間Ⅱ，Ⅳはロータ回転停止（$N_R = 0$ r/min）なので，誘起電圧v_M，v_{An}は0 Vですが，駆動電圧は$v_D = 0.3$ V，コイル電流は$i_M = 2.55〜2.56$ Aであると読み取れます．この区間も負荷トルクが定格値$t_L = 35.8$ mN/mであるため，t_Lに相当する発生トルクt_Mを供給するためにコイル電流i_Mが必要です．

i_Mの最大振幅は＋側が約7.7 A，−側が約2.6 Aと正負対称ではなく＋側にシフトしていますが，シフト量は負荷トルクt_L供給分であり，区間Ⅰ，Ⅲにおける減速動作時にはt_Lがロータ停止方向トルクとして作用し，回転エネルギの吸収とともに電力回生に寄与していると考えられます．そのため，回生動作時間が区間Ⅰよりも区間Ⅲのほうが長くなっています．

図16の区間Ⅱ，Ⅳにおけるu相駆動電圧およびコイル電流は$v_u = 0$ V，$i_A = 0$ Aであり，上記v_D，i_Mの値とは異なります．その理由を考えるために，図5の区間Ⅴ（$t = 25$ m〜27 ms）における各波形を見てみます．$q_1 = -1$であるにもかかわらず，α_1，β_1，u，v，w，α_2，β_2の各値すべてが$|q_1|(=1)$と等しいわけではなく，そのときの位相θ_Mに応じた値となっています（図5の区間Ⅴのθ_Mの値は4π rad）．図16の区間Ⅱ，Ⅳにおける$\theta_M/(2\pi)$は10または0（ともに0 radに相当）であり，このθ_M値に対するu相電圧，電流の値は0になりますがv，w相電圧，電流は図5のとおり0ではありません．

以上から，位置制御のロータ回転停止時に負荷トルクがかかるとコイル電流はDCとなることがわかります．ロータ回転時はコイル電流は正弦波なのでその実効値は$i_M/\sqrt{2}$［A_{RMS}］ですが，停止時はθ_M値によっては最大i_M［A_{RMS}］となることがあり，回転時に比べコイル抵抗R_Mにおける消費電力（$i_M^2 R_M$）は2倍となり，この実効電流に耐える設計が必要です．

● 区間Ⅰの時間軸拡大波形

図17は図16の区間Ⅰのコイル電流指令i_{qR}の極性が＋→−に変化する近傍の拡大図であり，v相，w相の電圧，電流波形も追加して示します．この$t = 70$ msにおいて位置指令θ_Rが直線から2次曲線に変化します．

i_{qR}極性反転と同時にコイル電流i_A，i_B，i_C位相が反転しており，反転以降はコイル電流が誘起電圧v_{An}，v_{Bn}，v_{Cn}と相ごとに逆相となり回生動作に変化することがわかります．

回転停止の直前に回生ブレーキをともなう減速動作へ移行しています．

図17の全域で誘起電圧位相θ_Mが増加しているので，i_{qR}の極性によらず電圧，電流は15.2節の位相回転区間「①θ_M増加」に示す遅れ位相回転になっており，ロータ回転方向は正方向回転で変化していないことがわかります．

コイル電流は，ベクトル制御効果により誘起電圧に対して各相とも同相もしくは逆相に制御されています．

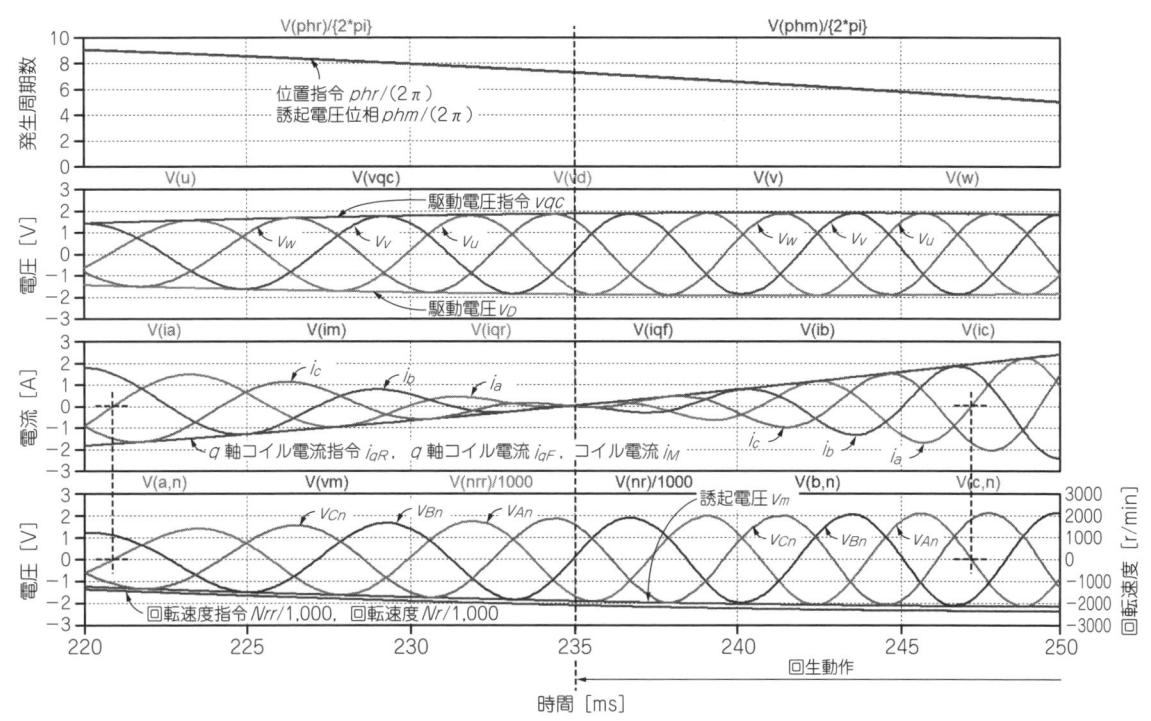

図19 図18の区間Ⅲの部分を拡大したときのu相，v相，w相の波形【LTspice 102】

▶位置指令θ_Rをcos曲線波形とした場合

位置指令θ_Rをcos曲線とした場合の各部応答波形を図18に示します．負荷トルクは全区間で$t_L = 35.8$ mN·m（100％）です．各応答波形は，ベクトル制御を加える前（第14章の図17）と同じ波形になっています．また，u相正弦波電圧と電流の波形も示してあります．

区間Ⅰと区間Ⅲにおける誘起電圧v_{An}波形はθ_R指令どおり10周期です．また，V_{An}の振幅と周波数はcos波の微分に相当するsin波状に変化しています．回転速度N_Rは全区間で滑らかに変化し，過大なコイル電流i_Mは見られません．

● 区間Ⅰと区間Ⅲの回生動作

コイル電流i_Mの極性変化と同時にu相コイル電流i_A位相が反転しており，回生動作が確認できます．

● 区間Ⅱと区間Ⅳの駆動電圧v_u，コイル電流i_A波形

ロータの回転が停止している区間Ⅱと区間Ⅳにおいて，v_uとi_AがDCとなる理由と，i_Mの最大振幅値が＋側にシフトしている理由は前項に記したとおりです．

● 区間Ⅲの波形を時間軸を拡大して観測する

図19は，図18の区間Ⅲのコイル電流指令i_{qR}の極性がマイナスからプラスに変化する近傍の拡大図です．v相，w相の電圧と電流波形も追加して示します．

i_{qR}極性反転と同時にコイル電流i_A，i_B，i_C位相が反転しており，反転以降はコイル電流が誘起電圧v_{An}，v_{Bn}，v_{Cn}と相ごとに逆相となり回生動作であることがわかります．

また，図の全域で誘起電圧位相θ_Mが減少しているので，i_{qR}の極性によらず電圧，電流位相は進み回転になっており，ロータ回転方向は負方向回転で変化していないことがわかります．

コイル電流は，ベクトル制御効果により誘起電圧に対して各相とも同相もしくは逆相に制御されています．

＊　＊　＊

以上の検討は，「トラ技3相インバータ実験キット」のブラシレス・モータにベクトル制御を適用して行いました．本モータはマグネット・トルクのみを使用する（$d = 0$）表面磁石タイプであり，またシミュレーションは損失の一部や非線形性などを考慮していません．実機動作と完全には一致しませんが，基本的な動作に関しては特性の検討ができました．

15.6　ベクトル制御システムの周波数特性

第14章において多重ループのサーボ・システムを設計する際に，各ループの周波数特性を求めましたが，本節では，これらにベクトル制御を適用した前節までに述べたサーボ・システムにおいて，各ループのクローズド・ループ・ゲインG_Cの周波数特性を求めます．

● 回路

ベクトル制御・位置制御サーボ・システムのブロック図（図14），回路（図15）について周波数特性を求め

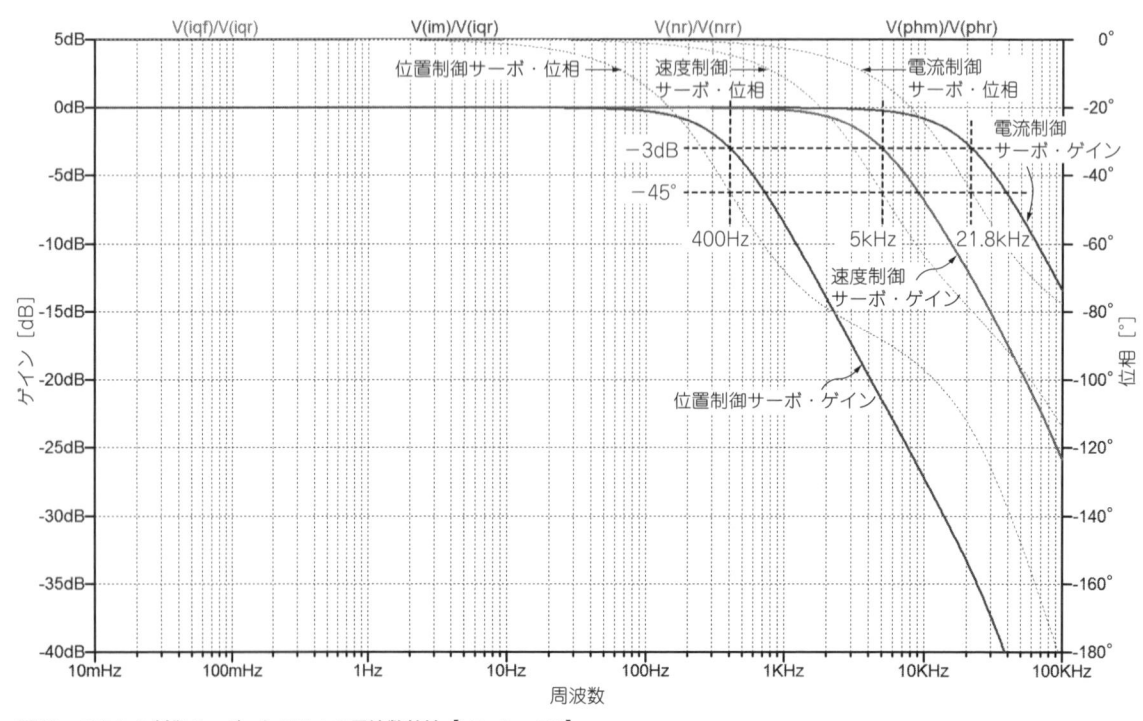

図20　ベクトル制御サーボ・システムの周波数特性【LTspice 103】

コラム1　スイッチング回路のループ特性への影響を調べる

図6の電流制御サーボ・システムの駆動電圧v_u, v_v, v_wは，実機では多くの場合3相インバータからモータに供給されます．インバータ回路もサーボ・ループの構成要素なのでその周波数特性がループ特性に影響する可能性があります．

スイッチング回路の特性は，スイッチがON/OFFを繰り返すため非線形です．スイッチング周波数がループ帯域より十分に高ければ，1スイッチング周期におけるインバータの出力電圧の平均値を変数とみて線形動作として扱えます．この動作解析法を「状態平均化法」と呼びます[3]．厳密にはそれらの解析により検討する必要がありますが，ここではシミュレーションで影響を確認します．

スイッチング動作の遅れ時間は，PWMなどの変調時間と元の波形(信号波，変調波)を得るための復調時間です．変調時間は前述の座標変換時間同様，ループ帯域より十分に短くする必要があります．

スイッチングDC電源では，PWMキャリア成分を除去し平滑するLCフィルタなどをループ内にもつ場合は，その周波数特性をサーボ・ループ設計において考慮する必要があります．

モータにおいては，電線をコイルに巻いたときに生じるコイル・インピーダンス(抵抗成分R_M, インダクタンス成分L_M)が，駆動電圧に重畳するPWMキャリア成分をコイル電流から平滑除去しますが，図6のR_M, L_Mはサーボ・ループ設計で伝達要素として考慮されています．したがって，変調時の遅れが無視できればスイッチング・インバータの遅れは実用上は問題ないと考えられます．シミュレーションでこの点を概略的に確かめます．

図A(a)は元の信号sigを単にコイル・インピーダンスR_M, L_M相当のフィルタを通して得られた出力out_1と，信号sigをPWM変調し，さらにout_1と同じ定数のR_M, L_Mフィルタによる復調を行った出力out_2の波形を比較しています．図A(b)からはout_1, out_2両波形がほぼ重なっており，PWM変調・復調の影響はみられません．

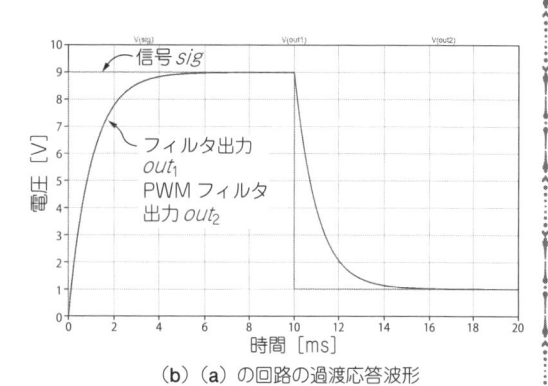

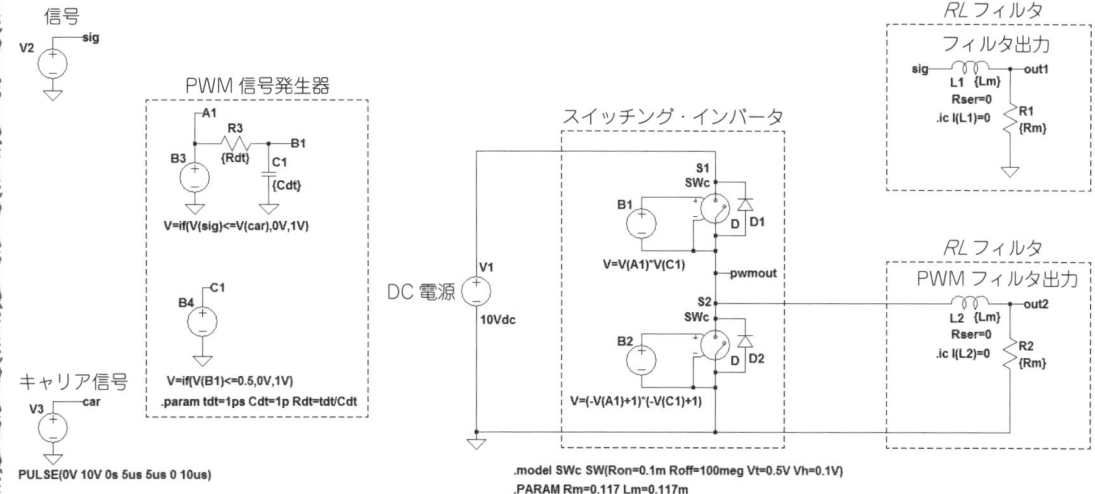

(b) (a)の回路の過渡応答波形

(a) 回路

図A　スイッチング・コンバータが過渡応答に影響を与えるかを確かめる 【LTspice 104】

ます．

　図15の回路において，電流制御ループはi_M/i_{qR}（コイル電流/電流指令）を，速度制御ループはN_R/N_{RR}（回転速度/速度指令）を，位置制御ループはθ_M/θ_R（phm/phr，誘起電圧位相/位置指令）の振幅/位相特性をそれぞれ求めます．

● 周波数特性

　結果を図20に示します．図20から各ループのクローズド・ループ周波数帯域は，電流：21.8 kHz，速度：5 kHz，位置：400 Hzであり，ゲイン特性にピークは見られず，ほぼ1次遅れ特性を示し，サーボ・ループが十分に安定であることがわかります．

　ベクトル制御適用前の各ループのクローズド・ループ周波数帯域は，電流：第14章図5から21.8 kHz，速度：第14章図10から5 kHz，位置：第14章図15から400 Hzであり，安定性も含めてそれぞれ図20の結果と一致しています．

　以上から，各制御ループ特性はベクトル制御適用の有無によって変化しないことがわかりました．

15.7 スイッチング回路の周波数特性を測定する

　ブラシレス・モータを駆動する3相インバータは通常スイッチング回路で構成されますが，本書ではそのスイッチング回路を省略してサーボ特性を評価してきました．PWMなどのキャリア周波数がサーボ・ループ帯域より十分に高く，変調，復調に要する時間が無視できれば，本章コラム1において時間応答特性で確認したように，サーボ特性に影響しないと考えられます．

　本節では，上記条件が満たされていれば，スイッチング回路が周波数特性に与える影響を無視できることをシミュレーションにより確かめます．

　一般にLTspiceなどの回路シミュレータの多くは，周波数応答特性を求めるAC解析（AC analysis）は線形回路[注1]が対象であり，非線形回路は解析できません．スイッチング電源SMPS（Switch Mode Power Supply）回路はスイッチのON/OFFいずれにおいてもその伝達特性は非線形であり，通常はAC解析はできません．

　LTspice HelpのF.A.Q.の中にHow to get a Bode Plot from a SMPS（スイッチング電源のボーデ線図を得る方法）について，表題を"Extracting Switch Mode Power Supply Loop Gain in Simulation and Why You Usually Don't Need To（スイッチング電源のループ・ゲインをシミュレーションにより求める方法，および通常はそれが必要でない理由）"とする解説があります．これは非線形回路の解析ができるtran解析（transient analysis）を利用して，スイッチング電源の周波数応答特性を求める手法です．

　また，SMPSのボーデ線図を求める例題回路図もインストール・フォルダ[注2]にあります．

注1：線形回路，非線形回路
　増幅回路などで出力信号レベルが入力信号レベルに比例するものを線形回路という．線形回路では入力がたとえば2倍になれば出力も2倍になる．これに対して，出力が入力に比例しないまたは入力レベルが変化しても出力が変化しないものを非線形回路という．ある入力信号レベル範囲で線形動作しても，信号レベルの増大によって回路動作が飽和すれば非線形動作に移行してしまうこともある．スイッチング回路はスイッチング周期の平均出力レベルが入力レベルに比例するとしても，ON/OFFいずれにおいても瞬時には応答しないので非線形動作である．

注2：例題回路図ファイルのパス
　LTspice IVを標準インストールすると，下記のフォルダに例題回路図ファイル（本節の図22ではない）とReadMe.txtファイルが置かれている．
　C:¥Program Files (x86)¥LTC¥LTspiceIV¥examples¥
　　　　　　　　　　　　　　　　　　　　Educational¥FRA¥
（インストール先Cドライブ，64ビットWindows 8.1の場合）

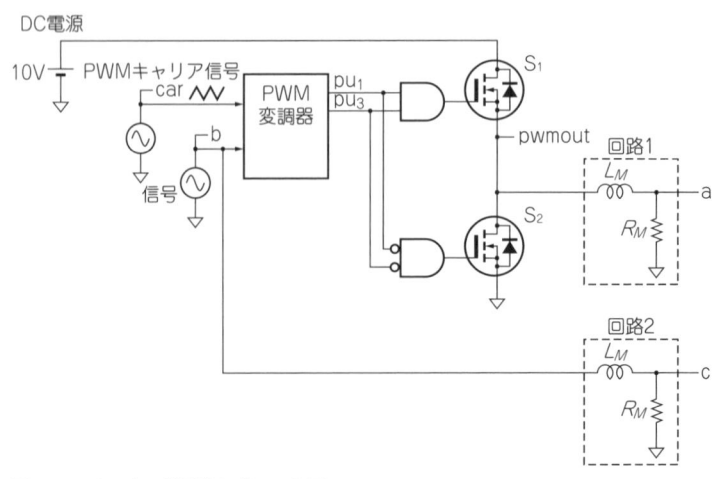

図21　スイッチング回路のブロック図

上記F.A.Q.の例題とは別に本検討のためにスイッチング回路を設計し，そのブロック図を図21に，シミュレーション回路を図22に示します．以下においては上記解説にしたがって，この回路の周波数応答特性をLTspiceを使用して求めてみます．

図21では，正弦波発生器の出力信号bをPWMキャリア信号carによりPWM変調を行い，ハイ／ロー反転信号でスイッチ素子S_1，S_2を駆動します．PWMスイッチング出力pwmoutは，LRロー・パス・フィルタ回路1によりキャリア成分が除去され，元の正弦波信号が復調され信号aが得られます．これとは別に，正弦波信号bを直接回路2に加えて出力cを得ます．

回路1と回路2は同一回路なので，信号aとcを比較すればPWM変調器やスイッチング回路の影響を知ることができます．

■ 測定するための命令

測定対象回路の基準点としてノード"b"を，出力点にノード"a"を設定します．以下の方法により，ある周波数でノード"b"からノード"a"まで(a/b)のゲイン［dB］，位相［°］を求め，さらに次々に周波数を変化させて同様の測定を行うことにより，a/bの周波数応答特性を得ることができます．

LTspiceの回路図上には解析に使用する命令文(statements)をSPICE directiveとして記述します．図22に示すこれらの演算命令の意味の概略を次に述べます．

● .measure（または.meas）命令

(1) .measure Aavg avg V(a)
 V(a)：ノードaの電圧(com基準)
 avg V(a)：測定時間(.tran命令により指定された演算時間)におけるV(a)の平均値(DC成分)を求める
 Aavg：avg V(a)によって求めた値の名称
 .measure：Aavgを演算する命令

(2) .measure Are avg (V(a)-Aavg)*
           cos(360*time*freq)
 V(a)-Aavg：V(a)からV(a)のDC成分を除去した値
 time：tran解析シミュレーション上の解析時刻［s］
 freq：信号源に設定した周波数［Hz］
 cos(360*time*freq)：周波数freq[Hz]のcos波の時刻time[s]における値．()内の位相の単位は［°］．設定方法は以下のとおり．回路図ウインドウにおいて，Simulate-Control Panel-WaveformタブのUse radian measure in waveform expressions(波形の演算式における単位として［rad］を使う)のチェックを外す．[rad]としない理由は，演算結果の単位を［°］とするため
 (V(a)-Aavg)*cos(360*time*freq)：(V(a)-Aavg)波と上記cos波の積
 avg (V(a)-Aavg)*cos(360*time*freq)：上記波形の平均値

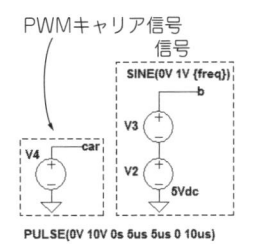

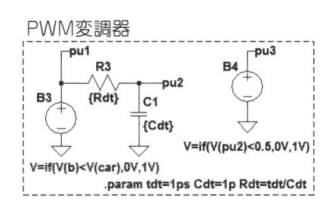

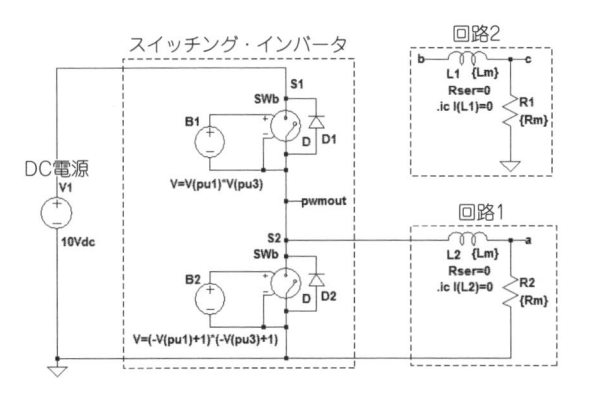

図22　図21のスイッチング回路のシミュレーション回路図【LTspice 105】

Are：上記平均値の名称(V(a)の実数成分に相当)

(3) .measure Aim avg -(V(a)-Aavg)*
　　　　　　　　　　sin(360*time*freq)
前項のcos波をsin波とした場合の値(V(a)の虚数成分に相当)

(4) .measure GainMag param 20*
　　log10(hypot(Are, Aim)/hypot(Bre, Bim))
　hypot(x, y) = $\sqrt{x^2+y^2}$
　20*log10(u/v)：= $20 \times \log_{10}(u/v)$，演算結果の単位は[dB]
　GainMag param：Are, Aim, Bre, Bim をパラメータとする演算結果の名称をGainMag[dB]とする

(5) .measure GainPhi param mod
　　(atan2(Aim,Are)-atan2(Bim,Bre) +
　　180,360)-180
　atan2(y,x)：y/xに対する4象限arctan値[°]
　mod(θ,360)：θ[°]の値を0°〜+360°の範囲に変換する(modはmodulusの省略形)
　mod(θ + 180,360) − 180：位相の値θに180°を加えてからmod変換を行うことにより，「θ + 180」が0°〜+360°の範囲となり，その後180°を減じるので最終結果「θ」の位相表示範囲は−180°〜+180°となる．180°の加算と減算を1回ずつ行うので，この加減算操作は誤差にならない

● .tran命令
(1) .tran 0 {t0+5/freq} {t0} startup
　t0：シミュレーション開始から過渡現象が収束するまでの時間[s]．別途t0を測定し，この命令に設定する必要がある
　5/freq：定常状態における演算時間[s]．測定信号5周期に相当する．演算誤差を小さくするために演算時間を信号周期の整数倍とする必要がある．演算時間を長くすると誤差が減るが，シミュレーション処理時間が長くかかる
　{t0+5/freq}：シミュレーション時間[s]．
　startup：シミュレーション開始時にDC電源を時間をかけて立ち上げるための命令
　.tran：tran解析の実行命令

● .step命令
(1) .step oct param freq 10 Hz 10 kHz 3
　param freq：freqと定義したパラメータ(周波数)
　freq 10 Hz 10 kHz：freqの変化範囲を10 Hz〜10 kHzとする
　.step oct param freq 10 Hz 10 kHz 3：freqの2倍(octave)変化ごとに3点測定ポイントを設け，freqをステップ変化させる．変化範囲の下限をf_a(10 Hz)とすれば上記の場合の測定ポイントは，f_a(0 dB)，1.26f_a(2 dB)，1.58f_a(4 dB)，2f_a(6 dB)，2.52f_a(8 dB)，…となる．測定ポイントを増やすとシミュレーション処理時間は長くなる

■ シミュレーション結果

図22のシミュレーション回路において，回路1，2は同一回路であり，回路1の入力には，信号発生器出力V(b)をPWM変調してスイッチング・インバータを経て供給し，回路2の入力にはV(b)を直接印加しています．回路1，2の出力をそれぞれV(a)，V(c)とします．

PWMキャリア信号V(car)周波数を100 kHz(三角波)とし，10 Hz〜10 kHzにおけるゲイン，位相の周波数特性を求めます．

解析条件1は最初に過渡現象時間t_0を測定するときの条件であり，条件2は次に周波数特性を測定するときの条件です．命令文各行の先頭にセミコロン「；」を付けるとその行を無効にできます．図22の表記は解析条件1が有効，条件2が無効を意味します．

● 過渡応答波形

図23は，解析条件1における信号(freq = 1 kHz)印加直後の過渡応答波形です．t = 6 m〜8 msまでに過渡現象が終了して定常状態になるので，過渡現象時間をt_0 = 8 msとします．図23のt軸全域でV(a)，V(c)はほぼ重なっており，PWM変調による影響はほとんど見られません．

図24は，解析条件2による過渡応答波形です．図24のt = 0は信号印加からt_0 = 8 ms後の時刻です．周波数freqを10 Hz〜10 kHzにおいて2 dBステップで変化させており，各周波数の波形が重なっています．測定時間の最大値は，最低周波数10 Hzの5周期に相当する500 ms(= 1/10×5)です．他の周波数の波形も5周期ちょうどで終了しています．

V(a)，V(c)はほぼ同波形ですが，V(a)波形にはスイッチング・ノイズが重畳しています．

● 周波数特性

図24のtran解析終了後に回路図ウィンドウをアクティブにし，メニュー・バーからView-SPICE Error Logを開きます．このLog上で右クリックから，Plot .step'ed .meas dataをクリックし，次の問いに「はい」をクリックすると，図25が表示されます．gainを選

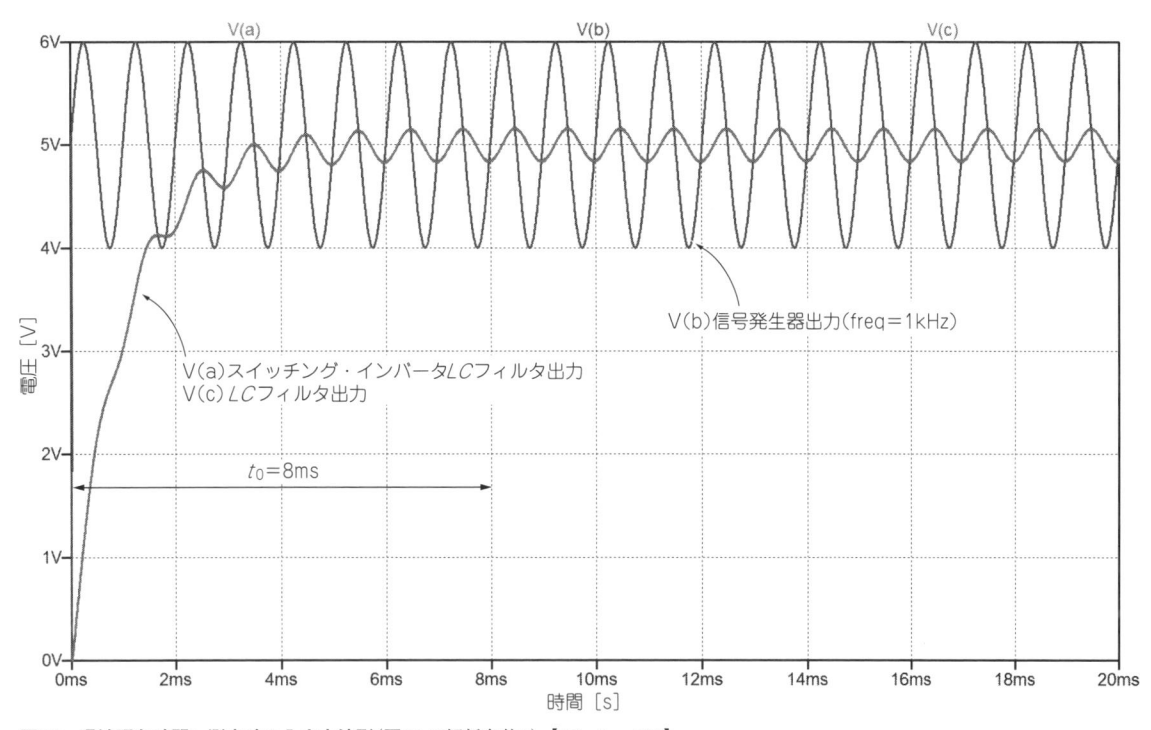

図23 過渡現象時間t_0測定時の入出力波形（図21の解析条件1）【LTspice 105】

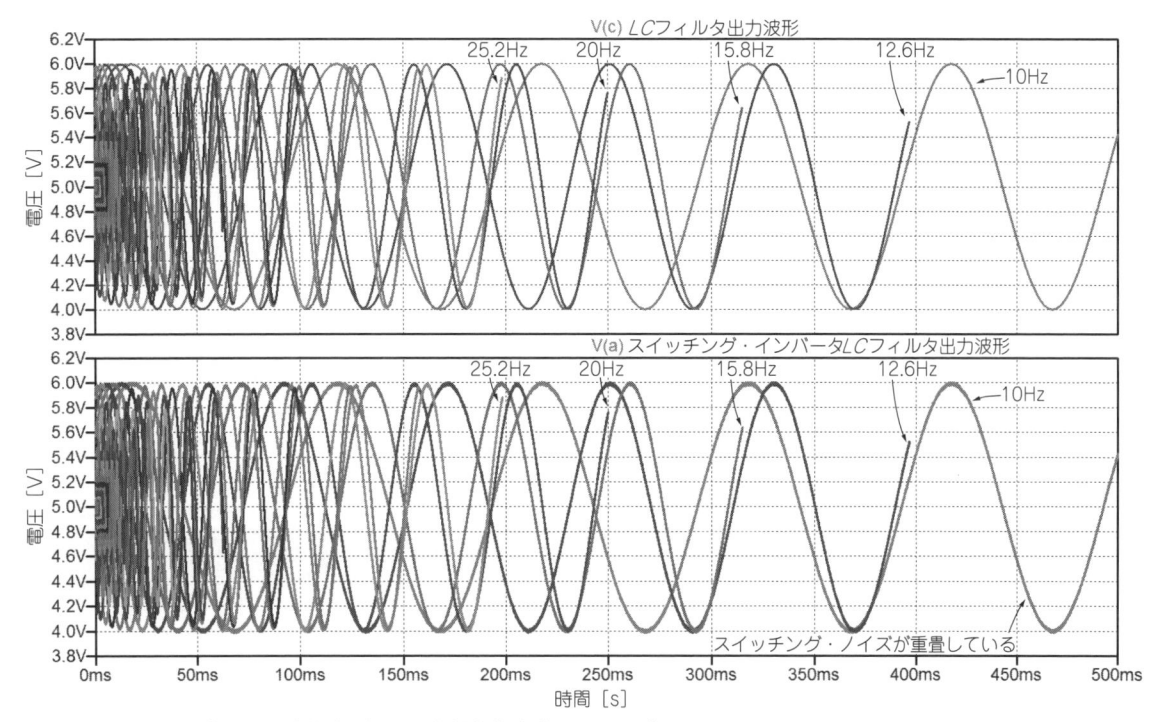

図24 周波数ステップ変化時の応答波形（図21の解析条件2）【LTspice 106】

15.7 スイッチング回路の周波数特性を測定する

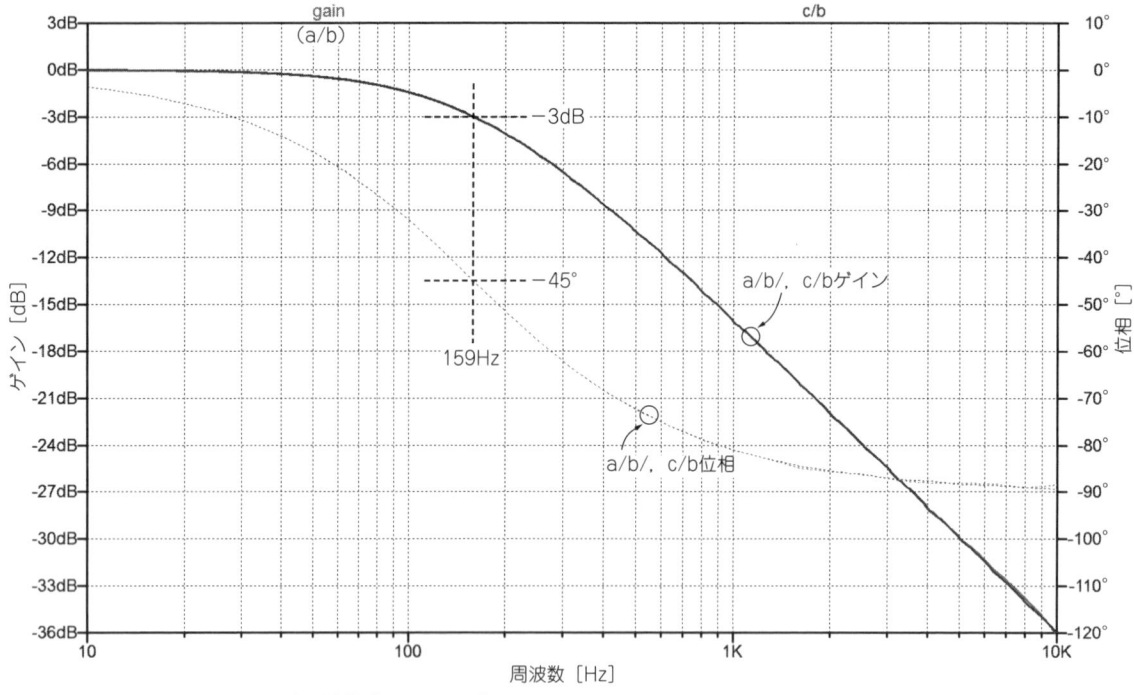

図25 tran解析から求めた周波数応答特性【LTspice 106】

択して現れる特性が信号源bからaまでの特性(a/b)であり，Plot Settings‐add tlaceからc/bを指定すると信号源bからcまでの特性が得られます．a/bはPWM変調，スイッチング・インバータ，回路1の特性を含んでおり，c/bは回路2(回路1と同一)の特性のみです．

図25によれば，両特性はゲイン，位相とも重なっており，理論どおりの遮断周波数159 Hz [= $1/(2\pi L/R)$]の1次遅れのロー・パス・フィルタ特性を示します．

● まとめ

以上のように，**図23**，**図25**からa/bとc/bの両特性は時間応答，周波数応答ともに同一特性であり，上記の条件においてはPWM変調回路およびスイッチング回路による特性への影響は見られません．前述の表題にある「通常はそれが必要でない理由」は，このことを指していると思われます．

◆参考文献◆
(1) ㈱東芝Webページ，ベクトルエンジンとベクトル制御，http://toshiba.semicon‐storage.com/jp/design‐support/e‐learning/mcupark/village/vector.html.html
(2) ルネサス エレクトロニクス㈱のWebページ，モータ向けMCU&MPU，http://japan.renesas.com/applications/key_technology/motor_control/mcus_for_motor_control/index.jsp
(3) 原田 耕介他：スイッチングコンバータの基礎，1992/2/25，㈱コロナ社．
(4) ㈱エヌエフ回路設計ブロックのWebページ，DFT(離散フーリエ変換)，https://www.nfcorp.co.jp/techinfo/dictionary/063.html
(5) 同，周波数特性分析器FRA5097，https://www.nfcorp.co.jp/pro/mi/fra/fra5087_97/index.html

Appendix　LTspice 解析結果の見方

本書で使用している回路シミュレータは，米国のアナログICメーカであるリニアテクノロジー(Linear Technology)社が無償で提供する「LTspice Ⅳ」，「LTspice ⅩⅦ」(英語版)です．数多くある回路シミュレータの中でも広く普及し，国内でも多くの解説書が発行されています．インターネットの関連サイトからも情報が得られます．

本書で解析に使用したLTspiceの回路図は付録CD-ROMに収録しています．収録ファイルは，回路シミュレータ「LTspice」をパソコンにインストールすれば実行できます．付録CD-ROMの実行ファイルは，Windows 8.1, 10(64ビット)日本語版OS上で動作確認してあります．

本稿では，シミュレーション結果を見る際の参考として概略を述べます．LTspiceの詳しい使い方は，巻末の参考文献などをご覧ください．

A.1　インストール

本書付録のCD-ROMにLTspiceのインストール・ファイルを収録しています．インストール・ファイルをパソコン上のHDDにコピーして，インストールを実行してください．

最新のソフトウェアや更新情報はリニアテクノロジー社のWebページをご確認ください．

http://www.linear-tech.co.jp/designtools/software/#LTspice

A.2　初期設定

● 管理者権限で起動

インストールすると，LTspiceのショートカット・アイコンがデスクトップに自動生成されます．次のように管理者権限で起動するように設定します．

［ショートカット・アイコン］を右クリックして［プロパティ］を開く．［ショートカット］タブ-［詳細設定］-［管理者として実行］にチェックを入れる．

LTspice起動時にアップデートの可否を問われる場合があります．アップデートは，管理者権限で起動した場合にのみ実行可能です．

● 単位表示の設定

日本語OS上で単位の接頭辞［μ］の文字化けを防ぐために，［μ］を［u］と表示させる設定をします．

［メニュー・バー］-［Tools］から［Control Panel］を開く．［Netlist Options］タブの［Convert 'μ' to' u'］にチェックを入れる．

LTspice上では，単位に限らず英字の大文字と小文字は区別されないので，単位の接頭辞［m］と［M］はともに［10^{-3}］を意味し，［10^6］は［meg］と表記します．

● ファイルを自動削除する設定

シミュレーションを実行すると，次の六つのファイルが回路図ファイルを置いたフォルダに生成されます．

(1) xxx.asc　　(4) xxx.op.raw
(2) xxx.log　　(5) xxx.plt
(3) xxx.net　　(6) xxx.raw

再実行のために必要なファイルは(1)と(5)のみです．総ファイル・サイズを最小限にするために，回路図ファイル(xxx.asc)を閉じたときに(2)～(4)，(6)のファイルを自動で削除するように設定することをお勧めします．

［メニュー・バー］-［Tools］から［Control Panel］を開く．［Operation］タブの項目を次のように変更する(LTspice Ⅳの場合)．
[Save all open files on start of simulation]：[No]
[Aotomatically delete .raw files]　　　　　：[Yes]
[Aotomatically delete .net files]　　　　　：[Yes]
[Aotomatically delete .log files]　　　　　：[Yes]
[Aotomatically delete .fft files]　　　　　：[Yes]

A.3　実行の仕方

● CD-ROMから実行ファイルをコピーする

一つの解析あたり，次の二つのファイルが収録されています．

xxx.asc：回路図ファイル
xxx.plt：プロット・ファイル

［xxx.asc］と［xxx.plt］の［xxx］の部分のファイル名が同じものを，CD-ROMからパソコンのHDD(ハ

コラム1　電流の波形解析に失敗した例と対策

● トランジスタ1石の超簡単回路でも失敗する

図A(a)の回路を時間解析して電圧，電流を観測します．NPNトランジスタQ1はスイッチとして動作し，Q1がONすると，DC24 V電源(V1)からコイルL1と抵抗R1に電流が流れます．

カーソルを回路の各ノードに合わせると電圧プローブの形に変わり，クリックするとそのノードのコモン基準の電圧波形が描かれます．また，カーソルを各部品に合わせるとカーソルが電流プローブの形に変わり，クリックするとその部品に流れる電流波形が描かれます．図A(b)に各波形を示します．

疑問①：V(n003)はQ1のコレクタ電圧ですが，この表示からは観測点がわかりません．

疑問②：Ie(Q1)はQ1のエミッタ電流ですが，Q1がON(V(n003) = 0 V)時に負の電流が流れています．これはシミュレータではトランジスタ各端子電流は端子から流れ込む方向を正とすると決められているからです．しかし，回路図からそれを知ることはできません．

疑問③：I(L1)はL1の電流波形ですが，これもQ1がON時に負の電流が流れています．これはL1の電流が上向きを正としているからです．電流プローブのカーソルをクリックするときには電流方向を示す矢印が示されますが，回路図からそれを知ることはできません．

疑問④：V(N001, N002)はL1の端子電圧波形ですが，回路図からは観測点も観測極性もわかりません．

● 成功させるには(図B)

シミュレーション波形の名前や極性などを表す方法を以下に述べます．

改良①：V(q1-c)は，コモン電位を基準とするノード「Q1-C」の電圧すなわちQ1のコレクタ電圧です．回路のQ1コレクタ・ノードに「Q1-C」のラベルを付加しています．

改良②：I(Q1-e)はQ1のエミッタ電流です．Q1のエミッタ電流経路に電圧源Q1-Eを追加しています．電圧源の端子には＋，－表示がありますが，電流極性は＋→－方向が正と決められています．電圧源の設定電圧によらず電流検出ができますが，この場合は0 Vに設定してあるので電圧源を追加しても回路動作には影響しません．電圧源を追加すると部品名はデフォルトではV3，V4，…となりますが，重複しなければ他の名称に変更することができます．

改良③：I(L)はL1の電流です．L1の電流経路に0 Vの電圧源「L」を追加しています．これにより電流極性が明らかになりました．

改良④：V(L1-a, L1-b)はノードL1-bを基準とするノードL1-aの電圧です．これらのノード・ラベルの追加により，L1の端子電圧極性がわかるようになりました．

このように結果における電圧，電流極性が明確になりました．

ードディスク)にコピーします．この二つのファイルは必ず同じフォルダにコピーします．

● シミュレーションを実行する

パソコンのHDD上にコピーした回路図ファイル[xxx.asc]をLTspiceから起動し，回路図画面を開き，シミュレーションを実行します．

[メニュー・バー] - [Simuiate]から[Run]をクリックする

● 結果を表示する

LTspiceには解析結果として表示されるパラメータや表示画面構成，軸感度などを設定する機能があります．ここでは，本書紙面の解析結果図と同じパラメータが縦・横軸とも同じ軸感度で表示される手順を示します．回路図ファイルを実行してシミュレーション結果が表示されたら，結果のウインドウをクリックして選択します．

[メニュー・バー] - [Plot Settings]から[Reload Plot Settings]をクリックする

プロット・ファイル(xxx.plt)をHDDにコピーしていない場合は，結果画面は白紙になります．[xxx.plt]ファイルがない場合は，自分でパラメータと軸感度などを設定する必要があります．

● Solver(解析方法)の選択

下記により，シミュレーション解析方法の選択ができます．本書においては多くの場合[Alternate]に設定しています．この設定においては，表示ウインドウ右下隅に[Alternate]と表示されます．解析時間が長くかかる場合には[Normal]設定を試してみてください．

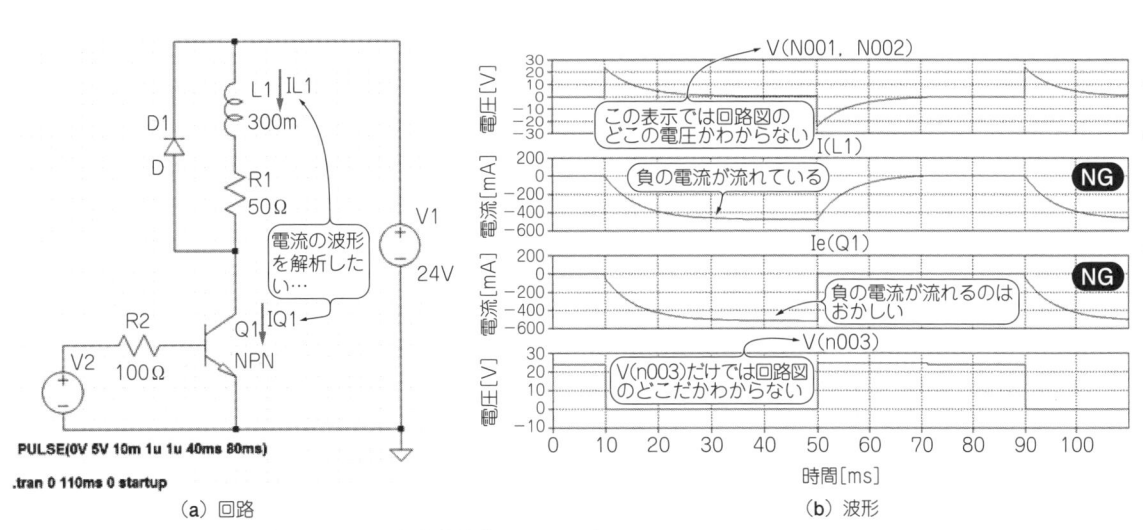

図A 電流の正負が実際と逆に表示されてしまう失敗例【LTspice 108】
(a) 回路 / (b) 波形

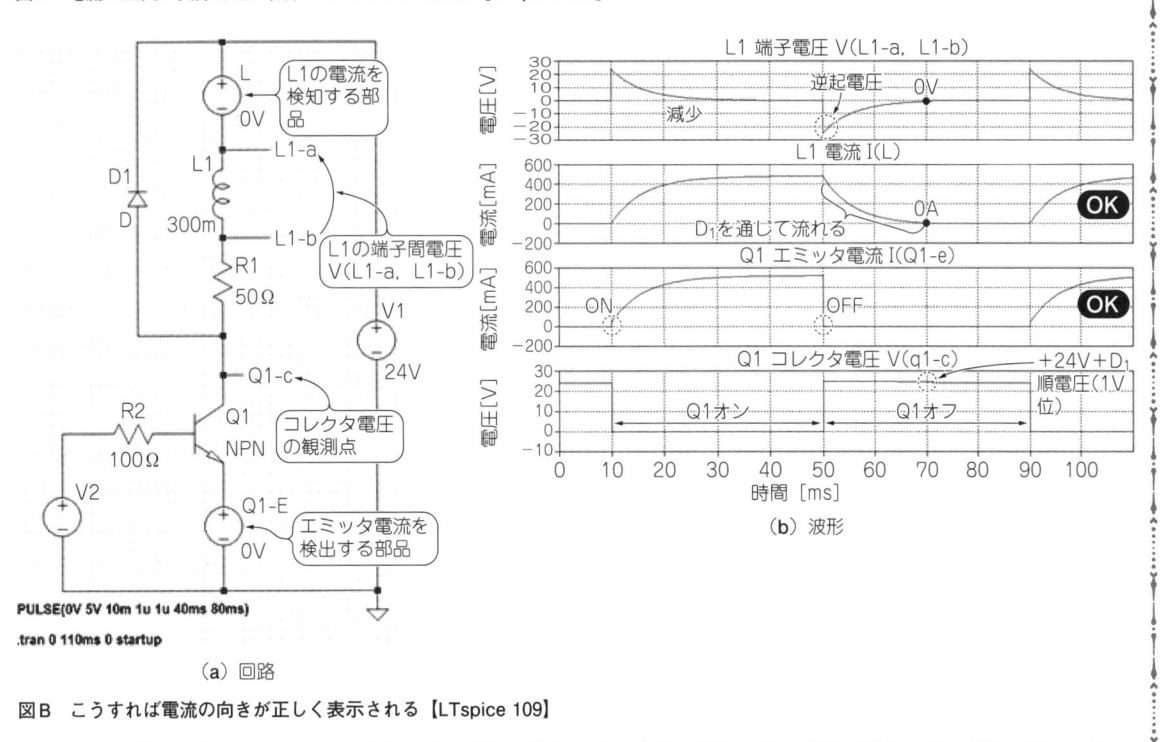

表示内の注釈：
- V(N001, N002) この表示では回路図のどこの電圧かわからない
- I(L1) 負の電流が流れている **NG**
- Ie(Q1) 負の電流が流れるのはおかしい **NG**
- V(n003) V(n003)だけでは回路図のどこだかわからない

回路図注釈：電流の波形を解析したい…
PULSE(0V 5V 10m 1u 1u 40ms 80ms)
.tran 0 110ms 0 startup

図B こうすれば電流の向きが正しく表示される【LTspice 109】
(a) 回路 / (b) 波形

- L1 端子電圧 V(L1-a, L1-b)：減少／逆起電圧／0V
- L1 電流 I(L) ：D₁を通じて流れる **OK**
- Q1 エミッタ電流 I(Q1-e)：ON／OFF **OK**
- Q1 コレクタ電圧 V(q1-c)：Q1オン／Q1オフ／+24V+D₁順電圧(1V位)

回路図注釈：
- L1の電流を検知する部品
- L1の端子間電圧 V(L1-a, L1-b)
- コレクタ電圧の観測点
- エミッタ電流を検出する部品

PULSE(0V 5V 10m 1u 1u 40ms 80ms)
.tran 0 110ms 0 startup

[Tools]-[Control Panel]-[Spice]タブ [Engine]-[Solver] から [Alternate]（または [Normal]）を選択

A.4 シミュレーション結果の表示方法

シミュレーション結果の表示方法を説明します．

● 信号の表し方
▶電圧

LTspiceの回路のすべてのノード（接続点）に名前を付けることができます．

ある回路上の2個所のノード名をaおよびbとしたとき，共通電位（GND [global node 0]，白三角マーク）を基準とするノードa，ノードbの電圧はそれぞれV(a)，V(b)になります．ノードbを基準とするノードaの電圧はV(a, b)となります．

A.4 表示方法 235

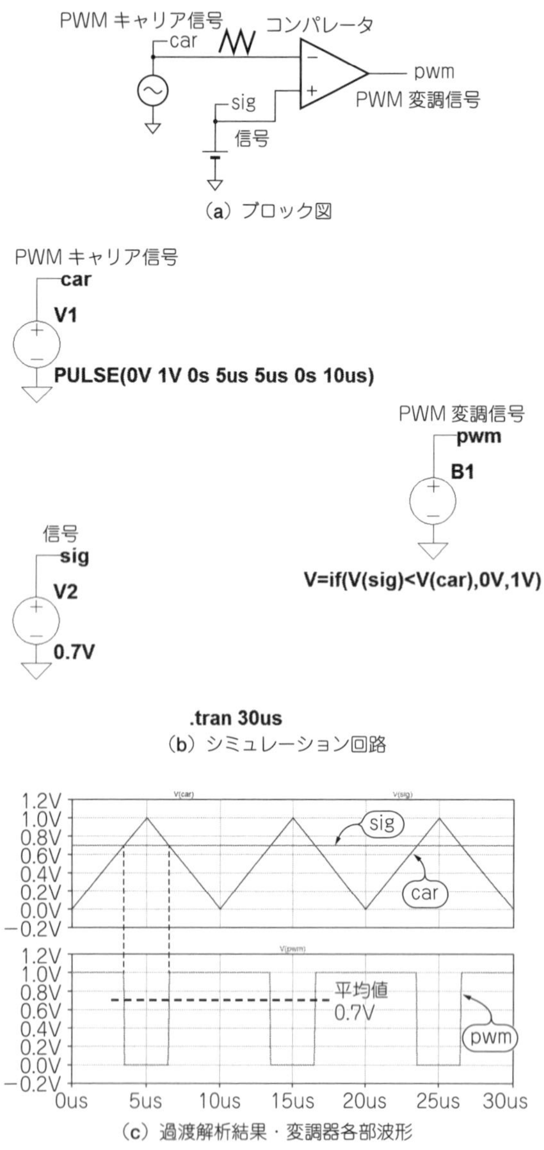

図1 演算した結果を表示させる（PWM変換器の例）
【LTspice 107】

(a) ブロック図
(b) シミュレーション回路
(c) 過渡解析結果・変調器各部波形

トランジェント解析（時間応答）を実行した場合は，電圧値は左縦軸に表示されます．

▶電流

電圧源により，それ自身を流れる電流を検出することができます．例えば，電圧源V1を回路上に配置すると，V1の端子+，-が表示されます．I(V1)はV1内部を流れる電流を意味し，電流の向きは+端子から-端子へ向かう方向が+になります．

V1の電圧を0Vに設定すれば，V1は電流検出機能をもつ回路動作に影響しない回路部品となります．I(V1)として検出された電流信号と，V1が挿入された回路間は電気的に絶縁されます．ほかにも，I(R1)は抵抗R1を流れる電流を表しますが，電流の向きが回路図上に表示されませんので，この点からは電圧源による方法が便利です．

トランジェント解析では，電流値は右縦軸に表示されます．電圧，電流の表記については，コラム1を参照してください．

● 演算を定義する

電圧源や電流源に，信号や数値，パラメータどうしの演算を定義できます．例えば，電圧源の出力に対して「V = {k}*V(a)*I(V1)」と記述し，「.param k = 3」と規定すれば，電圧源はこの演算結果を出力します．上記kなどのユーザが設定したパラメータは，演算式中では｛｝内に書きます．

例として，PWM変調器をとりあげます．図1(a)はブロック図です．PWMキャリア信号carと信号sigをコンパレータで大小判別しPWM変調信号pwmを出力します．

図1(b)はシミュレーション回路です．電圧源V1はキャリア信号源で，出力設定は次のようになります．

PULSE(0 V 1 V 0 s 5 us 5 us 0 s 10 us)

これは，振幅0～1V，立ち上がり/立ち下がり時間ともに5us，オン時間0s，周期10usの三角波信号という設定になります．出力ノード名を「car」としています．

V2は信号として，DC0.7Vを供給します．出力ノード名は「sig」です．B1はビヘイビア電圧源と呼ばれ，下記の演算では値の判別を行っています．

V = if(V(sig) < V(car), 0 V, 1 V)

この式の意味は「もし，式V(sig)<V(car)を満たせば出力は0V，満たさなければ出力は1V」であり，コンパレータとして機能します．出力ノード名は「pwm」です．

各波形を図1(c)に示します．LTspiceの解析結果ウィンドウ上で，［Ctrl］キーを押しながら信号名をクリックすると，実効値や平均値などが表示されます．それによるとpwm信号の平均値は0.7Vであり，信号sigの値と一致します．

本書では，電圧制御電圧源Eに伝達関数（ラプラス演算式）を設定して周波数特性を求めるという演算を行っています．

◆参考文献◆
(1) 渋谷 道雄；回路シミュレータLTspiceで学ぶ電子回路，2011年7月，（株）オーム社．
(2) 遠坂 俊昭；電子回路シミュレータLTspice実践入門，2012年1月，CQ出版社．

索 引

【数字】
1次遅れ要素 ･･････････････ 58
1次系HPF要素 ･･････････ 61
1次進み要素 ･･････････････ 58
1シャント法 ･･････････････ 157
2次遅れ要素 ･･････････････ 70
2相変調 ･･････････････････ 136
3次高調波重畳 ････････････ 134
3シャント法 ･･････････････ 152
3相共通電圧 ･･････････････ 133
3相変調 ･･････････････････ 138
120°矩形波駆動 ･･･････････ 138

【アルファベット】
AC解析 ･･････････････････ 61
CCW回転 ･･･････････････ 106
CW回転 ････････････････ 106
D(微分要素) ･･････････････ 63
D(微分要素)特有の問題 ･･･ 92
DC(直流)モータ ･･････････ 93
Differential ･･･････････････ 63
d軸 ･･････････････････････ 211
EMF ･････････････････････ 97
HVIC ･･･････････････････ 147
I(積分要素) ･･･････････････ 63
Integral ･･････････････････ 63
INV-1TGKIT-A ･････････ 122
IPM ･････････････････････ 11
LTspice ････････････････ 233
MR素子 ･･････････････････ 97
P(比例要素) ･･････････････ 63
PDコントローラ ･･････････ 65
PIDコントローラ ･･････ 65, 80
PIコントローラ ･･･････ 65, 76
Proportional ･･････････････ 63
PWM(パルス幅変調) ･････ 103
PWMキャリア信号 ･･････ 129
PWM変調器 ････････････ 129
Pコントローラ ･･･････････ 63
q軸 ･･････････････････････ 211
RMS(Root Mean Square) ･･ 113
SI単位系 ････････････････ 123
SPM ･････････････････････ 11
tran解析 ･････････････････ 62
Y結線 ･･････････････････ 102

Δ結線 ･･････････････････ 103
Δ-Y等価変換 ････････････ 103

【あ・ア行】
アウタ・ロータ ･･････････ 94
アンダーシュート ････････ 36
安定性 ･･････････････････ 35
位相偏差 ････････････････ 26
位相余裕 ････････････････ 38
位置サーボ ･･････････････ 10
位置制御サーボ・システム ･･ 191
インナ・ロータ ･･････････ 94
埋め込み磁石型 ･･･････ 11, 95
オーバーシュート ････････ 36
折れ線近似 ･･････････････ 59

【か・カ行】
回生 ････････････････････ 103
回生動作 ･････････････ 118, 222
回転座標 ････････････････ 212
回転速度 ････････････････ 123
回転モーメント ･････････ 177
加算器 ･･････････････････ 12
過大振幅 ････････････････ 84
カップリング ････････････ 105
過渡状態 ････････････････ 13
貫通電流 ････････････････ 128
機械角 ･･････････････････ 101
機械系等価回路 ･････････ 166
帰還率 ･･････････････････ 12, 53
帰還量 ･･････････････････ 28
帰還ループ ･･････････････ 12
帰還路 ･･････････････････ 12
基準モータ ･･････････････ 3
起電力 ･･････････････････ 97
起動トルク ･････････････ 174
希土類磁性体 ････････････ 97
基本伝達要素 ････････････ 54
逆1次系HPF要素 ････････ 61
逆起電力 ････････････････ 97
逆クラーク変換 ･････････ 212
逆システム ･･････････････ 69
逆パーク変換 ･･･････････ 212
逆ラプラス変換 ･･････････ 56
共通インピーダンス ･･････ 30
クラーク変換 ･･･････････ 212

クローズド・ループ・ゲイン ･･ 18
珪素鋼板 ････････････････ 11
ゲイン偏差 ･･････････････ 26
ゲイン余裕 ･･････････････ 50
減衰傾斜 ･･･････････････ 184
減衰係数 ････････････････ 70
コイル・インピーダンス ･･ 110, 166
コイル抵抗 ･････････････ 166
合成時間応答 ････････････ 73
コギング ･･･････････････ 101
誤差信号 ････････････････ 12
コミュテータ ････････････ 95

【さ・サ行】
サーボ・コントローラ ･･ 12, 53
サーボ・システム ････････ 12
サーボ・ループ ･･････････ 12
サーボ効果 ･･････････ 10, 35
サーボ制御の安定性 ･･････ 10
サーボ設計 ･･････････････ 75
鎖交磁束 ････････････････ 99
座標変換 ････････････････ 212
差分法 ･･････････････････ 88
サマコバ ････････････････ 97
磁化 ････････････････････ 97
磁気感応シート ･･････････ 97
磁気センサ ･･････････････ 97
磁気抵抗 ････････････････ 11
軸受 ････････････････････ 94
実験キット ･････････････ 122
実効値 ･････････････････ 113
実用微分型PIDコントローラ ･･ 81
質量 ･･･････････････････ 123
出力インピーダンス ･･････ 30
瞬時電力 ･･･････････････ 115
状態平均化法 ･･･････････ 227
振幅制限 ･･･････････････ 188
振幅リミッタ ････････････ 86
スイッチ素子 ･･･････････ 128
スイッチング回路の周波数特性 ･･ 228
進み角 ･････････････････ 138
ステータ・コア ･･････････ 96
ステップ応答 ････････････ 36
スロット ････････････････ 96
制御対象 ････････････････ 12

索 引 **237**

正弦波駆動 127
正弦波駆動電圧利用率改善 132
静止座標 212
静特性 173
積分要素 56
線間電圧 102
線形回路 228
センサレス制御 142
相電圧 102
速度型演算 88
速度サーボ 10
速度制御サーボ・システム 186

【た・タ行】
多重フィードバック 15
多重ループ・サーボ・システム 183
単一フィードバック 16
単一ループ速度制御サーボ 204
着磁 97
中性点 102
チューニング・サイクル 36
直線近似 53
直列加算サーボ 32
直列結合 65
ディジタル演算式 88
定常状態 13
定常偏差 35
定電圧サーボ 30
定電流サーボ 30
デューティ 131
電圧挿入法 20
電気角 101
電気系等価回路 166
電磁誘導に関するファラデーの法則 98
伝達関数 12, 56
伝達要素 12, 53
電流サーボ 10
電流制御サーボ・システム 184
電流注入法 20
電流リミッタ 188
電力効率 111
同期モータ 104
透磁率 11
特性解析用等価回路 217
突極特性 95
ドライブ電圧 120
トルク効率 116
トルク定数 166
トルク・リプル 127

【な・ナ行】
ナイキスト 12
ナイキスト線図 37
ナイキストの安定判別 51
ニコルス線図 37
ニコルス線図で帰還極性を判定 42
入力インピーダンス 32
ネオジム 97
粘性摩擦係数 177
ノイズ 27

【は・ハ行】
ハーフ・ブリッジ・ドライバIC 147
パーク変換 212
ハイ/ロー個別PWM方式 145
ハイ/ロー同時PWM方式 147
ハイ・サイド・スイッチのみ
　PWM制御方式 143
ハイ・サイド回路 147
ハイ・サイドまたはロー・サイド
　片側のみPWM方式 149
発熱損失 111
ひずみ 27
非線形回路 228
皮相電力 113
非突極特性 95
微分先行型PIDコントローラ 87
微分方程式 56
微分要素 57
表面磁石型 11, 94
比例要素 56
フィードバック・ループ 12
風損 111
ブートストラップ電源 147
フェライト 97
負荷条件変化時のサーボ特性 195
負荷トルク 173
ブラシ 95
ブラシ付きモータ 94
ブラシレス・モータ 94
ブラシレス・モータの電圧駆動 167
ブラシレス・モータの電流駆動 179
ブラシレス・モータの等価回路 165
ブラシレス・モータの
　等価ブロック線図 167
ブラシレス・モータのパラメータ 168
プラスチック・マグネット 96
プラント 12, 53
プルアップ抵抗 106
フルビッツ 12

ブロック線図 67
平均電力 115
平衡3相 102
閉ループ・ゲイン 18
並列加算サーボ 33
並列結合 67
ベクトル図 102
ベクトル制御サーボ・システム 211
変形1次進み要素 61
ホールIC 97
ホール素子 97
ボーデ 12
ボーデ線図 36
ボール・ベアリング 94

【ま・マ行】
マグネット・トルク 11, 117
マグネット磁束 112
摩擦損失 111
ミドルブルック法 21
無負荷回転速度 174
モータ・コイル電流の検出 151
モータ制御用電子回路（ドライバ）
 94

【や・ヤ行】
誘起起電力 97
誘起電圧 98, 112
誘起電圧定数 166
有効電力 113
誘導起電力 97
余弦定理 121

【ら・ラ行】
ラウス 12
ラプラス演算子 56
ラプラス変換 56
力行 103
力行動作 118
力率 113
リラクタンス 11
リラクタンス・トルク 11
ループ 12
ループ・アンテナ 30
ループ・ゲイン 18
ロー・サイド回路 147
ロー・サイドのみPWM方式 149
ロータ・マグネット 96
ロード・レギュレーション 30

【わ・ワ行】
ワット 12

あとがき

　本書は,『トランジスタ技術』誌の「モータ・コントロール実験室」として,2014～2015年にかけて連載された記事をもとに加筆・再構成したものです.連載後書籍化のお話をいただき,主に実用面の関連技術情報を大幅に追加しました.

　執筆においては,筆者の知識不足を補うべく多くの方々に教えを賜りご助言をいただきました.深く感謝の意を表します.

　坂本 三直氏には第9章における基準モータの実験・実測をしていただき,本書において唯一の実機動作波形を掲載することができました.厚くお礼申しあげます.

　モータの師と仰ぐ,宇塚 光男氏に厚くお礼申しあげます.

　主に数学的アドバイスをいただいた,戸村 宏通氏に厚くお礼申しあげます.

　リニアテクノロジー社の原田 秀一氏には,LTspiceについていくつかの重要なご教示をいただきました.深く感謝しております.

　連載から書籍化を通じて,トランジスタ技術編集長・寺前 裕司氏と同編集の高橋 舞氏には,文章のわかりやすさなどをはじめ読者の立場にもとづいた多くのアドバイスをいただき,また常に励ましもいただいたおかげで,なんとか脱稿できたものであり,深く感謝いたします.

　以上のほかにも多くの方々のご指導にあずかりましたが,紙幅の都合でお名前を割愛させていただくことをお許しください.

　多くのお教えをいただいたとはいえ,なお本書に誤りがあるとすれば筆者の浅学非才によるものであり,謹んでお詫びいたします.

　最後に家族へ.妻・美代子,長男・哲男,18歳で天に召された次男・俊男に本書を捧げます.

2016年3月　渡辺 健芳

〈著者紹介〉

渡辺 健芳(わたなべ たけよし)

1946年 埼玉県大宮市(現・さいたま市)生まれ
1971年 日本大学理工学部電気工学科卒業
1971～2003年 電子計測器メーカ勤務．製品設計・開発業務に従事
　　　　　　 計測自動制御学会・会員．IEC/SC77A/電力品質WG委員
2003年～ ブラシレス・モータ/ドライバ メーカ勤務．製品設計・開発業務に従事．
　　　　 現在同社顧問．
専門領域 サーボ技術，アナログ回路，スイッチング回路，パワーエレクトロニクス，高電圧回路，ブラシレス・モータ制御技術
　　　　 特許出願18件

- ●**本書記載の社名，製品名について** ― 本書に記載されている社名および製品名は，一般に開発メーカーの登録商標または商標です．なお，本文中では™，®，© の各表示を明記していません．
- ●**本書掲載記事の利用についてのご注意** ― 本書掲載記事は著作権法により保護され，また産業財産権が確立されている場合があります．したがって，記事として掲載された技術情報をもとに製品化をするには，著作権者および産業財産権者の許可が必要です．また，掲載された技術情報を利用することにより発生した損害などに関して，CQ出版社および著作権者ならびに産業財産権者は責任を負いかねますのでご了承ください．
- ●**本書付属のCD-ROMについてのご注意** ― 本書付属のCD-ROMに収録したプログラムやデータなどを利用することにより発生した損害などに関して，CQ出版社および著作権者は責任を負いかねますのでご了承ください．
- ●**本書に関するご質問について** ― 文章，数式などの記述上の不明点についてのご質問は，お名前，住所，年齢，職業(専門領域)を明記のうえ，必ず往復はがきか返信用封筒を同封した封書でお願いいたします．勝手ながら，電話でのお問い合わせには応じかねます．ご質問の回答は，多少時間がかかります．また，本書の記載範囲を越えるご質問には応じられませんので，ご了承ください．
- ●**本書の複製等について** ― 本書のコピー，スキャン，デジタル化等の無断複製は著作権法上での例外を除き禁じられています．本書を代行業者等の第三者に依頼してスキャンやデジタル化することは，たとえ個人や家庭内の利用でも認められておりません．

JCOPY〈出版者著作権管理機構委託出版物〉
本書の全部または一部を無断で複写複製(コピー)することは，著作権法上での例外を除き，禁じられています．本書からの複製を希望される場合は，出版者著作権管理機構(TEL：03-5244-5088)にご連絡ください．

CD-ROM付き

高効率・高速応答！サーボ＆ベクトル制御 実用設計

著 者	渡辺 健芳	2016年3月1日 初版発行
発行人	小澤 拓治	2021年5月1日 第3版発行
発行所	CQ出版株式会社	
	〒112-8619 東京都文京区千石4-29-14	©渡辺 健芳 2016
		(無断転載を禁じます)
電話	編集 03-5395-2148	
	広告 03-5395-2131	定価は裏表紙に表示してあります
	販売 03-5395-2141	乱丁，落丁本はお取り替えします

編集担当者 高橋 舞
DTP・印刷・製本 三晃印刷株式会社
Printed in Japan

ISBN978-4-7898-4670-7